房屋建筑学学习指导书

郭军　付蓓　主编

西南交通大学出版社
·成　都·

内容简介

本书由三个部分组成，第一部分为“学习指导书”，第二部分为“模拟综合考题与答案”，第三部分为“房屋建筑学课程设计指导书”。

本学习指导书内容覆盖整个房屋建筑学知识点。每章包含导学提示、学习要求、学习建议与实践活动、学习指导、联系实际、本章小结、阶段测试、阶段测试答案等模块，方便学生课前预习与课后复习。之后是8套模拟综合考试题与答案（其中四套不含工业建筑内容），便于学生自己测试学习效果。课程设计指导部分包含住宅建筑、中小学建筑及幼托建筑的课程设计时所需要涉及的相应建筑设计规范节选、建筑设计任务书、建筑设计指导书、建筑设计方案图范例、建筑设计施工图范例等模块，方便学生做课程设计时查找资料。

本书适用于普通高等学校及成教高校土木工程与工程管理类各专业师生。

图书在版编目（CIP）数据

房屋建筑学学习指导书 / 郭军，付蓓主编. —成都：西南交通大学出版社，2016.2（2022.7重印）
ISBN 978-7-5643-4569-3

Ⅰ. ①房… Ⅱ. ①郭… ②付… Ⅲ. ①房屋建筑学－高等学校－教学参考资料 Ⅳ. ①TU22

中国版本图书馆CIP数据核字（2016）第029966号

房屋建筑学学习指导书

郭 军 付 蓓 主编

责任编辑	姜锡伟
封面设计	墨创文化
出版发行	西南交通大学出版社 （四川省成都市二环路北一段111号 西南交通大学创新大厦21楼）
发行部电话	028-87600564 028-87600533
邮政编码	610031
网址	http://www.xnjdcbs.com
印刷	四川森林印务有限责任公司
成品尺寸	210 mm × 285 mm
印张	17.75
字数	538千
版次	2016年2月第1版
印次	2022年7月第3次
书号	ISBN 978-7-5643-4569-3
定价	39.80元

课件咨询电话：028-8700533

前　言

建筑技术发展迅猛，目前的房屋建筑学教材的许多知识点还停留在老旧知识的基础上。由于其涉及面广，内容繁杂，如果没有合适的学习辅导材料，学生学习起来感到千头万绪，无从下手，学习效果也就不好，考试成绩也就不佳。在结合教学内容做课程设计时，由于涉及的相关资料比较多，学生更加感到困难。

为了使新的建筑技术及时融入到教学中来，为了方便学生课前课后的自学，编者在收集新的建筑技术知识并总结多年教学经验的基础上，编写了这本《房屋建筑学学习指导书》，以帮助学生在较短的时间内，按正确的方法较全面地掌握课程的知识点，并为做课程设计提供方便。

本书由西南科技大学“房屋建筑学教学组”编写，主编为郭军、付蓓。第一部分的第一、四、七、八章由郭军、董美宁编写，第二、六、十一章由郭军、付蓓编写，第三、五、九、十章由郭军、刘柯岐编写，第十二、十三、十四章由郭军、黄珂编写。第二部分由郭军、付蓓编写。第三部分的第十五章由高明、谷云黎编写，第十六章由刘柯岐、钱思如编写，第十七章由董美宁、谷云黎编写，第十八章由付蓓、钱思如编写。

在本书编写过程中，郭怀仁老师对本书第一、第二部分做了大量的校对工作，编写组对他表示衷心的感谢。

本教材在编写过程中，参考了一些相关书籍和资料，在此特向作者表示诚挚的谢意。

由于水平有限，书中难免存在不足之处，恳请读者和同行批评指正，意见返回邮箱：

郭军 599084685@qq.com　　付蓓 404511743@qq.com

西南科技大学房屋建筑学编写组

2016 年 1 月

目 录

第一部分 学习指导书

第二部分 模拟综合考题与答案

第三部分 房屋建筑学课程设计指导书

第一部分　学习指导书

第 1 章　房屋建筑学概论

【导学提示】

“房屋建筑学”是研究建筑物各个组成部分及建筑构造的工程做法的一门基础学科，其涵盖内容广泛、综合，涉及房屋建筑的空间使用功能、艺术形象、建造技术、工程经济等诸多方面的问题。这门学科适合从事土木工程、建筑设备、工程管理等专业的工程技术人员学习，以了解建筑设计的思路和过程、熟悉建筑物的构成等专业知识，从而为各相关专业之间特别是与建筑设计专业之间进行沟通联系打下基础。

【学习要求】

（1）理解建筑的概念。掌握建筑三要素的辩证统一关系。

（2）了解建筑的分类和分级。掌握建筑按层数的分类。

（3）了解建筑设计内容与设计程序。

（4）了解建筑设计要求和依据。掌握建筑模数的概念、分类。

【学习建议与实践活动】

学习本章内容时，可结合本章理论多观察身边的已有建筑及施工现场，理论联系实际，这样便于知识的理解与记忆。

【学习指导】

有关建筑的格言：

“建筑是住人的机器。”

“建筑是石头的史书。”

“建筑是凝固的音乐。”

“建筑是一切艺术之母。”

“建筑是城市的重要标志。”

“建筑是城市经济制度和社会制度的自传。”

……

以上是人们从不同角度对建筑的感受。

1.1　各个历史时期的经典建筑

建筑物是人类生活方式重要的物质表现。随着人类物质生活水平的不断提高，特别是工程技术水平的不断发展，建筑也处在不断的发展变化中，其各组成部分间的关系也会随之变化。

1.1.1　原始社会的建筑

西安半坡村遗址——五千多年前氏族社会典型的居住村落，房屋呈方形或圆形，其结构采用捆绑的木结构，屋顶用草泥覆盖。

1.1.2 奴隶社会的建筑

商代二里头遗址——商代一座宫殿遗址的复原模型。整个宫殿建造在夯土台基上，四周环绕着廊子，构成一组完整的建筑群。由于土木两种材料的综合运用，所以在几千年以前，我国就把“土木”作为建筑工程的代名词。

埃及吉萨金字塔群——古代埃及缺乏建筑用木材，盛产石材，早在公元前 3 000 年，法老的陵墓和神庙，就是用巨石建造起来的。

希腊雅典卫城——古希腊的建筑是西欧建筑的先驱，它的一些建筑型制、石梁、石柱结构构件和组合的特定艺术形式，建筑物和建筑群设计的一些艺术原则，深深地影响着欧洲两千多年的建筑历史。希腊盛产白云石，给石砌建筑艺术的发展提供了有利条件。帕特农神庙建于公元前 447—前 432 年，是希腊雅典卫城主体建筑，石建筑的各个构成部分（基座、柱子和檐部）逐渐成形。

罗马万神庙——拱券和穹顶结构是古罗马建筑的独特风格，罗马人最引为自豪的万神庙就是这类建筑的典范，它以其直径为 43 m 的穹顶而著称于世，穹顶顶端有一圆形天窗。

罗马斗兽场——圆形在罗马建筑和城市布局上得到广泛应用，最有代表性的是罗马斗兽场，高达 52 m，外墙周长达 0.5 km，场内有 60 排座位。

1.1.3 封建社会的建筑

长城——地球上最大的建筑物。春秋战国时期，各国为了互相防御，都在形势险要的地方修筑长城。秦始皇统一中国后，将它们增补连接起来，后来又经过历代修筑，现存的长城完成于明代，西起嘉峪关，东至山海关，总长约 6 700 km，大部分至今仍基本完好。城墙高约 7.5 m，厚约 6 m，有的用土夯筑，有的用砖包砌，并在险要地点建造关城。

都江堰——四川境内灌县的都江堰，建于秦代，是我国著名的古代水利工程。它的主要工程设施是在江心建筑的一道分水坝，把岷江分成外江和内江，内江水被引到成都平原进行灌溉，多余的水由溢洪坝流入外江。两千多年来都江堰一直发挥着防洪、灌溉、运输的作用。新中国成立后经过整治和扩建，都江堰灌溉面积已由原来的一千三百多平方千米扩大到五千三百多平方千米。可以说，没有都江堰就没有天府之国的四川。

安济桥——河北赵县安济桥，建于隋代（581—618）大业年间，跨度 37 m，是世界上最早的空腹石拱桥，由匠师李春监造，距今已有 1 400 年的历史了。该桥结构坚固，雄伟壮观，全长 64.4 m，拱顶宽 9 m。大桥的设计完全合乎科学原理，施工技术堪称巧妙绝伦。它是世界上现存最古老、保存最好的石拱桥。

山西五台山的佛光寺东大殿——建于公元前 857 年，是我国现存的最早、最完整的木构架建筑之一，反映出唐代木构架已按标准化设计进行制作。

西安的大雁塔——唐代典型的阁楼式砖塔，高 64 m。

应县木塔——建于辽代，距今已有 900 多年的历史，是我国也是世界上现存最古老、最高的木构建筑。全塔高 67.31 m，底层直径 30.27 m，外观 9 层，可用空间只有 5 层，谓“明五暗四”。

北京故宫——我国明清两代的皇宫。南北长 960 m，东西宽 760 m，房屋 9 000 多间，建筑面积 15 万平方米。故宫的主体建筑为太和、中和、保和三大殿，共同建造在 7 m 高的汉白玉台基上。故宫是中国传统建筑艺术的结晶，它体现出当时帝王至尊、江山永固的主题思想，创造出巍峨壮观、富丽堂皇的组群空间和建筑形象，堪称中国古代大型组群布置的典范。

巴黎埃菲尔铁塔——建于 1889 年，塔高达 328 m，内部设有 4 部水力升降机，这种巨型结构与新型设备，显示了资本主义初期工业生产的强大威力。

悉尼歌剧院——外形犹如即将乘风出海的白色风帆，与周围景色相映成趣。悉尼歌剧院从 20 世纪 50 年代开始构思兴建，1955 年起公开征求世界各地的设计作品，至 1956 年共有 32 个国家 233 个作品参选，后来丹麦建筑师 Jorn Utzon 的设计中选，共耗时 16 年完成建造。

1.2　建筑的基本要素及其关系

从广义上讲，建筑是指建筑物与构筑物的总称。住宅、学校、办公楼、影剧院这些直接供人们生活居住、工作学习和娱乐的建筑称为建筑物；而像水坝、水塔、蓄水池、烟囱之类的建筑则称之为构筑物。无论是建筑物或构筑物，都是一种人工创造的满足人类需求的空间环境。

对于建筑物来讲，一般都应具备的基本要素是：建筑功能、建筑技术、建筑形象，即建筑三要素。

建筑基本要素的关系：

建筑三要素彼此之间是辩证统一的关系，不能分割，但又有主次之分。第一是功能，是起主导作用的因素；第二是物质技术，是达到目的的手段，但是技术对功能又有约束或促进的作用；第三是建筑形象，是功能和技术的反映。建筑设计就是要充分发挥设计者的主观能动作用，把这三者完美结合在一起，使建筑既实用经济又美观。

1.3　建筑物的分类和分级

建筑物涉及人类生活的各方面，同时又有很高的技术要求，因此，对建筑物的分类、分级也是一个多角度的问题。从不同的着眼点出发，建筑的分类也是很不一样的。下面介绍一些常见和基本的建筑分类方法。

1.3.1　按使用性质分类

根据其使用性质，建筑通常可以分为生产性建筑和非生产性建筑两大类。

生产性建筑可以根据其生产内容的区别划分为工业建筑、农业建筑等不同的类别，非生产性建筑则可统称为民用建筑。

民用建筑根据其使用功能，分为居住建筑和公共建筑两大类，居住建筑一般包括住宅和宿舍。

1.3.2　按建造规模分类

大量性建筑：那些量大面广、与人们生活密切相关的建筑，如住宅、学校、商店、医院等。无论城乡，这些建筑都是不可缺少的，修建的数量很大，故称为大量性建筑。

大型性建筑：单体规模大的建筑，如大型体育馆、剧院、火车站和航空港、大型展览馆等。这些建筑规模巨大，耗资也大，与大量性建筑比起来，其修建量是很有限的。这些建筑数量少，在一个国家或一个地区具有代表性，对城市的面貌影响也较大。

1.3.3　按建筑高度分类

建筑层数是房屋高度的主要控制指标，多与建筑总高度共同考虑。《民用建筑设计通则》（GB 50352—2005）中规定：

（1）住宅建筑按层数分类：

1 层至 3 层为低层住宅，4 层至 6 层为多层住宅，7 层至 9 层为中高层住宅，10 层及 10 层以上为高层住宅。

（2）除住宅建筑之外的民用建筑：

高度不大于 24 m 者为单层和多层建筑，大于 24 m 者为高层建筑（不包括建筑高度大于 24 m 的单层公共建筑）。

（3）建筑高度大于 100 m 的民用建筑为超高层建筑。

（4）1972 年国际高层建筑会议将高层分 4 类：

第一类　低高层建筑　9 ~ 16 层　$H \leqslant 50$ m

第二类　中高层建筑　17 ~ 25 层　$56\ \text{m} < H \leqslant 75$ m

第三类　高高层建筑　26 ~ 40 层　$75\ \text{m} < H \leqslant 100$ m

第四类　超高层建筑　>40 层　$H > 100$ m

《高层建筑钢筋混凝土结构技术规程》（JGJ 3—2002）规定：≥10 层及高度超过 28 m 的建筑属于高层建筑。

从不同角度与不同专业，有多种高度的分级分类法。

1.3.4 按耐火等级分类

根据《建筑设计防火规范》（GB 50016—2006）的规定，耐火等级取决于房屋的主要构件的耐火极限和燃烧性能。

耐火极限指建筑构件按“时间-温度标准曲线”进行耐火试验，在标准耐火试验条件下，建筑构件、配件或结构从受到火的作用时起，到失去支承能力（稳定性）、完整性或隔热能力时所延续的时间，用小时（h）表示。

失去支承能力 ——构件在受到火焰或高温作用下，由于构件材质性能的变化，使承载能力和刚度降低，承受不了原设计的荷载而破坏，如钢筋混凝土梁失去支承能力、钢柱失稳破坏。

完整性被破坏 ——薄壁分隔构件在火焰或高温作用下，爆裂或局部塌落，形成穿透裂缝或孔洞，火焰穿过构件，使背面可燃物燃烧起来，如砌体墙、预应力空心板、板条抹灰隔墙被破坏。

失去隔火作用 ——具有分隔作用的构件，背火面平均温度达到 140 °C，或背火面任一点的温度达到 220 °C，此时靠近背火面的构件将开始燃烧、微燃或炭化，表明构件失去隔火作用，如棉花、纸张、化纤等纤维系列的产品燃点较低，很容易失去隔火作用。

以上三种情况，只要符合其中一项，都认为该构件达到耐火极限。

燃烧性能指组成建筑物的主要构件在明火或高温作用下，燃烧与否，以及燃烧的难易。按燃烧性能，建筑构件分为：非燃烧体、难燃烧体和燃烧体。

非燃烧体 ——用非燃烧材料做成的构件，如混凝土、砖、石材、金属等在空气中受到火烧或高温作用时不起火、不微燃、不炭化的材料。

燃烧体 ——用容易燃烧的材料做成的构件，如木材、纤维板等在空气中受到火烧或高温作用时立即起火微烧，且火源移开后仍继续燃烧或微燃的材料。

难燃烧体 ——用难燃材料做成的构件，或用燃烧材料做成而用非燃烧材料做保护层的构件，如石膏板、水泥石棉板、沥青混凝土构件、木板条抹灰隔墙、经防火处理的木材和刨花板等在空气中受到火烧或高温作用时难起火、难碳化，当火源移走后燃烧或微燃立即停止的材料。

划分建筑物耐火等级的方法，一般是以楼板为基准，然后再按构件在结构安全上所处的地位，分级选定适宜的耐火极限。

多层建筑的耐火等级分为 4 级。一般规定：一级的房屋构件都应是非燃烧体；二级除顶棚为难燃烧体外，其他都是非燃烧体；三级除屋顶、隔墙用难燃烧体外，其余也都用非燃烧体；四级除防火墙为非燃烧体外，其余构件按其部位不同有难燃烧体，也有燃烧体。

一座建筑物确定了耐火等级，其建筑的层数、长度和面积都相应受到限制，这在《建筑设计防火规范》（GB 50016—2006）中作了详细的规定。

建筑物构件的结构厚度或截面尺寸与耐火极限关系举例如表 1-1 所示。

表 1-1　建筑物构件的结构厚度或截面尺寸与耐火极限及燃烧性能关系

构件名称	结构厚度或截面尺寸/cm	耐火极限/h	燃烧性能
钢筋混凝土墙	12	2.5	非燃烧体
钢筋混凝土墙	24	5.5	非燃烧体
钢筋混凝土柱	30×30	3.0	非燃烧体
钢筋混凝土柱	37×37	5.0	非燃烧体
预应力空心板	保护层厚度 1.0	0.4	非燃烧体
预应力空心板	保护层厚度 2.0	0.7	非燃烧体
非预应力空心板	保护层厚度 1.0	0.9	非燃烧体
非预应力空心板	保护层厚度 2.0	1.25	非燃烧体
木吊顶搁栅	钢丝网抹灰 1.5	0.25	难燃烧体
钢吊顶搁栅	钢丝网抹灰 1.5	0.25	非燃烧体
木龙骨两面钉石膏板	1.2＋5.0（空）＋1.2	0.30	难燃烧体
钢龙骨两面钉石膏板	2.0＋4.6（空）＋1.2	0.33	非燃烧体

1.3.5　按民用建筑的设计使用年限分类

民用建筑按设计使用年限分类如表 1-2 所示。

表 1-2　设计使用年限

类别	设计使用年限	示　例
1	5	临时性建筑
2	25	易于替换结构构件的建筑
3	50	普通建筑及构筑物
4	100	纪念性建筑和特别重要的建筑物

1.4　建筑工程设计的内容

建筑工程设计涵盖了众多的专业技术，在实际工作中，常常根据设计重点的不同划分为三个不同的专业设计，包括建筑设计、结构设计、设备设计三个方面，这三方面的设计从根本上决定了建筑的最终面貌。

1.5　建筑设计程序

民用建筑工程一般应分为方案设计、初步设计和施工图设计三个阶段；对于技术要求相对简单的民用建筑工程，经有关主管部门同意，且合同中没有做初步设计的约定时，可在方案设计审批后直接进入施工图设计。而复杂的工程项目，则还要在初步设计阶段和施工图设计阶段之间插入技术设计的阶段（扩大初步设计阶段）。

1.6　建筑设计的要求和依据

1.6.1　建筑设计的要求

（1）满足建筑功能要求。
（2）采用合理的技术措施。
（3）工程造价经济合理。

（4）塑造美好的艺术形象。

（5）可持续发展的要求。

1.6.2 建筑设计的依据

1. 使用功能要求

建筑的使用功能要求涉及人体活动和家具布置两方面。

人体活动空间按以下四种人体尺度来考虑：

（1）按较高人体考虑，设计阳台、栏杆高，阁楼、地下室高，门洞高，窗台、女儿墙高，淋浴喷头高度，床长等。

（2）按较矮人体考虑，设计踏步、吊柜、搁板、挂衣钩高度，盥洗台、操作台、案板高度等。

（3）按平均身高来考虑，设计展览品陈列高度，剧院座位、一般桌椅高度，柜台高度。

（4）特定身高及活动空间要求，如设计幼托建筑、中小学建筑、老年公寓及无障碍设计。

2. 自然环境条件

在设计前，需要收集当地的自然条件资料，作为设计参考，这包括温度、湿度、日照、雨雪等气候条件和地形、地貌等地质条件。

气候条件对建筑物的设计有较大影响，对于不同的气候条件，建筑设计的重点是不同的。《民用建筑设计通则》（GB 50352—2005）按 1 月、7 月平均气温与 7 月平均相对湿度将全国划分成 5 个热工分区：严寒地区、寒冷地区、夏热冬冷地区、夏热冬暖地区、温和地区，对于不同气候条件有不同的建筑设计要求。例如寒冷地区，通常希望把房屋的体型尽可能设计得紧凑一些，以减少外围护面的散热，有利于室内采暖、保温。而积雪量的多少还会影响到屋顶形式和屋面构造。

日照和主导风向，通常是确定房屋朝向和间距的主要因素，风速更是高层建筑设计中结构布置和建筑体型设计的重要依据。对于风向风速，建筑设计中一般用风向频率玫瑰图表示，风向频率玫瑰图简称风玫瑰，风向是指从各个方向吹向基地。

地质条件是指地形的平缓或起伏、基地的地质构成、土壤物理力学特性、地震烈度等。这些因素对建筑物的平面组合、结构布置等都有明显的影响。房屋建造在坡度较陡的地形上时，常结合地形形成错层。遇到复杂的地质条件更要求房屋的结构布置、体型设计采取相应的措施。如膨胀土地质区：散水宽 2 ~ 3 m。湿陷性黄土地质区：建筑长高比不宜大于 3，室内外高差≥0.45 m，散水宽 1.5 ~ 2.5 m。

地震烈度表示地面及房屋建筑遭受地震破坏的程度。根据当地的地震活动情况，建筑设计要考虑地震设防，并应尽可能避免在地震烈度大的地方建设。在地震设防区进行建筑设计应注意选择对抗震有利的地势如平坦、开阔的场地；建筑物的体型必须简洁规则，不能有过大的凹凸起伏；建筑部件必须与主体结构有坚固的连接等。

抗震设防目标：小震不坏、中震可修、大震不倒。

在我国，地震烈度分为 12 个等级，5 度及以下不设防，6 度构造设防，≥7 度计算地震作用，大于 9 度避免建设民用建筑。

3. 建筑模数统一标准

为了实现建筑的工业化和规模化生产，不同材料、不同形式和不同制造方法的建筑构配件、组合件应当具有一定的通用性和互换性，为此在建筑业中必须遵守《建筑模数协调统一标准》（GBJ 2—86）。

建筑模数是指在设计、施工中采用一个确定的尺寸作为尺度协调中的增值单位，这是建筑设计、施工构件制作的尺寸依据。现行模数标准包括以下几点内容：

（1）基本模数：基本模数的数值规定为 100 mm，表示符号为 M，即 1M=100 mm。整个建筑或其中一部分以及建筑组合件的模数化尺寸均应是基本模数的倍数。

（2）扩大模数：基本模数的整倍数。扩大模数的基数应符合下列规定：

水平扩大模数为 3M、6M、12M、15M、30M、60M，其相应的尺寸分别为 300 mm、600 mm、900 mm、1 500 mm、3 000 mm、6 000 mm。

竖向扩大模数的基数为 3M、6M 两个，其相应的尺寸为 300 mm、600 mm。

（3）分模数：整数除基本模数的数值。分模数的基数为 M/10、M/5、M/2，其相应的尺寸为 10 mm、20 mm、50 mm。

（4）模数数列：以基本模数、扩大模数、分模数为基础扩展成的一系列尺寸，这些模数数列的幅度及适用范围如下：

水平基本模数数列应按 100 mm 进级，幅度为(1 ~ 20)M，主要适用于门窗洞口和构配件断面尺寸。

竖向基本模数数列应按 100 mm 进级，幅度为(1 ~ 36)M，主要适用于建筑物的层高、门窗洞口、构配件等尺寸。

水平扩大模数数列随基数不同而变化，主要适用于建筑物的开间或柱距、进深或跨度、构配件尺寸和门窗洞口尺寸。

竖向扩大模数数列的幅度不受限制，主要适用于建筑物的高度、层高、门窗洞口尺寸。

分模数数列的幅度，M/10 数列按 10 mm 进级，其幅度应由 M/10 至 2M；M/5 数列按 20 mm 进级，其幅度应由 M/5 至 4M；M/2 数列按 50 mm 进级。主要适用于缝隙、构造节点、构配件断面尺寸。

4. 几种尺寸及其相互关系

为了保证建筑制品、构配件等有关尺寸间的统一协调，规范规定了标志尺寸、构造尺寸、实际尺寸及其相互关系。

标志尺寸：符合模数数列的规定，用以标注建筑物定位轴线之间的距离，如开间、进深、柱距、跨度、层高等，以及建筑构配件、建筑组合件、建筑制品、有关设备位置界限之间的尺寸。

构造尺寸：建筑构配件、建筑组合件、建筑制品等的设计尺寸（图纸上要求的尺寸）。

一般情况下，构造尺寸加上预留的缝隙尺寸或减去必要的支撑尺寸等于标志尺寸，如图 1-1 所示。

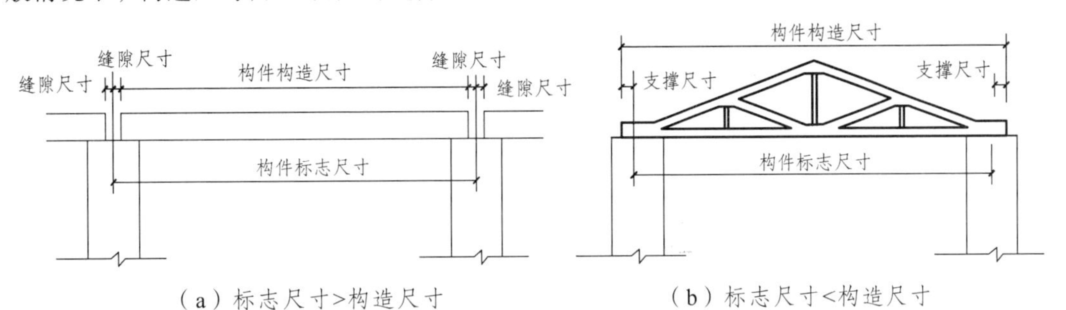

（a）标志尺寸>构造尺寸　（b）标志尺寸<构造尺寸

图 1-1　标志尺寸与构造尺寸间关系

实际尺寸：建筑构配件、建筑组合件、建筑制品等生产制作出来的实际尺寸。制作出来的构件实际尺寸若与设计的尺寸有少许的误差，且误差在允许范围内，则构件是符合要求的。

例如：某跨长为 6.0 m 的板，其标志尺寸为 6 000 mm 长；为了施工安装方便，板的设计构造尺寸为 5 970 mm 长；制作 5 970 mm 长的板允许误差为 – 5 mm ~ + 10 mm，即实际尺寸为 5 965 ~ 5 980 mm 长的板均符合要求。

【本章小结】

（1）建筑是指建筑物与构筑物的总称。无论建筑物或构筑物，都是一种人工创造的满足人类生活需求的空间环境。

（2）建筑三要素是：建筑功能、建筑技术、建筑形象。

建筑三要素彼此之间是辩证统一的关系，不能分割，但又有主次之分。第一是功能，是起主导作用的因素；第二是物质技术，是达到目的的手段，但是技术对功能又有约束或促进的作用；第三是建筑形象，是功能和技术的反映。

（3）建筑根据其使用性质，可以分为生产性建筑和非生产性建筑两大类。

民用建筑根据其使用功能分为居住建筑和公共建筑两大类。

建筑按建造规模分为：大量性建筑与大型性建筑。

住宅建筑按层数分类：1 层至 3 层为低层住宅，4 层至 6 层为多层住宅，7 层至 9 层为中高层住宅，10 层及 10 层以上为高层住宅。

除住宅建筑之外的民用建筑高度不大于 24 m 者为单层和多层建筑，大于 24 m 者为高层建筑（不包括建筑高度大于 24 m 的单层公共建筑）。

（4）多层建筑按耐火等级分为 4 级。

建筑的耐火等级取决于房屋的主要构件的耐火极限和燃烧性能。耐火极限指在标准耐火试验条件下，建筑构件、配件或结构从受到火的作用时起，到失去稳定性、完整性或隔热能力时所延续的时间。

按材料的燃烧性能把材料分为：燃烧材料、难燃烧材料和不燃烧材料。

（5）建筑工程设计分为建筑设计、结构设计、设备设计三个方面。

（6）建筑设计的要求：满足建筑功能要求，采用合理技术措施，工程造价经济合理，塑造美好的艺术形象，可持续发展的要求。

（7）建筑设计的依据：使用功能要求，自然环境条件，建筑模数统一标准，

（8）建筑模数的作用：为了实现建筑的工业化和规模化生产，不同材料、不同形式和不同制造方法的建筑构配件、组合件应当具有一定的通用性和互换性。

基本模数：基本模数的数值规定为 100 mm，表示符号为 M，即 1M=100 mm。

扩大模数：基本模数的整倍数。

分模数：整数除基本模数的数值。分模数的基数为 M/10、M/5、M/2、其相应的尺寸为 10 mm、20 mm、50 mm。

【阶段测试】

一、填空题

1. 建筑三要素是：（　）、（　）、（　）。

2. 按耐火等级分类，建筑的耐火等级分为（　）级。

二、选择题

1. 住宅建筑按层数分类：（　）层为低层住宅，（　）层为多层住宅，（　）层为中高层住宅，（　）层为高层住宅。

A. 1 ~ 2，　3 ~ 6，　7 ~ 9，　≥10　　B. 1 ~ 3，　4 ~ 6，　7 ~ 9，　≥10

C. 1 ~ 2，　3 ~ 6，　7 ~ 8，　≥9　　D. 1 ~ 3，　4 ~ 6，　7 ~ 8，　≥9

2. 基本模数表示符号为 M，1M=（　）mm。

A. 1 000　　B. 100　　C. 10　　D. 50

三、判断题

1. 建筑是一种人工创造的满足人类需求的空间环境。（　）

2. 建筑高度大于 24 m 的单层公共建筑属于高层建筑。（　）

【阶段测试答案】

一、填空题　1. 建筑功能、建筑技术、建筑形象　　2. 4

二、选择题　1. B　　2. B

三、判断题　1. √　　2. ×

第2章　建筑平面设计

【导学提示】

平面图是建筑物各层的水平剖视图，由于建筑使用功能要求和建筑空间组合关系通常集中反映在平面使用上，因此建筑设计往往最先从平面设计着手。本章以大量性民用建筑为主，论述了建筑平面设计的一般原理和方法。学生应熟知单个房间的设计方法和房间的组合方式，掌握交通联系空间的作用和设计方法，理解影响平面设计的多种因素，着重于了解建筑平面设计的规律性问题。

【学习要求】

（1）了解单个房间的功能对平面设计的影响，掌握其平面设计要点。

（2）熟悉交通联系空间的不同形态，掌握其布置原则。

（3）掌握建筑平面组合中的功能分区、流线分析方法。

（4）了解不同的建筑平面组合方式，理解其适用范围。

【学习建议与实践活动】

学习本章内容时，可结合本章理论多观察身边的已有建筑及施工现场，理论联系实际，这样便于知识的理解与记忆。试分析一栋已有建筑的平面组合形式，并写出调研报告。

【学习指导】

一幢建筑是由若干个单体空间有机地组合起来的整体空间，任何空间都具有三度性（长、宽、高），对于建筑设计需从平面、剖面、立面三个不同方向的投影来综合分析建筑物的各种特征，并通过相应的图示表达设计意图。

方案设计时，总是从平面入手，同时认真分析剖面及立面的可能性和合理性。

由组成平面各部分面积的使用性质分析，平面可分为使用部分和交通联系部分两类。

使用部分包含：使用房间与辅助房间。

交通联系部分包含：水平、竖直空间联系。

2.1　使用房间设计

为了供一定数量的人在里面进行活动和布置所需的家具和设备，使用房间必须有足够的面积。

2.1.1　房间面积的组成及大小

1. 房间面积的组成

（1）家具和设备所占用的面积。

（2）人们使用家具和设备及活动所需的面积。

（3）房间内部的交通面积。

2. 房间面积的大小

房间面积大小与使用要求有关，即使用房间的规模及容纳人数。

（1）根据规范制定的有关面积定额指标确定面积。

（2）有些房间面积无规范可查，或使用人数不定时，需对同类建筑或相近规模的建筑进行调查研究，通过综合比较得到一个合理面积。

3. 房间形状

常见的房间形状有矩形、方形、多边形、圆形。

（1）矩形平面的优点。

体型简单，墙面平直，便于家具布置和设备安排，使用上充分利用室内有效面积，有较大的灵活性；结构布置简单，便于施工，经济；便于统一开间、进深，有利于平面及空间组合。

（2）特殊功能要求。

视听要求：如体育馆、剧场、会议厅，首先要满足看得清，听得清，音质好。

音质要求：音色丰满，不失真，没有回声、轰鸣、干涩等现象。

声学要求：声能分布均匀。

平面——定向反射，反射声可加强声场不足的部位。

凸曲面——扩散反射，使声场均匀。

凹曲面——收敛，严重产生声聚和音质缺陷，如轰鸣声。

人们听声音是先听到由发音处传来的直达声，之后听到墙面、顶棚或山峦传来的反射声。反射声晚到 0.05 s 时，人耳能够分辨，称为回声；而晚到小于 0.05 s 时，人耳听不到回声，反而感到声质丰满、响亮，因为声能得到加强。

常温下声速为 340 m/s，按时间差 0.05 s 计算，只要直达声与反射声之间声程差超过 17 m，便可听到回声，用声线作用方法检查声程差可检验有无回声问题。

剧场剖面常将靠近舞台口的顶棚压低，平面将靠近舞台口的两侧收拢，就是为了使反射声程缩短，避免观众厅前区产生回声，使视觉环境好；将后排地面升高，缩短反射声程，营造了亲切气氛。

杂技场采用圆形或椭圆形平面，一是方便观众近距离观看，二是满足演马戏时动物跑弧线的要求。

4. 房间尺寸

确定了面积和形状之后，再确定房间的开间和进深尺寸。同样面积情况下，房间的尺寸可多种多样。

（1）满足家具布置及人们活动的要求。

（2）满足视听要求。

语言清楚要求——话剧院和戏剧院的长不宜超过 28 m，宽不宜超过 30 m。

声音丰满要求——歌舞剧场长不宜超过 33 m，宽不宜超过 30 m。

如观众席位多，设楼座，甚至多层楼座。

教室设计：

① 前排边座的学生与黑板远端形成的水平视角$\alpha \geq 30°$，避免斜视影响视力；为防止第一排垂直视太小造成近视，保证垂直视角$\beta \geq 45°$。

② 第一排课桌前沿与黑板的水平距离≥2 000 mm。教室最后一排课桌的后沿与黑板的水平距离：小学≤8 000 mm，中学≤8 500 mm。

（3）满足良好的天然采光要求。

除少数有特殊要求的房间如演播室、观演厅等以外，大多数房间要求有良好的天然采光。

一般房间多采用单侧或多侧采光，因此房间深度常受到采光限制。一般单侧采光时进深不大于窗上口至地面距离的 2 倍，双侧采光时，进深较单侧采光时增大一倍。

房间长宽比≤2，否则室内交通面积大，视觉效果差。

（4）满足经济合理的结构布置要求。

钢筋混凝土板经济跨度≤4 m；钢筋混凝土梁经济跨度≤9 m。

对于多个开间组成的大房间，尽可能统一开间尺寸，减少构件类型。

（5）符合建筑模数。

2.1.2　门窗布置

门——供出入和交通联系作用，有时兼采光和通风作用。

窗——采光、通风。

1. 门的宽度及数量

（1）单股人流通行最小宽度为 550 mm。

（2）一个人侧身通行需 300 mm 宽。

（3）一个人携带物品通行需 900 mm 宽。

（4）一个人正面通行，另一人侧身通行需 1 000 mm 宽。

单扇门宽 700 ~ 1 000 mm，双扇门宽 1 200 ~ 1 800 mm，四扇门宽 2 400 ~ 3 600 mm。

2. 窗的面积

窗的面积大小根据房间使用要求、房间面积、通风、立面造型等因素考虑。

南方地区气候炎热，可适当增大窗口面积以争取通风量；寒冷地区为防止冬季热量散失及寒风袭击，可适当减少窗口面积。

离地高度 0.8 m 以下的采光口不计入有效采光面积。

采光口上部有宽度超过 1 m 以上的外廊、阳台等遮挡物时，其有效导光面积按采光面积的 70%计算。

设计时，先确定窗洞口尺寸，再验算窗地面积比是否符合要求。

3. 门窗位置

（1）尽量使墙面完整，便于家具布置和充分利用室内有效面积。

（2）门窗位置应有利采光通风。

《中小学校建筑设计规范》第 7.1.2 条规定，教室光线应自学生座位的左侧射入，当教室南向为外廊，北向为教室时，应以北向窗为主要采光面。

（3）门的位置应便于交通，利于疏散。使用人数密集的剧场、体育馆，高窗距地≥2 m。

（4）门窗洞的开设要考虑墙体受力及敷设过梁的要求。

4. 门窗的开启方式

（1）一般门的开启方向向内，可防止开启门时影响室外的人行交通。

（2）对人流较多的公共场所，如影剧院、候车厅、体育馆、营业厅及有爆炸危险的安检室，为便于安全疏散，这些门必须向外开。

2.2　辅助房间设计

一幢建筑，除了使用房间的设计外，辅助房间的设计也很重要。这些房间处理得是否妥善，对建筑的内部环境、外部环境及造价等方面有很多影响。

辅助房间：厕所、盥洗室、浴室、厨房、水源房、配电室等。

这类房间大都布置有较多道管、设备，而面积又受到限制，因此设计起来不比使用房间简单。辅助房间的设计基本原理与使用房间相同，如采光、通风、门窗、面积。

2.2.1　厕所布置的一般要求

厕所布置应考虑处于人流交通线上，与走道及楼梯间相联系，如走道两端、楼梯间及出入口处、建筑物转角处。从卫生和使用上考虑常设前室。前室为过度空间，起到交通缓冲地带、放置设备、隔绝污臭气、遮挡视线、避免过道太湿等作用。

大量人群使用的厕所，应有良好的天然采光与通风，以便排除污臭气；少数人使用的厕所允许间接采光，但必须设抽风设施，如气囱、抽风井。为保证使用房间有良好朝向，可将厕所布置在方位较差的一面，最好在下风口。

尽量节省管道，减少立管并靠近给排水管道，同层平面中男女厕所最好并排布置。避免管道分工，多层建筑中厕所应尽可能上下相应布置。

厕所隔间最小平面尺寸：

外开门厕所间：宽×深＝0.9 m×1.2 m；

内开门厕所间：宽×深＝0.9 m×1.4 m。

2.2.2 厨房布置的一般要求

住宅、公寓内每户使用的厨房，是家务劳动的中心。厨房设计得好与不好，与家务劳动的强度、卫生的保持有密切联系。

厨房的布置方式：单排布置、双排布置、L 形布置、U 形布置。

2.3 交通联系部分设计

使用房间及辅助房间都是单个独立的部分，房间与房间之间的水平与垂直方向上的联系及建筑物室内与室外之间的联系，都要通过其他空间来实现——交通联系空间。

一幢建筑物是否适用，除主要使用房间和辅助房间本身及其位置是否恰当外，很大程度上取决于各房间与交通联系部分相对位置是否恰当，以及交通联系部分本身设计上是否合理。

水平联系：走道。

垂直联系：楼梯、电梯、扶梯、台阶、坡道。

交通枢纽：门厅、过厅、门斗。

联系空间设计要点：

（1）交通路线简捷明确，对人流起导向作用。

（2）人流通畅，紧急疏散时迅速、安全。

（3）满足一定的采光、通风要求。

（4）楼梯行走省力，在满足使用要求的前提下力求节约交通面积。

（5）注意空间形象的完美和简洁。

2.3.1 走 道

1. 走道按性质划分为三类

（1）完全为交通需要而设置的走道，如办公楼、旅馆、电影院、体育馆走道仅供人流集散用。

（2）主要为交通联系，同时兼有其他功能的走道，如：教学楼走道——课间休息、活动场所、布置陈列橱窗及黑板；医院门诊走道——候诊。

（3）多功能综合使用的走道，如展览馆走道式布置展品，满足边走边看的要求。

2. 走道的宽度（理解）

《中小学校建筑设计规范》规定：

教学楼走道净宽，内廊≥2 100 mm，外廊≥1 800 mm；

行政及教师办公用≥1 500 mm。

3. 走道的长度

走道的长度应符合表 2-1 的要求。

表 2-1　走道长度

名称	安全疏散距离（房门至外部出口或封闭楼梯间的最大距离）/m					
	位于两个外出口楼梯间之间的房间			位于袋形走道两侧或尽端的房间		
	耐火等级			耐火等级		
	一、二级	三级	四级	一、二级	三级	四级
托儿所、幼儿园	25	20	—	20	15	—
医院、疗养院	35	30	—	20	15	—
学　校	35	30	—	22	20	—
其他民用建筑	40	35	25	22	20	15

注：最远一处房间出入口到楼梯间安全出入口的距离必须控制在一定范围内。

4. 走道的天然采光和通风

内走道增加天然采光和通风的措施：走道尽端开窗，设高窗，中部设开敞空间，内外走道结合。

内走道长度不超过 20 m 时，至少有一端采光；超过 20 m 时，应两端有采光口；超过 40 m 时，中间应增设采光口，否则应采用人工照明。

2.3.2　楼　梯

1. 宽度和数量

《民用建筑设计通则》规定：供日常主要交通使用的楼梯梯段净宽应根据建筑物使用特征，一般按每股人流宽为 0.55 m + (0 ~ 0.15) m 的人流股数确定，并不应少于两股人流。

0 ~ 0.15 m 为人流在行进时人体的摆幅，公共建筑人流众多的场所应取上限值。

《建筑防火设计规范》规定：疏散走道和楼梯的最小宽度不应小于 1.1 m，不超过 6 层的单元式住宅中一边设有栏杆的疏散楼梯，其最小宽度可不小于 1 m。

通常，民用建筑楼梯在一幢建筑中不少于两部。

2. 楼梯的形式

楼梯根据其使用性质分为主要楼梯、次要楼梯。

主要楼梯 ——布置在门厅中位置明显的部位，可丰富门厅空间且具有明显的导向性，也可布置在门厅附近较明显的部位。

次要楼梯 ——布置在次要入口附近，分担一部分人流并与主要楼梯配合共同起着人流疏散、安全防火的作用。

2.3.3　门厅 ——建筑物内外联系的交通枢纽

1. 作　用

① 主要接纳人流、分配人流。

门厅是室内外空间过渡，一般位于突出位置，面向干道，方便人流出入，内部设计有明显的导向性，使人流相互干扰少。

② 辅助作用。

根据性质不同，门厅兼有不同的其他作用：

行政办公楼门厅 ——收发室、接待室、值班室、办公指南、宣传橱窗。

医院门诊门厅 ——挂号、取药、就医咨询、候诊、指南。

旅馆门厅 ——接待、登记、小卖、等候、值班、休息、会客。

③ 体现建筑意境和形象。

门厅可树立建筑的庄严、雄伟、小巧、亲切、端庄等气氛，设计上需重点处理。作为过渡空间，供人们出入时暂时停留，门厅要求达到防雨雪飘入室内、遮阳及建筑观感上的要求，并注意雨篷、门廊的设计。

2. 面 积

门厅的面积，规范上有面积指标的，按规范规定设置，但要注意规范指标是否落后；无面积指标的根据调研确定合适的面积。

2.3.4 过 厅

过厅指建筑物内部交通干道上的开阔空间。

2.4 建筑平面组合设计

建筑平面组合设计即将各个使用空间、辅助空间、交通空间有机地组合在一起。

2.4.1 影响平面组合的因素

影响平面组合的因素：使用功能、地基环境、结构形式、设备管线、建筑造型。

1. 使用功能的影响

各房间的功能不同，使用性质也不一样，不同的建筑，性质不同、功能要求不同。

（1）功能分区。

将建筑物组成部分的空间按不同的功能分类，并根据它们的密切程度加以划分，相近相同功能的并在一起。

分区方式：水平分区、垂直分区、混合方式。

要学会用功能分析图将各类功能关系及联系顺序表示出来。

功能分区原则：

① 主次关系。

教学楼：主要房间——教室、实验室；次要房间——办公室、管理室、厕所。

住宅楼：主要房间——居室（卧室、起居室）；次要房间——厨房、厕所、贮藏。

主要使用房间布置在朝向好的位置，靠近主要出入口，有良好的采光、通风；次要房间布置在较差的位置。

有时主次关系是辩证的，如车站、剧场的售票办公及门诊楼的挂号、药房等，它们从使用性质上分是辅助部分，但在使用程序上又在主要使用空间的前面，也不能置于次要的隐蔽地位，而必须处于方便的通达之处。

分区要保证功能顺序的连贯性。

② 内外关系。

办公楼：对内——办公室；对外——传达、值班。

商场：对内——办、库、管理室；对外——营业。

一般将对外联系密切的房间布置在交通枢纽附近，位于明显便于直接对外的位置。

对于一些既对内又对外的房间，要考虑主要对内还是主要对外，如打印、文印、餐厅等。

③ 闹静（动静）关系。

教学楼：静区——阅览室、办公室；一般区——普通教室、美术；闹区——音乐教室、舞蹈教室、合班教室。

文化馆：闹区——观演厅、歌舞厅、排练室；一般区——美术书法教室、摄影工作室、老年活动室；静区 ——阅览室、展览室、棋艺室。

④ 洁污（清浊）关系或关系。

餐馆：清洁区 ——餐厅；污浊区 ——厨房、库房。

医院：清洁区 ——一般病区、物理检测；污浊区 ——传染病区、化学检测、放射检测。

污浊区一般放在下风口、底层、顶层、人流少处。

（2）交通流线组织。

交通流线分人流、货流两类。

各种流线应简捷、通畅，减少迂回逆行，尽量避免相互交叉。

医院：门诊病人流线、急诊病人流线、传染病人流线、住院病人流线、供应流线、工作人员流线。

商场：顾客流线、货物流线、工作人员流线。

体育馆：观众流线、运动员流线、管理人员流线、贵宾流线。

教学楼：教师流线、学生流线。

2. 地基环境的影响

平面形式是一字形还是 L 形、H 形、X 形或其他什么形与场地的地形、地貌及地质等有关。

3. 结构形式的影响

中小型民用建筑常用结构类型为两种：混合结构、框架结构。

（1）混合结构：要求开间、进深尺寸尽量统一，上下承重墙对齐，大房间布置在顶层或附建于大楼旁，墙体洞口上下对齐。当房间面积较小，建筑物为多层或低层时，常采用混合结构。

混合结构的承重形式有：横墙承重、纵墙承重、纵横墙共同承重、内框架结构。

① 横墙承重：适用于开间多数相同，且符合钢筋混凝土预制板的经济跨度。

特点：建筑物横向刚度好，房间隔声效果好，但房间开间受限制，且横墙上不宜开较大洞口。

② 纵墙承重：当房间进深沿纵向时，常采用。

特点：横向刚度较差，层数有严格限制。

③ 纵横墙共同承重：房间平面类型较多时常用。

特点：平面布置灵活，但施工较麻烦。

④ 内框架结构：适用于需要大空间，要求不高的房间，如临时仓库。

特点：受力性能差，层数严格受限。

（2）框架结构：适用于开间大、进深大的房间及空间需要灵活划分、层高较高的建筑，柱网以 6 ~ 8 m 为宜。

特点：梁板承重，隔墙不承重，抗震性能好，造价高，施工强度大，工期长。抗震设防地区不允许纯框架，应适当设置剪力墙。

4. 设备管线的影响

使管线较多的房间尽量集中并上下对齐。

5. 建筑造型的影响

建筑造型是内部空间的直接反映，但简洁完善的造型要求及不同建筑的外部性格特征又会影响到平面布局及平面形状。

2.4.2　平面组合形式

1. 走道式组合

走道式即各房间沿走道一侧或两侧并列布置。

特点：能使各房间保持相对独立，适用于房间面积较小、同类房间数量较多的建筑，如教学楼、医院、宿舍、餐馆、办公楼。

内廊式：北方地区多用，平面进深大，交通面积少，使用率高，外墙面积少，利于保暖，但北向房间日照条件差。

外廊式：南方地区多用，利于通风，平面进深小，交通面积大，使用率低；西边外廊，有利于隔热。

内外廊混合式：大型医疗建筑、生化科研与生产建筑及有其他特殊要求的建筑广泛采用。

2. 套间式组合

套间式即房间之间相互贯通。

特点：交通空间与使用空间相结合，开间之间联系密切，但相互干扰大，常用于各房间之间使用顺序有密切联系的建筑，如展览馆、博物馆。

串联式——空间连续贯通，人流路线不重复，不逆行，不交叉。但活动路线不够灵活，中途不能出来，否则中间需开门，适宜展览同类展品。

放射式——流线简捷，线路灵活，适于展品类别不同的建筑。住宅平面图多用，除厅外，各房间使用功能单一，无相互干扰。

3. 单元式组合

单元式组合即将一种或多种单元重复组合成为一幢整体建筑，如住宅、幼儿园建筑。

4. 大厅式组合

大厅式组合即以主体空间为中心，周围布置辅助空间。

特点：主辅房间尺寸悬殊，如剧院、体育馆。

有视听要求的大厅：厅内无柱，采用大跨度结构，如影院、剧院、体育馆。

无视听要求的大厅：厅内有柱，可形成多层大厅，如火车站、商场。

5. 混合式组合

混合式即由两种或两种以上组合形式组合而成的形式。对于功能复杂的建筑，必须采用多种形式综合解决。

2.4.3 平面组合与总平面的关系

1. 基地环境对建筑平面组合的影响

（1）地形、地势。

（2）朝向。最好南向或东南向。对于东西地形，采用锯齿形平面与南窄北宽平面解决朝向问题。

（3）通风。

2. 日照

日照和建筑物的间距示意如图 2-1。

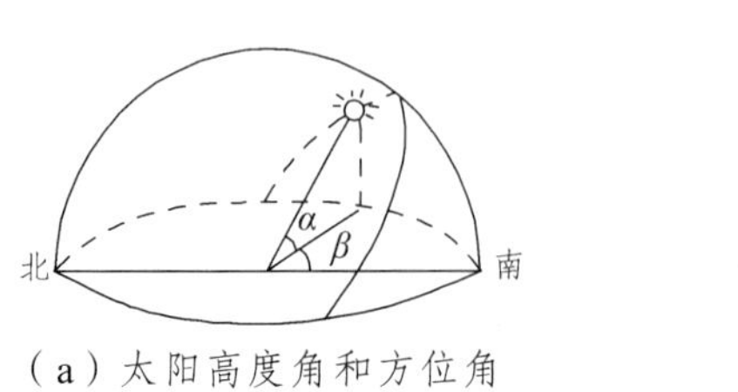

（a）太阳高度角和方位角

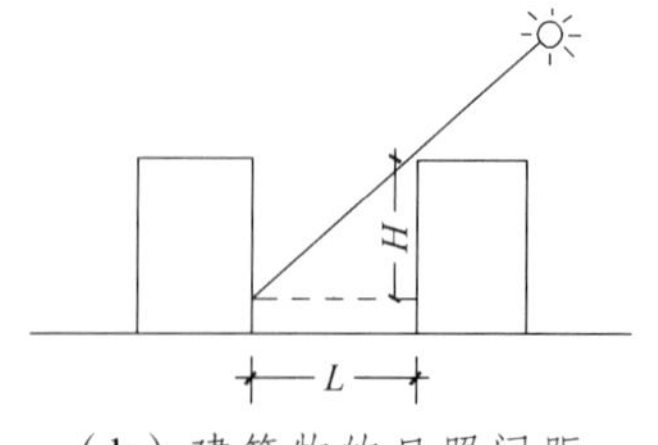

（b）建筑物的日照间距

图 2-1 日照和建筑物的间距

$L=H/\tan\alpha$，α 为太阳高度角；β 为太阳方位角。

太阳方位角及高度角关于正南向对称，方位角符号相反。

任何一个地区，在日出日落时，太阳高度角为 0，一天中正午高度角最大，此时太阳位于正南方。方位角以正南方为 0；顺时针方向为正，表示太阳位于下午时间范围；反时针方向为负值，表示太阳位于上午的时间范围。

任何一天内，上下午的太阳对称于正午。例如下午 3:15 分对称于上午 8:45 分，对称于正午。

实际设计中，结合日照间距、卫生要求及采光、隔声及防视线干扰等因素，对不同建筑、不同地区，对房屋间距和前排房屋高作出一个比值规定，即日照间距系数，如 $L/H = 0.8$、1.2、1.5、2.5 等，此值由各地建设主管部门规定。

大多数民用建筑，日照是确定房屋间距的主要依据，一般情况下，只要满足了日照间距，其他要求均能满足。

防火间距一般也小于日照间距，举例如表 2-2。

表 2-2　不同耐火等级建筑之间的防火间距

<table>
<tr><td rowspan="7">多层与多层</td><td>房屋类型</td><td>防火间距/m</td></tr>
<tr><td>耐火等级一二级与一二级</td><td>6</td></tr>
<tr><td>耐火等级一二级与三级</td><td>7</td></tr>
<tr><td>耐火等级一二级与四级</td><td>9</td></tr>
<tr><td>耐火等级三级与三级</td><td>8</td></tr>
<tr><td>耐火等级三级与四级</td><td>10</td></tr>
<tr><td>耐火等级四级与四级</td><td>12</td></tr>
<tr><td colspan="2">高层与高层</td><td>13</td></tr>
<tr><td colspan="2">高层与裙房</td><td>9</td></tr>
<tr><td colspan="2" rowspan="2">裙房与裙房
高层与高层</td><td>6</td></tr>
<tr><td>9</td></tr>
<tr><td colspan="2">高层与耐火等级一二级的多层</td><td>9</td></tr>
<tr><td colspan="2">裙房与耐火等级一二级的多层</td><td>6</td></tr>
<tr><td colspan="2">高层与耐火等级三（四）级的多层</td><td>11（14）</td></tr>
<tr><td colspan="2">裙房与耐火等级三（四）级的多层</td><td>7（9）</td></tr>
</table>

【联系实际】

某高校一教学楼平面为内廊式组合，两侧的教室讲台在同一个方向，导致一侧的教室为右侧采光，如图 2-2 所示。而教室采光应该为左侧采光。

图 2-2　教室为右侧采光

【本章小结】

（1）由组成平面各部分面积的使用性质分析，平面可分为使用部分和交通联系部分两类。

（2）房间面积的组成：家具和设备所占用的面积；人们使用家具和设备及活动所需的面积；房间内部的交通面积。

房间面积大小的确定依据：面积定额指标确定面积；无规范可查的建筑进行调查研究确定一个合理面积。

（3）房间为矩形平面的优点：体型简单，墙面平直，便于家具布置和设备安排，使用上充分利用室内有效面积，有较大的灵活性；结构布置简单，便于施工，经济；便于统一开间、进深，有利于平面及空间组合。

（4）教室设计：前排边座的学生与黑板远端形成的水平视角$\alpha \geqslant 30°$，避免斜视影响视力；为防止第一排垂直视太小造成近视，保证垂直视角$\beta \geqslant 45°$；第一排课桌前沿与黑板的水平距离≥2 000 mm。教室最后一排课桌的后沿与黑板的水平距离：小学≤8 000 mm，中学≤8 500 mm。

（5）经济合理的结构布置：钢筋混凝土板经济跨度≤4 m；钢筋混凝土梁经济跨度≤9 m。对于多个开间组成的大房间，尽可能统一开间尺寸，减少构件类型。

（6）门窗位置：尽量使墙面完整，便于家具布置和充分利用室内有效面积；门窗位置应有利采光通风；门的位置便于交通，利于疏散；门窗洞的开设要考虑墙体受力及敷设过梁的要求。

离地高度 0.8 m 以下的采光口不应计入有效光面积。

采光口上部有宽度超过 1 m 以上的外廊、阳台等遮挡物时，其有效导光面积按采光面积的 70%计算。

（7）厕所间最小平面尺寸：外开门厕所间，宽×深 = 0.9 m×1.2 m；内开门厕所间，宽×深 = 0.9 m×1.4 m。

厨房的布置方式：单排布置、双排布置、L 形布置、U 形布置。

（8）联系空间设计要点：交通路线简捷明确，对人流起导向作用；人流通畅，紧急疏散时迅速、安全；满足一定的采光、通风要求；楼梯行走省力，在满足使用要求的前提下力求节约交通面积；注意空间形象的完美和简捷。

（9）走道按性质划分为三类：完全为交通需要而设置的走道，如办公楼、旅馆、电影院、体育馆走道仅供人流集散用；主要为交通联系，同时兼有其他功能的走道，如教学楼走道、医院门诊走道；多功能综合使用的走道，如展览馆走道式布置展品，满足边走边看的要求。

中小学建筑规范：教学楼走道净宽，内廊≥2 100 mm，外廊≥1 800 mm；行政及教师办公用≥1 500 mm。

（10）供日常主要交通使用的楼梯梯段净宽应根据建筑物使用特征，一般按每股人流宽为 0.55 m + (0 ~ 0.15) m 的人流股数确定，并不应少于两股人流。疏散走道和楼梯的最小宽度不应小于 1.1 m。

楼梯根据其使用性质分：主要楼梯、次要楼梯。

（11）影响平面组合的因素：地基环境、使用功能、结构形式、设备管线、建筑造型。

（12）功能分区原则：主次关系、内外关系、闹静关系、洁污关系。

（13）交通流线组织分人流、货流两类。各种流线应简捷、通畅，减少迂回逆行，尽量避免相互交叉。

（14）中小型民用建筑常用结构类型为两种：混合结构、框架结构。

混合结构：要求开间、进深尺寸尽量统一，上下承重墙对齐，大房间布置在顶层或附建于大楼旁，墙体洞口上下对齐。

混合结构的承重形式有：横墙承重、纵墙承重、纵横墙共同承重、内框架结构。

横墙承重：适用于开间多数相同，且符合钢筋混凝土预制板的经济跨度。特点：建筑物横向刚度好，房间隔声效果好，但房间开间受限制，且横墙上不宜开较大洞口。

纵墙承重：当房间进深沿纵向时，常采用。特点：横向刚度较差，层数有严格限制。

纵横墙共同承重：房间平面类型较多时常用。特点：平面布置灵活，但施工较麻烦。

内框架结构：适用于需要大空间、要求不高的房间，如临时仓库。特点：受力性能差，层数严格受限。

框架结构：适用于开间大、进深大的房间及空间需要灵活划分，层高较高的建筑。特点：梁板承重，隔墙不承重，抗震性能好，造价高，施工强度大，工期长，适当设置剪力墙，抗震地区不允许纯框架。柱网 6～8 m 为宜，梁高按 1/10 跨度估算。

（15）平面组合形式：

走道式组合：各房间沿走道一侧或两侧并列布置。特点：能使各房间保持相对的独立，适用于房间面积较小，同类房间数量较多的建筑。如教学楼、医院、宿舍、餐馆、办公楼。

套间式组合：房间之间相互贯通。特点：交通空间与使用空间相结合，开间之间联系密切，但相互干扰大，常用于各房间之间使用顺序有密切联系的建筑。如展览馆、博物馆。

单元式组合：将一种或多种单元重复组合成为一幢整体建筑，如住宅、幼儿园。

大厅式组合：以主体空间为中心，周围布置辅助空间。特点：主辅房间尺寸悬殊。如影剧院、体育馆。

（16）大多数民用建筑，日照是确定房屋间距的主要依据，一般情况下，只要满足了日照间距，其他要求均能满足。

【阶段测试】

一、填空题

1. 教室设计，前排边座的学生与黑板远端形成的水平视角（　），避免斜视影响视力，为防止第一排垂直视太小造成近视，保证垂直视角（　）。

2. 中小型民用建筑常用结构类型为（　）。

二、判断题

1. 对于多个开间组成的大房间，尽可能统一开间尺寸，减少构件类型。（　）

2. 大多数民用建筑，日照是确定房屋间距的主要依据，一般情况下，只要满足了日照间距，其他要求均能满足。（　）

三、选择题

1. 经济合理的结构布置：钢筋混凝土板经济跨度≤（　）；钢筋混凝土梁经济跨度≤（　）。

A. 3 m，9 m　　B. 4 m，5 m　　C. 4 m，9 m　　D. 4 m，12 m

2.（　）是横墙承重的特点。

A. 建筑物横向刚度好　　B. 横向刚度较差

C. 适用于需要大空间　　D. 平面布置灵活

【阶段测试答案】

一、填空题：1. ≥30°，≥45°　2. 混合结构、框架结构

二、判断题：1. √　2. √

三、选择题：1. C　2. A

第3章 建筑剖面设计

【导学提示】

平面设计着重解决内部空间在水平方向上的问题，而剖面设计则主要研究竖向空间的处理。剖面设计在平面设计的基础上进行，而不同的剖面关系又会反过来影响建筑平面的布局，如剖面图设计要求将层高相同的空间尽量并排在一起。而层高与面积大小、进深尺寸又有密切的关系。

【学习要求】

（1）根据不同的建筑功能要求，确定剖面形状、层数、层高。

（2）掌握一般建筑空间的剖面组合方式。

（3）学会在设计中充分利用剖面空间。

【学习建议与实践活动】

学习本章内容时，可结合本章理论多观察身边的已有建筑及施工现场，理论联系实际，这样便于知识的理解与记忆。试分析一栋已有建筑的建筑空间组合方式，画出其剖面图，并写出调研报告。

【学习指导】

3.1 房间的剖面形状

大多数民用建筑采用矩形剖面——矩形剖面简单、规整，便于竖向空间组合，节约空间，结构简单，施工方便，有利于梁板的布置。

非矩形剖面常用于有特殊要求的房间，或由于不同的结构形式而形成的建筑。

民用建筑中大多数建筑属于一般功能要求，如住宅、学校、办公楼、旅馆、商店等。这类建筑采用矩形剖面就能满足使用要求。

3.1.1 使用要求对剖面形状的影响

1. 视线要求

无遮挡地看清对象，除视距、视角要求外，地面应有一定坡度，需要设计视点（既视线设计）。

视点——设计要求所能看到的极限位置。

电影院：定在银幕底边的中央，保证观众看清银幕的全部。

歌舞剧院：定在舞台前沿，保证观众看到舞台的前沿。

阶梯教室：定在讲桌中点，让学生看清讲桌上的教具。

设计视点越低，视觉范围愈大，地坪坡度越大；设计视点越高，视野范围愈小，地坪升起坡度愈平缓。

当视线高于人的眼睛时，地面可不起坡。

视线升高值 C 与人眼到头顶的高度和视觉标准有关。

后排人的视线掠过前排人的头顶而过，取 $C=120$ mm，使每排升高一级，这叫对位排列。

后排人的视线掠过前面隔一排人的头顶而过，取 $C=60$ mm，使每两排升高一级，这叫错位排列。

一般情况下，当地面坡度大于10%时，做台阶；当地面坡度小于10%时，做坡道。

2. 声学要求

地面：为有效地利用声能，加强各处直达声，必须使大厅地区逐渐升高，声学上的要求与视线的要求是一致的，按照视线要求设计的地高升高一般能满足声学的要求。

顶棚：顶棚的高度和形状是保证听得清楚、听得好的一个重要因素，它的形状应使大厅各座位都能获得均匀的反射声，同时加强声压不足的部位。

顶棚一般前低、后高，将前方的声能反射到声场较弱的后方。顶棚避免采用凹面或拱顶防止产生声聚焦，且声场分布不均匀。

3.1.2　采光、通风要求

（1）当房屋进深较大，侧窗不能满足天然采光及通风时，可设天窗，但这会导致剖面形状的变化。

（2）对于陈列室，为减轻和消除眩光的影响及避免直射阳光损害陈列品，常设天窗及高窗。

（3）产生蒸汽、油烟等的房间，为通风排气，可在顶部设天窗。

3.1.3　节约用地措施

增加建筑物层数，缩短建筑间距，都是节约用地的措施，但必须要满足日照间距。将南面房屋的北向做成坡屋顶，也有利于缩短建筑间距。

3.2　房间各部分高度的确定

3.2.1　房间的高度和层高

层高是指建筑物相邻楼层之间楼地面面层之间的垂直距离。如果房间上部有结构梁通过，梁底以下又有空调等设备管道及吊顶，那么楼板面至板底突出结构梁底的高度，加上梁底到吊顶底面之间的垂直距离，再加上该房间所应有的使用高度，就是该楼层的层高。坡屋顶顶层层高由楼面到外墙与屋面结构板板面交汇处，如图 3-1 所示。

室内净高是指楼地面面层至吊顶或楼板或梁底面之间的垂直距离。

预制梁板放置在梁上时，由于梁底下凸较多，相应降低了房间的净高，如改用花篮梁或十字梁，将板放置在梁的挑耳上，在层高不变的情况下，可提高房间的净高。这时板的跨度也相应减少了一个梁顶面的宽度。

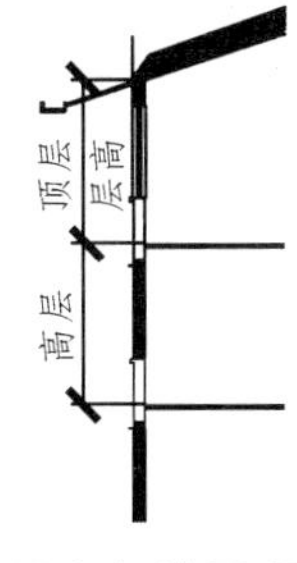

图 3-1　层高与坡屋顶顶层层高

1. 人体活动及家具设备的要求

房间的最小净高：满足人举手触不到顶棚，要求 $h \geqslant 2.2$ m。

中小学建筑主要房间最小净高要求：

小学教室，3.1 m；中学教室，3.4 m；实验室，3.4 m；

舞蹈教室，4.5 m；合班教室，3.6 m；教学辅助用房，3.1 m；

办公及服务用房　2.8 m；设双层床的学生宿舍，3 m。

游泳馆比赛厅：考虑跳水台的高度、跳水台至顶棚的高度。

空调房间：考虑顶棚内有水平风管时，风管尺寸及必要的检修空间。

大型会议厅：满足人体高度，还要考虑心理高度，使人不感到压抑或空旷。

2. 采光、通风、气容量要求

窗口上沿提高，层高加大。房间单侧开窗时，房间进深不大于窗上沿离地高度的 2 倍；两侧开窗时，房间进深可以较单侧开窗时增加 1 倍。

房间的气容量即卫生条件要求：中小学教室 3 ~ 5 m^3/人，电影院 4 ~ 5 m^3/人。

3. 空间比例要求——空间尺度感

一般面积大的空间，高度应高一些；面积小的房间，高度应降低些。

不同尺度会产生不同的心理效果：

高而窄的空间比例，使人产生兴奋、激昂、向上的情绪，且具有严肃感，如教堂，但过高感到不亲切。

宽而矮的空间使人感觉宁静、开阔、舒展、亲切，但过低产生压抑、沉闷感。

住宅要求：小巧、亲切、安静的气氛。

纪念建筑：高大、严肃、庄重的气氛。

公共建筑休息厅、门厅：开阔博大的气氛。

4. 经济效果

适当降低层高可相应减少房屋间距，节约用地，减轻自重，改善结构受力情况，节约材料，工期短，减少空调费用，节约能源。

砖混结构建筑，层高降低 0.1 m，可节省投资 1%。

3.2.2 构件高度

房间构件包括窗台、阳台、女儿墙、栏杆等。

窗台——主要考虑方便人们工作，学习，保证书桌上有足够的光线，并使桌上纸张不被风吹出窗外。

《民用建筑设计通则》规定：开向公共走道的窗扇，其底面高度不应低于 2.0 m。窗台低于 0.8 m 时，应采取防护措施，一般取 900 mm。

中小学建筑：教室、实验室窗台高≥800 mm 且≤1 000 mm。

幼托建筑：活动室、音体室窗台高≤600 mm。

住宅建筑：低层、多层阳台栏杆高≥1.05 m，中高层、高层栏板高≥1.10 m。

（1）凡阳台、外廊、内天井、上人屋面及室外楼梯等临空处应设防护栏杆，并符合下列规定：

① 栏杆应用坚固、耐久的材料制作，并能承受荷载规范规定的水平荷载（结构荷载规范，住宅、宿舍、办公楼、旅馆、医院、托儿所、幼儿园取 0.5 kN/m，学校、食堂、剧场、电影院、车站、礼堂、展览室、体育场取 1 kN/m）。（前几年，阳台栏杆事故时有发生。）

② 栏杆高度不应小于 1.05 m，高层建筑的栏杆高度应适当提高，但不宜超过 1.2 m。

③ 栏杆离楼面或地面 0.1 m 范围内不得留空。

④ 有儿童活动的场所，栏杆应采用不易攀登的构造，垂直杆件间的净距不应大于 0.11 m。

当空花栏杆下有高度≤0.45 m 的实体栏板，或实体栏板下靠内侧有高度≤0.45 m、宽度≥0.22 m 台面时，小孩容易踩在上面往上攀爬，栏杆高度应从实体部分上面算起，如图 3-2 所示。

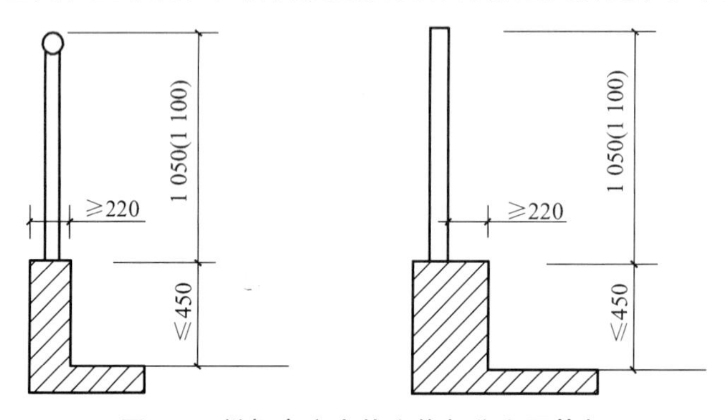

图 3-2 栏杆高度应从实体部分上面算起

（2）当为争取最大限制开窗扩大视野范围，借景丰富室内空间时，常将窗台做得很低，甚至采用落地窗，但必须做栏杆。

《中小学校建筑设计规范》规定：外廊栏杆（拦板）的高度，不应低于 1 100 mm。栏杆不应采用易于攀登的花格。

3.2.3　室内外高差

《民用建筑设计通则》规定：底层地面应高出室外地面至少 0.15 m，室内外台阶宽度不宜小于 0.3 m，踏步高不宜大于 0.15 m，室内台阶踏步不应少于 2 级。

作用：满足防潮、防水、沉降、造型等要求。

纪念性建筑常采用高而实的台基和较多踏步，以增加严肃、庄重、雄伟的气氛。

3.3　房屋的层数

3.3.1　使用要求

1. 建筑容积率要求

容积率 = 总建筑面积/场地面积

小学≤0.8，中学≤0.9，中师、幼师≤0.7。

建筑物的层数与容积率有密切关系，增加层数可以提高容积率，反之则降低容积率。

2. 建筑使用要求及防火要求

小学教学楼≤4 层；

中学、中师、幼师教学楼≤5 层；

幼托生活用房为一、二级耐火时≤3 层；

幼托生活用房为三级级耐火时≤2 层；

幼托生活用房为四级级耐火时不超过一层。

3.3.2　结构对高度的限制

1. 建筑的高度限制

建筑的高度限制见表 3-1、表 3-2。

表 3-1　多层房屋总高度（m）和层数

结构形式	烈度							
	6		7		8		9	
	高度	层数	高度	层数	高度	层数	高度	层数
砖墙厚≥240 mm	24	8	21	7	18	6	12	4
底框砖房	19	6	19	6	16	5	11	3
多排内框架砖房	16	5	16	5	14	4	7	2
单排内框架砖房	14	4	14	4	11	3	—	—

表 3-2　高层各种结构形式建筑物最大高度（m）

结构体系	非抗震	抗震烈度			
		6	7	8	9
框　架	60	60	55	45	25
框剪、框筒	130	130	120	100	50
剪力墙	140	140	120	100	60

2. 建筑宽度对高度的限制

建筑宽度对高度的限制见表 3-3、表 3-4。

表 3-3　多层砌体房最大高宽比

烈度	6、7	8	9
H/B	2.5	2.0	1.5

表 3-4　钢筋混凝土房屋最大高宽比

结构类型	非抗震	抗震烈度		
		6、7	8	9
框　架	5	5	4	2
框、剪（筒）	5	5	4	3
剪力墙	6	6	5	4

结构类型和材料是决定房屋层数与高度的基本因素。

3. 地基条件

地基承载力大 ——层数多些；地基承载力小 ——层数少些。

如混合结构：自重大，整体性差，墙体自身随着层数的增加而增加，下部墙体过厚，既费材料又减少关系的使用空间，通常用于≤7 层的建筑中。

4. 建筑基地环境与城市规划要求限制建筑高度

许多历史文化名城、历史文化保护区、文物保护单位和风景名胜区、景观走廊等建筑必须符合国家和地方制定的有关保护规划条例，如北京市的皇家园林建筑、苏州市的民居园林、新疆的民族建筑等，在建筑高度与建筑外观上必须满足城市规划要求。

3.4　建筑空间的组合与利用

3.4.1　建筑空间的组合

1. 重复小空间的组合

这类空间的特点是大小、高度相等或相近，在一幢建筑物内房间的数量较多，功能要求各房间应相对独立，因此常采用走道式和单元式的组合方式，如住宅、医院、学校、办公楼等。组合中常将高度相同、使用性质相近的房间组合在同一层上，以楼梯将各垂直排列的空间联系起来构成一个整体。

有的建筑由于使用要求或房间大小不同，出现了高低差别，如学校中的教室和办公室，由于容纳人数不同、使用性质不同，教室的高度相应比办公室大些。为了节约空间、降低造价，可将它们分别集中布置，采取不同的层高，以楼梯或踏步来解决两部分空间的联系。

2. 大小、高低相差悬殊的空间组合

（1）以大空间为主体穿插布置小空间。

有的建筑如影剧院、体育馆等，虽然有多个空间，但其中有一个空间是建筑主要功能所在，其面积和高度都比其他房间大得多。空间组合常以大空间（观众厅和比赛大厅）为中心，在其周围布置小空间，或将小空间布置在大厅看台下面，设休息室、更衣室、贵宾室、娱乐室、过道等。

（2）以小空间为主灵活布置大空间。

某些类型的建筑，如教学楼、办公楼、旅馆、临街带商店的住宅等，虽然构成建筑物的绝大部分房间为小空间，但由于功能要求还需布置少量大空间，如教学楼中的阶梯教室、办公楼中的大会议室、旅馆中的餐厅、临街住宅中的营业厅等。这类建筑在空间组合中常以小空间为主形成主体，将大空间附建于主体建筑旁，或将大小空间上下叠合起来，分别将大空间布置在顶层或一、二层。

3. 错层式空间组合

当建筑物内部出现高低差，或由于地形的变化使房屋几部分空间的楼地面出现高低错落现象时，可采用错层的处理方式使空间取得和谐统一，以室外台阶或建筑内部台阶与楼梯联系解决错层高差。

4. 退台式空间组合

退台式空间组合的特点是建筑由下至上形成内收的剖面形式，从而为人们提供了进行户外活动及绿化布置的露天平台。此种建筑形式可以减少房屋间距，取得节约用地的效果，同时丰富了建筑外观形象。

3.4.2　空间利用

走道及楼梯间的利用：楼梯间顶部设阁楼及底部设储藏间；走道上设设备廊；坡屋顶设阁楼；大空间四周设夹层；门斗上方设吊柜。

【联系实际】

2000—2001 年，随州市曾都区发生中小学生坠楼事故 10 余起，而几乎所有坠楼事故的原因都最终指向因设计缺陷而引起的栏杆过低、易攀爬等因素。外廊护杆这一原本保护学生活动安全的坚实臂膀，反而成为一只只伸向学生、攫取和吞噬他们生命健康的“魔爪”。

2000 年 10 月 16 日上午 9 时 30 分， 9 岁学生钦某在教学楼二楼与同学玩捉迷藏游戏时，攀登阳台内侧花格衬，身体重心发生偏移坠下楼来，当场昏迷。随后被随州市第一人民医院诊断为“特重型颅脑损伤，脑挫裂伤，颅底骨折，右手腕骨折，头皮血肿”，成为植物人，司法技术鉴定为一级伤残。

严重违反国家标准，栏杆不合格原是肇事元凶。经调查发现，发生事故的教学楼栏杆均不符合国家关于中小学建筑的设计标准，高度不足，宽度过大，焊有极易攀登的花格衬等。这对天性爱动、玩性十足的中小学生来讲，无疑是一个玩耍时浑然不觉的“食人陷阱”。

剖面设计不当，会成为涉及建筑物致人损害的侵权行为。

《民法通则》第一百二十六条规定：建筑物或者其他设施以及建筑物上的搁置物、悬挂物发生倒塌、脱落、坠落造成他人损害的，它的所有人或者管理人应当承担民事责任，但能够证明自己没有过错的除外。

因设计、施工缺陷造成损害的，由所有人、管理人与设计、施工者承担连带责任。

阳台、外廊、内天井、上人屋面及室外楼梯等临空处应设防护栏杆时，其高度不应小于 1.05 m，高层建筑的栏杆高度应适当提高，但不宜超过 1.2 m，通常为 1.1 m。栏杆离楼面或地面 0.1 m 范围内不得留空。满足了设计规范就能规避建筑物致人损害的侵权行为。

【本章小结】

（1）视点是设计要求所能看到的极限位置。

设计视点越低，视觉范围愈大，地坪坡度越大。

设计视点越高，视野范围愈小，地坪升起坡度愈平缓。

一般情况下，当地面坡度大于 10%时，做台阶；当地面坡度小于 10%时，做坡道。

（2）层高是指建筑物相邻楼层之间楼地面面层之间的垂直距离。室内净高是指楼地面面层至吊顶或楼板或梁底面之间的垂直距离。

采用花篮梁或十字梁，在层高不变的情况下，可以提高房间的净高。这时板的跨度也相应减少了一个梁顶面的宽度。

房间的最小净高为人举手触不到顶棚，$h \geqslant 2.2$ m。

（3）房间单侧开窗时，房间进深不大于窗上沿离地高度的 2 倍；两侧开窗时，房间进深可以较单侧开窗时增加 1 倍。

（4）开向公共走道的窗扇，其底面高度不应低于 2.0 m。窗台低于 0.8 m 时，应采取防护措施，窗台高一般取 900 mm。

（5）住宅：低层、多层阳台栏杆高≥1.05 m；中高层、高层栏板高≥1.10 m。

栏杆离楼面或地面 0.1 m 范围内不得留空。

有儿童活动的场所，栏杆应采用不易攀登的构造，垂直杆件间的净距不应大于 0.11 m。

（6）对于不同空间类型的建筑应采取不同的组合方式。

重复小空间的组合，主要用于住宅、医院、学校、办公楼等。

大小、高低相差悬殊的空间组合分为：以大空间为主体穿插布置小空间，如影剧院、体育馆等；以小空间为主灵活布置大空间，如教学楼、办公楼等。

错层式空间组合，以室外台阶或建筑内部台阶与楼梯联系解决错层高差。

退台式空间组合，此种建筑形式可以减少房屋间距，取得节约用地的效果，同时丰富建筑外观形象。

（7）空间利用。

走道及楼梯间的利用：楼梯间顶部设阁楼及底部设储藏间；走道上设设备廊；坡屋顶设阁楼；大空间四周设夹层；门斗上方设吊柜。

【阶段测试】

一、填空题

1.（　）是指设计要求所能看到的极限位置。

2. 采用花篮梁或十字梁，在层高不变的情况下，可以提高房间的净高。这时板的跨度也相应减少了一个（　）的宽度。

二、选择题

1. 房间的最小净高应不小于（　）m。

A. 1.8　　B. 2.0　　C. 2.2　　D. 2.4

2. 栏杆离楼面或地面（　）m 范围内不得留空。有儿童活动的场所，栏杆应采用不易攀登的构造，垂直杆件间的净距不应大于（　）m。

A. 0.1，0.2　　B. 0.15，0.11　　C. 0.12，0.2　　D. 0.1，0.11

三、判断题

1. 设计视点越低，视觉范围愈大，地坪坡度越大；设计视点越高，视野范围愈小，地坪升起坡度愈平缓。（　）

2. 房间单侧开窗时，房间进深不大于窗上沿离地高度的 2 倍；两侧开窗时，房间进深可以较单侧开窗时增加 2 倍。（　）

【阶段测试答案】

一、填空题　1. 视点　　2. 梁顶面

二、选择题　1. C　　2. D

三、判断题　1. √　　2. ×

第 4 章　建筑形象和立面设计

【导学提示】

建筑造型设计与平面、剖面设计既有区别，又有内在联系。它们通过一定的规律组合成为一幢完整统一的建筑物。本章内容重点针对建筑构图中的统一与变化、均衡与稳定、韵律、对比、比例和尺度等法则。

【学习要求】

（1）理解建筑的双重性。

（2）了解影响建筑造型的因素。

（3）理解建筑形式美的规律。

（4）理解建筑形体组合的方式与立面设计要注意的问题。

【学习建议与实践活动】

学习本章内容时，可结合本章理论多观察身边的已有建筑及施工现场，理论联系实际，这样便于知识的理解与记忆。试分析一栋已有公共建筑的形象特点，以及立面细节的处理方式，并写出调研报告。

【学习指导】

建筑的双重性：在人类社会最早的发展阶段，建筑只具有实用的意义，即能蔽风挡雨。随着人类社会的发展，人们对建筑不仅要求运用，而且要求美观。建筑具有物质与精神、实用与美观的双重作用，建筑既是物质产品，又是精神需求。

一般情况下，实用要求必须摆在首位，不论这个实用要求多么简单，美观要求只能处于从属地位，艺术的加工是在实用的基础上进行的。

建筑双重性的表现是不平衡的，不同性质的建筑，艺术加工程度不同。

形象设计不是建筑设计完成后的最后包装，而是与平、剖面设计同时进行并贯穿于整个设计的始终。建筑形象很大程度上受到建筑使用功能、材料、结构施工技术、经济条件及周围环境的制约，因此每一幢建筑都具有自己的独特形式和特点。

4.1　影响外形设计的因素

4.1.1　使用功能

任何一个建筑的外部形象必然要充分反映出建筑物的使用功能。

住宅——入口小，层高低，窗户与阳台组合重复排列，反映出亲切的生活气息和特征。

影剧院——高大的观众厅，宽阔的门厅入口，表现出影剧院特有的建筑外部轮廓。

教学楼——入口宽敞，明亮的大窗重复排列，反映出人流集散的需求和教室采光的需求。

幼儿园——底层数、体形小、色彩鲜艳的楼房给人以亲切、小巧玲珑感，同时便于疏散。

办公楼——简洁、朴实的外观特征，特别是政府办公楼、企业办公楼要气派。

4.1.2　结构、材料

混合结构——要求墙段尺寸不能太小，因此产生小窗口；层高不能大于 3.6 m，因此竖向窗洞密；

层数受限，建筑高度不大；挑梁长度≤1.8 m，阳台排出长度受限。

框架结构——层高大，空间分隔灵活，立面开窗自由，可形成大面积独立窗，也可成带形窗，甚至可作大面积幕墙。作为围护分隔的墙体可以根据各个楼层的不同需要设置，无须上下对齐。

空间结构——其形状呈空间状，并同时具有三维受力特性。空间结构具有荷载传递路线最短、受力均匀等特点。而平面楼盖结构，由于构件分为板、次梁和主梁等“级别”，荷载传递路线长，浪费材料。自然界也有许许多多令人惊叹的空间结构，如蛋壳、海螺等是薄壳结构，蜂窝是空间网格结构，肥皂泡是充气膜结构，蜘蛛网是索网结构，棕榈树叶是折板结构，等等。因此，从某种意义上来说，空间结构是一种仿生结构，它们比平面结构更美观、经济和高效。

4.1.3 城市规划及环境条件

城市面貌规划设计高于单体设计，单体设计必须服从总体规划的要求。

城市中一些主要路口及街道两侧建筑，规划中限制其高度，建筑形象特色受规划限制，如仿古城中的建筑造型只能仿古，其建筑样式、高度、色彩等受限。

与自然有机结合，地形、地貌可能使建筑高低错落；特殊地形使建筑作品富有个性。

4.1.4 社会经济条件

建筑在国家基本建设投资中，所占比例较大。对大量性民用建筑，标准可低些，而重点大型公共建筑标准可高些。

既要防止滥用高级材料而造成不必要的浪费，也要防止片面节约、盲目追求降低标准而造成使用功能不合理及破坏建筑形象。在一定经济条件下，采用合理巧妙的设计手法，使建筑美化。

设计与投资相适应，避免造价不够边施工边简化设计，成为几不像建筑。

4.2 建筑形式美的构图规律

各种建筑组成要素通过一定的规律组合成为一幢完整统一的建筑物。这些规律即建筑构图中的形式美法则。不同时代、不同地区、不同民族，尽管建筑形式千差万别，人们的审美观不相同，但建筑美的基本法则是一致的，是被人们普遍承认的客观规律。

4.2.1 统一与变化

为取得整齐、简洁、完美、丰富的外观形象，“统一中求变化，变化中求统一”法则是形式美的根本规律。

建筑外形缺乏多样性和变化，就“单调”“呆板”；反之，过多的变化，缺乏和谐的整体统一感就显得“杂乱”“烦琐”。

取得“统一”的基本手法：

1. 以简单的几何形状求统一

圆柱体、圆锥体、棱锥体、正方体、球体都具有本身简单、明确肯定的感觉。

宏观地观察，所有成功的建筑都可以看成是一个或由几个简单几何形状有机组合的形体。

2. 主次分明，以次衬主

（1）采用轴线突出主体：以对称的手法，通过两端低矮部分衬托中部主体，多用于庄严性的建筑、大型办公楼，如中国革命历史博物馆。

（2）以低衬高。

（3）以形象变化突出主体：曲线部分比直线部分更引人注目。

4.2.2　均衡与稳定

建筑应具有安定、平衡感。

均衡指前后左右的轻重关系，稳定指上下的轻重关系。

建筑物由于各体量的大小、高低、材料质感、色彩深浅、虚实变化不同，而表现出不同的轻重感。

体量大，实体，材质粗糙，色彩暗深——感觉重些。

体量小，通透，材质光洁，色彩明快——感觉轻些。

4.2.3　韵　律

建筑物的某一部分作有规律的重复变化，就像音乐中某一主旋律反复出现，形成韵律节奏感，给人以深刻的印象。

建筑上运用各种构件重复变化来造成视觉上的某种韵律节奏感。

4.2.4　对　比

体量大小、高低、方向、曲直、横竖、虚实、深浅等使视觉感受丰富，有变化。

外墙材料的不同采用，可塑造不同材质感的外形：粗糙、细腻、吸光、反光、色彩。

4.2.5　比　例

（1）建筑整体三向尺度的大小关系。

（2）整体与组成元素之间的大小关系，如雨篷与整体。

（3）组成元素之间的大小关系，如门与窗、雨篷与门洞。

比率为 1：1.618 即黄金分割比的长方形被认为是最理想的长方形。

影响建筑比例的因素很多，功能、技术、材料、民族传统、文化思想、习惯、视差等对建筑比例产生直接影响。

不同比例的体型给人以不同的感受。

用对角线相互重合、垂直及平行的方法使窗与窗、窗与墙面、单体与单体之间保持相同的比例关系，以相同的比例求得统一。

4.2.6　尺　度

建筑给人感觉上的大小与真实大小之间的关系，常以人或与人体活动有关的一些不变因素作为比较标准，如门、窗、台阶、栏杆等。

尺度的运用：

（1）自然尺度：以人体大小来度量建筑物的实际大小，给人以真实感，如住宅、办公楼、教学楼。

（2）夸张尺度：用夸张来给人以超过真实大小的尺度感，用于纪念性建筑或大型公共建筑，表示庄严、雄伟，如纪念堂、人民大会堂，具有神圣感、使命感。

（3）亲切的尺度：以较小的尺度获得小于真实的感觉，给人以亲切宜人的尺度感，用来创造小巧、亲切、舒适的气氛，如园林建筑，幼托建筑，世界乐园，公园里小桥、小廊、小亭、小山、小路小湖、茶室等。

4.3　建筑体型的组合方式

建筑体型反映了建筑物的外部形态大小、内部空间组合关系和比例尺度等，它是建筑审美的主要对象。建筑形体的基本组合方式，不外乎以下两种：对称布局的造型与不对称布局的造型。

4.3.1 对称布局的造型

对称布局的建筑有明显的中轴线，建筑物各部分主从关系分明。地位重要的主体空间位于中轴线上，建筑给人端正、庄重、肃穆的感觉，在政府机关、法院、博物馆、纪念堂等建筑中常用到。

4.3.2 不对称布局的造型

不对称布局的造型，建筑造型比较灵活自由，对功能关系复杂或不规则的基地形状较能适应。体型不对称的建筑物具有轻松、活泼、自由的感觉，如学校、医院等建筑，是现代建筑中十分常见的做法，适用范围很广。

4.3.3 建筑造型的组合

建筑造型的组合，首先要求完整统一，这对单一几何形体和对称的体型，通常比较容易达到。对于较为复杂的不对称体型，需要注意各组成部分体量的大小比例关系，使各部分的组合协调一致、有机联系。

建筑造型的组合还需要处理好各部分的连接关系，尽可能做到主次分明、交接明确。建筑物有几个形体组合时，应突出主要形体，通常可以由各部分体量之间的大小、高低、宽窄，形状的对比，平面位置的前后，以及突出入口等手法来强调主体部分。

建筑物的体型还需要注意与周围建筑、道路相呼应配合，考虑和地形、绿化等基地环境的协调一致，使建筑物在基地环境中显得完整统一、配置得当。

建筑造型的组合方式：

1. 单一体型

没有明显的主从关系和组合关系，造型统一，简洁，轮廓分明，给人以鲜明而强烈的印象。

2. 单元组合体型

没有明显的主从关系，组合灵活，韵律感激烈。

3. 复杂体型

主次分明、完整统一、造型丰富、有层次感。

各组合体之间的连接方式有：直接式连接、走廊式连接、咬接式连接、联体式连接。

4.4 立面设计

建筑立面上会出现许多如墙体、梁柱、等结构构件，门窗、阳台、外廊等和内部使用空间直接连通的部件，台基、雨篷、遮阳板、勒脚、檐口突出外墙的部分。

立面设计的主要任务就是恰当地确定立面中这些构部件的比例和尺度，运用节奏韵律、虚实对比等规律，设计出形式与内容统一的建筑形象。

建筑立面设计也是以内部功能为依据的，但功能问题在平、剖面设计中已基本解决，所以立面设计主要要解决的是造型和构图问题，以下根据建筑形式美的基本原则来阐述建筑立面设计问题。

4.4.1 尺度和比例

这是立面设计所要解决的首要问题。尺度正确和比例协调，是使立面完整统一的重要方面。建筑立面中一些人们日常频繁使用的部件，如踏步、栏杆、窗台、门扇等尺度相应地比较固定，给人的尺寸感也很强烈。设计中应该学会利用这些构件的尺度作用来正确地表达建筑的体量大小，以免发生失真。

至于比例协调，既存在于立面各组成部分之间，也存在于构件之间，以及对构件本身的高宽等比例要求。这些比例上的要求首先需要符合结构和构造的合理性，同时也要符合立面构图的美观要求。

4.4.2 韵律和虚实

建筑立面上，相同构图元素如门窗的排列组合、墙面构件的划分、阳台等有规律的重复和变化，可以在人们的视觉中形成类似音乐、诗歌中节奏韵律的感受。如果门窗排列较为均匀，大小也接近，立面就会显得比较平淡；如果门窗洞口的排列疏密有致并存在规律性，就可以形成一定的节奏感。

建筑立面的虚实对比，通常是指由于形体凹凸的光影效果，所形成的比较强烈的明暗对比关系，例如墙面实体和门窗洞口、栏板和凹廊、柱墩和门廊之间的明暗对比关系等。在设计时，可结合建筑物的性质特征和通风、采光等要求来做出合适的选择。

虚：窗、空廊、凹廊，给人以轻巧、通透、开朗的感觉。

实：墙、柱、屋面、栏板，给人以厚重、庄严、稳定、雄伟、封闭的感觉。

立面线条处理：

垂直线——挺拔、向上的气氛、庄重；

水平线——舒展、连续、宁静、亲切、轻巧；

斜线——动态感；

网格线——生动、活泼、秩序感；

粗线——粗犷、有力（立面上的宽粗构件）；

细线——精致、柔和；

直线——刚强、坚定；

曲线——优雅、轻盈。

花格的过渡作用，在大面积的实墙上，花格起虚的作用；在大面积的玻璃上，花格起实的作用。

4.4.3 质感和色彩

一幢建筑物的体型和立面，最终是以它们的形状、材料质感和色彩等多方面表现给人们留下一个完整深刻的外观印象。在立面轮廓的比例关系、门窗排列、构件组合以及墙面划分基本确定的基础上，材料质感和色彩的选择配置，可使建筑立面进一步丰富和生动。

不同的色彩会给人的感官带来不同的感受，例如白色或以较浅的颜色为主的立面色调，会使人觉得明快、清新；以深色为主的立面显得端庄、稳重；红、褐等暖色热烈；而蓝、绿等冷色宁静；等等。建筑物的色彩总体上应当相对较为沉稳，特别鲜亮的色彩一般只用在屋顶部分或是只用作较小面积的点缀。

色彩运用要注意和谐统一且有变化，色彩运用与建筑物性质相一致，色彩与环境协调，基调色与气候特征相一致。

此外由于生活环境和气候条件的不同，以及传统习惯等因素，人们对色彩的感觉和评价也有差异。所以根据建筑物所在不同地区的基地环境和气候条件，在材料和色彩的选配上，也应有所区别。

4.4.4 重点及细部处理

突出建筑物立面中的重点，既是建筑造型的设计手法，也是房屋使用功能的需要。建筑物的主要出入口和楼梯间等部分，是人们经常经过和接触的地方，在使用上要求这些部分的地位明显，易于找到，在建筑立面设计中，相应地也应该对出入口和楼梯间的立面适当进行重点处理。

建筑立面上一些构件的构造搭接，如勒脚、窗台、遮阳、雨篷以及槽口等的线脚处理，此外如台阶、门廊和大门等人们较多接触的部位应在设计中给予一定的注意。

建筑立面的细部处理，不应作为孤立的装饰设计来看待，而应有利于表现建筑类型的特征，有利于加强建筑造型、建筑立面的统一和完整。一些建筑常在浅色抹灰的大片墙面上，结合阳台、栏板等部位，配置色彩鲜明的饰面或面砖，能够给观察者造成形象各异的感觉，也是立面细部处理的内容。

【本章小结】

（1）建筑的双重性：建筑具有物质与精神、实用与美观的双重作用，建筑既是物质产品，又是精神需求。

建筑双重性的表现是不平衡的，不同性质的建筑、艺术加工程度不同。

形象设计不是建筑设计完成后的最后包装，而是与平、剖面设计同时进行并贯穿于整个设计的始终。

（2）影响外形设计的因素：使用功能，结构、材料，城市规划及环境条件，社会经济条件。

（3）建筑形式美的构图规律：统一与变化、均衡与稳定、韵律、对比、比例、尺度。

自然尺度：以人体大小来度量建筑物的实际大小，给人以真实感，如住宅、办公楼、教学楼。

夸张尺度：用夸张来给人以超过真实大小的尺度感，用于纪念性建筑或大型公共建筑，表示庄严、雄伟。

亲切尺度：以较小的尺度获得小于真实的感觉，给人以亲切宜人的尺度感，用来创造小巧、亲切、舒适的气氛，如园林建筑，幼托建筑，公园里小桥、小廊、小亭。

（4）建筑形体组合的造型要求：完整统一、比例适当；主次分明、交接明确。

各组合体之间的连接方式主要有：直接连接、咬接连接，以廊连接、用连接体连接。

（5）建筑立面设计要注意的问题：尺度和比例、韵律和虚实、质感和色彩、重点及细部处理。

建筑立面上，如果门窗洞口的排列疏密有致并存在规律性，就可以形成一定的节奏感。

建筑立面的虚实对比，通常是指墙面实体和门窗洞口、栏板和凹廊、柱墩和门廊之间的明暗对比关系等。

在大面积的实墙上，花格起虚的作用；在大面积的玻璃上，花格起实的作用。

【阶段测试】

一、填空题

1. 建筑既是（　　）产品，又是（　　）产品。

2. 城市规划设计（　　）单体设计，单体设计必须服从（　　）的要求。

二、选择题

1.（　　）属于建筑物。

A. 住宅、办公楼、水坝、水塔、　　B. 住宅、办公楼、影剧院、烟囱

C. 住宅、影剧院、蓄水池、烟囱　　D. 住宅、学校、办公楼、影剧院

2.（　　）不是“主次分明，以次衬主”采用的手法。

A. 以轴线突出主体　　B. 以低衬高突出主体

C. 以虚衬实突出主体　　D. 以形象变化突出主体

三、判断题

1. 形象设计与平、剖面设计无关。（　　）

2. 均衡指前后左右的轻重关系，稳定指上下的轻重关系。（　　）

【阶段测试答案】

一、填空题　1. 物质，精神　　2. 高于，规划

二、选择题　1. D　　2. C

三、判断题　1. ×　　2. √

第5章 建筑构造概论

【导学提示】

随着建材工业的不断发展，已经有越来越多的新型建筑材料不断问世，而且相应的构造节点做法和合适的施工方法不断产生。例如作为脆性材料的玻璃，经过材料及工艺的改良，其安全性能和力学、机械等性能都得到了大幅度的提高，使其不但可使用的单块块材面积有了较大增长，而且连接工艺也大大简化。像用玻璃来做楼梯栏板的做法，过去一定要先安装金属立杆，再通过这些杆件来固定玻璃。现在则可以先安装玻璃栏板，再用玻璃栏板来固定金属扶手。玻璃还可用于做地面、楼梯台阶、幕墙、防爆玻璃等。

【学习要求】

（1）理解建筑物的构造组成部分，掌握各组成部分的作用。

（2）了解建筑构造的设计原则。

【学习建议与实践活动】

学习本章内容时，可结合本章理论多观察身边的已有建筑及施工现场，理论联系实际，这样便于知识的理解与记忆。试分析一栋已有建筑的组成有哪些部分，并写出调研报告。

【学习指导】

建筑构造是一门研究建筑物各组成部分的构造原理和构造方法的学科，它是建筑设计不可分割的一部分。

5.1 建筑物的构造组成

一幢民用与工业建筑，一般是由基础、墙或柱、楼板层及地坪层、楼梯、屋顶和门窗等部分所组成。

5.1.1 基 础

基础是房屋底部与地基接触的承重结构，它的作用是把房屋上部的荷载传给地基。因此，基础必须坚固、稳定而可靠。

5.1.2 墙或柱

墙是建筑物的承重构件和围护构件。作为承重构件，墙承受着建筑物由屋顶或楼板层传来的荷载，并将荷载传给基础；作为围护构件，外墙起着抵御自然界各种因素对室内的侵袭作用，内墙起着分隔空间、组成房间、隔声、遮挡视线以及保证室内环境舒适的作用。为此，要求墙体具有足够的强度、稳定性、保温、隔热、隔声、防火、防水等能力。

柱是框架或排架结构的主要承重构件，和承重墙一样承受屋顶和楼板层及吊车传来的荷载，它必须具有足够的强度和刚度。

5.1.3 楼板层和地坪层

楼板层是水平方向的承重结构，并用来分隔楼层之间的空间。它支承着人和家具设备的荷载，并将这些荷载传递给墙或柱，它应有足够的强度和刚度及隔声、防火、防水、防潮等性能。地坪层是指房屋底层之地坪，地坪层应具有均匀传力、防潮、坚固、耐磨、易清洁等性能。

5.1.4 楼 梯

楼梯是房屋的垂直交通工具，作为人们上下楼层和发生紧急事故时疏散人流之用。楼梯应有足够的通行能力，并做到坚固和安全。

5.1.5 屋 顶

屋顶是房屋顶部的围护构件，抵抗风、雨、雪的侵袭和太阳辐射热的影响。屋顶又是房屋的承重结构，承受风、雪和施工期间的各种荷载。屋顶应坚固耐久、不渗漏水和保暖隔热。

5.1.6 门 窗

门主要用来通行人流，窗主要用来采光和通风。处于外墙上的门窗又是围护构件的一部分，应考虑防水和热工要求。门窗属于非承重构件。

房屋除上述六部分八大构件以外，还有一些附属部分，如阳台、雨篷、台阶、烟囱等。组成房屋的各部分各自起着不同的作用，但归纳起来有两大类，即承重结构和围护构件。墙、柱、基础、楼板、屋顶等属于承重结构；墙、屋顶、门窗等，属围护构件。有些部分既是承重结构也是围护结构，如墙和屋顶。

5.2 影响建筑构造的因素和设计原则

5.2.1 影响建筑构造的因素

1. 外界环境的影响

外界环境的影响是指自然界和人为的影响，总的来讲有以下三个方面：

（1）外界作用力的影响。

外力包括人、家具和设备的重量，结构自重，风力，地震力，以及雪重等，这些通称为荷载。

恒荷载——自重，属于永久荷载；

活荷载——人群、家具、雪荷、风荷，属于可变荷载；

偶然荷载——在设计基准期内（一般为 50 年）有可能出现的荷载，它的出现常有偶然性，一旦出现，其量值很大且持续时间短，如地震、爆炸、撞击、龙卷风。

地震时，建筑物质量愈大，地震作用愈大。地震大小用震级表示。震级的高低反映地震时释放能量的多少，震级每差一级，释放能量相差 32 倍。一次 7.2 级地震所释放的能量为一次 7.1 级地震所释放能量的 3 倍多。

地震大——震级高，地震释放能量多。

地震烈度——地震过程中地表及建筑物受到影响和破坏的程度。一次地震只有一个震级，而地震烈度是随着距震中距离的不同而变化的，我国按 12 度烈度划分。

基本裂度——一个地区今后一定时间内（一般 50 年）在一般场地条件下可能遭遇的最大烈度。

设计烈度——按建筑物的重要程度，在基本烈度基础上，按区别对待的原则进行调整后的烈度。

抗震设防——一般建筑取基本烈度，特殊建筑需调整，按设计烈度取值。

荷载对选择结构类型和构造方案以及进行细部构造设计都是非常重要的依据。

（2）气候条件的影响。

针对建筑物的性质对有关各部位采取相应的防潮、防水、保温、隔热、隔汽、变形协调、防裂、防有害物质侵蚀等防范措施。

绿化具有隔热、降热、防风、降干燥、降噪声作用。

（3）人为因素的影响。

人们从事生产和生活活动时对建筑物会造成影响，如振动、腐蚀、爆炸、火灾、噪声、漏水的影响，在建筑构造设计上需采取对应的隔振、防腐、防爆、防火、隔声、防水措施。

2. 建筑技术条件的影响

建筑技术条件指建筑材料技术、结构技术和施工技术等。随着这些技术的不断发展和变化，建筑构造技术也在改变着。例如砖混结构构造不可能与木结构构造相同，同样，钢筋混凝土建筑也不能和其他结构的构造一样。所以建筑构造做法不能脱离一定的建筑技术条件而存在。

3. 建筑标准的影响

建筑标准所包含的内容较多，与建筑构造关系密切的主要有建筑的造价标准、建筑装修标准和建筑设备标准。标准高的建筑，其装修质量好，设备齐全且档次高，自然建筑的造价也较高；反之，则较低。建筑构造的选材、选型和细部做法无不根据标准的高低来确定。一般来讲，大量性民用建筑多属一般标准的建筑，构造方法往往也是常规的做法；而大型公共建筑，标准则要求高些，构造做法也更复杂一些。

5.2.2　建筑构造的设计原则

影响建筑构造的因素有这么多，构造设计要同时考虑这些问题，有时错综复杂的矛盾交织在一起，设计者只有根据以下原则，分清主次和轻重，权衡利弊而求得妥善处理。

1. 满足使用功能要求

北方地区满足冬季保温，南方地区满足通风、隔热，影剧院、会议厅体育馆满足视听效果，住宅满足视线干扰、防管道堵塞，教学楼满足噪声控制、疏散要求等。

2. 有利结构安全

保证房屋的整体刚度，安全可靠，经久耐用，如阳台、栏杆、顶棚、女儿墙、窗扇、隔墙等构造措施。

3. 满足工业化生产需求

采用标准设计，标准构件、配件及制品，使构配件生产工业化，节点构造定型化，有利于保证施工质量及快速设计。

4. 注意经济及综合效益

既降低造价、节约材料，又有利于降低经常运行维修和管理费用，必须保证质量和运行使用年限。

5. 注意美观

一座建筑美观除了体型组合和立面处理外，一些细部构造处理对整个建筑的美观有很大影响。室内外细部装修如栏杆样式，地面材料与色彩，各种转角、收头、交接的处理等都应细腻。

【本章小结】

（1）建筑构造是一门研究建筑物各组成部分的构造原理和构造方法的学科。

（2）一幢民用与工业建筑，主要由基础、墙或柱、楼板层及地坪层、楼梯、屋顶和门窗等六部分八大构件所组成。

组成房屋的各部分各自起着不同的作用，但归纳起来有两大类，即承重结构和围护构件。墙、柱、基础、楼板、屋顶等属于承重结构；墙、屋顶、门窗等，属围护构件。

有些部分既是承重结构也是围护结构，如墙和屋顶。

（3）影响建筑构造的因素：外界环境的影响、建筑技术条件的影响、建筑标准的影响。

外界环境的影响包括：

① 外界作用力的影响，包括人、家具和设备的重量，结构自重，风力，地震力，以及雪重等。

② 气候条件的影响，如日晒雨淋、风雪冰冻、地下水等。

③ 人为因素的影响，如火灾、机械振动、噪声等。

（4）建筑构造的设计原则：满足使用功能要求，有利结构安全，满足工业化生产需求，注意经济及综合效益，注意美观。

【阶段测试】

一、填空题

1. 一幢建筑物一般由基础、（　　）、屋顶和门窗等组成。

2. 建筑物的六大组成部分中，（　　）属于非承重构件。

二、选择题

1. 组成房屋的构件中，下列既属承重构件又是围护构件的是（　　）。

A. 墙、屋顶　　B. 楼板、基础　　C. 屋顶、基础　　D. 门窗、墙

2.（　　）不是影响建筑构造的因素。

A. 外界环境　　B. 建筑技术　　C. 建筑标准　　D. 施工技术

三、判断题

1. 建筑构造的设计原则是：满足使用功能要求，有利结构安全，满足工业化生产需求，注意经济及综合效益，注意美观。（　　）

2. 一座建筑美观主要表现在体型组合和立面处理，与细部构造无关。（　　）

【阶段测试答案】

一、填空题　1. 墙或柱、楼板层及地坪层、楼梯　　2. 门窗

二、选择题　1. A　　2. D

三、判断题　1. √　　2. ×

第 6 章　墙体与基础

【导学提示】

墙体与基础都是房屋重要的承重结构，同时墙体也是建筑主要的围护结构。墙体与基础在建筑中所处的位置不同，功能与作用不同，有不同的设计要求。墙体的类型有很多种，在大量性民用建筑中运用最广的是块材墙，其中砌块墙由于环保节能在建筑行业被广泛运用，本章对块材墙作重点介绍。为满足墙体在使用中的功能要求，应对相应位置的墙体进行装修。墙面装修有多种方式，本章主要针对大量性民用建筑中常用的装修类型加以介绍。在基础部分重点介绍基础的几种分类方式和不同基础的构造形式，地下室的防潮和防水构造。

【学习要求】

（1）掌握墙体各承重方案的特点。
（2）理解墙体构造，掌握墙身防潮与加固构造措施。
（3）理解隔墙构造、墙面装修构造。
（4）了解墙体保温、隔热与隔声构造。
（5）理解基础与地基的概念及影响基础埋深的因素。
（6）理解基础的分类，掌握刚性基础与非刚性基础的概念。
（7）理解地下室的防潮与防水构造。

【学习建议与实践活动】

学习本章内容时，可结合本章理论多观察身边的已有建筑及施工现场，理论联系实际，这样便于知识的理解与记忆。试观察在建建筑的基础与墙体的构造措施，并参照教材或构造图集绘制其构造图样。

【学习指导】

6.1　墙体的类型及设计要求

6.1.1　墙体的分类

按墙体所处位置可以分为：外墙和内墙。
按墙体竖向位置分可以分为：基础墙、窗下墙、窗间墙、窗上墙、女儿墙。
按布置方向分类可以分为：纵墙和横墙。
按材料分可以分为：砖墙、石墙、土墙、砌块墙、钢筋混凝土墙。
按墙体结构受力的不同可分为：承重墙与非承重墙。
按构造的不同可分为：实体墙、空体墙和组合墙。
按施工方式分可分为：叠砌墙、版筑墙、装配墙。

6.1.2　墙体承重方案

大量性民用建筑一般多为混合结构，由墙体承受屋面与楼板的荷载，并连同自重一起将垂直荷载传至基础和地基。

墙体承重方案指的是承重墙体的布置方式，有横墙承重、纵墙承重、双向承重和局部框架承重四种承重体系。

（1）横墙承重体系：承重墙体主要由垂直于建筑物长度方向的横墙组成。建筑物的横向刚度较强，整体性好，对抗风力、地震力和调整地基不均匀沉降有利，但是建筑空间组合不够灵活，适用于房间的使用面积不大，墙体位置比较固定的建筑，如住宅、宿舍、旅馆等。

（2）纵墙承重体系：承重墙体主要由平行于建筑物长度方向的纵墙组成。室内横墙的间距可以增大，建筑物的纵向刚度强而横向刚度弱，适用于对空间的使用上要求有较大空间、墙位置在同层或上下层之间可能有变化的，要求划分空间较灵活的建筑，如教室、实验室等。

（3）双向承重体系：承重墙体由纵横两个方向的墙体混合组成。空间刚度较好，组合灵活，适用于开间、进深变化较多的建筑，如医院、实验室等。

（4）局部框架承重体系：当建筑需要大空间时，采用内部框架承重，四周为墙承重，房屋的刚度主要由框架保证。

6.1.3　设计要求

1. 强度要求

强度是指墙体承受荷载的能力。承重墙应有足够的强度来承受楼板及屋顶的竖向荷载。砖墙是脆性材料，变形能力小，因而对房屋的高度及层数有一定的限制值。

2. 刚度要求

墙体作为承重构件，应满足一定的刚度要求。一方面构件自身应具有稳定性，同时地震区还应考虑地震作用对墙体稳定性的影响。

3. 其他方面的要求

墙体作为围护构件应具有保温、隔热隔声、防火、防潮等功能要求，同时也有建筑工业化要求。

6.2　砖墙构造

6.2.1　砖墙材料

砖墙包括砖和砂浆两种材料。

1. 砖

普通标准砖尺寸规格为240 mm × 115 mm × 53 mm。砖的长宽厚之比为4：2：1。砖的强度等级是根据标准试验方法所测得的抗压强度，分六级：MU30、MU25、MU20、MU15、MU10和MU7.5。

2. 砂　浆

砂浆起黏结作用，要求有一定的强度与和易性。

和易性即合适的流动性、黏聚性、保水性，和易性可以达到易于施工、质量均匀的目的。砂浆强度等级分为M15、M10、M7.5、M5、M2.5、M1及M0.4七个级别。

通常使用的有水泥砂浆、石灰砂浆及混合砂浆三种。

（1）水泥砂浆。

水泥砂浆的主要特点是强度高，耐久性和耐火性好，但其流动性和保水性差，相对而言施工较困难。在强度等级相同的条件下，采用水泥砂浆砌筑的砌体强度要比用其他砂浆时低。水泥砂浆常用于地下结构或经常受水侵蚀的砌体部位。

（2）石灰砂浆。

石灰砂浆强度较低，耐久性也差，流动性和保水性较好，通常用于地上砌体。石灰砂浆硬化快，可用于不受潮湿的地上砌体。

（3）混合砂浆。

混合砂浆为水泥石灰砂浆，其强度较高，且耐久性、流动性和保水性均较好，便于施工，容易保证施工质量，常用于地上砌体，是最常用的砂浆。

6.2.2　砖墙的砌筑要求与厚度

砖墙的砌筑要求是错缝搭接、避免通缝、灰浆饱满、横平竖直。

灰缝厚 8～12 mm，标准为 10 mm。

普通砖墙的厚度是按半砖的倍数来确定的，如半砖墙、3/4 墙、一砖墙、一砖半墙、两砖墙，对应的实际尺寸为 115 mm、178 mm、240 mm、365 mm、490 mm，对应的称呼为标志尺寸 12 墙、18 墙、24 墙、37 墙、50 墙。

6.2.3　砖墙的细部构造

砖墙的细部构造有：墙脚、门窗洞口、墙身加固等。

1. 墙　脚

墙脚是指室内地面以下，基础以上的这段墙体，内外墙都有墙脚，外墙的墙脚又称勒脚。由于砖砌体本身存在很多微孔以及墙脚所处的位置，常有地表水和土壤中的水渗入，影响室内卫生环境，因此，必须做好墙脚防潮，增强勒脚的坚固及耐久性，排除房屋四周地面水。

（1）墙身防潮。

水平防潮层的位置：垫层不透水时，防潮层设在垫层范围内，常设在标高 -0.060 处（便于放置门框），同时还应至少高于室外地面 150 mm；垫层为透水材料，防潮层应平齐或高于室内地面 60 mm 处。

垂直防潮层位置：当墙体两侧地面出现高差时，应在墙身内设高低两道水平防潮层，并在靠土壤一侧设垂直防潮层。

防潮层构造有防水砂浆防潮层、细石混凝土防潮层和卷材防潮层三种。如果墙脚采用不透水的材料（如条石或混凝土等），或在防潮层位置设有钢筋混凝土地圈梁时，可以不设防潮层。

（2）勒脚构造。

勒脚：外墙的墙脚。

勒脚容易受到地基土壤水气的侵袭，地面飞溅的雨水与地面积雪的侵袭，外界碰撞作用，因此易损坏、污染。设计时需特别注意外墙材料耐污、防水及坚固的耐久性。

材料选用耐久性、防水性能好的外墙饰面，有水泥砂浆抹面与面砖贴面。当用不透水材料如条石、混凝土做墙体时，可以代替勒脚。

（3）外墙周围的排水处理。

房屋四周可采取散水或明沟排除雨水。

散水：外墙四周将地面做成向外倾斜的坡面，将雨水散至远处，防止雨水对墙基的侵蚀。

散水坡度：3%～5%。宽度：600～1 000 mm（比屋檐宽 200 mm）。

散水与勒脚间设纵向分格缝，同时还需设横向分格缝，间距不大于 6 m，转角处必须设置。分格缝在散水面层高度范围内，宽 15 mm。分格缝用弹性材料嵌缝，如油膏或 1∶1 沥青砂浆嵌缝，防止雨水对墙基的侵蚀。面层较高时，油膏下可用填粗砂或米石子嵌缝。

明沟：将屋面落水及地面积水有组织地导向地下排水集井。其主要目的在于保护外墙基础，可用混凝土现浇、砖砌或石砌，沟底坡度为 0.5%～1%，坡向窨井。

少雨地区只做散水。多雨地区做散水加明沟，明沟外移。有挑檐时，明沟中心线到外墙面的距离应等于挑檐挑出长度。

明沟穿过坡道、踏步、花台及花池时加钢筋混凝土盖板。

2. 门窗洞口构造

门窗洞口构造有门窗过梁与窗台。

（1）门窗过梁。门窗过梁支承洞孔上部砌体所传各种荷载，并将这些荷载传给窗间墙，过梁高度通常为 60 mm 的倍数。

根据材料和构造方式不同，过梁有三种：

一是钢筋混凝土过梁。其承载能力强，对房屋不均匀下沉或振动有一定的适应性，能适应不同宽度的洞口，是最常用的一种。梁高与砖的皮数相适应，常为 60 mm、120 mm、180 mm、240 mm 高，梁宽同墙厚，两端支承在墙上的长度≥250 mm。

为防止热桥现象，应减少过梁外露面。

二是钢筋砖过梁。外观与外墙砌法相同，清水墙面效果统一，但施工麻烦，仅用于 2 m 宽以内的洞口，钢筋伸入两端墙体不小于 240 mm。

三是砖拱过梁。用于非承重墙上的门窗，洞口宽度应小于 1.2 m，有集中荷载或半砖墙不宜使用。中部的起拱高度约为跨度的 1/50。

（2）窗台。为避免雨水聚积窗下并沿窗下框向室内渗透，可以采取的措施：向外找坡，将窗台挑出 60 mm 或 120 mm，做滴水。

3. 墙身的加固

墙身的加固有设门垛和壁柱、圈梁及构造柱。

（1）壁柱和门垛。

壁柱与墙体共同承担荷载并稳定墙身，墙体受到集中荷载或墙体过长时，应增设壁柱，壁柱通常突出墙体半砖或一砖，壁柱宽 370 mm 或 490 mm（含灰缝）。

壁柱常用尺寸为 120 mm × 370 mm、240 mm × 370 mm、240 mm × 490 mm。

对砖墙，厚度≤240 mm 且当大梁跨度≥6 m 时，支承处宜设壁柱；当墙体的长度和高度超过一定限度影响到墙体稳定性时，要设计凸出墙面的壁柱；当墙体窗间墙上出现集中荷载，而墙厚不足以承受其荷载时，需设壁柱。

墙上开设门洞时，为便于门框的安装和保证墙体稳定性，需设门垛。门垛过长会影响室内空间利用，常为突出墙面 120 ~ 240 mm。

（2）圈梁。

圈梁是沿外墙四周及部分内部墙体设置的在同一水平面上连续闭合的梁，以增加墙体整体性，将分散的楼板箍到一起，有钢筋砖圈梁与钢筋混凝土圈梁。

设置位置：屋盖处必设，中间层视设计烈度及层数不同分别对待。

钢筋砖圈梁，配纵向通长筋≥6Φ6，分两层在 4 ~ 6 皮砖的上下（圈梁顶部和底部）设置，水平间距≤120 mm。

钢筋混凝土圈梁，高≥120 mm，配筋≥4Φ8，箍筋间距≤300 mm。常取高 180 mm，配筋 4Φ10，箍筋 Φ6@250；地圈梁高 240 mm，配筋 6Φ12，箍筋 Φ6@200。当圈梁要承受楼板传来的荷载时，按结构计算确定高度与配筋。

当墙厚 B≤240 mm 时，圈梁高≥$2B/3$，且为 60 mm 的倍数，宽等于墙厚。当墙厚 B > 240 mm 时，为减少热桥效应，外墙圈梁宽仍然为 240 mm，外侧砌砖。

当圈梁被门窗洞口截断时，应在洞口上部增设附加圈梁，搭接长度 L≥$2h$ 并≥1 000。

（3）构造柱。

圈梁在水平方向将楼板和墙体箍住，而构造柱从竖向加强层间墙体的连接，与圈梁一起构成空间骨架，从而加强建筑物的整体性，提高墙体变形的能力，即使开裂也不倒塌。

构造柱设置位置：外墙四角；错层部位横纵墙交接处；较大洞口两侧：洞宽≥2 m或洞高≥2/3层高；大房间内外墙交接处：层高≥3.6 m或长度≥7.2 m的房间；随层数或烈度变化需要增设一些部位。

构造柱下端应锚固于钢筋混凝土条形基础或基础梁内，或伸入室外地面以下500 mm，柱截面≥180 mm×240 mm，一般取240 mm×240 mm，配筋4Φ12，箍筋Φ6@250。

纵横墙交接处，以马牙槎混凝土面作为外露面，混凝土外露面便于检查混凝土浇注质量。两个方向的水平拉结筋，上下相错一皮砖。

构造柱与墙体连接：沿墙高每500 mm设2Φ6水平拉结筋，每边伸入墙内不少于1 000 mm。

6.3　砌块墙构造

砌块是预制厂生产出来的块材，是利用工业废料（煤渣、炉渣）与工业材料（水泥）、砂、水、添加剂和地方材料制成的人造块材，如炉渣砖、水泥砖、加气混凝土砖、空心砖等。砌块墙的利用对于减少耕地的破坏、工业废料利用、加强建筑的节能有巨大的意义。加之自重轻，尺寸比普通砖大，砌筑速度快，简单机具可进行施工，砌块在建筑中的运用越来越广泛。

6.3.1　砌块的类型与规格

砌块分类：

按主砌块重量分：20 kg以下——小型砌块，便于手工砌筑；

20～350 kg——中型砌块，轻便机具吊装施工；

350 kg以上——大型砌块，大型吊装设备。

按主砌块尺寸规格分：

高度大于115 mm且小于380 mm——小型砌块；

高度为380～980 mm——中型砌块；

高度>980 mm——大型砌块。

我国目前以中小型砌块居多。砌块一般用混凝土或水泥炉渣浇制而成，也可用粉煤灰蒸养而成，主要有混凝土空心砌块、加气混凝土砌块、水泥炉渣空心砌块、粉煤灰硅酸盐砌块。

混凝土小型空心砌块的主要规格尺寸为390 mm×190 mm×190 mm，标志尺寸为400 mm×200 mm×200 mm。

砌块的强度等级分为MU20、MU15、MU10、MU7.5和MU5五级。

按构造方式，砌块可以分为实心砌块和空心砌块，按砌块在组砌中的位置与作用可以分为主砌块和辅助砌块。

6.3.2　构造措施

（1）砌块建筑每层设圈梁，以加强墙体整体性。

用U形砌块现浇钢筋混凝土墙带，在槽内配置钢筋，现浇混凝土形成圈梁。圈梁通常与窗过梁合并，可现浇，也可预制成圈梁砌块。

（2）根据不同层数、不同烈度要求在一些部位设钢筋混凝土芯柱，如外墙四角、楼梯间四角、大房间内外墙交接处等。

钢筋混凝土芯柱填3～4个孔。芯柱竖向插筋应贯通，且与每层圈梁连接。混凝土小型砌块插筋不小于1Φ12。

（3）过梁：常用专用预制钢筋混凝土过梁。

（4）砌块的组砌：尽量使用主砌块；为上下搭接错缝，要用辅助砌块及更小的填充砌块。

砌筑时，砌块的封顶面或半封顶面朝上，利于铺砂浆。满铺满挤，上下丁字错缝，搭接长度不宜小于砌块长度的 1/3，转角处相互咬砌搭接。小砌块砌筑必须每皮顺砌，上下皮小砌块应对孔，并且竖缝相互错开 1/2 小砌块长。当采用空心砌块时，上下皮砌块应孔对孔、肋对肋以扩大受压面积。

水平灰缝须用坐浆法满铺小砌块全部壁肋或多排孔小砌块的封底面；灰缝要饱满，缝宽以 15 mm 为宜（小型砌块 8～12 mm），竖缝宽宜为 20 mm。

（5）框架柱边每三皮砌块要设拉结筋，拉结筋上下应用实心砖镶砌，以防钢筋在孔洞里锈蚀。

非承重隔墙不与承重墙（或柱）同时砌筑时，应在连接处的承重墙（或柱）的水平灰缝中预埋 Φ4 钢筋点焊网片作拉结筋，其间距沿墙（或柱）高不得大于 400 mm，埋入墙内与伸出墙外的每边长度均不小于 600 mm。

（6）门窗洞口。

较大门窗洞口两侧墙体，用砌块洞插 1Φ8 竖筋，用混凝土灌孔，或用实心砌块砌一段墙体，也可以将门窗洞口周边做成钢筋混凝土边框。

（7）砌块与楼板（或梁底）的联结：楼板的底部（或梁底），应预留拉结筋，便于与加气混凝土墙体拉结。

当楼板或梁底未事先留置拉结筋时，梁底与砌块之间的缝隙控制在 15 mm 左右，在每个砌块的两侧用木楔打紧，用砂浆填缝。也可用实心砌块斜砌，或在楼板底（梁底）斜砌一排砖，以保证砌块墙体顶部稳定、牢固。

（8）墙面保护。

砌块墙宜做外饰面，也可采用带饰面的砌块，以提高墙体的防渗能力，改善墙体的热工性能。砌块墙体粉刷时间应尽量延后。粉刷时，墙体不可浇水，应刷界面剂后再粉刷。

清水砌块墙应涂刷保护剂。

6.4　隔墙构造

隔墙是非承重的内墙，要求自重轻，能隔声、防火、防潮、防水等，有块材隔墙、轻骨架隔墙、板材隔墙三种类型。

6.4.1　块材隔墙

块材隔墙是用普通砖、空心砖、砌块等块材砌筑而成的。

砌承重墙时，在有隔墙连接的部位甩出拉结筋，并砌留砖槎，用于与隔墙的连接。

框架柱施工时，在有隔墙连接的部位甩出拉结筋，用于与隔墙的连接。

普通砖隔墙一般用半砖隔墙，砌块隔墙一般厚度为 90～120 mm。

砌块隔墙由于吸水性强，砌筑时先在墙下部实砌 3～5 皮实心普通砖再砌砌块。砌筑双层隔墙时，每隔两皮砌块钉扒钉加强，扒钉位置应梅花形错开。经常有可能被碰撞的隔墙下也应先砌 3～5 皮实心普通砖。

块材隔墙由于较薄，应有加强墙身稳定性的措施。为保证隔墙顶部不承重，隔墙顶部与楼板相接处用立砖斜砌或用木楔打紧砂浆填缝。

6.4.2　轻骨架（立筋）隔墙

轻骨架隔墙由骨架和面层两部分组成，由于是先立墙筋(骨架)后再做面层，因而又称为立筋式隔墙。

骨架分为木骨架和轻钢骨架两种。木骨架由上槛、下槛、墙筋、斜撑及横挡组成。轻钢骨架是由各种形式的薄壁型钢制成的，特点是强度高、刚度大、自重轻、整体性好、易于加工和大批量生产，还可根据需要拆卸和组装。

面层一般用人造板材作面层，如纸面石膏板、水泥石膏板、胶合板等。面板与骨架的固定方法有钉（镀锌螺丝、自攻螺钉、膨胀铆钉）、粘、卡三种。

6.4.3 板材隔墙

板材隔墙是指单板高度相当于房间净高，面积较大，且不依赖骨架，直接装配而成的隔墙，如加气混凝土条板、石膏条板、泰柏板等。

6.5 墙面装修

墙面装修按部位的不同，可分为室外装修和室内装修；按施工的不同，可分为抹灰类、涂料类、贴面类、裱糊类、铺钉类五种。

6.5.1 抹灰类墙面装修

抹灰是我国传统的饰面做法，它是用砂浆涂抹在房屋结构表面上的一种装修工程，系现场湿作业。

1. 抹灰方法

抹灰按照面层材料及做法分为一般抹灰和装饰抹灰。

一般抹灰——石灰砂浆抹灰、混合砂浆抹灰、水泥砂浆抹灰。

装饰抹灰——水刷石、干粘面、斩假石、水磨石、水泥拉毛及喷砂、喷涂、滚涂、弹涂等。

为保证抹灰质量，施工时须分层操作，各层作用：

底灰——黏结和初步找平；

中灰——进一步找平，也是黏结层；

面灰——使表面光洁、美观。

抹灰质量标准：

普通抹灰——一层底灰，一层面灰；

中级抹灰——一层底灰，一层中灰，一层面灰；

高级抹灰——一层底灰，数层中灰，一层面灰。

一般民用建筑采用普通抹灰和中级抹灰，采用分层施工，每层不能抹得太厚，否则易龟裂，第二层填第一层的缝隙。

2. 墙体特殊部位

内墙抹灰中，容易受到碰撞、摩擦或潮湿影响的部位要采取保护措施。墙裙高：1.2 ~ 1.8 m，卫生间常全高；踢脚，高 0.15 m，墙角需要做护角处理。

由于墙面面积大，为了防止面层开裂，便于留施工缝以及立面造型需要，常将抹灰面层做分格缝。在底灰层上埋设木引条（玻璃条、铜条等），面层抹完后，取出引条（玻璃条、铜条不取出），再用水泥浆勾缝，防止水由引条线渗入墙体内。

6.5.2 涂料类墙面装修

涂料饰面靠一层很薄的涂层起保护和装饰作用，并根据需要可以配成多种色彩。

按涂刷材料种类不同，涂料类墙面可分为刷浆类饰面、涂料类饰面、油漆类饰面三类。

涂料饰面涂层薄，抗蚀能力差，但是由于涂料饰面施工简单、省工省料、工期短、效率高、自重轻、维修更新方便，故在饰面装修工程中得到了较为广泛的应用。目前应用得较多的是乳胶漆涂料。

各种建筑涂料的施工过程大同小异，大致上包括基层处理、刮腻子与磨平、涂料施涂三个阶段工作。

6.5.3　贴面类墙面装修

贴面材料可分为陶瓷类和石材类两种。

（1）陶瓷类有面砖饰面和陶瓷锦砖饰面两种。

面砖多数是以陶土或瓷土为原料，压制成型后经焙烧而成。由于面砖不仅可以用于墙面装饰，也可用于地面，所以被人们称之为墙地砖。常见的面砖有釉面砖、无釉面砖、仿花岗岩瓷砖、劈离砖等。

陶瓷锦砖也称马赛克，是高温烧结而成的小型块材，表面致密光滑、坚硬耐磨、耐酸耐碱。陶瓷锦砖可用于墙面装修，更多用于地面装修。

（2）装饰用的石材有天然石材和人造石材。

天然石材常用的有花岗石、大理石及青石板。

人造石材重量轻、强度高、厚度薄、抗腐蚀、花样易按设计图样制作，如人造大理石、预制水磨石、仿石面砖。

厚度≤10 mm、边长≤300 mm 的小块装饰石材，当粘贴高度小于 1.5 m 时，可用粘贴法。

大块石板的安装有拴挂法与连接件挂接法，必须绑扎。每层板固定后，水泥砂浆分层灌注：第一次灌板材高 1/3，初凝后第二次再灌 1/3，第三次须将上部板材安装好后再同时灌注上下板高的 1/3。白水泥需调色接缝。

6.5.4　裱糊类墙面装修

裱糊是将卷材类软质饰面装饰材料用胶粘贴到平整基层上的装修做法，用于建筑内墙时有墙纸和墙布两种。裱糊时先作墙面的基层处理然后裱糊。

特殊部位的墙面装修有引条线、墙裙、护角、踢脚线、装饰线等。

6.5.5　铺钉类墙面装修

铺钉是将骨架（如木、金属）用钉固定在墙体上，再将吸声材料用面料（如皮革、布料、各类带孔板）固定在骨架上的做法。

6.6　墙体物理基本知识

6.6.1　有关保温、隔热

1. 露点温度

露点温度指空气中相对湿度达到 100%时的空气温度，这时水蒸气因达到饱和状态而结露成水滴。

2. 三种热传递方式

（1）辐射：物体之间利用放射和吸收彼此的红外线，而不必有任何介质，就可以达成温度平衡。

（2）传导：物体之间直接接触，热能直接以原子振动的形式由高温处传递到低温处。

（3）对流：物体之间以流体为介质，利用流体的热胀冷缩和可以流动的特性，传递热能。

3. 导热系数与热阻

（1）导热系数λ：材料的导热能力强度。1 m 厚的材料，两侧表面温度差为 1 °C 时，1 h 内，在 1 m^2 的面积上所传导的热量，单位为瓦/（米・度）[W/（m・K）]。

（2）热阻：材料阻止热量传递的能力，$R = 1/\lambda$。

材料的导热系数与含水率、温度等因素有关。材料的含水率、温度较低时，导热系数较小。水的导热系数是 0.6 W/（m・K），空气的导热系数是 0.025 W/（m・K）。

一般情况下，材料密度越大，导热系数也越大，良好的保温材料都是孔隙多、重量轻的材料。通常把导热系数小于 0.25 的材料称作为保温隔热材料（或绝热材料）。

当前建筑保温与隔热常用的材料是：岩棉、矿渣棉及其制品，玻璃棉及其制品，泡沫玻璃，膨胀珍珠岩及其制品，硅酸盐绝热涂料，聚苯乙烯泡沫塑料、聚氨酯泡沫塑料，等。

当多孔砖的空气层厚度超过 10 mm 时，空气层内开始出现对流换热现象，而对流换热强度随空气层厚度的增加而增强。由此可见，大孔洞的空心砖保温性能不一定比多孔、小孔的多孔砖保温性能好。

6.6.2 墙体的保温隔热措施

（1）墙体的热阻与其厚度成正比，可适当加大墙厚。

（2）墙体的热阻与其导热系数成反比，可选用导热系数小的保温材料。

（3）墙体的隔蒸汽措施。

由于外墙两侧存在温差，高温一侧水蒸气会向低温一侧渗透，即蒸汽渗透。在蒸汽渗透过程中，遇到露点温度时蒸汽会凝聚成水，叫凝聚水。

如凝聚水发生在墙体表面叫表面凝结。表面凝结使室外装修变质损坏，严重时影响人体健康。

如发生在墙体内部叫内部凝结。内部凝结则使保温材料内的孔隙中充满水分，材料的湿度增大，导热系数随之增大，致使保温材料失去保温能力、降低墙体保温效果，同时，保温层受潮将影响材料的使用年限。

为防止墙体产生内部凝结水，常在墙体的保温层靠高温一侧即蒸汽渗入的一侧设置一道隔蒸气层。隔汽材料一般采用沥青、卷材、隔汽涂料以及铝箔等防潮防水材料。

6.6.3 有关隔声

噪声：空气声 ——从空气中传来的声音。

撞击声（固体声）——构件受到直接撞击而产生的声音。

1. 质量定律

当墙板面密度提高 1 倍，则空气声隔声量增加 6 dB（分贝）。这个规律是有局限性的，由于侧向传声的存在，当面密度增加到一定程度时，隔声量不再提高。

根据质量定律，构件材料容量越大，越密实，构件厚度越大，其隔声量越高。

2. 双层墙隔声与声桥

（1）双层墙隔声。

建筑隔声要求较高的场合，单纯依靠增加面密度提高墙板隔声是不合理的，要改用质轻墙加空气间层或在空气间层中填吸声材料，如岩棉、玻璃棉、植物纤维、多孔板等。空气间层或多孔吸声材料具有减振的作用，削弱了声波的传递。

合理的空气间层为 8 ~ 12 cm。吸声材料不能满填时，应贴在正对声波的那面墙板上。

（2）声桥 ——双层墙间的刚性连接处。

由于声桥的存在，双层墙隔声量下降，设计时应将两墙彻底分开（砖墙从基础就断开）。必要的连接支撑使用弹性垫块，如木质连接块、橡胶连接。

6.7 基础与地基

基础 ——建筑物与土层接触的部分，建筑物最下部的承重构件。

地基 ——支承建筑物重要的土层，基础下部承受建筑物全部荷载的土层。

天然地基 ——天然土层本身具有足够强度，不须人工改善或加固便可作为建筑物的地基，如岩石、碎石、砂土、黏土。

人工地基——由于荷载较大或地基承载力不够而缺乏足够稳定性，须预先对土层进行人工加固后才能作为建筑物的地基，如压实、换土。

6.8 基础埋置深度

基础埋置深度指地面至基础底面的垂直距离。

（1）在满足地基稳定和变形要求的前提下，应尽量浅埋。为防止人为活动影响基础，基础埋深不宜小于 0.5 m（除岩石地基外）。

（2）埋置在地下水位以上（有常年水位和丰水期最高水位，应在最高水位以上）。基础不能埋在地下水位以上时，应将基础埋置在（枯水期）最低水位以下 200 mm。不能使基底处于地下水位变化的范围之内，减少和避免地下水浮力的影响。浮力时有时无，对基础不利。

（3）相邻建筑物，新建建筑基础埋深不宜大于原有建筑基础，当埋深大于原有建筑基础时，两基础间净距≥基底高差的 1 ~ 2 倍。

（4）基地有冻胀现象时，基础应置于冰冻线以下 200 mm，以防止气温下降和回升，地下土产生冻结和融化，使建筑处于不稳定状态。入冬时，冰冻线越来越低，开春时，冰冻线上升得越来越高。冬季最冷时，冰冻土厚度最大，其底线叫冰冻线。

基础埋深小于基础宽度或≤5 m 的基础叫浅基础，优先采用浅基础。

6.9 基础的类型

6.9.1 按构造形式分类

1. 带形基础（条形基础）

当地基条件较好、基础埋置深度较浅时，墙承式的建筑多采用带形基础。

2. 独立式基础

独立式基础形式有台阶形、锥形、杯形等，主要用于柱下。

3. 联合基础类型

联合基础有利于跨越软弱的地基。

常见的联合基础有：柱下条形基础、柱下十字交叉基础、片筏基础、箱形基础。

当天然地表为很好的持力层时，可采用不埋板式基础。

6.9.2 按基础的材料和受力特点分类

1. 刚性基础

刚性基础是由抗压强度高，而抗拉、抗剪强度低的材料制作的基础，如砖、石、混凝土基础。

刚性基础灰缝强度低，基底宽度在刚性角控制范围内，基础不产生拉力，基础不致被拉坏。当基底宽超过刚性角控制范围，地基反力使基底拉破坏。

刚性角是基础放宽的引线与墙体垂直线之间的夹角。不同材料，刚性角不同。砖、石基础的刚性角在 26° ~ 33°，混凝土基础控制在 45°之内。

2. 非刚性基础（柔性基础）

为减少埋深，节约工期和造价，在混凝土底面配以钢筋，用钢筋来承受地基反力给基础带来的弯曲拉力，这时基础宽度不受刚性角限制。

6.10　地下室的防潮与防水

地下室防潮、防水材料：冷底子油、乳化沥青、沥青胶、沥青油毡卷材、防水砂浆、钢板、自防水钢筋混凝土。

6.10.1　地下室的防潮

当地下水的常年水位和最高水位处在地下室地面标高以下时，只对地下墙体和地坪作防潮气处理。

墙体用水泥砂浆砌筑，灰缝饱满，防潮采用一道垂直防潮层 + 两道水平防潮层。

6.10.2　地下室的防水

地下室的防水要防、排、截、堵相结合。

防：墙体自身密实；

排：四周降水；

截：四周设不透水层；

堵：抹防水砂浆。

当设计最高地下水位处在地下室地面以上时，地下室的墙身、地坪直接受到水的侵蚀，必须采取防水措施。

1. 混凝土自防水

一般防水做法应以防水混凝土自防水为主，附加防水层为辅。

附加防水层：水泥砂浆防水层、卷材防水层、涂膜防水层、金属防水层。

防水混凝土的配料一般采用集料级配和掺外加剂，以提高混凝土自防水性能。

集料级配：采用不同粒径的骨料进行配料，同时提高混凝土中水泥砂浆的含量，使砂浆充满于骨料之间，堵塞骨料间因直接接触而出现的渗水通道，达到防水目的。

掺外加剂：在混凝土中掺入加气剂或密实剂以提高抗渗能力；为防止地下水对混凝土侵蚀，在墙外侧抹水泥砂浆后涂刷沥青。

2. 材料防水

当地下室墙体为砖墙时，在外墙和底板表面敷设防水材料，常用的有卷材、涂料和防水砂浆等。

（1）卷材防水。

卷材防水是以沥青胶为胶结材料的一层或多层防水层，层数根据水压（水头）大小而定。

水头指最高地下水位高于地下室底板底面的高度。

卷材铺贴在地下室外墙外表面（即迎水面）的做法称为外防水（又称外包防水），属于主动防水。

将防水卷材铺贴在地下室外墙内表面（即背水面）的做法称为内防水做法（又称内包防水）。这种防水方案对防水不太有利，但施工简便，易于维修，多用于修缮工程，属于被动防水。

地下室水平防水层的做法：先是在垫层上作水泥砂浆找平层，找平层上涂冷底子油，底面防水层就铺贴在找平层上；最后做好基坑回填隔水层（常用不透水材料是黏土、灰土）和滤水层（常用透水材料是卵石或粗砂），并分层夯实。

（2）涂膜防水。

涂膜防水防水质量、耐老化性能较油毡防水层好，在地下室防水中应用广泛。其施工简单，要求基层清洁、无浮浆、无水珠，多层施工，后一层涂刷方向与前一层相垂直。为增强防水效果，可夹铺 1 ~ 2 层纤维制品（玻璃纤维、玻璃丝网网格布）。

（3）水泥砂浆防水：在水泥砂浆中掺入防水剂，提高砂浆密实性。由于手工操作，质量难以控制，加之砂浆干缩性大，仅用于结构刚度大、建筑物变形小、面积小的工程。

（4）金属防水。

金属板防水系用薄钢板焊成四周及底部封闭的箱套，紧贴于防水结构的内侧，使其起到防水抗渗作用，在箱套钢板上焊以一定数量的锚固件，使与混凝连接牢固。金属板防水适用于面积较小，温度较高或对防水要求很高，有强烈震动，冲击、磨损的地下结构物防水工程。

（5）弹性材料防水。

我国目前采用的弹性防水材料有三元乙丙橡胶卷材和聚氨酯涂膜防水材料。

3. 人工降水

降低地下水位、减少水头或使地下水位在地下室地面以下。

外排水：在建筑物的四周设排水沟，如将带孔的陶管埋于地面以下（形成盲沟）。

内排水：将渗入地下室的水用集水沟引至建筑物外的集水井（集水沟低于集水井时，用水泵抽出），用于常年地下水位低于地下室地面，只在丰水期地下水位高于地下室地面的建筑。

【联系实际】

墙体保温隔热层实例 ——胶粉聚苯颗粒保温系统

胶粉聚苯颗粒具有保温隔热、防火阻燃、增水耐磨、抗风压、透气等特点，由聚合物保温胶粉凝结材料和聚苯颗粒（轻骨料）经加水搅拌成膏状，涂抹于墙体形成，用于建筑物的外墙、内墙保温。

施工工艺流程为：基层墙面处理→涂刷界面剂拉毛→抹第一遍保温砂浆→抹第二遍保温砂浆→划分格线、开色带、分隔槽、窗口滴水槽→抹抗裂砂浆、铺贴网格布→ 刮柔性耐水腻子、涂防水底漆→抹平罩面。

具体施工方法：

（1）基层墙面处理。

墙面应清理干净，无油渍、浮土等物，墙面有风化、松动部分应消除干净，表面不应有≥10 mm 的突起。

（2）涂刷界面剂拉毛。

混凝土墙面和砌块，墙体应涂刷界面砂浆，界面砂浆配比 42.5 级水泥：中砂：界面剂，量比为 1∶1∶1，搅拌成均匀浆体，用滚刷或扫帚涂抹，拉毛长度≥5 mm（涂刷界面砂浆时墙壁体要保持相应湿度）。

（3）抹第一遍保温砂浆。

保温砂浆的配制，将 1 袋保温胶粉凝结材料，加入适量清水，在机器中进行搅拌约 5 min，然后将聚苯颗粒轻骨料 1 袋倒入机器中搅拌约 5 min 成膏状即可使用（胶粉料与轻骨料的配比为 1∶1）。按设计厚度冲筋、打点、找垂直，将保温砂浆涂抹 15 ~ 20 mm 厚并用力压实，以防空鼓。

（4）抹第二遍保温砂浆。

抹第二遍保温砂浆时应与第一遍保温砂浆间隔 24 h，涂抹厚度可按设计标准抹平，待保温固化干燥（用手按不动）后，如设计厚度超过 60 mm 并且建筑高度超过 55 m，应在距离保温层表面 15 ~ 20 mm 处增加一层镀锌铁丝网，并用冲击电锤打眼至墙体，用锚固钉固定，以增加保温层与墙体结构的一致性。

（5）划分格线、开色带、分格槽、窗口滴水槽。

按要求设计色带（色带间距可分层或分隔）弹线，分出色带位置及高度（分层约 60 ~ 120 mm，隔层 200 mm，用壁纸刀开出色带凹槽深度为 8 ~ 10 mm。

（6）抹抗裂砂浆。

抗裂砂浆的配制，用42.5级普通水泥：中砂：抗裂剂经搅拌成砂浆状即可使用，量比为1.5：2.5：1，使用温度应在5 °C以上，暴风雨日禁止使用，抗裂砂浆要在2 h内用完，超期不能使用。将配制好的抗裂砂浆用铁抹子和托板在保温砂浆表面涂抹约4 mm厚，抹到一定厚度后，立即将网格布铺贴在抗裂砂浆表面并用铁抹子压入砂浆内。网格布搭接不小于50 mm，注意：不要干搭，网格布要求平整、无折叠。

（7）刮柔性耐水腻子，涂弹性防水底漆。

（8）抹平罩面，按设计标准涂刷防水涂料和其他装饰材料。

（9）保温层粘贴瓷砖做法。

墙体保温层干固后，喷洒使量清水，将抗裂砂浆涂抹2 mm，并用22#镀锌铁丝网平整铺于表面，用冲击电锤打眼（钻头一般为$\phi8$）至墙体，用锚固钉固定，然后用抗裂砂浆抹平并要求处理或麻面（抗裂砂浆厚度一般为5 mm），待完全固化后，用黏结砂浆按常规施工瓷砖至验收。

【本章小结】

（1）墙体的分类：墙体按所处位置可以分为外墙和内墙；按布置方向可以分为纵墙和横墙；根据墙体与门窗的位置关系可以分为窗间墙和窗下墙；按照结构受力的不同可分为承重墙与非承重墙；按照构造的不同可分为实体墙、空体墙和组合墙。

（2）墙体承重方式有横墙承重、纵墙承重、双向承重和局部框架承重四种承重体系。

（3）砖墙材料：砖墙包括砖和砂浆两种材料。普通标准砖尺寸规格为240 mm × 115 mm × 53 mm。砂浆有水泥砂浆、石灰砂浆及混合砂浆三种。

（4）砖墙的组砌方式：砌筑要求是错缝搭接，避免通缝，灰浆饱满，横平竖直。常用的组砌方式有180墙、240墙、370墙等。灰缝厚8 ~ 12 mm，标准为10 mm。

（5）墙身防潮。水平防潮层的位置：垫层不透水时，防潮层设在垫层范围内，低于室内地坪60 mm处，同时还应至少高于室外地面150 mm。垫层为透水材料，防潮层应平齐或高于室内地面60 mm处。当墙体两侧地面出现高差时，应在墙身内设高低两道水平防潮层，并在靠土壤一侧设垂直防潮层。

防潮层构造有防水砂浆防潮层、细石混凝土防潮层和卷材防潮层三种。如果墙脚采用不透水的材料（如条石或混凝土等），或设有钢筋混凝土地圈梁时，可以不设防潮层。

（6）勒脚构造。材料选用耐久性、防水性能好的外墙饰面。有水泥砂浆抹面、面砖贴面或用不透水材料如条石、混凝土等代替砖砌勒脚。

（7）散水：外墙四周将地面做成向外倾斜的坡面。散水坡度为3% ~ 5%，宽度为600 ~ 1 000 mm（比屋檐宽200 mm）。散水与外墙交接处应设分格缝，分格缝用弹性材料嵌缝。

明沟：可用混凝土现浇、砖砌或石砌，沟底坡度为0.5% ~ 1%，坡向窨井。

（8）门窗过梁。门窗过梁支承洞孔上部砌体所传各种荷载，并将这些荷载传给窗间墙。过梁有三种：钢筋混凝土过梁、钢筋砖过梁、砖拱过梁。

（9）窗台。窗台是为避免雨水聚积窗下并侵入墙身、沿窗下槛向室内渗透而设置的。

（10）壁柱与墙体共同承担荷载并稳定墙身。墙体受到集中荷载或墙体过长时，应增设壁柱，对砖墙，当厚度≤240 mm且大梁跨度≥6 m时，支承处宜设壁柱；当墙体的长度和高度超过一定限度，影响到墙体稳定性时要设计凸出墙面的壁柱；当墙体窗间墙上出现集中荷载，而墙厚不足以承受其荷载时，需设壁柱。

墙上开设门洞时，为便于门框的安装和保证墙体稳定性，需设门垛。

（11）圈梁。圈梁是沿外墙四周及部分内部墙体设置的在同一水平面上连续闭合的梁，将分散的楼板箍到一起，以增加墙体整体性。有钢筋砖圈梁与钢筋混凝土圈梁。设置位置：屋盖处必设，中间层视设计烈度及层数不同分别对待。

当圈梁被门窗洞口截断时，应在洞口上部增设附加圈梁，搭接长度$L \geqslant 2h$并≥1 000 mm。

（12）构造柱。圈梁在水平方向将楼板和墙体箍住，而构造柱从竖向加强层间墙体的连接，与圈梁一起构成空间骨架，从而加强建筑物的整体性，提高墙体变形的能力，即使开裂也不倒塌。

构造柱与墙体连接：沿墙高每隔 500 mm 设 2Φ6 水平拉结筋，每边伸入墙内不少于 1 000 mm。

（13）按主砌块尺寸规格分：高度大于 115 mm 小于 380 mm ——小型砌块；380 ~ 980 mm ——中型砌块；>980 mm ——大型砌块。我国目前以中小型居砌块多。混凝土小型空心砌块的主要规格尺寸为 390 mm × 190 mm × 190 mm，标志尺寸为 400 mm × 200 mm × 200 mm。砌块按在组砌中的位置与作用可以分为主砌块和辅助砌块。

砌块建筑每层设圈梁，以加强墙体整体性。

较大门窗洞口两侧墙体，用砌块洞插 1Φ8 竖筋，用混凝土灌孔，或用实心砌块砌一段墙体。也可以将门窗洞口周边做成钢筋混凝土边框。

（14）隔墙有块材隔墙、轻骨架隔墙、板材隔墙三种类型。

（15）有关保温、隔热：

露点温度：空气中相对湿度达到 100%时的空气温度。

导热系数λ：材料的导热能力强度。

热阻：材料阻止热量传递的能力，$R = 1/\lambda$；通常把导热系数小于 0.25 的材料称为保温隔热材料（绝热材料）。

当前建筑保温与隔热常用的材料是：岩棉、矿渣棉及制品，玻璃棉及制品，泡沫玻璃，膨胀珍珠岩及制品，硅酸盐绝热涂料，聚苯乙烯泡沫塑料、聚氨酯泡沫塑料，等。

由于外墙两侧存在温差，高温一侧水蒸气会向低温一侧渗透，即蒸汽渗透。在蒸汽渗透过程中，遇到露点温度时蒸汽会凝聚成水，叫凝结水。为防止墙体产生内部凝结水，常在墙体的保温层靠高温一侧即蒸汽渗入的一侧设置一道隔蒸汽层。

隔汽材料一般采用沥青、卷材、隔汽涂料以及铝箔等防潮防水材料。

（16）有关隔声：

空气声 ——从空气中传来的声音。

撞击声（固体声）——构件受到直接撞击而产生的声音。

合理的空气间层为 8 ~ 12 cm。吸声材料不能满填时，应贴正对声波那面墙板。

声桥 ——双层墙间的刚性连接处，设计时应将两墙彻底分开（砖墙从基础就断开）。必要的连接支撑使用弹性垫块，如木质连接块、橡胶连接。

（17）基础 ——建筑物与土层接触的部分，建筑物最下部的承重构件。

地基 ——支承建筑物重要的土层，基础下部承受建筑物全部荷载的土层。

天然地基 ——天然土层本身具有足够强度，不须人工改善或加固便可作为建筑物的地基，如岩石、碎石、砂土、黏土。

人工地基 ——由于荷载较大或地基承载力不够而缺乏足够稳定性，须预先对土层通行人工加固后才能作为建筑物的地基，如压实、换土。

（18）基础埋置深度：

在满足地基稳定和变形要求的前提下，应尽量浅埋，基础埋深不宜小于 0.5 m（除岩石地基外）；

埋置在地下水位以上，基础不能埋在地下水位以上时，应将基础埋置在（枯水期）最低水位以下 200 mm；

基地有冻胀现象时，基础应置于冰冻线以下 200 mm，相邻建筑物，两基础间净距 ≥ 基底高差的 1 ~ 2 倍；

基础埋深小于基础宽度或 ≤ 5 m 的基础叫浅基础，优先采用浅基础。

（19）基础按构造形式分类：带形基础、独立式基础、联合基础。

基础按材料和受力特点分类：刚性基础 ——由抗压强度高，而抗拉、抗剪强度低的材料制作的基础；非刚性基础（柔性基础），在混凝土底面配以钢筋，用钢筋来承受地基反力给基础带来的弯曲拉力，这时基础宽度不受刚性角限制。

（20）地下室的防潮与防水。

当地下水的常年水位和最高水位处在地下室地面标高以下时，只对地下墙体和地坪作防潮气处理。

当设计最高地下水位处在地下室地面以上时，地下室的墙身、地坪直接受到水的侵蚀，必须采取防水措施。

水头指最高地下水位高于地下室底板底面的高度。

卷材按铺贴位置不同分外包防水和内包防水。

外包防水——将防水材料贴在迎水面，多采用，属于主动防水。

内包防水——贴在背水面，防水效果较差，多用于修缮工程，属于被动防水。

【阶段测试】

一、填空题

1. 砖墙包括（　）和（　）两种材料。

2. 为防止人为活动影响基础，基础埋深不宜小于（　）m。

二、选择题

1. 横墙承重方案的特点是（　）。

A. 建筑物的横向刚度较强　　B. 划分空间较灵活

C. 横墙的间距较大　　D. 四周为墙承重

2. 钢筋混凝土过梁的特点是（　）。

A. 承载能力强　　B. 仅用于 2 m 宽以内的洞口

C. 有集中荷载不宜使用　　D. 过梁两端的支承长度不小于 100 mm

3. 为防止墙体产生内部凝结水，常在墙体的保温层（　）设置一道隔蒸汽层。

A. 两侧各　　B. 靠高温一侧　　C. 靠低温一侧　　D. 两侧的任意一侧

4. 下面错误的是（　）。

A. 基地有冻胀现象时，基础应置于冰冻线以下 200

B. 基础埋深小于基础宽度或≤5 m 的基础叫浅基础

C. 新建建筑当埋深大于原有建筑基础时，两基础间净距≥基底高差的 2～3 倍

D. 基础不能埋在地下水位以上时，应将基础埋置在最低水位以下 200 mm

三、判断题

1. 门窗过梁不能承受洞口上部楼板所传的荷载。（　）

2. 大孔洞的空心砖比小孔、多孔的空心砖保温性能好。（　）

【阶段测试答案】

一、填空题　1. 砖，砂浆　　2. 0.5

二、选择题　1. A　　2. A　　3. B　　4. C

三、判断题　1. ×　　2. ×

第7章 楼地层

【导学提示】

楼地层包括楼板层和地坪层，是水平方向分隔房屋空间的承重构件。本章主要讲述楼地层的基本构造和设计要求，以及钢筋混凝土楼板的主要类型，并介绍了用于大量性民用建筑的楼地面装修和阳台、雨篷构造。学习本章内容时，多理论联系实际，多观察身边的建筑实物，这样便于知识的理解与记忆。

【学习要求】

（1）了解楼板层与地坪层的相同与不同之处。

（2）掌握楼板层的基本组成及设计要求。

（3）理解钢筋混凝土楼板的主要类型及特点。

（4）掌握地坪层的构造。

（5）理解楼地面装修和顶棚构造。

（6）了解阳台、雨篷构造。

【学习建议与实践活动】

学习本章内容时，可结合本章理论多观察身边的已有建筑及施工现场，理论联系实际，这样便于知识的理解与记忆。试观察在建建筑的楼面与地坪层的构造措施，并参照教材或构造图集绘制其构造图样。

【学习指导】

7.1 楼板层概述

楼板层与地坪层的相同之处：都是水平方向分隔房屋空间的承重构件。楼板层分隔上下楼层空间，地坪层分隔大地与底层空间。二者均是供人们在上面活动的，因而有相同的面层。

楼板层与地坪层的不同之处：二者所处位置不同，受力不同，因而结构层有所不同。

楼板层的结构层为楼板，楼板将所承受的上部荷载及自重传递给墙或柱，并由墙、柱传给基础。

地坪层的结构层为垫层，垫层将所承受的荷载及自重均匀地传给夯实的地基。

7.1.1 楼板层的基本组成

楼板层通常由面层、楼板、顶棚三部分组成。

（1）面层：又称楼面或地面。

作用：保护楼板、承受并传递荷载，同时对室内有很重要的清洁及装饰作用。

（2）结构层：一般包括梁和板。

作用：承受楼板层上的全部静、活荷载，并将这些荷载传给墙或柱，同时还对墙身起水平支撑的作用，增强房屋刚度和整体性。

（3）顶棚：它是楼板层的下面部分。

对于有特殊要求的楼板层往往还需设置管道敷设、防水、隔声、保温等各种附加层。

7.1.2　楼板层的设计要求

（1）具有足够的强度和刚度.

楼板具有足够的强度和刚度才能保证其安全和正常使用。足够的强度是指楼板能够承受使用荷载和自重。足够的刚度是指楼板的变形应在允许的范围内，它是用相对挠度来衡量的。

（2）满足隔声、防火、防潮、防水与热工等方面的要求。

隔绝固体传声的方法：在楼板面铺设弹性面层，如铺设地毯、橡胶、塑料等；设置片状、条状或块状的弹性垫层，其上做面层形成浮筑式楼板；结合室内空间的要求，在楼板下设置吊顶棚。

楼板层应根据建筑物的等级、对防火的要求进行设计，建筑物的耐火等级对构件的耐火极限和燃烧性能有一定的要求。

对有水侵袭的楼板层，须具有防潮、防水的能力。

对某些部位楼板，应进行保温隔热处理。

（3）满足建筑经济的要求。

应注意结合建筑物的质量标准、使用要求以及施工技术条件，选择经济合理的结构形式和构造方案，尽量减少材料的消耗和楼板层的自重，为工业化创造条件。

7.2　楼板的类型

根据使用材料不同，楼板分为：木楼板、钢筋混凝土楼板、压型钢板组合楼板等。

钢筋混凝土楼板按施工方法不同分类：现浇式楼板、装配式楼板、装配整体式楼板。

7.2.1　装配式钢筋混凝土楼板

装配式是把楼板分成若干构件，在工厂或预制厂预先制作好，然后在施工现场进行安装的方法。

1. 装配式钢筋混凝土楼板特点

节省模板，并能改善构件制作时工人的劳动条件，有利于提高劳动生产率和加快施工速度，但楼板的整体性较差，刚度较差。

2. 板的类型

板的长度是 300 mm 的倍数，宽度是 100 mm 的倍数，厚度是 10 mm 的倍数。

（1）平板。

特点：上下平整，制作简单，但自重较大，隔声效果差。

跨度≤2.4 m；板厚≥跨度的 1/30，常取 50 mm、60 mm、70 mm、80 mm；板宽常取 500 mm、600 mm、700 mm。

适用于：走道、阳台、雨篷及小开间房间。

（2）槽形板。

特点：自重轻，省材料，便于开洞，但隔声效果差。

跨度 3 ~ 6 m，板厚 25 ~ 30 mm，肋高 120 ~ 240 mm，板宽 500 ~ 1 200 mm。

支承处板用砖填实至肋高，防止板端被压坏。

适用于：仓库、车间等对隔声及顶棚美观要求不高的房间。

（3）空心板。

特点：自重轻，省材料，板面平整；隔声、隔热性能好，但板面不能任意打洞。

空心板常见跨度与板厚见表 7-1。

表 7-1 空心板常见跨度与板厚

跨度/m	板厚/mm
2.4 ~ 4.2	120
4.2 ~ 5.7	180
5.7 ~ 7.5	240

3. 板的布置

预制板按单向受力设计，只能让板的两端作为支撑边，其余两边必须悬空。

布板时，板边距墙不足一个板宽时的解决方法：板缝<60 mm时，调板缝；板缝为60 ~ 120 mm时，挑砖；板缝>120 mm时，做现浇板带。

支承处安装前用砖块或浆堵堵孔，防止板端被压坏及灌浆找平时跑浆。

支承在砖墙上≥100 mm，支承在钢筋混凝土梁（钢筋混凝土屋架）上≥80 mm，支承在钢屋架上≥60 mm。

4. 板与墙体、板与板的整体性加强构造

板与墙、板与板的整体性连接依据设计烈度不用有所不同。

板缝形式要有利于将荷载传到相邻的板上，使楼板成为受力整体。

V形缝靠摩擦力传递荷载，填板缝的细石混凝土在结硬过程中干缩开裂，使摩擦力降低。

U形缝比V形缝容易密实，摩擦力传递荷载更可靠。

凹缝上宽下窄，两侧凹进板内，混凝土灌缝后，形成一条销键卡在两板之间，传力最可靠，楼板整体性好，有利于抗震。

7.2.2 现浇式钢筋混凝土楼板

现浇式钢筋混凝土楼板特点：刚度大，整体性好，坚固耐久，利于抗震，梁板布置灵活，能适应各种不规则形状和需要留孔洞等特殊要求的建筑。但是在施工过程中，要经过支模板、绑扎钢筋、浇灌混凝土、振捣、养护、拆模等作业，受外界环境因素影响较大，工人劳动强度大，施工速度慢。

1. 板式楼板

当房间的尺度较小时，可将楼板做成平板的式样，称为板式楼板。有许多小开间房间的建筑物，特别是墙承重体系的建筑物，例如住宅、旅馆等，或者其他建筑的走道、厨房、卫生间等，都适合使用板式楼板。

板式楼板结构层底部平整，可以得到最大的使用净高。

当板的长边与短边之比>2时，在荷载作用下，板基本上只在短边的方向挠曲，而在长边方向的挠曲很小，可以忽略。这表明荷载主要沿短边的方向传递，故称单向板。

当板的长边与短边之比≤2时，则在荷载作用下，板的两个方向都有较大挠曲，称为双向板。

2. 肋梁式楼板

当房间的平面尺度较大，采用板式楼盖会造成单块楼板的跨度太大时，可以通过在楼板下设梁的方式，将一块板划分为若干个小块，从而减小每块板的跨度。这种楼板称为梁板式楼板。

梁板式楼盖的梁可以形成主次梁的关系，当梁板式楼板板底某一个方向的次梁平行排列成为肋状时，称为肋梁楼板。

肋梁楼板组成：板、次梁、主梁。

布置原则：

（1）承重的柱、梁、墙应有规律地布置，宜做到上下对齐，以利于结构传力直接，受力合理。

（2）板上不宜布置较大的集中荷载，自重较大的隔墙和设备宜布置在梁上，梁应避免支承在门窗洞口上。

（3）满足经济要求。

主梁经济跨度 $L = 5 \sim 8$ m，梁高 $h = (1/14 \sim 1/8)L$，梁宽 $b = (1/3 \sim 1/2)h$；

次梁经济跨度 $L = 4 \sim 6$ m，梁高 $h = (1/18 \sim 1/12)L$，梁宽 $b = (1/3 \sim 1/2)h$。

单向板跨≤3 m，经济跨度为 1.7 ~ 2.5 m。

3. 井式楼板

楼板两个方向的梁截面高度相等，呈井字形，称为井式楼板。两个方向梁跨度及跨数可以不同，梁可正交，也可斜交。

井式楼板宜采用正方形或矩形，长短边之比≤1.5，板跨（梁间距）宜为 3 m 左右。梁跨度可达 30 ~ 40 m。

井式楼板常用于较大的无柱空间（有视线要求，如合班教室、会议室、影剧院等），板底井格整齐统一，有韵律，自然形成有艺术效果的顶棚。若将井格中的板以采光玻璃代替或自然空透可达到采光、通风、装饰于一体的效果。

4. 无梁楼板

楼板中间不设梁，直接支承在柱上时，则为无梁楼板。板厚≥板跨的 1/35 ~ 1/30，且≥150 mm。柱网通常为正方形或接近正方形，柱间距≤6 m。

特点：净空高度大，顶棚平整，采光通风较好。

适用：荷载较大的建筑，如书店、仓库、商店、多层车库等。

7.2.3 装配整体式楼板

装配整体式楼板是将预制板安装好后，再现浇一层钢筋混凝土板，它综合了现浇与装配的优点，既具有很好的整体性，施工又简单，且无须模板、支撑，工期短，避免了大量湿作业。

1. 压型钢板组合楼板

组成：楼面层 ——组合板（混凝土、钢衬板）；

钢梁 ——起模板及受拉筋的双重作用。

压型钢板组合楼板用压型薄钢板作底板，再与混凝土整浇层浇筑在一起。压型钢板本身截面经压制成凹凸状，有一定的刚度，可以作为施工时的底模。在压型钢板面上留有小的破口，或者利用焊上去的构造钢筋，可使上部现浇的混凝土和下部的钢衬板共同受力，即混凝土承受剪力和压应力，而钢衬板则承受下部的拉弯应力。底部钢板由于外露，需作防火处理。

压型钢板组合楼板的钢板有单层和双层之分。由于截面形状的原因，压型钢板只能够承受一个方向的弯矩，因此，压型钢板组合楼板只能够用作单向板。组合板的跨度一般为 8 ~ 12 m。

钢衬板下加平钢板，能够加强压型板的空间刚度，下孔可安装管线。

使用双层成对截面，可使刚度及跨度大大提高，承载力加强。

特点：省去了模板及支撑系统，施工方便，速度快，自重轻，整体性好，强度高，刚度好，适用于高层建筑和大跨度。

2. 叠合式楼板

以钢筋混凝土薄板为底板，在上面再叠合现浇钢筋混凝土层。钢筋混凝土的梁柱上部可少浇部分混凝土，露出部分钢筋，以便在现场与楼板上层现浇叠合层连通，更好地增强其结构整体性。

叠合楼板跨度一般为 4 ~ 6 m，最大可达 9 m，以 5.4 m 以内较为经济。

为了保证预制薄板与叠合层有较好的连接，薄板上表面需作处理，常见的有两种：一是在上表面作刻槽处理，另一种是在薄板上表面露出较规则的三角形状的结合钢筋。

叠合式楼板的现浇叠合层采用 C20 级的混凝土，厚度一般为 70 ~ 120 mm。叠合楼板的总厚取决于板的跨度，一般为 150 ~ 250 mm。

特点：预制薄板与现浇混凝土面层叠合而成的装配整体式楼板，薄板为永久模板，节约施工模板，便于管线预埋，底面平整，整体性和连续性好。

大房间预制板上宜叠合现浇钢筋混凝土层后浇层，可有效防止面层裂缝。

7.3 地坪层构造

7.3.1 素土夯实层

素土夯实层即地坪的基层，通常是填 300 mm 厚的土后夯实成 200 mm 厚。

素土：不含杂质的土。

7.3.2 垫　层

垫层是承受并传递荷载给地基的结构层。

（1）刚性垫层：常用低强度等级混凝土，用于地面要求较高及薄而脆的面层，如水磨石地面、瓷砖地面、大理石地面等。

（2）非刚性垫层：常用砂垫层、碎石灌浆、石灰炉渣、三合土。用于厚而不易断裂的面层，如混凝土地面、水泥制品块地面等。

（3）复式垫层：先做非刚性垫层，再做一层刚性垫层。用于室内荷载大且地基又较差的，以及有保温等特殊要求的地方，或面层装修标准较高的地面。

7.3.3 面　层

面层是人们日常生活、工作、生产直接接触的地方，所以应坚固耐磨、表面平整、光洁、易清洁、不起尘。不同的房间对面层有不同的要求。

7.3.4 附加层

附加层是主要满足某些有特殊使用要求而设置的构造层次，如防水层、防潮层、保温层、隔热层、隔声层和管道敷设层等。

7.4 楼地面装修

楼地面装修主要是指楼板层和地坪层的面层做法。楼地面的名称是以面层的材料和做法来命名的，按面层所用材料和施工方式不同，可分为以下四类：

整体地面——水泥砂浆面、细石混凝土面、水磨石面、沥青砂浆面；

块材地面——地砖面、木地面、马赛克地面、花岗石地面；

卷材地面——塑料地贴、橡胶地毯、化纤地毯、编织地毯；

涂料地面——聚氨酸地面、聚乙烯酸缩丁醛地面。

7.4.1 整体地面

1. 水泥砂浆地面

水泥砂浆地面构造简单、坚固，能防潮、防水而造价又较低。但水泥砂浆地面蓄热系数大，冬天感觉冷，空气湿度大时易产生凝结水，而且表面起灰，不易清洁。

2. 水泥石屑地面

水泥石屑地面是以石屑替代砂的一种水泥地面，亦称豆石地面或瓜米地面。性能近似水磨石，表面光洁，不起尘，易清洁，造价仅为水磨石地面的50%。

3. 水磨石地面

水磨石地面具有良好的耐磨性、耐久性、防水防火性，并具有质地美观、表面光洁、不起尘、易清洁等优点。

在气温较高、雨水较多、空气相对湿度大（梅雨季节）的时候，整体地面由于地表温度比空气温度低，达到露点，空气中的水蒸气便在地面上凝结。加之水泥砂浆和水磨石地面光滑、密实，凝聚水不易渗透，地面上呈现一层水珠或水层。解决方法：用空气间层或多孔材料断开地下冷潮气上升的路径，地面面层用微吸水性材料（空气潮湿时吸水，干燥时将水分蒸发）。

7.4.2　块材地面

1. 水泥制品块地面

水泥制品块地面常用的有水泥砂浆砖、水磨石块、预置混凝土块。当预制块大而厚时，施工简单、造价低，便于维修更换，但不易平整，城市人行道常按此法施工；当预制块小而薄时，坚实、平整，但施工较复杂，造价也较高。

2. 陶瓷地砖地面

陶瓷地砖类型有釉面地砖、无光釉面砖、无釉防滑地砖及抛光同质地砖。其砖面平整，抗腐耐磨，施工方便，且块大缝少，装饰效果好。

3. 木地面

木地面有弹性好、不起火、不反潮、导热系数小、隔声等优点，但耐火性差，保养不善容易腐朽，易随温度、湿度变化产生裂缝和翘曲。

木地面一般为长条企口地板，50 ~ 150 mm 宽，板边具有凹凸企口，铺设于基层木搁栅上。

木地面按其构造方法有空铺、实铺和粘贴三种，常用于住宅、宾馆、体育馆、剧院舞台等建筑中。

7.4.3　卷材地面

塑料地面：以有机物质为主所制成的地面覆盖材料，装饰效果好，色彩鲜艳，施工简单，维修保养方便，有一定弹性，脚感舒适，步行时噪声小，但它易老化，日久失去光泽，受压后产生凹陷，不耐高温，硬物刻画易留痕，如地毯地面。

7.4.4　涂料地面

用于地面的涂料有地板漆、过氯乙烯地面涂料、苯乙烯地面涂料等。这些涂料施工方便，造价较低，可以提高地面的耐磨性和韧性以及不透水性，适用于民用建筑中的住宅、医院等。

由于涂层较薄、耐磨性差，故不适于人流密集，经常受到物或鞋底摩擦的公共场所。

7.5　顶棚装修

7.5.1　顶棚类型

1. 直接顶棚

直接顶棚装修包括一般楼板板底、屋面板板底直接喷刷、抹灰、贴面。

（1）直接喷刷涂料顶棚。

当要求不高或楼板底面平整时，可在板底嵌缝后喷（刷）石灰浆或涂料两道。

（2）直接抹灰顶棚。

对板底不够平整或要求稍高的房间，可采用板底抹灰，常用的有纸筋石灰浆顶棚、混合砂浆顶棚、水泥砂浆顶棚等。

（3）直接粘贴顶棚。

对某些装修标准较高或有保温吸声要求的房间，可在板底直接粘贴装饰吸声板、石膏板、塑料板等。

2. 吊顶顶棚

由于顶棚是采用悬吊方式支承于屋顶结构层或楼板层的梁板之下的，故称之为吊顶。

7.5.2 吊顶顶棚构造

吊顶顶棚一般由三个部分组成：吊杆、骨架、面层。

1. 吊　杆

吊杆的作用：承受吊顶面层和龙骨架的荷载，并将荷载传递给屋顶的承重结构。

吊杆的材料：有木吊杆、轻钢龙骨吊杆、铝合金吊杆等。

2. 骨　架

骨架的作用：承受吊顶面层的荷载，并将荷载通过吊杆传给屋顶承重结构。

骨架的材料：有木龙骨架、轻钢龙骨架、铝合金龙骨架等。

骨架的结构：主要包括主龙骨、次龙骨和搁栅、次搁栅、小搁机所形成的网架体系。轻钢龙骨和铝合金龙骨有 T 型、U 型、L 型及各种异型龙骨等。

3. 面　层

面层的作用：装饰室内空间，以及吸声、反射等功能。

面层的材料：纸面石膏板、纤维板、胶合板、钙塑板、矿棉吸音、铝合金等金属板、PVC 塑料板等。

面层的形式：条型、矩型。

无吸音要求时 —— 板条间不留空隙；有吸音要求时 —— 板条间留空隙。

7.6 阳台及雨篷

7.6.1 阳台类型

（1）按使用要求分：生活阳台、服务阳台。

（2）根据阳台与建筑物外墙的关系分：挑（凸）阳台、凹阳台(凹廊)、半挑半凹阳台等。

（3）按阳台在外墙上所处的位置不同分：中间阳台、转角阳台。

7.6.2 阳台的组成

阳台由承重结构(梁、板)和栏杆组成。

1. 阳台承重结构的布置

凹阳台的阳台板可直接由阳台两边的墙支承，板的跨长与房屋开间尺寸相同，也可采用与阳台进深尺寸相同的板铺设。

挑阳台的结构布置可采用挑梁搭板及悬挑阳台板的方式。

2. 阳台栏杆

（1）阳台栏杆类型。

根据阳台栏杆使用材料的不同：金属拉杆、钢筋混凝土栏杆、砖栏杆……

根据阳台栏杆空透的情况不同：实心栏板、空花栏杆、部分空透的组合式栏杆。

（2）钢筋混凝土栏杆构造。

在栏板（栏杆）转角处及长边中部有构造柱。

栏板高 1/2 处设水平通长拉结筋 2Φ6，拉结筋及扶手内主筋均与构造柱预埋件焊接。

砌墙时预留洞，将压顶伸入锚固，将栏板的上下肋或栏板上的预埋钢筋伸入洞内，用 C20 细石混凝土填实。

7.6.3 雨篷构造

雨篷设在房屋出入口的上方，为了雨天人们在出入口处作短暂停留时不被雨淋，并起到保护门和丰富建筑立面的作用。

根据雨篷板的支承不同，有采用门洞过梁悬挑的方式，也有采用墙或柱支承的。

7.7 楼板隔声

将标准打击器置于被测楼板上，在楼下房间测量噪声平均声压。住宅建筑楼板隔撞击声的标准：

一级：≤65db 属于较高标准；

二级：≤75dB 属于一般标准；

三级：≤75dB 属于最低标准。

目前广泛使用的空心板 $L_i = 82$dB，属等外级，所以楼上楼下干扰严重。

措施：铺地毯、橡胶地板、塑料地贴、软木板，用弹性吊顶、做浮筑楼板等。

【本章小结】

（1）楼板层与地坪层的相同之处：都是水平方向分隔房屋空间的承重构件。

楼板层与地坪层的不同之处：二者所处位置不同，受力不同，因而结构层有所不同。楼板层的结构层为楼板，地坪层的结构层为垫层。

（2）楼板层通常由面层、楼板、顶棚三部分组成。

（3）楼板层的设计要求：具有足够的强度和刚度，满足隔声、防火、防潮、防水与热工等方面的要求，满足建筑经济的要求。

楼板根据使用材料不同，楼板分为木楼板、钢筋混凝土楼板、压型钢板组合楼板等。

（4）钢筋混凝土楼板按施工方法不同分类：现浇式楼板、装配式楼板、装配整体式楼板。

装配式钢筋混凝土楼板特点：节省模板，并能改善构件制作时工人的劳动条件，有利于提高劳动生产率和加快施工速度，但楼板的整体性较差，刚度较差。

装配式钢筋混凝土楼板板的类型：平板、槽形板、空心板。

（5）现浇式钢筋混凝土楼板按构造分为：板式楼板、肋梁式楼板、井式楼板、无梁楼板。

现浇式钢筋混凝土楼板特点：整体性好、刚度大，利于抗震，梁板布置灵活，能适应各种不规则形状和需要留孔洞等特殊要求的建筑，但模板材料的耗用量大，施工速度慢。

当板的长边与短边之比＞2 时，称单向板；当板的长边与短边之比≤2 时，称为双向板。

肋梁楼板组成：板、次梁、主梁。主梁经济跨度 $L = 5 \sim 8$ m，次梁经济跨度 $L = 4 \sim 6$ m，单向板经济跨度为 1.7 ~ 2.5 m。

井式楼板：楼板两个方向的梁截面高度相等，呈井字形，称为井式楼板。两个方向梁跨度及跨数可以不同，梁可正交，也可斜交。

井式楼板宜采用正方形或矩形，长短边之比≤1.5，板跨（梁间距）宜为 3 m 左右。梁跨度可达 30 ~ 40 m。

无梁楼板：楼板不设梁，直接支承在柱上时，则为无梁楼板。柱网通常为正方形或接近正方形，柱间距≤6 m。适用于荷载较大的建筑，如书店、仓库、商店、多层车库等。

（6）装配整体式楼板特点：将预制板安装好后，再现浇一层钢筋混凝土板。它综合了现浇与装配的优点，既具有很好的整体性，施工又简单，且无须模板、支撑，工期短，避免了大量湿作业。

压型钢板组合楼板组成：楼面层——组合板（混凝土、钢衬板），钢梁——起模板及受拉筋的双重作用。

叠合式楼板特点：预制薄板与现浇混凝土面层叠合而成的装配整体式楼板，薄板为永久模板，可节约施工模板，便于管线预埋，底面平整，整体性和连续性好。

（7）地坪层构造层：素土夯实层、垫层、面层。

附加层主要应满足某些有特殊使用要求而设置的构造层次，如防水层、防潮层、保温层、隔热层、隔声层和管道敷设层等。

刚性垫层：用于地面要求较高及薄而脆的面层，如水磨石地面、瓷砖地面、大理石地面等。

非刚性垫层：用于厚而不易断裂的面层，如混凝土地面、水泥制品块地面等。

复式垫层：先做非刚性垫层，再做一层刚性垫层。用于室内荷载大且地基又较差的，以及有保温等特殊要求的地方，或面层装修标准较高的地面。

（8）楼地面的分类有：整体地面、块材地面、卷材地面、涂料地面。

整体地面当地表温度比空气温度低，达到露点时，空气中的水蒸气便在地面上凝结。解决方法：用空气间层或多孔材料断开地下冷潮气上升的路径，地面面层用微吸水性材料。

（9）顶棚类型：直接顶棚与吊顶顶棚。

直接顶棚包括：直接喷刷涂料顶棚、直接抹灰顶棚、直接粘贴顶棚。

吊顶顶棚一般由三个部分组成：吊杆、骨架、面层。

（10）阳台按使用要求分为生活阳台、服务阳台；根据阳台与建筑物外墙的关系分为挑阳台、凹阳台、半挑半凹阳台；

按阳台在外墙上所处的位置不同分为中间阳台、转角阳台。

阳台由承重结构（梁、板）和栏杆组成。

（11）凹阳台的阳台板可直接由阳台两边的墙支承，板的跨长与房屋开间尺寸相同，也可采用与阳台进深尺寸相同的板铺设。

挑阳台的结构布置可采用挑梁搭板及悬挑阳台板的方式。

在栏板（栏杆）转角处及长边中部有构造柱。

（12）雨篷板的支承方式有：采用门洞过梁悬挑、采用墙或柱支承。

（13）楼板隔声措施：铺地毯、橡胶地板、塑料地贴、软木板，用弹性吊顶、做浮筑楼板等。

【阶段测试】

一、填空题

1. 楼板层通常由（　　）三部分组成。

2. 整体地面容易（　　），解决方法：用空气间层或多孔材料断开地下冷潮气上升的路径，地面面层用（　　）材料。

二、选择题

1. 钢筋混凝土楼板按施工方法不同分为（　　）。

A. 现浇式、装配式、装配整体式　　　　B. 平板、梁板式、无梁式

C. 现浇式、装配式、预制式　　D. 平板、梁板式、井字式

2. 下面正确的是（　）。

A. 主济跨梁经度 $L = 8 \sim 12$ m　　B. 主梁经济跨度 $L = 7 \sim 10$ m

C. 主梁经济跨度 $L = 5 \sim 8$ m　　D. 主梁经济跨度 $L = 3 \sim 5$ m

3. 顶棚类型有（　）。

A. 抹灰顶棚与贴面顶棚　　B. 喷刷顶棚与抹灰顶棚

C. 直接顶棚与贴面顶棚　　D. 直接顶棚与吊顶顶棚

4.（　）不是楼板隔声的措施。

A. 铺地毯、橡胶地板、塑料地贴　　B. 做木地面

C. 叠合楼板　　D. 用弹性吊顶、浮筑楼板

三、判断题

1. 地坪层的结构层是夯实的素土层。（　）

2. 压型钢板组合楼板是双向板。（　）

【阶段测试答案】

一、填空题　1. 面层、楼板、顶棚　　2. 返潮，微吸水性

二、选择题　1. A　　2. C　　3. D　　4. C

三、判断题　1. ×　　2. ×

第8章 楼 梯

【导学提示】

一栋建筑内所需楼梯的数量及楼梯在平面上的位置等内容，已在建筑平面组合设计中讲述，本章重点学习楼梯的构造设计，同时介绍有高差无障碍设计的构造，并对电梯、自动扶梯的构造作简要的介绍。学习本章内容时，多理论联系实际，多观察身边的建筑实物，这样便于知识的理解与记忆。

【学习要求】

（1）了解常见楼梯的形式，掌握楼梯各部位的尺寸要求。

（2）掌握钢筋混凝土楼梯的构造形式及特点。

（3）掌握楼梯的细部处理。

（4）理解台阶与坡道设计要求及构造。

（5）了解有高差无障碍设计的构造。

（6）了解电梯与自动扶梯。

【学习建议与实践活动】

学习本章内容时，可结合本章理论多观察身边的已有建筑及施工现场，理论联系实际，这样便于知识的理解与记忆。试观察已有建筑的楼梯构造措施，实际测量各部位的尺寸，并用1∶50比例绘制其平面图与剖面图，参照教材或构造图集绘制构造图样。

【学习指导】

8.1 楼梯概述

楼梯的设计要求首先是应具有足够的通行能力，保证楼梯有足够的宽度和合适的坡度，同时楼梯应有足够的安全措施，保证在紧急疏散时防火、防坠、防滑等方面的要求，另外楼梯设计还要考虑其造型美观，增强建筑物内外空间的观瞻性。

8.1.1 楼梯的组成

一部楼梯由楼段、平台、扶手组成。

8.1.2 楼梯的形式

根据一个层高内的梯段数量分：直跑楼梯、双跑楼梯、三跑楼梯及四跑楼梯。

根据楼梯的样式分：转角楼梯、平行楼梯、螺旋楼梯，双分平行楼梯、剪刀楼梯、交叉楼梯等。

按其消防疏散时阻挡烟火的难易程度可分为：敞开楼梯、封闭楼梯、防烟楼梯、室外楼梯。

敞开楼梯又叫普通楼梯，敞开楼梯没有隔烟阻火的作用，使用范围为5层及5层以下的公共建筑或6层及6层以下的组合式单元住宅。若用于7至9层的单元式住宅，敞开楼梯的分隔门应采用乙级防火门。

封闭楼梯不带前室，只设有能阻挡烟气进入的双向弹簧门或防火门。封闭楼梯是高层建筑中常用的疏散楼梯形式。

防烟楼梯是指在楼梯入口设有前室或设有专供排烟用的阳台、凹廊等，且通向前室和楼梯间的门均为乙级防火门的楼梯间。防烟楼梯是高层建筑中常用的疏散楼梯形式。

室外疏散楼梯，对于平面面积较小，设置室内楼梯有困难的建筑可设置室外疏散楼梯。室外楼梯的最小净宽不应小于 0.9 m，倾斜度不得大于 45°，栏杆扶手的高度不应低于 1.1 m。室外楼梯和每层出口处平台应采用耐火极限不低于 1h 的不燃烧材料。

按结构材料不同，楼梯可分为木楼梯、钢楼梯、钢筋混凝土楼梯。

8.2　楼梯设计

8.2.1　楼梯的坡度及踏步尺寸

坡度<20°宜用坡道，坡度>45°宜成爬梯，楼梯坡度一般控制在 30°左右，常见坡度范围为 20°～45°，对仅供少数人使用服务的楼梯可适当放宽要求。

踢面高度和踏面宽度之和要与人的步距相适应，步距是按经验公式 $2h+b=$ 步距设计的，式中 h 为踏步高度，b 为踏步宽度。常用楼梯踏步的高宽比应符合表 8-1 的规定。

表 8-1　楼梯踏步最小宽度和最大高度

楼梯类别	最小宽度/m	最大高度/m	坡度	步距/m
住宅共用楼梯	0.26	0.175	33.94°	0.61
幼儿园、小学校	0.26	0.15	29.98°	0.56
电影院等公共场所	0.28	0.16	29.74°	0.60
其他建筑	0.26	0.17	33.18°	0.60
专用疏散楼梯	0.25	0.18	35.75°	0.61
服务楼梯、户内楼梯	0.22	0.20	42.27°	0.62

供老年人、残疾人使用及其他专用服务楼梯应符合专用建筑设计规范的规定。

当楼梯间进深受限，使踏面宽度不满足最小宽度尺寸时，应采取措施：一为采用踢面向外倾斜，二为挑出踏面。

对于螺旋楼梯或弧形楼梯，离内侧扶手中心 0.25 m 处的踏步宽度不应小于 0.22 m。

8.2.2　梯段与平台尺寸

楼梯梯段宽度与平台宽度：墙面至扶手中心线或扶手中心线之间的水平距离。在设计时，由于还没有考虑到扶手宽度这样的细节，梯段宽度可算至梯板板边，平台宽度可算至平台边沿。

平台宽度应大于等于梯段的宽度。

梯段改变方向时，转弯处平台最小宽度应大于等于梯段的宽度，并不能小于 1.2 m。搬运大型物件需要时应适当加宽。

当平台上有构件时，平台宽度算至构件边沿。

楼梯梯段宽度与平台宽度应根据建筑物使用特征，按每股人流为 0.55 m + (0～0.15) m 的人流股数确定，0～0.15 m 为人体在行进中的摆幅，公共建筑人流众多的场所应取上限值，并不应少于两股人流。两股人流最小宽度不应小于 1.10 m，单人行走楼梯宽度需要适当加宽。

根据防火要求，疏散走道和楼梯的最小宽度不应小于 1.1 m，不超过 6 层的单元式住宅中一边设有栏杆的疏散楼梯，其最小宽度可不小于 1 m。

在楼层平台上，梯段起步与门洞或墙面的转角处要有一定的缓冲距离，防止上下的行人发生碰撞。一般情况下为两个踏步的宽度，当楼梯间进深较小时，至少为一个踏步的宽度。

每个梯段的踏步不应超过 18 级，也不应少于 3 级。

防火要求公共建筑的疏散楼梯梯井宽不宜小于 150 mm。

住宅建筑可不设梯井，但为了方便梯段施工和平台转弯缓冲，可设为 60 ~ 200 mm 宽。

为了保护少年儿童生命安全，托儿所、幼儿园、中小学及少年儿童专用活动场所的楼梯，其梯井净宽大于 0.20 m（少儿胸背厚度）时，必须采取防止少年儿童攀滑措施，防止其跌落楼梯井底。

楼梯应至少于一侧设扶手，梯段净宽达 3 股人流时应两侧设扶手，达 4 股人流时宜加设中间扶手。

由于下行比上行容易滑倒，并且费力，特别是在紧急疏散情况下更是如此，因此在平面时，尽可能考虑下行时能右手握栏杆扶手，既下行为顺时针方向，上行为逆时针方向。

8.2.3　楼梯栏杆、扶手高度

室内楼梯扶手高度自踏步前缘线量起不宜小于 0.90 m，托儿所、幼儿园楼梯除设成人扶手外，应在靠墙一侧设幼儿扶手，高 0.60 m；方便残疾人建筑楼梯设两层扶手，下层高 0.65 m。

室外楼梯栏杆临空高度 < 24 m 时，栏杆高度不应低于 1.05 m；临空高度≥24 m 时，栏杆高度不应低于 1.10 m。水平扶手长度超过 0.50 m 时，其高度不应小于 1.05 m，栏杆离楼面 0.10 m 高度内不应留空。

有儿童活动的场所，栏杆不应采用易于攀登的花格构造，一般做竖直杆件，其净距不应大于 0.11 m（儿童头宽度），防止穿越坠落。

8.2.4　楼梯净空高度

楼梯平台上下净高不应小于 2 m（含梯段起、止点与上方构件的水平距离≥0.3 m 范围内）；梯段处要求梯段净高不应小于 2.20 m，梯段净高为自踏步前缘量至上方突出物下缘间的垂直高度，如图 8-1 所示。

8.2.5　当平台下作房间或通道不满足净高时

当采用双跑平行楼梯时，各楼层一般采用等跑楼梯，即两个梯跑的步数相同。

当底层的中间平台下因设计成储藏房间或作通道而不满足净高时，可采用如下方法设计底层楼梯间：采用等跑并降低室外地面，房屋总高增加，有利于底层防潮；底层采用直跑，直达二楼，这种处理梯段较长。当进深不够时，可将楼梯间的底层局部加大进深；采用不等跑，将第一梯跑加长，第二梯跑缩短，形成跑数不等的梯跑，这种做法适用于进深较大时；混合方法，既采用不等跑，又适当降低地面。

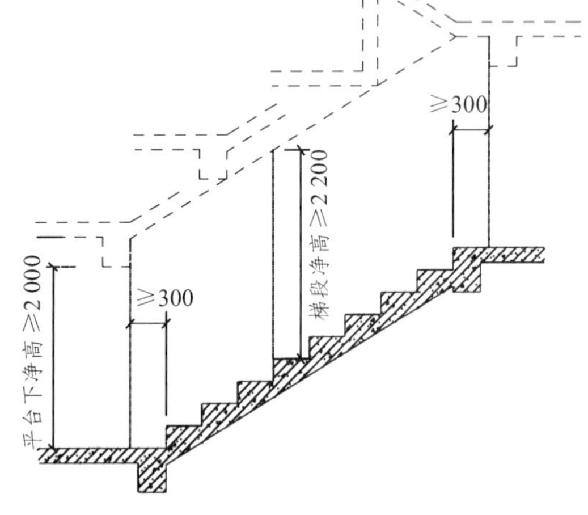

图 8-1　楼梯净空高度

楼梯间入口处地面与室外地面的高差不小于 0.10 m。这主要是考虑：其一建筑物有沉降，其二有利于保持楼梯间里的卫生。

8.2.6　设计实例

某混合结构住宅楼层高为 2.8 m，平面尺寸如图 8-2 所示。门垛长 0.12 m，门洞宽 1.0 m，墙厚 0.24 m，试设计该现浇钢筋混凝土楼梯的平面图与剖面图，并将设计结果按 1∶50 的比例绘制成施工图。

解：

（1）根据题意确定将楼梯设计成双跑平行楼梯。该楼梯为一住宅建筑楼梯，其踏步宽度≥0.26 m，踢面高度≤0.175 m。初选踏步高为 150 mm，踏步宽 300 mm。

（2）据开间尺寸 2.7 m，减去两个半墙厚 2×0.12 = 0.24 m，预设梯井宽 0.12 m。计算出楼梯段的宽度，即：

$$B = (2.70 - 0.24 - 0.12) \div 2 = 1.17\ \text{m}$$

根据防火要求，梯段宽度应满足两股人流的要求，即梯段的最小宽度不应小于 1.1 m，

$$B = 1.17\ \text{m} > 1.1\ \text{m}\quad \text{满足。}$$

（3）确定踏步级数。标准层初步确定为等跑楼梯，层间步数应取偶数：

$$\text{步数} = \text{房屋的层高} \div \text{踢面高} = 2.8 \div 0.15 = 18.6\ \text{步}$$

取整数为 18 步，每步踢面高为 $2.8 \div 18 \approx 0.155$ m。每个梯段的级数为 $18 \div 2 = 9$ 级。

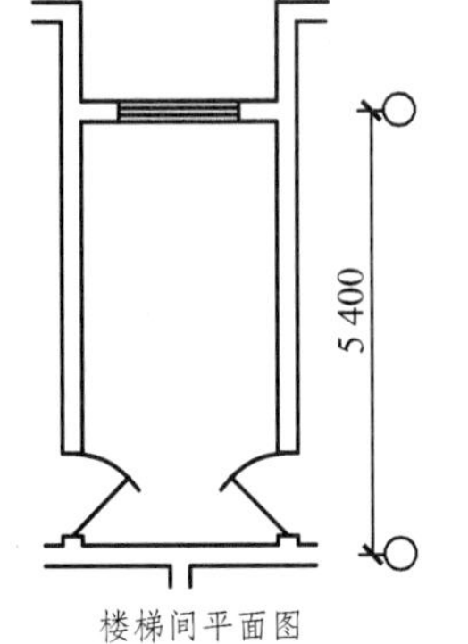

图 8-2　楼梯间平面尺寸

（4）确定平台宽度及楼梯段的水平投影长度。

平台宽度应大于等于楼梯段的宽度，$D \geqslant 1.17$ m，同时不能小于 1.2 m。

$$\text{初定平台宽度}\ D = 1.2\ \text{m}$$

验算楼梯间进深尺寸是否够用，梯段长度 + 两个平台宽度 + 两个半墙厚度 ≤ 楼梯间进深。

$$\text{楼梯段长度} = \text{踏面宽度} \times (\text{步数} - 1)$$

即 $0.3 \times (9 - 1) + 1.2 \times 2 + 0.12 \times 2 = 5.04\ \text{mm} < 5.4\ \text{m}$，楼梯间进深尺寸够用，需进一步调整平台宽度。将不够进深的尺寸加到平台上，可以取两个平台宽度相等，即平台宽调整为：

$$D = (5.4 - 5.04) \div 2 + 1.2 = 1.38$$

在楼层平台上，梯段起步与门洞边要有一定的缓冲距离，至少为一个踏面的宽度。

计算缓冲距离尺寸 = 平台宽 1.38 − 门垛长 0.12 − 门洞宽 1.0 = 0.26 m < 踏步宽 300 mm，不满足至少一个踏面宽度的要求。需要重新计算平台宽度及楼梯段的水平投影长度。

减少踏面宽度，由 0.3 m 改为 0.27 m。

$$\text{平台宽度} = (\text{楼梯间进深} - \text{梯段长度} - \text{两个半墙厚度}) \div 2$$

即

$$D = (5.4 - 0.27 \times 8 - 0.12 \times 2) \div 2 = 1.5\ \text{m}$$

再次计算缓冲距离尺寸 = 1.5 − 0.12 − 1.0 = 0.38 m > 踏步宽 300 mm，满足至少一个踏面宽度的要求。

（5）楼梯间底层出入口设计。

由于休息平台下是出入口，其净空高度等要求 ≥ 2 m。

初定平台梁高为其跨度的 1/10，且为 50 mm 的倍数，由于楼梯间开间为 2.7 m，初定平台梁高为 0.25 m。休息平台的面标高为 1.4 m。

休息平台下净空高度 = 1.4 − 0.25 = 1.15 m < 2.0 m。

底层采用同标准层的等跑方案，同时降低出入口地面标高的措施，用较多的台阶联系建筑内外空间。出入口地面需降低的数据为 ≥ 2 − 1.15 = 0.85 m，初定为 1.0 m，为了行走安全，最好使降低的数据为标准层踢面高的倍数。

台阶的步数为 1.0÷0.155 = 6.5 步，住宅楼梯踢面不宜过高，取 7 步。

台阶向上的起步位置与休息平台梁的水平距离应 ≥ 0.3 m。可以将台阶向下的起步位置与第一跑向上的起步位置对齐，这时水平距离等于两梯跑的长度之差，即 $0.27 \times 8 - 0.27 \times 6 = 0.54\ \text{m} > 0.3\ \text{m}$，满足要求。

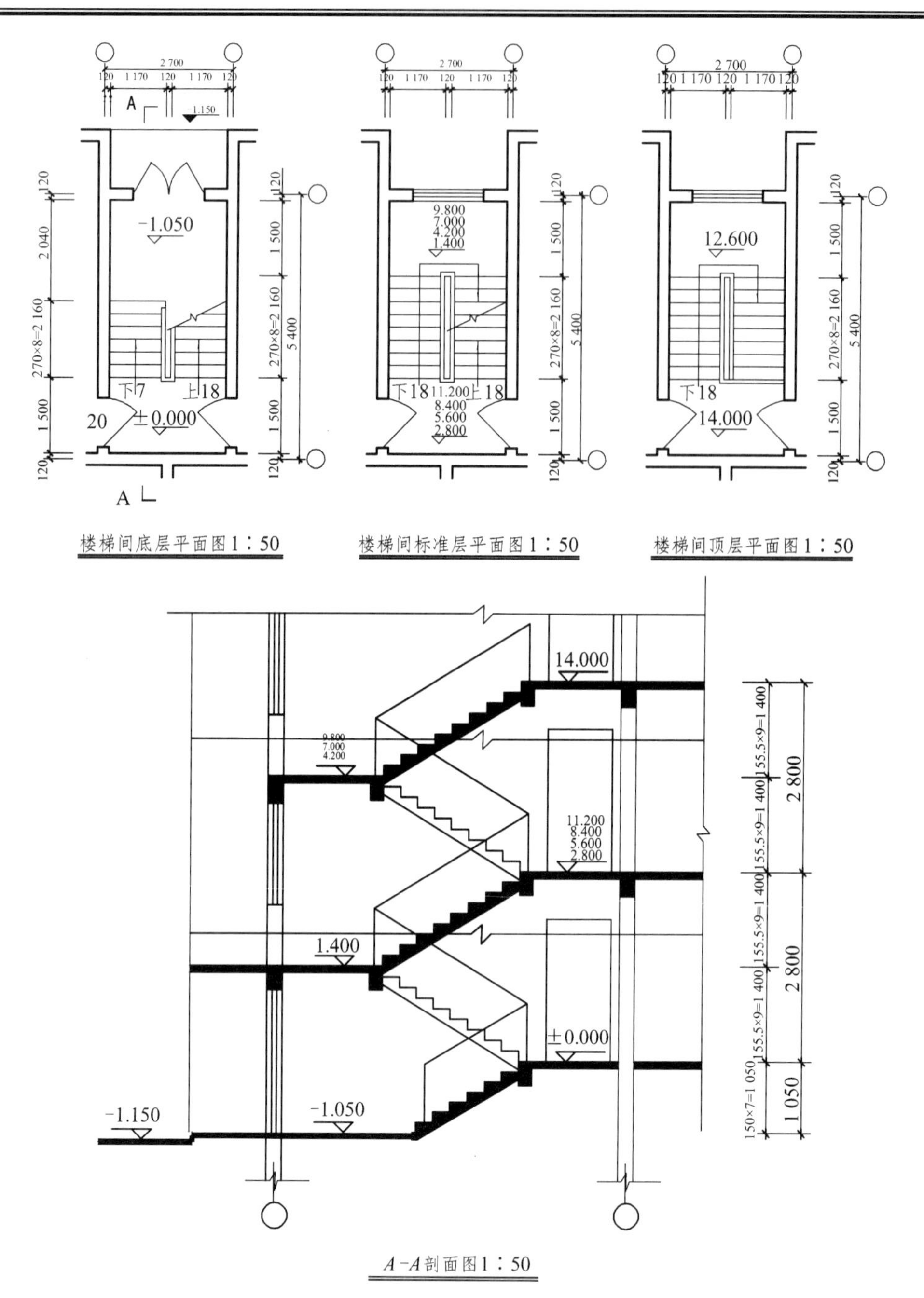

图 8-3　楼梯间平面图与剖面图

（6）将上述设计结果绘制成施工图。

绘图时还可作个别调整。

图 8-3 是底层采用同标准层的等跑方案，同时降低出入口地面标高的措施，按施工图深度绘制的楼梯间平面与剖面详图，图中底层第一跑的踢面高度调整为 0.15 m。

图 8-4 为该楼梯其他两种方案的设计示意图。图 8-4（a）为底层采用直跑的设计方案，图 8-4（b）为底层采用不等跑的设计方案。

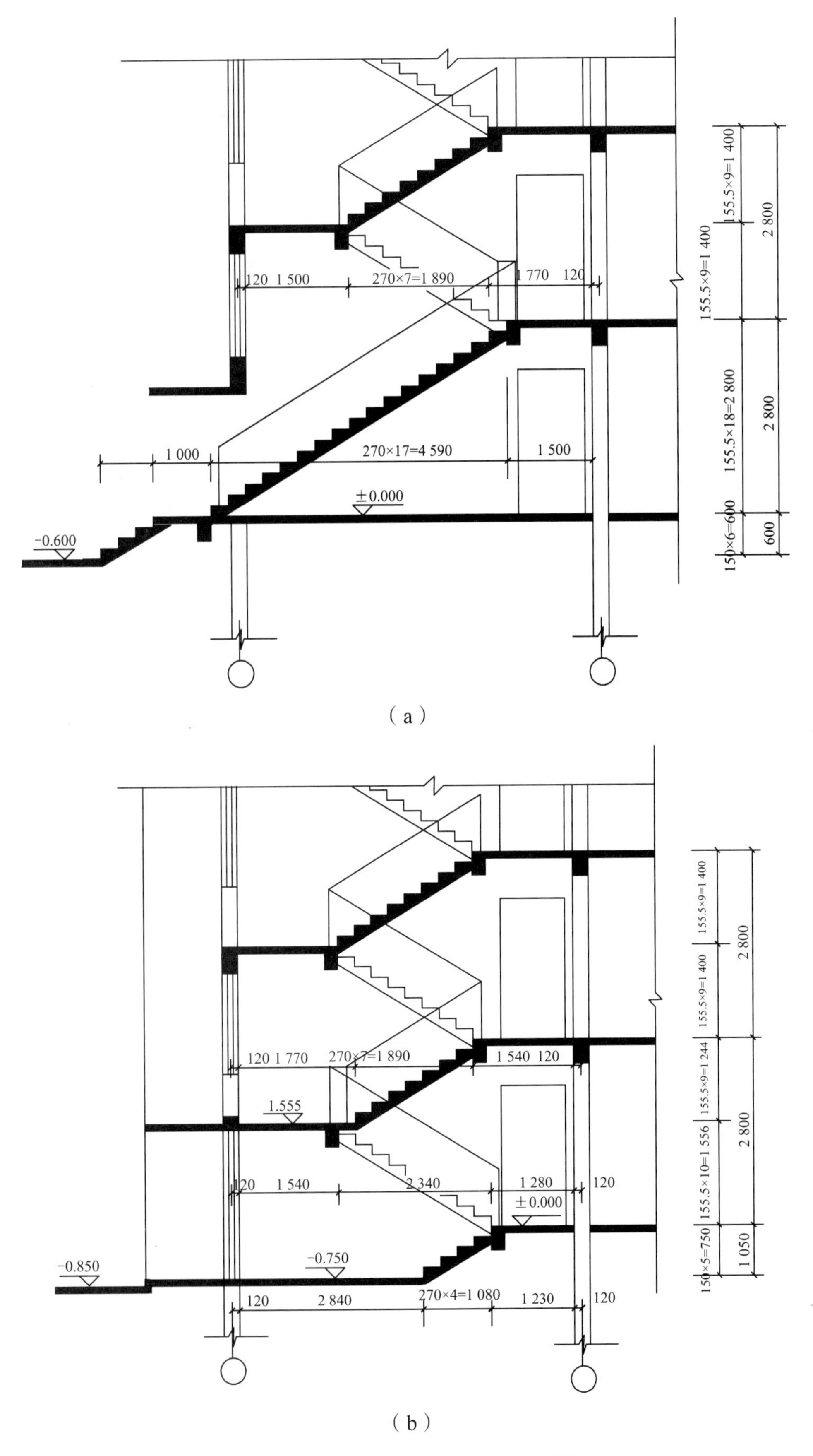

图 8-4 其他两种方案的设计示意图

8.3　钢筋混凝土楼梯构造

楼梯的施工工艺主要分现浇和预制装配两种。钢筋混凝土楼梯可以根据建筑主体的结构施工情况采用整体现浇或预制装配；钢、木楼梯则全部采用装配式的工艺。

8.3.1　承重形式

楼梯按结构支承情况，可以大致分为板式、梁板式、墙承式、空间结构式楼梯。

（1）板式楼梯——由斜梯板、平台梁和平台板组成。其特点是钢材及混凝土用量多，自重大，但板底底面平整、视觉上轻巧，适用于层高低，梯段水平投影长小及荷载较轻的楼梯。

（2）梁板式楼梯——由踏步板、斜梯梁、平台梁和平台板组成。荷载由踏步板传给斜梯梁，再由斜梁传给平台梁，而后传到墙或柱上。

梁板式楼梯与板式楼梯相比，板跨小了很多，因此具有自重轻，节约钢材与混凝土的特点，常用于层高大、跨度大、荷载大的楼梯。

梁板式梯段在结构布置上有双梁布置和单梁布置之分。

（3）墙承式楼梯——整个梯段为一个个单独的踏步板组成，踏步板多为L形，两端直接支承在墙上，按支承方式的不同，可分为双边墙支承式和单边墙支承式。由于省去了平台梁和梯梁，这种楼梯构造简单，施工方便，节约钢材和水泥，造价低。

（4）空间结构式楼梯。

位于公共建筑门厅中的一些楼梯，为了在视觉上取得漂浮、轻盈的感觉，采用空间受力构件做楼梯，取消楼梯一端的支座。在其底部接近地面处，应当进行处理，以防止发生行人碰头的现象。

8.3.2　现浇楼梯

现浇钢筋混凝土楼梯是指楼梯梯段、楼梯平台等现场整浇在一起的楼梯。它整体性好，刚度大，坚固耐久，抗震较为有利，但是在施工过程中，要经过支模板、绑扎钢筋、浇灌混凝土、振捣、养护、拆模等作业，受外界环境因素影响较大，湿作业多，工人劳动强度大，工期长，在拆模之前，不能利用它进行垂直运输。因而较适合抗震设防要求较高的建筑。

8.3.3　预制装配式楼梯

预制装配式楼梯是指用预制厂生产或现场制作的构件安装拼合而成的楼梯。采用预制装配式楼梯可较现浇式钢筋混凝土楼梯提高工业化施工水平，节约模板，简化操作程序，较大幅度地缩短工期。但预制装配式钢筋混凝土楼梯的整体性、抗震性、灵活性等不及现浇钢筋混凝土楼梯。

根据构件的组合情况，预制装配式的楼梯又可以分为小型构件装配式以及大中型构件装配式。

1. 小型构件预制装配式楼梯

小型构件装配式楼梯是以楼梯踏步板为主要装配构件，安装在梯段梁上。预制踏步板的断面形式有一字形、L形、倒L形和三角形等几种。

预制踏步的支承有两种形式：梁支承和墙支承。

梁承式支承的构件是倾斜放置的梯梁。预制梯梁的外形随支承的踏步形式而变化。当梯梁支承三角形踏步时，梯梁常做成上表面平齐的等截面矩形梁。如果梯梁支承一字形、L形或倒L形踏步时，梯梁上表面须做成锯齿形。

墙承式楼梯依其支承方式不同可以分为双边墙支承式楼梯和单边墙支承式楼梯。

平台板采用预制板钢筋混凝土板，其两端直接支承在楼梯间的横墙上，或支承在平台梁和楼梯间的纵墙上。

在材料方面，小型构件装配式楼梯可以用单一的材料制作，例如在钢筋混凝土梯段梁上安装钢筋混凝土混凝土踏步板，在钢梁上安装钢踏步板等。同时，混合材料的使用也很普遍，结合建筑饰面一起考虑，例如在钢梁上安装混凝土板、玻璃或各种天然、复合的木踏步板等等。

构件的连接方式可根据材料特点，采用焊接、套接、拴接等。

小型构件装配式楼梯主要特点是：构件小而轻，易制作，不需要大型的起吊设备。但施工烦琐且慢，需要较多的人力，适用于施工条件差的地区。

2. 中型、大型构件装配式楼梯

中型构件装配式楼梯，一般由梯段和带平台梁的平台板两个构件组成。当起重能力有限时，可将平台梁和平台板分开，这种构造做法的平台板可以和小型构件装配式楼梯的平台板一样支承。当梯段较宽时，为方便搬运和起吊，可制作成 2 ~ 3 块窄梯板在现场并列放置即可。

（1）平台。

预制生产和吊装能力较强时，可将平台梁和平台板结合成一个构件。平台板一般采用槽形板，为了底面平整，也可做成空心平台板，但厚度较大。

（2）楼梯段。

楼梯段有板式、梁式两种。

板式梯段，上面为明步，底面平整，结构形式有实心、空心之分。实心板自重较大；空心板有纵向和横向抽孔两种，纵向抽孔厚度较大。

梁板式梯段的两侧有梁，梁板制成一个整件，一般在梁中间作三角形踏步形成槽板式梯段。这种结构形式，比板式梯段节约材料，但其中三角形踏步的用料还是比较多。在踏步断面上设法减少其用料及自重，常用方法有：底板提高去角、踏步内抽孔。

（3）梯段的搁置。

梯段搁置处一般用预埋铁件焊接或梯段顶套在平台梁预埋插铁留孔中，用砂浆填实。安装时，为使构件间的接触面紧贴，受力均匀，通常先铺一层水泥砂浆。

大型构件装配式楼梯，是把整个梯段和平台预制成一个构件，按结构形式不同也有板式楼梯和梁板式楼梯两种。楼梯段和平台这一整体构件支承在钢支托或钢筋混凝土支托上，主要用于大型装配式建筑中。

预制装配式楼梯，在安装时，可以结合建筑饰面一起考虑。其构件的连接方式可根据材料特点，采用焊接、套接、拴接等等。

由于预制装配式楼梯的整体性差，对抗震不利，因此多用于非地震设防地区、旧建筑为完善疏散后增加的楼梯，以及供少数人使用的室内成品楼梯。

8.3.4　靠底层地面梯段的连接

靠地面梯段的支撑有两种方式：一是地面下设梯基支撑梯段，梯基可用砖、石材、混凝土或钢筋混凝土梁制作。一般为条形，当为梁板式梯段时，也可作成柱墩形支撑在斜梁下。二是设置埋入地下的梁。梯基的做法适用于预制楼梯，对于现浇楼梯，通常采用在地面以下单独设梁，来支承梯板或梯梁。采用何种梯基，应根据楼梯荷载的大小和地基承载能力来定。

8.4　楼梯细部

8.4.1　栏杆、栏板

金属栏杆多用方钢、圆钢、扁钢等型材焊接或铆接成各种图案，既起防护作用，又有一定的装饰效果。

木栏杆常用于标准较高的室内楼梯。

用实体构造做成的栏板，多用钢筋混凝土、加筋砖砌体、有机玻璃、胶合板等制作。栏杆或栏板中的立筋与楼梯段应有可靠的连接，连接方法主要有：

与预埋件焊接，即将栏杆的立杆与楼梯段中预埋的钢板或套管焊接在一起。

与预留孔洞插接，即将栏杆的立杆端部做成燕尾，插入楼梯段预留的孔洞，用水泥砂浆或细石混凝土填实连接；也可将预埋件埋入预留洞中，用细石混凝土填实，再将栏杆的立杆与预埋件焊接在一起。

与螺栓连接，即将栏杆的立杆穿过楼梯段中预埋的洞口，用螺栓连接；或与预埋的螺栓连接；或用膨胀螺栓连接，即直接在梯段上用电钻成孔，将膨胀螺栓入孔拧紧就位，膨胀螺栓与立杆焊接或栓接均可。

各种连接完成后，再做踢面、踏面的装饰面层，如果装饰面层较薄（如水泥砂浆面层），遮盖不了连接构造，为了美观，可用法兰盘盖住连接痕迹。

8.4.2 扶　手

楼梯扶手与栏杆应有可靠的连接，连接方法视扶手材料而定。硬木扶手、塑料扶手与栏杆连接，通常在竖杆顶部设 6 mm 厚、40 mm 宽的通长扁钢，与扶手底面或侧面槽口榫接，硬木扶手用 30 mm 长沉头木螺钉以中距 150 ~ 300 mm 固定，塑料扶手用抽芯铝螺钉以中距 150 ~ 300 mm 固定；金属管材扶手与与金属栏杆多用焊接连接。

楼梯扶手有时必须固定在侧面的墙面或柱上，扶手与混凝土墙或柱连接时，一般在墙或柱上预埋铁件，与扶手铁件焊接，也可用膨胀螺栓连接，或预留孔洞插接，扶手与砖墙连接时，一般是在砖墙上预留 120 mm × 120 mm × 120 mm 预留孔洞，将扶手或扶手铁件伸入洞内，用细石混凝土或水泥砂浆填实固牢。

双跑平行楼梯在平台转折处，上行梯段和下行梯段的起步通常设在一条竖线上，上下扶手转向连接位置，自然在深入平台内半步的地方；如果平台较窄，栏杆在紧靠踏步口设置转向扶手，顶部高度则突然变化，扶手的连接比较需麻烦，一是做成一个较大的弯曲线，即所谓鹤颈扶手，这种做法手感比较好，但工艺复杂；还可用一段直线扶手连接，其外观比较生硬，手感也差些，但工艺简单。当梯井较小或无梯井时，可将上下扶手在转向处断开，并将端部倒圆，防止伤人。

8.4.3 楼梯踏面与防滑条

楼梯是供人行走的，楼梯的踏步面层应便于行走、耐磨、防滑、便于清洁，也要求美观。踏步面层的材料，视装修要求而定，常与门厅或走道的楼地面面层材料一致，常用的有水泥砂浆、水磨石、大理石和缸砖等。

在通行人流量大或踏步表面光滑的楼梯，为防止行人在行走时滑跌，踏步表面应采取防滑和耐磨措施，通常是在踏步梯口处做防滑条。

防滑材料可采用铁屑水泥、金刚砂、塑料条、橡胶条、金属条、马赛克等。最简单的做法是做踏步面层时，留二三道凹槽，但使用中易被灰尘填满，使防滑效果不够理想，且易破损。还可采用耐磨防滑材料如缸砖、铸铁等做防滑包口，既防滑又起保护作用。标准较高的建筑，可铺地毯或防滑塑料或橡胶贴面，这种处理，走起来有一定的弹性，行走舒适。

8.5 台阶与坡道

8.5.1 台　阶

室外台阶应坚固耐磨，具有较好的耐久性、抗冻性和抗水性。台阶按材料不同，有混凝土台阶、石砌台阶和砖砌台阶等，其中混凝土台阶应用最普遍。混凝土台阶由面层、混凝土结构层和垫层组成。面层可采用水泥砂浆或水磨石面层，也可采用缸砖、马赛克、天然石或人造石等块材，垫层可采用灰土、三合土或碎石等。注意台阶与结构主体之间要设沉降缝。

公共建筑室内外台阶宽度不宜小于 0.3 m，踏步高度不宜大于 0.15 m，并不宜小于 0.1 m，踏步应防滑。室内台阶不少于 2 步，当高差不足 2 步时，应按坡道设置。人群密集的场所，台阶高度超过 0.7 m 并侧面临空时，人易跌伤，应有防护设施。

8.5.2　坡　道

室内外连接处，为了便于老人、小孩及车辆通行，常做坡道。坡道的坡度与使用要求、面层材料和做法有关。坡度大，使用不便；坡度小，占地面积大，不经济。

坡道的坡度：为方便行走，室内坡道的坡度不宜大于 1：8；室外坡道的坡度不宜大于 1：10；供轮椅使用的坡度不应大于 1：12，困难地段不应大于 1：8。室内坡道的水平投影长度超过 15 m 时，宜设休息平台。自行车推行坡道每段坡长不应大于 6 m，坡度不宜大于 1：5。

坡道与台阶一样，也应采用耐久、耐磨和抗冻性好的材料，一般多采用混凝土坡道，也可采用天然石材坡道等。坡道的构造要求和做法与台阶相似，但坡道由于平缓故对防滑要求较高。坡道与结构主体之间需设沉降缝。

8.6　有高差无障碍设计的构造

下肢残疾的人往往会借助拐杖和轮椅代步，而视觉残疾的人则往往会借助导盲棍来帮助行走。无障碍设计中有一部分就是指能帮助上述两类残疾人顺利通过高差的设计。下面将无障碍设计中一些有关楼梯、台阶、坡道等的特殊构造问题作一介绍。

8.6.1　坡道的坡度和宽度

坡道是最适合残疾人轮椅通过的途径，它还适合于拄拐杖和借助导盲棍者通过。其坡度必须较为平缓，还必须有一定的宽度。以下是有关的一些规定：

1. 坡道的坡度

我国对便于残疾人通行的坡道的坡度标准为不大于 1：12，同时还规定与之相匹配的每段坡道的最大高度为 750 mm，最大坡段水平长度为 9 000 mm。

2. 坡道的宽度及平台宽度

为便于残疾人使用的轮椅顺利通过，室内坡道的最小宽度应不小于 900 mm，室外坡道的最小宽度应不小于 1 500 mm。

8.6.2　楼梯形式及扶手栏杆

1. 楼梯形式及相关尺度

供拄拐者及视力残疾者使用的楼梯，应采用直行形式，例如直跑楼梯、双跑平行楼梯或成直角折行的楼梯等，不宜采用弧形梯段或在休息平台上设置扇形踏步。

楼梯的坡度应尽量平缓，其踢面高不大于 150 mm，养老建筑为踢面高不大于 140 mm，且每步应保持等高。

楼梯的梯段宽度，公共建筑不小于 1 500 mm，居住建筑不小于 1 200 mm。

2. 踏步设计注意事项

供拄拐者及视力残疾者使用的楼梯，踏步应选用合理的构造形式及饰面材料，注意梯口应无直角突沿，以防发生勾拌行人或其助行工具的意外事故。同时注意表面不滑，不得积水，防滑条不得高出踏面 5 mm 以上。

3. 楼梯、坡道扶手栏杆

楼梯、坡道的扶手栏杆应坚固适用，且应在两侧都设有扶手，公共楼梯应设上下双层扶手。在楼梯的梯段或坡道的坡段的起始及结束处，扶手应自其前缘向前伸出 300 mm 以上，两个相邻梯段的扶手及梯段与平台的扶手应该连通，扶手末端应向下或伸向墙面。扶手的断面形式应便于抓握。

8.6.3 地面提示块的设置

地面提示块又称导盲块，一般设置在有障碍物、需要转折、存在高差等场所，利用其表面上的特殊构造形式，向视力残疾者提供触摸信息，提示该停步或需改变行进方向等。

8.6.4 构件的边缘处理

出于安全方面的考虑，凡临空处的构件边缘，包括楼梯梯段和坡道的临空一面、室内外平台的临空边缘等，都应该向上翻起不低于 50 mm 的安全挡台。这样可以防止拐杖或导盲棍等工具向外滑出，对轮椅也是一种安全制约。

8.7 电梯与自动扶梯

在多层和高层建筑以及某些工厂、医院中，为了上下运行的方便、快速和实际需要，常设有电梯。有大量人流上下的公共场所，往往需要设置自动扶梯。

8.7.1 电　梯

疏散设计时，电梯不能计作安全出口。以电梯为主要垂直交通的高层公共建筑和 12 层及 12 层以上的高层住宅，每栋楼设置电梯的台数不应少于 2 台。建筑物每个服务区单侧排列的电梯不宜超过 4 台，双侧排列的电梯不宜超过 2×4 台；电梯不应在转角处贴邻布置。

电梯候梯厅的深度应符合表 8-2 的规定，并不得小于 1.50 m.

表 8-2 候梯厅深度

电梯类别	布置方式	候梯厅深度
住宅电梯	单台	≥B
	多台单侧排列	≥B^*
	多台双侧排列	≥相对电梯 B^*之和并<3.50 m
公共建筑电梯	单台	≥1.5B
	多台单侧排列	≥1.5B^*，当电梯群为 4 台时应≥2.40 m
	多台双侧排列	≥相对电梯 B^*之和并<4.50 m
病床电梯	单台	≥1.5B
	多台单侧排列	≥1.5B^*
	多台双侧排列	≥相对电梯 B^*之和

注：B 为轿厢深度，B^* 为电梯群中最大轿厢深度。

电梯分类：按其用途可分为乘客电梯、消防电梯、载货电梯、专用电梯（如病床电梯、观光电梯）等。不同厂家提供的设备尺寸、运行速度及对土建的要求都不同，在设计时应按厂家提供的产品尺度进行设计。

电梯组成：电梯主要由轿厢、平衡重、起重设备三大部分组成。

轿厢——供载人和载货用；

平衡重——由一些金属块叠合而成；

起重设备——包括导轨、动力与控制。

8.7.2　自动扶梯

自动扶梯适用于有大量人流上下的公共场所，如车站、商场、地铁车站等。自动扶梯是建筑物楼层间连续效率最高的载客设备。一般自动扶梯均可正、逆两个方向运行，可作提升及下降使用，机器停转时可作普通楼梯使用。平面布置可单台设置或双台并列。

自动扶梯的机械装置悬在楼板下面，楼层下做装饰处理，底层则做地坑。在其机房上部自动扶梯口处应做活动地板，以利检修。地坑也应作防水处理。

【本章小结】

（1）楼梯是建筑物中重要的部件。它布置在楼梯间内，由楼梯段、平台和栏杆所构成。常见的楼梯平面形式有直跑梯、双跑梯、多跑梯、交叉梯、剪刀梯等，最常用的为平行双跑楼梯。楼梯的设计应构造合理，坚固耐用，满足安全疏散和美观要求。

（2）楼梯段和平台的宽度应按人流股数确定，且应保证人流和货物的顺利通行。楼梯段应根据建筑物的使用性质和层高确定其坡度。梯段坡度与楼梯踏步密切相关，而踏步尺寸又与人行步距有关，经验公式步距取 $2h+b=560\sim630$ mm。

（3）楼梯的净高在平台部位应≥2 m；在梯段部位应≥2.2 m。在平台下设出入口，当净高不足 2 m 时，可采用直跑、不等跑或利用室内外地面高差等办法予以解决。楼梯设计中应根据使用要求解决好楼梯间进深、开间尺寸、梯段平台宽度及梯井尺寸，解决好踏步宽高尺寸，并绘制楼梯平面、剖面设计图。

（4）钢筋混凝土楼梯按施工工艺可分为现浇式楼梯和预制装配式楼梯；按结构支承方式可分为梁式楼梯、梁板式楼梯、墙承式楼梯、空间结构式楼梯。

（5）中、小型构件装配式钢筋混凝土楼梯可分为梁承式、墙承式。梁承式梯段又分为梁板式梯段和板式梯段。

（6）楼梯的细部构造包括踏步面层处理、栏杆与踏步的连接方式以及扶手与栏杆的连接方式等。

（7）室外台阶、室外坡道是解决建筑物入口处室内外高差，便于人流进出和车辆通行的构件，构造方式又依其所采用材料而异。台阶、坡道与结构主体之间需设沉降缝。

（8）我国对便于残疾人通行的坡道的坡度标准为不大于 1∶12，同时还规定与之相匹配的每段坡道的最大高度为 750 mm，最大坡段水平长度为 9 000 mm。

（9）电梯是高层建筑的主要交通工具，由机房、电梯井道、地坑及运载设备等部分构成。

【阶段测试】

一、填空题

1. 对于螺旋楼梯或弧形楼梯，离内侧扶手中心 0.25 m 处的踏步宽度不应小于（　）m。

2. 楼梯按施工工艺主要分（　）两种。

二、选择题

1. 平台宽度应（　），梯段改变方向时，转弯处平台最小宽度应大于等于梯段的宽度，并不能小于（ ）。当平台上有构件时，平台宽度算至构件边沿。

A. ＞梯段的宽度，1.2 m　　B. ≥梯段的宽度，1.2 m

C. ＞梯段的宽度，1.3 m　　D. ≥梯段的宽度，1.3 m

2. 住宅建筑可不设梯井，但为了方便梯段施工和平台转弯缓冲，可设（ ）mm 宽。

A. 60 ~ 100　　B. 40 ~ 200　　C. 60 ~ 150　　D. 60 ~ 200

3. 按楼梯的结构支承情况，可以分为（ ）楼梯。

A. 板式、梁板式、现浇式、装配式　　B. 板式、梁板式、墙承式、梁承式

C. 板式、梁式、螺旋式、空间结构式　　D. 板式、梁板式、墙承式、空间结构式

4. 为方便行走，室内坡道的坡度不宜大于（ ）；室外坡道的坡度不宜大于（ ）；供轮椅使用的坡度不应大于 1：12，困难地段不应大于 1：8。

A. 1：6，1：10　　B. 1：8，1：12　　C. 1：8，1：10　　D. 1：10，1：10

三、判断题

1. 楼梯梯段宽度与平台宽度应根据建筑物使用特征，按每股人流为 0.55 m + (0 ~ 0.15) m 的人流股数确定。（ ）

2. 为使受力协调，小型构件装配式楼梯只能采用单一的材料制作。（ ）

【阶段测试答案】

一、填空题：1. 0.22　2. 现浇和预制装配

二、选择题：1. B　2. D　3. D　4. C

三、判断题：1. √　2. ×

第9章　屋面构造

【导学提示】

屋顶是房屋的重要组成部分，其主要功能是防水。防水是屋顶构造设计的核心。防水从两方面入手：一是迅速排除屋面雨水，二是防止雨水渗漏。防渗漏的原理和方法体现在屋面的构造层次与屋顶的细部构造做法两个方面。屋顶的另一个功能是保温隔热。本章主要介绍防水基本原理与构造措施，以及屋顶保温隔热的各种构造方案。

【学习要求】

（1）理解屋顶的类型和设计要求。
（2）掌握卷材防水屋面构造。
（3）掌握刚性防水屋面构造。
（4）了解瓦屋面构造。
（5）理解屋顶的保温和隔热。

【学习建议与实践活动】

学习本章内容时，可结合本章理论多观察身边的已有建筑及施工现场，理论联系实际，这样便于知识的理解与记忆。试观察已有建筑的屋面构造措施，按1∶100比例绘制其屋顶平面图，参照教材或构造图集绘制其构造图样。

【学习指导】

9.1　屋顶的类型和设计要求

9.1.1　屋顶的类型

1. 按形式分

屋顶按形式分为平屋顶、坡屋顶、其他屋顶（大跨度、新的结构形式）。

（1）平屋顶。

大量性民用建筑如采用与楼盖基本类同的屋顶结构就形成平屋顶。平屋顶也有一定的排水坡度，其排水坡度小于5%，最常用的排水坡度为2%～3%。

（2）坡屋顶。

坡屋顶是指屋面坡度较陡的屋顶，其坡度一般在10%以上。

坡屋顶的常见形式有：单坡、双坡屋顶、圆形或多角形攒尖屋顶等。

（3）其他形式的屋顶。

其他形式的屋顶指新型结构的屋顶，如拱屋顶、折板屋顶、薄壳屋顶、悬索屋顶、网架屋顶等。

2. 按最上层防水材料分

屋顶按最上层防水材料分为柔性防水屋面、刚性防水屋面、油膏嵌缝涂料屋面、瓦屋面。

9.1.2　屋顶的设计要求

1. 功能要求

屋顶设计应考虑其功能、结构、建筑艺术三方面的要求。防止雨水渗漏是屋顶的基本功能要求，也是屋顶设计的核心。其次具有良好的热工性能，也是屋顶设计的一项重要内容。

2. 结构要求

风载、雪载、施工荷载、人的活动、设备对屋面有强度和刚度要求，以防止结构变形引起防水层开裂漏水，保温层性能降低。

3. 建筑艺术要求

屋顶形式对建筑造型影响大。

9.1.3 屋面防水等级和设防要求

屋面防水等级和设防要求见表 9-1。

表 9-1 屋面防水等级和设防要求

项目	屋面防水等级			
	Ⅰ	Ⅱ	Ⅲ	Ⅳ
建筑物类别	特别重要的民用建筑和对防水有特殊要求的工业建筑	重要的工业与民用建筑，高层建筑	一般的工业与民用建筑	非永久性建筑
防水层耐用年限	25 年	15 年	10 年	5 年

9.2 屋顶排水设计

为了迅速排除屋面雨水，需进行周密的排水设计，其内容包括：选择屋顶排水坡度，确定排水方式，进行屋顶排水组织设计。

9.2.1 屋顶坡度选择

1. 屋顶排水坡度的表示方法

常用的坡度表示方法有角度法、斜率法和百分比法。

2. 影响屋顶坡度的因素

要使屋面坡度恰当，须考虑所采用的屋面防水材料和当地降雨量这两方面的因素。

（1）屋面防水材料与排水坡度的关系。

瓦屋面拼接缝多，漏水可能性大，应增大坡度，加快排水，常采用坡屋面。卷材屋面和刚性防水屋面基本上是整体防水，拼缝少，坡度可小些，常为平屋顶。

（2）降雨量大小与坡度的关系。

降雨量大的地区，屋面渗漏的可能性较大，屋顶的排水坡度应适当加大，反之，屋顶排水坡度则宜小一些。

3. 屋顶坡度的形成方法

屋顶坡度的形成有材料找坡和结构找坡两种做法。

（1）材料找坡。

材料找坡即屋面板水平搁置，用轻质材料垫坡（又叫建筑找坡），最薄处不小于 30 mm。材料找坡增加了屋面荷载。平屋顶材料找坡坡度宜为 2%。材料找坡常用于平屋顶，当有保温层时，则利用保温材料找坡。

（2）结构找坡。

结构找坡即将屋面板倾斜搁置于墙体、屋面梁或屋架上（又叫搁置找坡）。其构造简单，施工方便，节省人工和材料，减轻了屋面自重，但室内顶棚倾斜，用于有吊顶棚或室内观感要求不高的建筑。单坡跨度大于 9 m 的宜作结构找坡，坡度不应小于 3%。

9.2.2　屋顶排水方式

屋顶排水方式分为有组织排水和无组织排水两大类。

1. 无组织排水（自由排水）

这种排水方式屋面雨水直接从檐口落至地面，造价低廉，但外墙脚被飞溅的雨水侵蚀，影响人行交通，只适用于少雨地区或低层建筑，不宜用于临街建筑及多高层建筑。

2. 有组织排水

有组织排水是指雨水经由天沟、水落管等被引导至地面的一种方式。

3. 排水方式的选择

（1）高度较低的简单建筑，为了控制造价，宜优先选用无组织排水。
（2）积灰多的单层厂房屋面应采用无组织排水。
（3）有腐蚀性介质的工业建筑也不宜采用有组织排水。
（4）在降雨量大的地区或房屋较高的情况下，应采用有组织排水。
（5）临街建筑的雨水排向人行道时宜采用有组织排水。

9.2.3　屋面排水组织设计

进行屋顶排水组织设计时，须注意下述事项：

1. 划分排水分区

划分排水分区的目的是便于均匀地布置水落管，屋面面积按水平投影面积计算。排水分区的大小一般按一个雨水口最多负担 200 m^2 屋面的排水计算。

2. 确定排水坡面的数目

进深较小的房屋或临街建筑常采用单坡排水；进深较大时，宜采用双坡排水。坡屋顶则应结合造型要求选择单坡、双坡或四坡排水。

3. 确定天沟断面大小和天沟纵坡的坡度值

天沟即屋顶上的排水沟，位于外檐边的天沟又称檐沟，天沟纵坡的坡度不应小于 1%。天沟可用镀锌钢板或钢筋混凝土板等制成。一般建筑的天沟净宽不应小于 200 mm，天沟上口至分水线的距离不应小于 120 mm，沟底的水落差不超过 200 mm。

天沟通常有两种做法：一种是矩形天沟，用预制构件铺设再做防水而成，用于排水宽度较大、排水面积大的屋面，如宽度较大的公共建筑与工业建筑屋面；另一种是三角形天沟，用于排水宽度不大的屋面，如宽度较小的公共建筑与居住建筑屋面，三角形天沟的坡面与女儿墙垂直，由分水线坡向出水口。

4. 水落管的规格及间距

水落管常用的是 PVC 塑料管，其管径有 50 mm、75 mm、100 mm、150 mm 等规格。间距过大，沟内垫坡材料增厚，使天沟容积减少，同时横向垫坡厚度更大，自重增加，不经济。一般情况下水落管的间距≤18 m，最大间距不超 24 m，工业建筑不超过 30 m。

9.3　卷材（柔性）防水屋面构造

卷材防水屋面是利用防水卷材与黏结剂结合，形成连续致密的构造层来防水的一种屋顶。卷材防水屋面防水层具有一定的延伸性和适应变形的能力，又被称作柔性防水屋面。

常用卷材有沥青类防水卷材、高聚物改性沥青类防水卷材、合成高分子防水卷材。各种卷材都有同材性的黏合剂。

卷材防水屋面适用于Ⅰ～Ⅳ级屋面防水。

9.3.1 构造组成

卷材防水屋面具有多层次构造的特点，其构造组成分为基本层次和辅助层次两类

1. 基本构造层次

卷材防水屋面的基本构造层次按其作用由下至上分别为结构层、找平层、结合层、防水层、保护层，

（1）结构层。

结构层多为刚度好、变形小的钢筋混凝土屋面板。

（2）找平层。

找平层一般采用 1∶3 水泥砂浆或 1∶8 沥青砂浆，整体混凝土结构可以做较薄的找平层（15～20 mm），表面平整度较差的装配式结构宜做较厚的找平层（20～30 mm）。

为防止找平层变形开裂而波及卷材防水层，宜在找平层中留设分格缝。分格缝的宽度一般为 20 mm，纵横间距不大于 6 m，屋面板为预制装配式时，分格缝应设在预制板的端缝处。分格缝上面应覆盖一层 200～300 mm 宽的附加卷材，用黏结剂单边点贴，以使分格缝处的卷材有较大的伸缩余地，避免开裂。

（3）结合层。

结合层的作用是在卷材与基层间形成一层胶质薄膜，使卷材与基层胶结牢固。各种卷材有配套的同材性的结合剂与基层处理剂。

（4）防水层。

先在找平层上涂刷结合层一道，然后边刷边铺卷材；铺好后再刷结合层再铺卷材。如此交替进行至防水层所需层数为止。

当屋面坡度小于 3%时，油毡宜平行于屋脊，从檐口到脊层层向上铺贴。

屋面坡度在 3%～15%时，油毡可平行或垂直于屋脊铺贴。

当屋面坡度大 15%或屋面受震动时，油毡应垂直于屋脊铺贴。

铺贴油毡应采用搭接方法，各层油毡的搭接宽度长不小于 20 mm，短边不小于 100 mm。铺贴时接头应顺主导向，以免油毡被风掀开。沥青玛琋脂的厚度应控制在 1～1.5 mm，过厚易使沥青产生凝聚现象而龟裂。

（5）保护层。

设置保护层的目的是保护防水层，使卷材不致因光照和气候等的作用迅速老化，防止沥青类卷材的沥过热流淌或受到暴雨的冲刷。

不上人时，沥青油毡防水屋面一般在防水层上撒粒径 3～5 mm 的小石子作为保护层，称为绿豆砂保护层；高分子卷材如三元乙丙橡胶防水屋面等，通常是在卷材面上涂刷水溶型或溶剂型的浅色保护着色剂。

上人屋面的保护层要求平整耐磨。做法通常有：用沥青砂浆铺贴缸砖、大阶砖、混凝土板、在防水层上现浇 30～40 mm 厚的细石混凝土等。块材或整体保护层均应设分格缝，位置是：屋顶坡面的转折处，屋面与突出屋面的女儿墙、烟囱等的交接处。保护层分格缝应尽量与找平层分格缝错开，缝内用防水油膏嵌封。

2. 辅助层次

辅助层次如隔汽层、找坡层等。

9.3.2 泛　水

泛水指屋面沿垂直面铺设的防水构造。女儿墙、烟囱、楼梯间、变形缝、检修孔、出屋面立管等凸出屋面部分，当它们穿过防水层时，与屋面交界处最容易漏水的地方，必须将屋面防水层连续铺设

至出屋面的立面上，形成立铺的防水层。

泛水高度，即卷材贴至垂直面至少 250 mm。找平层在泛水转角处，均应做成直径≥100 mm 的圆弧或钝角斜面，斜面宽≥100 mm。

9.3.3　屋面检修孔、屋面出入口构造

不上人屋面须设屋面检修孔。检修孔四周的孔壁可用砖立砌，也可在现浇屋面板时将混凝土上翻制成，其高度一般为 300 mm，孔壁外侧的防水层应做成泛水并将卷材用镀锌铁皮盖缝钉压牢固。

出屋面楼梯间一般需设屋顶出入口，如不能保证顶部楼梯间的室内地坪高出室外，就要在出入口设挡水的门槛。

9.4　刚性防水屋面

刚性防水适用于防水等级为Ⅲ级的屋面防水，也可作为Ⅰ、Ⅱ级屋面多层防水中的一道防水层。

9.4.1　刚性屋面

刚性防水屋面是指用细石混凝土作防水层的屋面。刚性防水屋面的主要优点是构造简单，施工方便，造价较低；缺点是易开裂，对气温变化和屋面基层变形的适应性较差。

刚性防水屋面不宜用于高温、有振动、基础有较大不均匀沉降的建筑。

9.4.2　刚性防水屋面的构造层次及做法

刚性防水屋面的构造层由下至上一般有防水层、隔离层、找平层、结构层等。

1. 防水层

防水层采用不低于 C20 的细石混凝土整体现浇而成，其厚度不小于 40 mm，并应配置直径为 4 ~ 6.5 mm、间距为 100 ~ 200 mm 的双向钢筋网片，钢筋网片在分格缝处应断开。分格缝是一种设置在刚性防水层中的变形缝，其作用有以下两个：

（1）大面积的整体现浇混凝土防水层受气温影响产生的温度变形较大，容易导致混凝土开裂。设置一定数量的分格缝将防水层的面积减小，可有效地防止和限制裂缝的产生。

（2）在荷载作用下，屋面板会产生挠曲变形，支承端翘起，易于引起混凝土防水层开裂，如在这些部位预留分格缝就可避免防水层开裂。

分格缝位置：应设置在装配式结构屋面板的支承端、屋面转折处、刚性防水层与立墙的交接处，并应与板缝对齐。分格缝的纵横间距不宜大于 6 m。屋脊是屋面转折的界线，故此处应设一纵向分格缝；横向分格缝每开间设一道，并与装配式屋面板的板缝对齐；沿女儿墙四周的刚性防水层与女儿墙之间也应设分隔缝；其他突出屋面的结构物四周都应设置分格缝。

2. 隔离层

为减少结构层产生挠曲变形及温度变化时产生胀缩变形给防水层带来不利影响，在它们之间做隔离层。

常用四种做法：抹 20 mm 厚黏土砂浆，抹 20 mm 厚白灰砂浆，刷沥青玛琋脂一道，铺 15 mm 厚细砂，再铺卷材一层。

3. 找平层

采用水泥砂浆或细石混凝土作找平层，应设分格缝，其纵横间距不宜大于 6 m，分格缝宽 20 mm，缝间用密封材料嵌填。

4. 结构层

结构层应有足够的刚度，以免结构变形过大而引起防水层开裂。屋面结构层一般采用钢筋混凝土屋面板。

9.4.3 刚性防水屋面的细部构造

与卷材防水屋面一样，刚性防水屋面也需处理好泛水、天沟、檐口、水落口等细部构造，另外还应做好防水层的分格缝构造。

刚性防水屋面的泛水构造要点与卷材屋面相同的地方是应有足够高度，一般不小于 250 mm。防水层与墙体应留宽度为 30 mm 的缝隙，并用密封材料嵌填。

9.5 涂料防水屋面

单一的涂膜防水适用于Ⅲ、Ⅳ级屋面防水，可作为多层中的一层。

防水涂料必须分多次涂刷，以达到规定厚度。

9.6 瓦屋面

9.6.1 瓦屋面的防水适用范围

瓦屋面的防水适用范围见表 9-2。

表 9-2 瓦屋面的防水适用范围

类 别	平 瓦	油毡瓦	压型钢板	波形瓦
屋面防水等级	Ⅱ、Ⅲ、Ⅳ	Ⅲ、Ⅳ	Ⅲ	Ⅳ

9.6.2 瓦屋面的结构体系

瓦屋面均为坡屋顶，其承重结构体系有山墙承重、屋架承重。

1. 山墙承重

山墙承重即将檩条或屋面板支承在横墙上，分为有檩山墙承重、无檩山墙承重，常用于小开间的办公楼、住宅等。

2. 屋架承重

屋架承重即将檩条或屋面板支承在屋架上，常用于较大空间的房间。

9.6.3 平瓦屋面基层构造

（1）冷摊瓦屋面：平瓦屋面最简单做法，即在椽子上钉挂瓦条后直接挂瓦。

（2）屋面板瓦屋面：在檩条上铺钉面板（望板），在面板上铺设一层卷材，用顺水条（压毡条）钉牢，再在顺水条上铺钉挂瓦条，板条与挂瓦条之间的空隙有利于排水。

9.7 屋顶的保温与隔热

9.7.1 屋顶的保温

1. 保温材料

散状 ——炉渣、膨胀蛭石、膨胀珍珠岩。

块（板）状 ——矿棉板、岩棉板、水泥膨胀珍珠岩板、预制加汽泡沫混凝土板……

整体现浇 ——水泥膨胀珍珠岩、水泥膨胀蛭石、沥青膨胀珍珠岩、水泥炉渣。

分格缝：保温材料为现浇铺设时，在分格缝范围内应一次浇实。分格缝用 25 mm 厚沥青木板，先用水泥砂浆座稳，捣实后不再取出。

2. 屋顶保温体系

屋顶保温体系按防水层与保温层的位置分有以下两种：

（1）热屋顶保温体系：防水层紧贴在保温层上面。在采暖房屋中，防水层直接受到室内升温的影响。多用于平屋顶的保温。

（2）冷屋顶保温体系：防水层与保温层之间设空气间层。防水层不受室内升温的影响或减少室内的热汽对防水层的影响。通风层气流带走水蒸气，防止防水层底面因产生冷凝水而落回保温层，影响保温效果。平、坡屋顶均常采用。

3. 隔蒸汽层

（1）隔汽层设置：为防止室内空气的水分渗入保温层，冷凝影响保温效果，有恒温恒湿要求的房间、有空调采暖且室内空气湿度≥75%的房间，以及空气湿度常年大于 80%的房间，应在结构层上的找平层与保温层之间设置隔汽层。

（2）隔汽层做法有以下 5 种，由设计选用：

① 乳化沥青两遍；② 冷底子油一遍，热沥青二遍；③ 氯丁胶乳沥青二遍；④ 一毡二油（焦油沥青油毡）；⑤ 水乳型橡胶沥青一布二涂。

做隔汽层时，屋面板板面要干燥，高低不平处用水泥砂浆找平。

隔汽层在同垂直墙面相接处，应高出保温层上表面不得小于 150 mm。

4. 排汽层

施工时保温层和找平层干燥有困难时，宜采用排汽屋面。

保温层下为隔汽层，上为防水层，使保温层成为封闭状态，施工时保温层和找平层中残留水分无法散发出去，在太阳照射下，水分汽化成水蒸汽而体积膨胀，水蒸汽不排除会造成防水层鼓泡破裂，因而在保温层中要设排汽道。排汽道内用大粒径炉渣填塞，在找平层相应位置留槽作排汽道，并在整个屋面纵横贯通，且与大汽连贯的排汽孔相通。排汽孔数量根据基层的潮湿程度确定，一般每 36 m^2 设一个排汽孔。

5. 倒铺保温屋面

将保温层设在防水层之下叫正铺法；将保温层放在防水层之上，形成敞露式保温层，叫倒铺法。

优点：防水层在保温层之下，不受阳光及气候变化影响（影响小），不易受到来自外界的机械损伤，保护防水层。

倒铺法要求保温材料是憎水材料、耐候性强，不宜用加气混凝土或泡沫混凝土这类吸湿性强（通孔）的材料。其保护层应有一定重量，足以压住保温材料，如混凝土板、水泥砂浆或卵石。

9.7.2　屋顶的隔热

1. 设通风间层

在屋顶设置架空通风间层，使其上层表面遮挡阳光辐射，同时利用风压和热压作用把间层中的热空气不断带走，使通过屋面板传入室内的热量大为减少，从而达到隔热降温的目的。通风间层的设置通常有两种方式：一是在屋面上做架空通风隔热间层，二是利用吊顶顶棚内的空间做通风间层。

（1）架空通风隔热间层。

架空通风隔热层一般用于平屋面，通常用砖、瓦、混凝土等材料及制品制作。隔热板的支承物可以做成砖垄墙式的，也可做成砖墩式的，其中最常用的是砖墩架空混凝土板通风层。

（2）顶棚通风隔热。

利用吊顶顶棚与屋面间的空间做通风隔热层可以起到与架空通风层同样的作用。顶棚通风隔热必须设置一定数量的通风孔，使顶棚内的空气能迅速对流。

平屋顶的通风孔通常开设在女儿墙上，当女儿墙上不宜开设通风孔时，应距女儿墙 250 mm 范围内不铺架空板或铺设带格栅的架空板。坡屋顶的通风孔常设在挑檐顶棚处、檐口外墙处、山墙上部。屋顶跨度较大时还可以在屋顶上开设天窗作为出气孔，以加强顶棚层内的通风。

2. 蓄水隔热

蓄水隔热屋面利用平屋顶所蓄积的水层来达到屋顶隔热的目的。蓄水屋面的构造设计主要应解决好以下几方面的问题：水层深度及屋面坡度；防水层的做法；蓄水区的划分。

3. 种植隔热

种植隔热是在平屋顶上种植植物，借助栽培介质隔热即植物吸收阳光进行光合作用和遮挡阳光的双重功效来达到降温隔热的目的。

种植隔热根据栽培介质层构造方式的不同可分为一般种植隔热和蓄水种植隔热两类。

4. 反射降温

这类屋面是利用材料表面的颜色和光滑度对热辐射的反射作用，将一部分热量反射回去，从而达到降温的目的。屋顶表面可以铺浅颜色材料，如浅色的砾石，或刷白色的涂料及银粉，都能使屋顶产生降温的效果。

【联系实际】

1. 屋面排水设计实例

如图 9-1 为某不上人屋面的有组织排水平面设计，该屋面的天沟为矩形天沟。

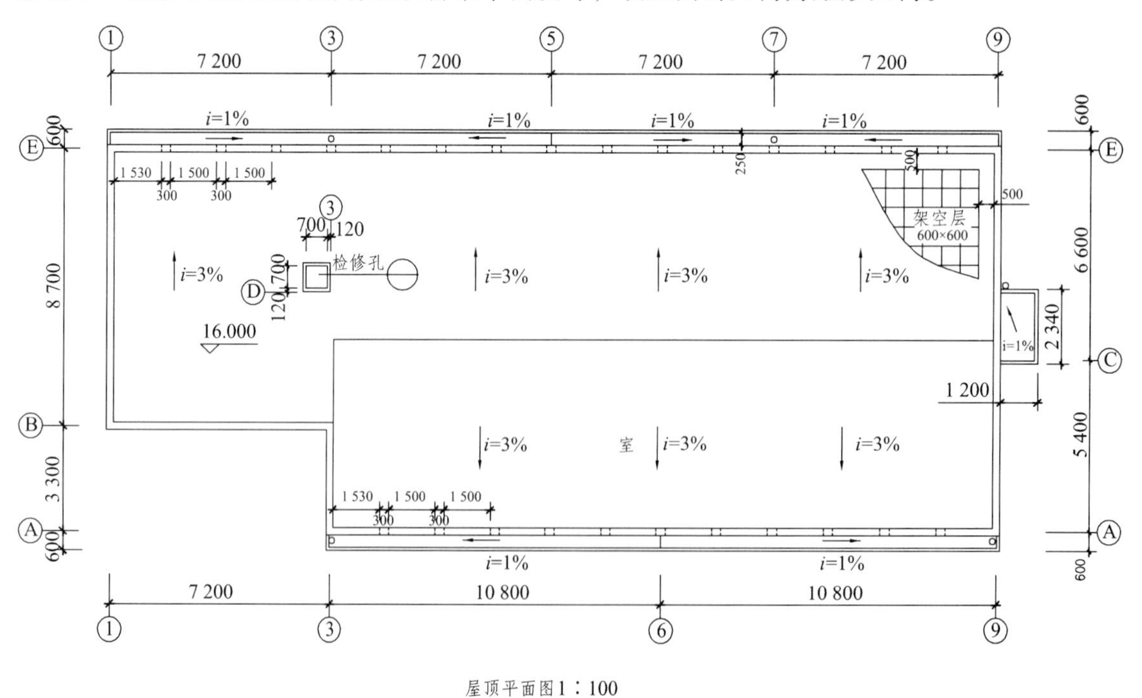

图 9-1　某不上人屋面的有组织平面设计

如图 9-2 为某上人屋面的有组织排水平面设计，该屋面的天沟为三角形天沟。

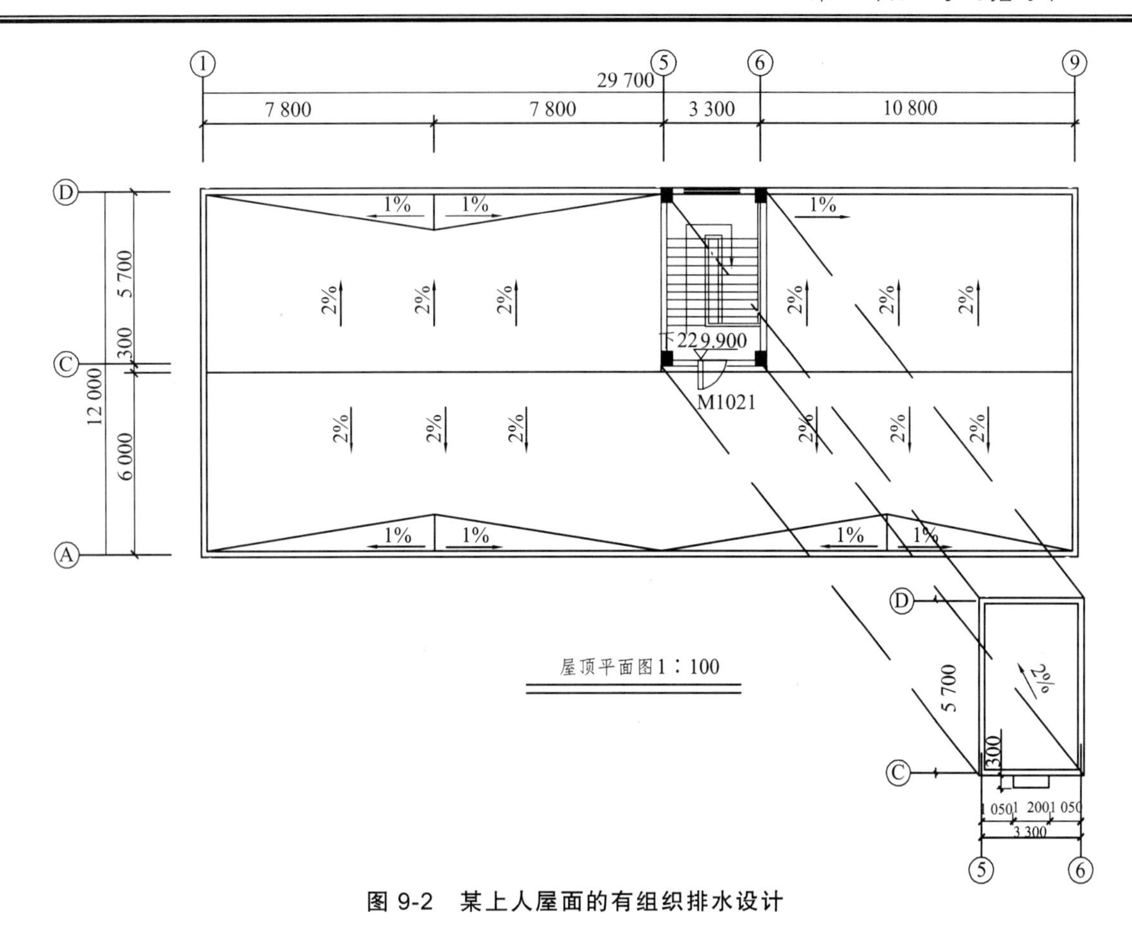

图 9-2　某上人屋面的有组织排水设计

2. 案　例

【案例 1】 两个七八岁的小孩带 5 岁的旭旭在屋面玩，将一户的太阳能热水袋踩破。热水袋主人上去见屋面没人就顺手将门关上。下楼时看见一个小孩就问，并找到小孩家长，要求索赔。小孩说同玩的还有别的小孩，主人就去找其他孩子的家长。刚下楼就看见旭旭坠死在地下。警方调查是从屋面坠落而死。屋面女儿墙高 0.98 m，小孩 1.2 m，不会出事，而屋面变形缝处两边矮墙高 0.3 m，小孩是由于门被关闭，害怕，站在矮墙上坠落下去的。家长要求物业、热水袋主人及两大孩子家长三方共同赔偿 42 万多。最后判定物业 7 万多、热水袋主人 4 万多、两小孩家长各陪 1 万。女儿墙高度不应低于 1.05 m，设计单位也负连带责任。

从设计角度分析：

（1）上人屋面女儿墙高度不应低于 1.05 m。

（2）变形缝处两边矮墙高 0.3 m 是屋面泛水的设计高度，变形缝处的女儿墙实际高度只有 0.98 − 0.3 = 0.68 m，对于上人屋面来说，变形缝处的女儿墙设计高度远远不够。

【案例 2】 20 世纪 80 年代一个晚上 11 点，小姑带 3 岁侄儿买零食久去不回。后来家人发现小姑抱着小侄子被屋面垮下的女儿墙砸死，家里欲告无门。两年后，“质量万里行”到重庆，夫妻到解放碑找到“质量万里行”控诉。

从施工角度分析：

屋面防水油毡收头应该固定在女儿墙泛水里，而实际是水平铺到外墙边。女儿墙就砌在油毡上，使得女儿墙与下面主体部分分离，仅靠构造柱联系，再由于油毡面有一定的排水坡度，加速了女儿墙的垮落。

【本章小结】

（1）屋顶的类型按形式分：平屋顶、坡屋顶、其他屋顶。

按最上层防水材料分：柔性防水屋面、刚性防水屋面、油膏嵌缝涂料屋面、瓦屋面。

平屋顶也有一定的排水坡度，其排水坡度小于5%，最常用的排水坡度为2%~3%；坡屋顶是指屋面坡度较陡的屋顶，其坡度一般在10%以上；其他形式的屋顶如拱屋顶、折板屋顶、薄壳屋顶、悬索屋顶、网架屋顶等。

（2）屋顶的设计要求：功能要求、结构要求、建筑艺术要求。

防止雨水渗漏是屋顶的基本功能要求，也是屋顶设计的核心。其次屋顶具有良好的热工性能，也是屋顶设计的一项重要内容。

（3）屋面防水等级与防水层耐用年限（表9-3）。

表9-3 屋面防水等级与防水层耐用年限

项目	屋面防水等级			
	Ⅰ	Ⅱ	Ⅲ	Ⅳ
建筑物类别	特别重要的民用建筑和对防水有特殊要求的工业建筑	重要的工业与民用建筑，高层建筑	一般的工业与民用建筑	非永久性建筑
防水层耐用年限	25年	15年	10年	5年

（4）屋面常用的坡度表示方法有角度法、斜率法和百分比法。

影响屋顶坡度的因素：所采用的屋面防水材料和当地降雨量。

屋顶坡度的形成有材料找坡和结构找坡两种做法。

材料找坡：屋面板水平搁置，用轻质材料垫坡，最薄处不小于30 mm，增加了屋面荷载，常用于平屋顶。平屋顶材料找坡坡度宜为2%。当有保温层时，则利用保温材料找坡。

结构找坡：将屋面板倾斜搁置于墙体、屋面梁或屋架上。结构找坡构造简单，施工方便，节省人工和材料，减轻了屋面自重，但室内顶棚倾斜，用于有吊顶棚或室内观感要求不高的建筑。单坡跨度大于9 m的宜作结构找坡，坡度不应小于3%。

（5）屋顶排水方式分为有组织排水和无组织排水两大类。

（6）一个雨水口最多负担200 m^2屋面的排水。天沟纵坡的坡度不应小于1%。一般建筑的天沟净宽不应小于200 mm，天沟上口至分水线的距离不应小于120 mm，沟底的水落差不超过200 mm。一般情况下水落管的间距≤18 m，最大间距不超24 m，工业建筑不超过30 m。

（7）卷材防水屋面是利用防水卷材与黏结剂结合，形成连续致密的构造层来防水的一种屋顶。各种卷材都有同材性的黏合剂。

卷材防水屋面适用于Ⅰ~Ⅳ级屋面防水。基本构造层次按其作用分为结构层、找平层、结合层、防水层、保护层。找平层中分格缝的宽度一般为20 mm，纵横间距不大于6 m，分格缝上面应覆盖一层200~300 mm宽的附加卷材，用黏结剂单边点贴。

当屋面坡度小于3%时，油毡宜平行于屋脊，从檐口到脊层层向上铺贴；屋面坡度在3%~15%时，油毡可平行或垂直于屋脊铺贴；当屋面坡度大15%或屋面受震动时，油毡应垂直于屋脊铺贴。

泛水指屋面沿垂直面铺设的防水层。泛水高度至少为250 mm。找平层在泛水转角处，均应做成直径≥100 mm的圆弧或钝角斜面，斜面宽≥100 mm。

（8）刚性防水屋面适用于防水等级为Ⅲ级的屋面防水，也可作为Ⅰ、Ⅱ级屋面多层防水中的一道防水层。

刚性防水屋面是指用细石混凝土作防水层的屋面。

刚性防水屋面的构造层一般有防水层、隔离层、找平层、结构层。

防水层采用不低于C20的细石混凝土整体现浇而成，其厚度不小于40 mm，并应配置直径为4~6.5 mm、间距为100~200 mm的双向钢筋网片，钢筋网片在分格缝处应断开。

分格缝是一种设置在刚性防水层中的变形缝，其作用有：大面积的整体现浇混凝土防水层受气温影响产生的温度变形较大，容易导致混凝土开裂。设置一定数量的分格缝将防水层的面积减小，可有效地防止和限制裂缝的产生；在荷载作用下，屋面板会产生挠曲变形，支承端翘起，易于引起混凝土防水层开裂，如在这些部位预留分格缝就可避免防水层开裂。

分格缝应设置在装配式结构屋面板的支承端、屋面转折处、刚性防水层与立墙的交接处，并应与板缝对齐。分格缝的纵横间距不宜大于 6 m。屋脊是屋面转折的界线，故此处应设一纵向分格缝；横向分格缝每开间设一道，并与装配式屋面板的板缝对齐；沿女儿墙四周的刚性防水层与女儿墙之间也应设分隔缝；其他突出屋面的结构物四周都应设置分格缝。分格缝内应用密封材料嵌填，缝口用油膏等嵌填；缝口表面用防水卷材铺贴盖缝作为保护层，卷材的宽 200 ~ 300 mm。

为减少结构层产生挠曲变形及温度变化时产生胀缩变形对防水层带来不利影响，在它们之间作隔离层。

（9）涂料防水屋面：单一的涂膜防水适用于Ⅲ、Ⅳ级屋面防水，可作为多层中的一层。防水涂料必须分多次涂刷，以达到规定厚度。

（10）瓦屋面均为坡屋顶，其承重结构体系有山墙承重、屋架承重。

（11）屋顶保温体系按防水层与保温层的位置分：热屋顶保温体系、冷屋顶保温体系。

施工时保温层和找平层干燥有困难时，宜采用排汽屋面，即在保温层中要设排汽道。一般每 36 m^2 设一个排汽孔。

倒铺保温屋面：防水层在保温层下面。优点：防水层在保温层之下，不受阳光及气候变化影响（影响小），不易受到来自外界的机械损伤，保护防水层。要求：保温材料是憎水材料、耐候性强；保护层应有一定重量，足以压住保温材料，如混凝土板、水泥砂浆或卵石。

（12）屋顶的隔热措施有：设通风间层、蓄水隔热、种植隔热、反射降温。

通风间层的设置通常有两种方式：一是在屋面上做架空通风隔热间层，二是利用吊顶顶棚内的空间做通风间层。

架空通风隔热层一般用于平屋面，通常用砖、瓦、混凝土等材料及制品制作。隔热板的支承物可以做成砖垄墙式的也可做成砖墩式的，其中最常用的是砖墩架空混凝土板通风层。

利用吊顶顶棚与屋面间的空间做通风隔热层可以起到与架空通风层同样的作用。

蓄水隔热屋面利用平屋顶所蓄积的水层来达到屋顶隔热的目的。

种植隔热是在平屋顶上种植植物，借助栽培介质隔热即植物吸收阳光进行光合作用和遮挡阳光的双重功效来达到降温隔热的目的。

反射降温屋面是利用材料表面的颜色和光滑度对热辐射的反射作用，将一部分热量反射回去，从而达到降温的目的。

【阶段测试】

一、填空题

1. 屋面按最上层防水材料分有（　）屋面、（　）屋面、油膏嵌缝涂料屋面、瓦屋面。

2. 一般情况下水落管的间距≤（　） m，最大间距不超（　） m，工业建筑不超过 30 m。

二、选择题

1. 平屋顶也有一定的排水坡度，其排水坡度小于（　），最常用的排水坡度为（　）。

A. 10%，2% ~ 3%　　B. 5%，2% ~ 3%

C. 10%，3% ~ 5%　　D. 5%，1% ~ 3%

2. 卷材防水屋面适用于（　）级屋面防水。

A. Ⅲ、Ⅳ　B. Ⅰ ~ Ⅳ　C. Ⅱ ~ Ⅳ　D. Ⅳ

3. 刚性屋面适用于防水等级为（　）级的屋面防水。

A. Ⅲ　B. Ⅲ、Ⅳ　C. Ⅰ ~ Ⅳ　D. Ⅳ

4. 屋顶的隔热措施有（　）。

A. 设通风间层，蓄水隔热，种植隔热，增加保温层厚度

B. 设通风间层，蓄水隔热，反射降温，增加保温层厚度

C. 设通风间层，种植隔热，反射降温，增加保温层厚度

D. 设通风间层，蓄水隔热，种植隔热，反射降温

三、判断题

1. 坡屋顶是指屋面坡度较陡的屋顶，其坡度一般在 20%以上。（　）

2. 柔性防水屋面设置保护层的目的是保护防水层，使卷材不致因光照和气候等的作用迅速老化，防止沥青类卷材的沥过热流淌或受到暴雨的冲刷。（　）

【阶段测试答案】

一、填空题　1. 柔性防水，刚性防水　　2. 18，24

二、选择题　1. B　　2. B　　3. A　　4. D

三、判断题　1. ×　　2. √

第10章 门窗与遮阳

【导学提示】

门是供人们出入和各房间交通联系用的，有时兼有采光和通风作用；窗的主要功能是采光和通风。位于外墙上的门窗又是建筑外围护结构的一部分，设计时需要考虑有关防水和热工要求。虽然门窗可以采用不同材料制作，但其构造原理是一样的，只是由于材料的性能不同，构件断面有所不同，最简单的断面是木门窗，因此本章将重点介绍木门窗的构造设计原理和做法。

【学习要求】

（1）了解门窗的设计要求。

（2）理解常见门窗的形式与门窗的尺度确定要求。

（3）理解木门窗的构造。

（4）了解门窗的节能与遮阳措施。

【学习建议与实践活动】

学习本章内容时，可结合本章理论多观察身边的已有建筑及施工现场，理论联系实际，这样便于知识的理解与记忆。试观察已有建筑与在建建筑的门窗构造措施，并参照教材或构造图集绘制其构造图样。

【学习指导】

10.1 门窗概述

门窗属于房屋建筑中的围护及分隔构件，不承重。门是指安装在建筑物出入口处的可开关构件，主要功能是供交通出入、分隔联系建筑空间，带玻璃或亮子的门也可起通风、采光的作用。窗的主要功能是采光、通风以及观望。

门窗也是建筑艺术造型的重要因素之一，它们的尺度、比例、形状、组合、透光材料的类型等对建筑物的外观及室内装修起着重要的作用。

门窗按其制作的材料可分为：木门窗、钢门窗、铝合金门窗、塑料门窗等。

10.2 门窗的设计要求

建筑门窗的材料、尺寸、功能和质量等要求应符合国家建筑门窗有关标准的规定。

10.2.1 满足使用的要求

门窗的数量、大小、位置、开启方向等首先要满足使用方便舒适、安全的要求。门的设计尺寸必须符合人员通行的正常要求，窗的设计要考虑采光通风良好的室内环境，门窗构造应坚固耐久、耐腐蚀，便于维修和清洁。

10.2.2 采光和通风的要求

按照建筑物的照度标准，建筑门窗应当选择适当的形式以及面积。窗的面积应符合照度方面的要求。自然通风是保证室内空气质量的最重要因素。在进行建筑设计时，必须注意选择有利于通风的窗户形式和合理的门窗位置，以获得空气对流。

10.2.3 防风雨、保温、隔声的要求

门窗大多经常开关，构件间缝隙较多，再加上开关时的震动，或者由于主体结构的变形，门窗与建筑主体结构间容易出现裂缝。这些缝隙或裂缝有可能造成雨水风沙及烟尘的渗漏，也对建筑的隔热、隔声带来不良影响，因此，门窗较之其他围护构件门窗在密闭性能方面的要求更高。

10.2.4 建筑视觉效果的要求

门窗的数量、形状、组合、材质、色彩是建筑立面造型中非常重要的部分。造型要与整体建筑风格一致，美观大方，特别是在一些对视觉效果要求较高的建筑中，外墙门窗更是立面设计的重点。其制品规格形式、框料和玻璃的色彩与质感，门窗组合所构成的平面或立体图案，以及它们的视觉组合特性同建筑外墙饰面相配合而产生的视觉效果，往往十分强烈地展示着建筑设计所追求的艺术风格。

10.2.5 适应建筑工业化生产的需要

门窗设计中要考虑门的标准化和互换性，规格类型应尽量统一，并符合现行国家标准的有关规定，以降低成本和适应建筑工业化生产需要。

10.3 门的形式与尺度

10.3.1 门的形式

门的形式主要取决于门的开启方式，通常有以下几种方式：平开门、弹簧门、推拉门、折叠门、转门、卷帘门等。

1. 平开门

平开门构造简单，开启灵活，制作安装简便，维修容易，是建筑中最常见、使用最广泛的门。但其受力状态较差，门扇较宽易产生下垂或扭曲变形。

2. 弹簧门

单面弹簧门常用于需有温度调节及要遮挡气味的房间，如厨房、卫生间等。双面弹簧和地弹簧门常用于公共建筑的门厅、过厅，以及出入人流较多、使用较频繁的房间门。弹簧门不适于用于幼儿园、中小学出入口处，以保证少儿使用安全。门上一般安装玻璃，以方便其两边的出入者能够互相观察到对方的行为，以免相互碰撞。

3. 推拉门

推拉门不占地或少占地，制作简便，受力合理，不易变形，适应各种大小洞口，但在关闭时难以密封，五金较复杂，安装要求较高。

4. 折叠门

折叠门由多扇门构成，构造较复杂。每扇门宽度 500 ~ 1 000 mm，一般以 600 mm 为宜。折叠门关闭时，可封闭较大的面积，开启时，几个门扇相互折叠在一起，少占空间。折叠门一般用在公共建筑或住宅中作灵活分隔空间用。

5. 转　门

转门由两个固定的弧形门套和垂直旋转的门扇构成，门扇可分为三扇或四扇连成风车形，开启时绕竖轴旋转。转门对防止内外空气的对流有一定的作用，可作为公共建筑及有空气调节房屋的外门，

但不能作为疏散门。一般在转门的两旁另设平开或弹簧门，以作为不需空气调节的季节或大量人流疏散之用。转门构造复杂，造价高，适用于人流不集中出入的公共建筑。

6. 卷帘门

卷帘是用很多冲压成型的金属页片连接而成的，页片之间用铆钉连接，卷帘门开启时能充分利用上部空间，适用于各种大小洞口，特别是高度大、不需要经常开关的门洞。

10.3.2　门的尺度

门的尺度通常是指门洞的高宽尺寸。门作为交通疏散通道，主要考虑到人体尺度、人流量，搬运家具、设备所需高度尺寸等要求，有时还有其他一些需要，如有的公共建筑的大门因为要与建筑物的比例协调或造型需要，加大了门的尺度，有的内门则要考虑透光通风的问题。同时门的尺度要符合《门窗洞口尺寸系列标准》的规定。

门的洞口尺寸也就是门的标志尺寸，一般情况下这个标志尺寸应为门的构造尺寸与缝隙尺寸之和。构造尺寸是门生产制作的设计尺寸，它应小于洞口尺寸。缝隙尺寸是为门安装时的需要及胀缩变化而设置的，而且根据洞口饰面的不同而不同，一般在 15 ~ 50 mm 范围内。

门的常用尺度如下：

门的高度有 2 000 mm、2 100 mm、2 400 mm、2 700 mm、3 000 mm、3 300 mm 等。其中 2 000 mm、2 100 mm 一般为无亮子门，2 400 mm、2 700 mm、3 000 mm、3 300 mm 一般为有亮子门。

门的宽度有 750 mm、900 mm、1 000 mm、1 200 mm、1 500 mm、1 800 mm、2 400 mm、2 700 mm、3 000 mm。其中 750 mm、900 mm、1 000 mm 为单扇门；1 100 mm 为大小扇门，1 200 mm、1 500 mm、1 800 m 为双扇门，2 400 mm、2 700 mm、3 000 mm 一般为四扇门。

为了使用方便，一般民用建筑门均编制成标准图，在图上注明类型及有关尺寸，设计时可按需要直接选用。

10.4　窗的形式与尺度

10.4.1　窗的形式

窗的形式一般按开启方式定。开启方式主要由窗扇铰链安装的位置和转动方式决定。开启方式一般平开窗、固定窗、推拉窗、旋转窗、百叶窗等形式。

1. 推拉窗

推拉窗是双层窗扇沿导轨或滑槽进行推拉启闭的一种窗。推拉窗分水平推拉和垂直推拉两种，水平推拉窗一般在窗扇上下设滑轨槽，构造简单，是常用的形式。垂直推拉窗需要升降及制约措施，构造复杂，采用较少。推拉窗开关时不占室内空间，水平推拉窗扇受力均匀，窗扇尺寸可以较大，有利于采光。但推拉窗可开面积最大不超过半窗面积，通风面积受限制，五金件较贵。

2. 平开窗

平开窗的铰链安装在窗扇一侧与窗框相连，向外或向内水平开启。有单扇、双扇、多扇之分，构造简单，五金便宜，开启灵活，制作维修方便，使用较为普遍。平开窗可以内开或外开。外开窗不占室内空间，但安装、修理和擦洗都不方便，且易受风的袭击而损坏，不宜在高层建筑中使用。内开窗制作、安装、维修、擦洗方便，受风雨侵袭被损坏的可能性小，但占用室内空间。

3. 固定窗

窗的玻璃直接嵌固在窗框上、不能开启的窗为固定窗。固定窗构造简单，密闭性好，多与门亮子和开启窗配合使用，不能通风，可供采光和眺望之用。

4. 旋　窗

根据铰链和转轴位置的不同，旋窗可分为上旋窗、中旋窗、下旋窗和立旋窗。

5. 百叶窗

百叶窗由斜放的木片或金属片组成，主要用于遮阳、防雨及通风，但采光差，多用于有特殊要求的部位。百叶窗的百叶板有活动和固定两种。活动百叶板常作遮阳和通风之用，易于调整；固定百叶窗常用于山墙顶部作为通风之用。

10.4.2 窗的尺度

窗的尺度主要取决于以下因素：

（1）采光：窗洞口大小的确定应考虑房间的窗地比即窗洞口与房间净面积之比，如住宅的卧室、起居室、厨房窗地比最低值为 1/7，楼梯间、走廊为 1/14。中小学校则采用玻地比决定窗洞口面积，玻地比是窗玻璃面积与房间净面积之比，如教室、实验室、办公室的最小玻地比是 1/6。

（2）节能：满足窗墙面积比。窗墙面积比是窗户洞口面积与房间立面单元面积（建筑层高与开间定位轴线围成的面积）的比值。如在《民用建筑热工设计规程（采暖居住建筑部分）》中规定：寒冷地区及其以北地区各朝向窗墙面积比按地区的不同，北向、东西向以及南向的窗墙面积比，应分别控制在 25%、30%、35%左右。

（3）符合《建筑门窗洞口尺寸系列》标准。一般采用扩大模数 3M 数列作为洞口的标志尺寸，同时，窗的尺度还受到层高及承重体系以及窗过梁高度的制约以及建筑物造型的影响等。

通常平开窗的窗扇高度为 800 ~ 1 200 mm，宽度不宜大于 500 mm。上下悬窗的窗扇高度为 300 ~ 600 mm，中悬窗窗扇高不宜大于 1 200 mm，宽度不宜大于 1 000 mm；推拉窗高宽均不宜大于 1 500 mm。

对于一般民用建筑用窗与门一样，各地均有通用图集可直接选用。

10.5 木门窗

10.5.1 平开木门

1. 门　框

门框又称门樘，各种类型木门的门扇样式、构造做法不尽相同，但门框却基本一样。

门框的断面尺寸与形式要有利于门的安装，具有一定的密闭性。门框的断面尺寸与门的总宽度、门扇类型、厚度、重量及门的开启方式等有关。门框的断面形式与门的类型、门扇数有关。

为使门框与门扇之间开启方便，门扇密闭，门框上要有裁口（铲口）。根据门扇数与开启方式的不同，裁口的形式可分为单裁口和双裁口两种。单裁口用于单层门，双裁口用于双层门或弹簧门。裁口宽度要比门扇宽度大 1 ~ 2 mm，以利于安装和门扇开启；裁口深度一般 8 ~ 10 mm。在简易或临时的建筑工程中，也可用裁口条，以利节省用料。

为了减少靠墙一面的门框因受潮或干缩时出现裂缝和变形，应在该面开 1 ~ 2 道背槽（灰口）以免产生翘曲变形，同时也利于门框的嵌固。背槽的形状可为矩形或三角形，深度为 8 ~ 10 mm，宽为 12 ~ 20 mm。

2. 门　扇

门扇的类型主要有镶板门、夹板门、纱门、百叶门、无框玻璃门等。

（1）镶板门。

镶板门由垂直构件边梃，水平构件上冒头、中冒头（可有数根）、下冒头组成骨架，内装门心板或玻璃构成。

门扇的边梃与上、中冒头的断面尺寸一般相同，厚度为 40 ~ 45 mm，宽度为 100 ~ 120 mm。为了减少门扇的变形，下冒头的宽度一般加大至 160 ~ 250 mm。

门心板一般采用 10 ~ 12 mm 厚的木板拼成，也可采用胶合板、硬质纤维板、塑料板、玻璃、百页等。当采用玻璃时，即为玻璃门，可以是半玻镶板门或全玻璃门。门心板改为金属纱或百页则为纱门或百叶门。玻璃、门心板及百页可以根据需要组合，如上部玻璃，下部门心板；也可上部木板，下部百叶；等等。

（2）夹板门。

夹板门由内部骨架和外部面板组成。面板和骨架形成一个整体，共同抵抗变形。

由于夹板门可利用小料、短料做骨架，自重轻，用料省，外形简洁，便于工业化生产，在民用建筑中应用广泛。

平板门的骨架一般用厚约 30 mm、宽 30 ~ 60 mm 的木料做边框，中间的肋条用厚约 30 mm、宽 10 ~ 25 mm 的木条，可以是单向排列或双向排列或密肋形式，间距一般为 200 ~ 400 mm，安门锁处需另加上锁木。为了不使门格内温湿度变化产生内应力，一般在骨架间需设通风连贯孔。为了节约木材和减轻自重，还可用与边框同宽的浸塑纸粘成整齐的蜂窝形网格，填在框格内代替肋条。框格内如果嵌填保温、隔声材料，能起到较好的保温、隔声效果。

夹板门的面板一般采用胶合板、硬质纤维板或塑料板，面板可整张或拼花粘贴，也可预先在工厂压制出花纹。这些面板不宜暴露于室外，因而夹板门不宜用于外门。因为开关门、碰撞等容易碰坏面板和门扇外观效果，常采用硬木条嵌边或木线镶边等措施保护面板。根据使用功能上的需要，夹板门亦可加做局部玻璃或百页。

3. 五金配件

五金配件的用途是在门窗各组成部件之间以及门窗与建筑主体之间起到连接、控制以及固定的作用，以适应现代工业化批量生产的要求。五金配件主要有铰链、插销、把手、门锁、闭门器和定门器等。

10.5.2 平开木窗构造

窗是由窗框、窗扇、五金配件及附件等组成的。窗的构造和门大致相同。

1. 窗 框

窗框由边框、上框、下框组成，当窗尺度较大时，应增加中横框或中竖框。通常在垂直方向有两个以上窗扇时应增加中横框，如有亮子时须设中横框，在水平方向有三个以上的窗扇时，应增加中竖框。窗框的断面形状和尺寸主要考虑框与墙洞、窗扇结合密闭的需要，横竖框接榫和受力防止变形的需要，最小厚度处的劈裂，等。窗框与门框一样，在构造上有裁口及背槽处理。裁口也有单裁口与双裁口之分。一般尺度的单层窗四周窗框的厚度常为 40 ~ 60 mm，宽度为 70 ~ 95 mm，中横和中竖框两面有裁口，断面尺寸应相应增大，可用加钉 10 mm 厚的裁口条子而不用加厚框子木料的方法处理。

2. 窗 扇

窗扇由上冒头、下冒头、边梃和窗芯组成，可安装玻璃、窗纱或百叶片。木窗由于用榫接成框，装上玻璃后，重量增加，易产生变形，故不能太宽，单扇以不超过 450 mm 为宜，且中间应加窗芯，以增加整体刚度。一般建筑中窗玻璃均镶于窗扇外侧（中式传统建筑多在内侧），即玻璃铲口面向室外，面向室内一侧应做成斜角或圆弧形，以免遮光和有利于美观。

为使窗缝严密且易启闭，提高保温、防雨、防风沙和隔声效果，平开木窗的窗扇对口处需做成斜错口状，如要求较高时，还可在内侧或外侧或双侧加设盖口条。

3. 五金配件

撑钩（风钩）用来固定窗扇开启后的位置。

窗扇边挺的中部，可安装执手，以利开关窗扇。

4. 附　件

平开木窗的附件如图 10-1 所示。

（1）披水板。

披水板的作用是防止雨水流入室内，通常在内开窗下冒头和外开窗中横框处设置。下边框设积水槽和排水孔，有时外开窗下冒头也做披水板和滴水槽。

（2）贴脸板。

为防止墙面与窗框接缝处渗入雨水和美观要求，用贴脸板掩盖接缝处产生的缝隙，贴脸板常用厚 20 mm、宽 30 ~ 100 mm 的木板，为节省木材，也常采用胶合板、刨花板或多层板、硬木饰面板等。

（3）压缝条。

压缝条一般采用 10 ~ 15 mm 见方的小木条，用于填补密封窗框与墙体之间的缝隙，以利于保持室内温度。

（4）筒子板。

筒子板即在窗洞口的周边墙面的饰面墙板。

（5）窗台板。

在窗的下框内侧设窗台板，木板的两端挑出墙面约 35 mm，板厚约 30 mm。窗台板可以用木板、预制水磨石板或大理石板等。

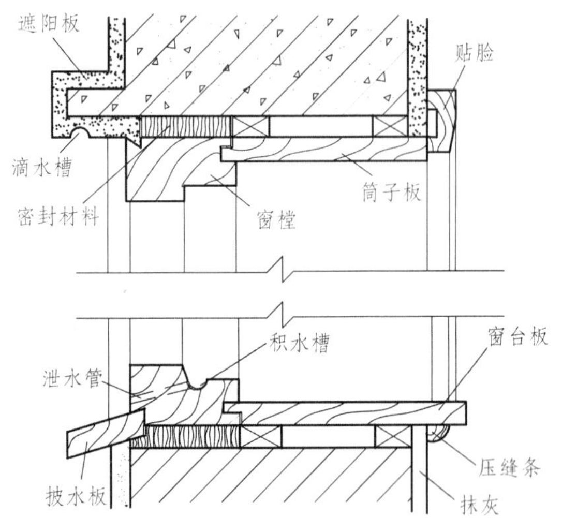

图 10-1　窗框塞口

10.6　门窗的安装

10.6.1　门窗框的安装

门窗框的安装根据施工方式分后塞口和先立口两种。

塞口（又称塞樘子），是在砌墙时先留出洞口，在抹灰前将门窗框安装好。洞口两侧砖墙上每隔约 500 mm 预埋木砖或预留缺口，以便用圆钉或水泥砂浆将门框固定。框与墙间的缝隙需用沥青麻丝嵌填或其他柔性防腐材料后再进行抹灰处理。

塞口的优点是墙体施工与窗框安装分开进行，避免相互干扰，墙体施工时窗框未到现场，也不影响施工进度，但是这种方法对施工要求高。为了安装方便，洞口的宽度应比门窗框大 20 ~ 30 mm，高度大 10 ~ 20 mm，故门窗框与墙体之间缝隙较大，若洞口较小，则会使门窗框安装困难，所以施工时洞口尺寸要留准确。

立口（又称立樘子），是在砌墙前即用支撑先立门窗框然后砌墙。立樘时门窗的实际尺寸与洞口尺寸相同，框与墙结合紧密，但是立樘与砌墙工序交叉，施工不便。为了使窗框与墙体连接得紧固，应在门窗框的上下框各伸出 120 mm 左右的端头，俗称“羊角头”。同时在边框外侧约每 600 mm 设一防腐木砖砌入墙身。为了施工方便，也可在樘子上钉铁脚，再用膨胀螺钉在墙上，也还可用膨胀螺钉直接把樘子钉于墙上。这种做法的优点是窗框与墙的连接紧密，缺点是施工不便，窗框及临时支撑易被碰撞，有时会产生移位、破损，现采用较少。

门窗框在墙洞口中的安装位置，视使用要求和墙的材料与厚度不同而不同，有内平、居中、外平三种。

窗框通常是与墙内表面平，这样内开窗扇贴在内墙面，不占室内空间。

门框一般都做在开门方向的一边，与抹灰面齐平，使门扇开启时能贴近墙面。这样门开启的角度较大。

一般门由于悬吊重力的影响及启闭时碰撞力较大，门框四周的抹灰极易开裂，甚至振落，因此在门框与墙结合处应做木压条盖缝。木压条的厚度与宽度约为 10 ~ 15 mm。贴脸板是在门洞四周所钉的木板，其作用是掩盖门框与墙的接缝，也是由墙到门的过渡。装修标准较高的建筑，为了保护墙角和提高装饰效果，在门洞周边可作筒子板。窗樘小于墙厚者，窗洞周边亦可作筒子板。

10.6.2 玻璃的选用及安装

建筑用玻璃按其性能有：普通平板玻璃、磨砂玻璃、压花玻璃（装饰玻璃）、吸热玻璃、反射玻璃、中空玻璃、钢化玻璃、夹丝玻璃等。平板玻璃制作工艺简单，价格最便宜，在大量民用建筑中用得最广；为了遮挡视线的需要，可选用磨砂玻璃或压花玻璃；为了隔声保温等需要可采用双层中空玻璃，或采用有色、吸热和涂层、变色等种类的玻璃；为了安全可采用夹丝玻璃、钢化玻璃或有机玻璃等。

带玻璃的门窗类型，通常都在门窗扇安装调整后再安装玻璃，以免玻璃在施工过程中发生破损。玻璃的安装，一般应先用小钉将玻璃卡住，再用油灰嵌固，如采用富有弹性的玻璃密封膏效果更好。出于美观方面的要求，室内门窗玻璃也可以用各种木制或橡胶、金属等嵌条固定在门窗扇上。

10.6.3 平开木窗的密封

常用的密封材料大多为弹性好且不易老化的橡胶、泡沫塑料、毛毡等现制或定型产品。密封条可安装在窗框上，也可分别安装在窗框与窗扇的对应部位。

10.7 成品门窗

为适应工业化建筑生产的要求，目前建筑中广泛采用成品木门，门窗厂家采用标准化、工厂化生产，或按订货合同规定由工厂定制提供。

成品门窗框的安装均采用后塞口。

成品门窗系列名称是以门窗框的厚度构造尺寸来命名的，例如：窗框厚度构造尺寸为 50 mm，称 50 系列窗；门框厚度构造尺寸为 70 mm，称为 70 mm 系列门。实际工程中，通常根据不同地区、不同性质的建筑物的使用要求选用相适应的门窗框。

10.7.1 铝合金门窗

铝合金门窗的特点：自重轻，坚固耐用，密封性好，色泽美观，安装速度快。

铝合金门窗不足之处是铝合金门窗框料耐碱性能比较差，而一般建筑灰浆又呈碱性，所以铝合金门窗材料与墙体之间要求有防腐蚀材料隔离。同时铝合金门窗表面也不能粘建筑灰浆，以免受到腐蚀。铝合金门窗框较适宜做成直线型。若需加工成曲线形状，则加工工艺比较复杂。

铝合金材料导热系数大，为改善铝合金门窗的热工性能，采用塑料绝缘夹层的复合材料门窗，可以大大改善铝合金门窗的热工性能。

铝合金门窗的安装，如图 10-2 所示。将门窗框在抹灰前立于洞口处，与墙内预埋件对正，然后用木楔将三边固定，经检验确定门窗框水平、垂直、无翘曲后，用连接件将门窗框固定在墙（柱、梁）上，连接件固定可采用焊接、膨胀螺栓或射钉等方法。

门窗框门窗洞四周的缝隙，一般采用软质保温材料填塞，如泡沫塑料条、泡沫聚氨酯条、矿棉毡条和玻璃丝毡条等，分层填实，外表留 5 ~ 8 mm 深的槽口用密封膏密封。这种做法主要是为了防止门、窗框四周形成冷热交换区产生结露，影响防寒、防风的正常功能和墙体的寿命，也影响建筑物的隔声、保温等功能；同时避免了门窗框直接与混凝土、水泥砂浆接触，消除了碱对门窗框的腐蚀。

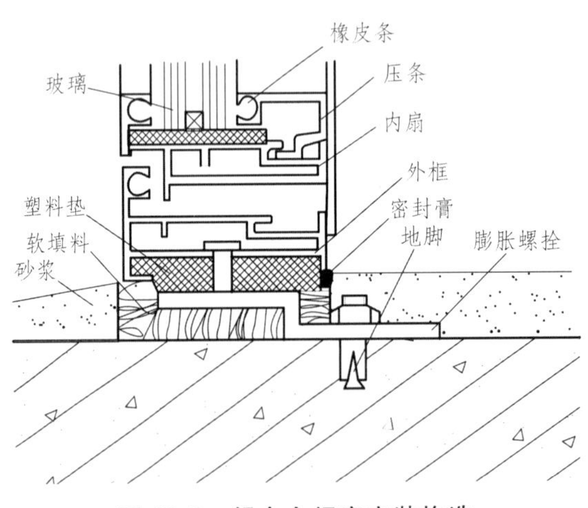

图 10-2 铝合金门窗安装构造

铝合金门窗玻璃尺寸较大，常采用 5 mm 厚的玻璃。用玻璃胶或铝合金弹性压条或橡胶密封条固定。

10.7.2 彩板门窗

彩板门窗是以彩色镀锌钢板为主要原料，经机械加工而成的门窗。彩板门窗具有质量轻、强度高、采光面积大、防尘、防水、隔声、保温、密封性能好、色彩美观、质感均匀柔和、装饰性好、耐腐蚀、安装施工方便、经久耐用等特点。彩板门窗使用过程中不需任何保养，解决了普通钢门窗耗料多，易腐蚀，隔声、密封、保温性能差等缺陷。

彩板门窗断面形式复杂，种类较多，通常在出厂前就已将玻璃及五金件全部安好，在施工现场仅需进行成品安装。

涂色镀锌钢板门窗分为带副框和不带副框两种类型。带副框涂色镀锌钢板门窗适用外墙面为大理石、玻璃马赛克、瓷砖等贴面材料的情况，一般先安装副框，连接固定后再进行洞口及室内外的装饰作业。安装时用自攻螺钉将连接件固定在副框上，并用密封胶将洞口与副框及副框与窗樘之间的缝隙进行密封。

不带副框涂色镀锌钢板门窗适用于室外为一般粉刷的建筑，门窗与墙体直接连接，即直接用膨胀螺钉将门窗樘子固定在墙上，通常在室内外墙面及洞口粉刷完毕后进行安装，但洞口粉刷成型尺寸必须准确。

10.7.3 塑钢门窗

塑钢门窗具有强度高、耐冲击性强，耐候性佳，隔热性能好、节约能源，耐腐蚀性强，气密、水密性好，隔音性能好，具备阻燃性、电绝缘性，热膨胀低，美观大方等优点，是目前广泛使用的节能型窗。

10.7.4 门窗保温与节能

建筑围护结构中，门窗面积占 25% ~ 30%，玻璃面积占门窗总面积的 60% ~ 80%，而门窗热损失占总热损失的 40% ~ 50%，因此改善门窗的绝热性能，是建筑节能工作的重点。

造成门窗热损失有两个途径：一是门窗面热传导、辐射以及对流所造成，二是通过门窗各种缝隙冷风渗透所造成的。所以门窗节能从以上两个方面采取构造措施。具体方法有：

1. 采用多层玻璃

寒冷地区外窗可以通过增加窗扇层数和增加玻璃层数来提高保温性能，以及采用特种玻璃，如中空玻璃、反射玻璃等措施达到节能要求。各种玻璃的传热系数如表 10-1 所示。

表 10-1　各种玻璃的传热系数表

材　料	厚度/mm	传热系数/[W/(m²·K)]
单层平板玻璃	3	6.84
单层平板玻璃	5	6.72
双层中空玻璃	3 + A6 + 3	3.59
双层中空玻璃	3 + A12 + 3	3.22
三层中空玻璃	3 + A6 + 3 + A6 + 3	2.43
三层中空玻璃	3 + A12 + 3 + A12 + 3	2.11
低辐射镀膜中空玻璃	6（LOW-E）+ A6 + 6	2.23
低辐射镀膜中空玻璃	6（LOW-E）+ A12 + 6	1.61

中空玻璃由两层以上玻璃将空气层密封起来，其间层中充以黏度系数大而导热系数小的惰性气体，以减小间层中的对流换热。

采用低辐射镀膜（LOW-E）的玻璃，由于 LOW-E 玻璃可反射红外线，故冬季可阻止室内长波热射出，夏季防止室外红外热入室，对减少采暖和空调能耗都有利。尤其是 LOW-E 玻璃生产时还可以根据不同情况调整其透光率和遮阳系数，使得其无论是在寒冷的北方还是炎热的南方均有用武之地。LOW-E 玻璃一般与中空玻璃结合起来使用，如果再充入氮气，其节能效果更佳。

由表 10-1 可知，要增强窗户的保温性能，最重要的办法之一就是增加玻璃的层数。目前最普遍的是采用中空玻璃，两层玻璃间的距离以 12 ~ 18 mm 为宜。在高纬度严寒地甚至可能采用三层窗。

2. 减少缝隙的长度

门窗缝隙是冷风渗透的根源，因此为减少冷风渗透，可采用大窗扇、扩大单块玻璃面积以减少门窗缝隙；合理减少可开窗扇的面积，在满足夏季通风的条件下应扩大固定窗扇的面积。

3. 采用密封和密闭措施

通过门窗缝隙的热空气渗透造成的热损失，占建筑物全部损失的 25%以上，通过窗户缝隙的热空气渗透不仅造成热损失，还会造成大量尘土、雨水进入室内，影响室内卫生。

（1）框和墙间的缝隙密封可用弹性软型材料，如毛毡、聚乙烯泡沫、密封膏以及边框设灰口等。

（2）框与扇间的密闭可用橡胶条、橡塑条、泡沫密闭条以及高低缝、回风槽等；扇与扇之间的密闭可用密闭条、高低缝及缝外压条等。

（3）窗扇与玻璃之间的密封可用密封膏、各种弹性压条等。

4. 缩小窗口面积

在满足室内采光和通风的前提下，在我国寒冷地区与夏热冬冷地区的外窗应尽量缩小窗口面积，以达到节能要求。

大面积的窗户应以固定扇为主，适当考虑开启扇。

10.8　门窗遮阳

遮阳是了防止直射阳光照入室内，以减少太阳辐射热，避免夏季室内过热以及保护室内物品不受阳光照射而采取的一种措施。

用于遮阳的方法很多，在窗口悬挂窗帘，利用门窗构件自身遮光以及窗扇开启方式的调节变化，利用窗前绿化、雨篷、挑檐、阳台、外廊及墙面花格也都可以达到一定的遮阳效果。

遮阳设施有活动遮阳和固定遮阳板两种类型。

固定遮阳板的基本形式有水平式、垂直式、综合式和挡板式。

（1）水平式遮阳板：主要遮挡太阳高度角较大时从窗口上方照射下来的阳光，主要适用于朝南的窗洞口。

（2）垂直式遮阳板：主要遮挡太阳高度角较小时从窗口侧面射来的阳光，主要适用于南偏东、南偏西及其附近朝向的窗洞口。

（3）综合式遮阳板：它是水平式和垂直式遮阳板的综合，能遮挡从窗口两侧及前上方射来的阳光。遮阳效果比较均匀，主要适用于南、东南、西南及其附近朝向的窗洞口。

（4）挡板式遮阳板：主要遮挡太阳高度角较小时从窗口正面射来的阳光，主要适用于东、西及其附近朝向的窗洞口。

【本章小结】

（1）门窗属于房屋建筑中的围护及分隔构件，不承重。门窗按其制作的材料可分为：木门窗、钢门窗、铝合金门窗、塑料门窗等。

（2）门的形式主要取决于门的开启方式，通常有以下几种方式：平开门、弹簧门、推拉门、折叠门、转门、卷帘门等。

（3）窗的形式一般按开启方式定，开启方式一般平开窗、固定窗、推拉窗、旋转窗、百叶窗等形式。

（4）影响窗的尺度因素：采光，节能，符合《建筑门窗洞口尺寸系列》标准。

（5）门框又称门樘，为使门框与门扇之间开启方便，门扇密闭，门框上要有裁口（铲口）。

（6）门扇的类型主要有镶板门、夹板门、纱门、百页门、无框玻璃门等。

（7）五金配件的用途是在门窗各组成部件之间以及门窗与建筑主体之间起到连接、控制以及固定的作用，主要有铰链、插销、把手、门锁、闭门器和定门器等。

（8）窗框由边框、上框、下框组成，当窗尺度较大时，应增加中横框或中竖框。

（9）木窗附件有：披水板、贴脸板、压缝条、筒子板、窗台板。

（10）门窗框的安装根据施工方式分塞口和立口两种。

（11）成品门窗框的安装均采用后塞口。

成品门窗系列名称是以门窗框的厚度构造尺寸来命名的，例如：窗框厚度构造尺寸为 50 mm，称 50 系列窗；门框厚度构造尺寸为 70 mm，称为 70 mm 系列门。

（12）塑钢门窗具有强度高、耐冲击性强，耐候性佳，隔热性能好、节约能源，耐腐蚀性强，气密、水密性好，隔音性能好，具备阻燃性、电绝缘性，热膨胀低，美观大方等优点，是目前广泛使用的节能型窗。

（13）造成门窗热损失有两个途径：一是门窗面热传导、辐射以及对流所造成，二是通过门窗各种缝隙冷风渗透所造成的。所以门窗节能从以上两个方面采取构造措施。

（14）门窗节能构造措施具体方法有：采用多层玻璃，减少缝隙的长度，采用密封和密闭措施，缩小窗口面积。

（15）门窗固定遮阳板的基本形式有水平式、垂直式、综合式和挡板式。

【阶段测试】

一、填空题

1. 转门对防止内外空气的对流有一定的作用，但不能作为疏散门，适用于（　　）。

2. 门扇的类型主要有（　　）、纱门、百叶门、无框玻璃门等。

二、选择题

1. 下面叙述错误的是（　）。

A. 水平推拉窗构造简单，是常用的形式，通风面积大

B. 平开窗构造简单，外开窗不宜在高层建筑中使用，内开窗安装、维修、擦洗方便

C. 固定窗构造简单，密闭性好，不能通风，可供采光和眺望之用

D. 百叶窗主要用于遮阳、防雨及通风，但采光差，多用于有特殊要求的部位

2. 成品门窗框的安装均采用（　）；门窗系列名称是以门窗框的（　）尺寸来命名的。

A. 立口，厚度　　B. 塞口，高度

C. 立口，高度　　D. 塞口，厚度

三、判断题

1. 转门对防止内外空气的对流有一定的作用，可以作为疏散门。（　）

2. 减少缝隙的长度，也是门窗节能的构造措施之一。（　）

【阶段测试答案】

一、填空题　1. 人流不集中出入的公共建筑　　2. 镶板门、夹板门

二、选择题　1. A　　2. D

三、判断题　1. ×　　2. √

第 11 章 变形缝

【导学提示】

建筑物由于受气温变化、材料自身的收缩及地基不均匀沉降以及地震等因素的影响，使结构内部产生附加应力导致应变，如处理不当，将导致构件及配件的损坏，达不到设计时对构配件性能的要求（如保温、隔热、承重……），严重时导致建筑的倒塌。本章内容针对为减少建筑结构内部产生的附加应力而应采取的构造设计作讲述。学习本章内容时，多理论联系实际，多观察身边的建筑实物，这样便于知识的理解与记忆。

【学习要求】

（1）掌握各种变形缝的设置原理。

（2）理解各种变形缝设置的位置。

（3）掌握各种变形缝的典型构造图。

【学习建议与实践活动】

学习本章内容时，可结合本章理论多观察身边的已有建筑及施工现场，理论联系实际，这样便于知识的理解与记忆。试观察已有建筑的变形缝位置，并分析设置的原因，参照教材或构造图集绘制其构造图样。

【学习指导】

为了减少结构内部产生的附加应力和变形，其解决办法有：一是加强建筑物的整体性，使之具有足够的强度与刚度来克服这些破坏应力，不产生破裂；二是预先在这些变形敏感部位将结构断开，留出一定的缝隙，以保证建筑物各部分在这些缝隙中有足够的变形宽度，而不造成建筑物的破损。这种将建筑物垂直分割开来的预留缝隙称为变形缝。变形缝有三种，即伸缩缝、沉降缝和防震缝。

变形缝的材料在不断更新，但构造原理是不变的。学生在学习过程中应重在对原理的理解，并通过典型构造做法加深对构造原理的理解。

11.1 伸缩缝

11.1.1 伸缩缝的设置

建筑物因受温度变化的影响而产生热胀冷缩，在结构内部产生温度应力，当建筑物长度超过一定限度时，建筑物会因热胀冷缩变形较大而产生开裂。为预防这种情况发生，常常沿建筑物长度方向每隔一定距离将建筑物断开。这种对应温度变化而设置的缝隙就称为伸缩缝或温度缝。

伸缩缝要求把建筑物的墙体、楼板层、屋顶等地面以上部分全部断开，基础部分因受温度变化影响较小，不需断开。

伸缩缝设置的部位为结构变化较大处或按最大伸缩缝间距设置，最好在平面图形有变化处，以利隐蔽处理。

伸缩缝的最大间距，应根据不同材料的结构而定。

1. 砌体房屋伸缩缝的最大间距（表 11–1）

表 11-1　砌体房屋伸缩缝的最大间距

砌体类别	屋顶或楼板层的类别		间距/m
各种砌体	整体式或装配整体式钢筋混凝土结构	有保温层或隔热层的屋顶、楼板层	50
		无保温层或隔热层的屋顶	40
	装配式无檩体系钢筋混凝土结构	有保温层或隔热层的屋顶	60
		无保温层或隔热层的屋顶	50
	装配式有檩体系钢筋混凝土结构	有保温层或隔热层的屋顶	75
		无保温层或隔热层的屋顶	60
普通黏土、空心砖砌体	黏土瓦或石棉水泥瓦屋顶 木屋顶或楼板层 砖石屋顶或楼板层		100
石砌体			80
硅酸盐、硅酸盐砌块和混凝土砌块砌体			75

表 11-1 的特点是：

（1）适应变形的能力大，则间距大。适应变形的能力：装配式有檩体系 > 装配式无檩体系 > 整体式或装配整体式体系。间距：装配式有檩体系间距 > 装配式无檩体系间距 > 整体式或装配整体式体系间距。

（2）有保温层或隔热层的屋面变形小，间距可大些；无保温层或隔热层的屋面变形大，间距要小些。

2. 钢筋混凝土结构伸缩缝的最大间距（表 11–2）

表 11-2　钢筋混凝土结构伸缩缝最大间距

项　次	结　构　类　型		室内或土中/m	露天/m
1	排架结构	装配式	100	70
2	框架结构	装配式	75	50
		现浇式	55	35
3	剪力墙结构	装配式	65	40
		现浇式	45	30
4	挡土墙及地下室墙壁等类结构	装配式	40	30
		现浇式	30	20

11.1.2　伸缩缝构造

1. 基　础

伸缩缝是将基础以上的建筑构件全部分开，并在两个部分之间留出适当的缝隙，以保证伸缩缝两侧的建筑构件能在水平方向自由伸缩。缝宽一般在 20 ~ 40 mm。

（1）砖混结构。

砖混结构的墙和楼板及屋顶结构布置可采用单墙承重方案也可采用双墙承重方案。

单墙方案使一侧建筑刚度减少，不利抗震，横向荷载由梁传至纵墙。混合结构中，常将纵墙设为非承重墙，如使纵墙受力则变得更复杂。

双墙方案使两侧都有较好的横向刚度，有利于抗震。

（2）框架结构。

框架结构的伸缩缝结构一般采用悬臂梁方案，也可采用双梁双柱方案，但双梁双柱方案施工较复杂。

2. 墙　体

墙体伸缩缝一般做成平缝、错口缝、凹凸缝等截面形式，主要视墙体材料、厚度及施工条件而定。

外墙由于位于露天，为防止外界自然条件对墙体及室内环境的侵袭（防风、防雨），缝内填有防水、防腐性质的弹性材料。变形缝外墙一侧常用沥青麻丝、橡胶条、塑料条、木丝板、泡沫塑料条、油膏等有弹性的防水材料塞缝。当缝隙较宽时，缝口可用镀锌铁皮、彩色薄钢板、铝皮等金属调节片作盖缝处理。

内墙可用具有一定装饰效果的金属片、塑料片或木盖缝条盖缝。

所有填缝及盖缝材料和构造应保证结构在水平方向自由伸缩而不产生破裂。

3. 楼地板层

楼地板层伸缩缝的位置与缝宽大小应与墙体、屋顶变形缝一致，缝内常用可压缩变形的材料，如油膏、沥青麻丝、橡胶、金属或塑料调节片等做封缝处理，上铺活动盖板或橡、塑地板等地面材料，以满足地面平整、光洁、防滑、防水及防尘等功能。

顶棚的盖缝条只能固定于一端，以保证两端构件能自由伸缩变形。

4. 屋　顶

屋顶伸缩缝常见的位置有在同一标高屋顶处或墙与屋顶高低错落处。

不上人屋面，一般可在伸缩缝处加砌矮墙，并做好屋面防水和泛水处理，其基本要求同屋顶泛水构造，不同之处在于盖缝处应能允许自由伸缩而不造成渗漏。

上人屋面则用嵌缝油膏嵌缝并做好泛水处理。

11.2 沉降缝

11.2.1 沉降缝的设置

沉降缝是为了预防建筑物各部分由于不均匀沉降引起的破坏而设置的变形缝。凡属下列情况时均应考虑设置沉降缝：

（1）同一建筑物相邻部分的高度相差较大或荷载大小相差悬殊，或结构形式变化较大，易导致地基沉降不均时。

（2）当建筑物各部分相邻基础的形式、宽度及埋置深度相差较大，造成基础底部压力有很大差异，易形成不均匀沉降时。

（3）当建筑物建造在不同地基上，且难于保证均匀沉降时。

（4）建筑物体型比较复杂、连接部位又比较薄弱时。

（5）新建建筑物与原有建筑物紧相邻时。

沉降缝的宽度随地基情况和建筑物的高度不同而定，可参见表 11-3。

表 11-3　沉降缝的宽度

地基情况	建筑物高度	沉降缝宽度/mm
一般地基	H<5 m H = 5 ~ 10 m H = 10 ~ 15 m	30 50 70
软弱地基	2 ~ 3 层 4 ~ 5 层 5 层以上	50 ~ 80 80 ~ 120 >120
湿陷性黄土地基		≥30 ~ 70

沉降缝构造复杂，给建筑、结构设计和施工都带来一定的难度，因此，在工程设计时，应尽可能

通过合理的选址、地基处理、建筑体型的优化、结构选型和计算方法的调整以及施工程序上的配合来避免或克服不均匀沉降，从而达到不设或尽量少设缝的目的。

11.2.2　沉降缝构造

沉降缝与伸缩缝最大的区别在于伸缩缝只需保证建筑物在水平方向的自由伸缩变形，而沉降缝主要应满足建筑物各部分在垂直方向的自由沉降变形，故应将建筑物从基础到屋顶全部断开。同时沉降缝也应兼顾伸缩缝的作用，故应在构造设计时应满足伸缩和沉降双重要求。

沉降缝的宽度随地基情况和建筑物的高度不同而定。

1. 墙　体

墙体沉降缝盖缝条应满足水平伸缩和垂直沉降变形的要求。

2. 屋　面

屋面沉降缝应充分考虑不均匀沉降对屋面防水和泛水带来的影响，泛水金属皮或其他构件应考虑沉降变形与维修余地。

3. 楼板层

楼板层应考虑沉降变形对地面交通和装修带来的影响；顶棚盖缝处理也应充分考虑变形方向，以尽可能减少变形后遗缺陷。

4. 基　础

基础沉降缝也应断开并应避免因不均匀沉降造成的相互干扰。常见的砖墙条形基础处理方法有双墙偏心基础、挑梁基础和交叉式基础等三种方案。

双墙偏心基础整体刚度大，但基础偏心受力，并在沉降时产生一定的挤压力。采用双墙交叉基础方案，地基受力将有所改进。

挑梁基础方案能使沉降缝两侧基础分开较大距离，相互影响较少，当沉降缝两侧基础埋深相差较大或新建筑与原有建筑毗连时，宜采用挑梁方案。

沉降不至太大时，基础拉开距离，上部设两端简支的构件（梁、板）。

5. 地下室

当地下室出现变形缝时，为使变形缝处能保持良好的防水性，必须做好地下室墙身及地板层的防水构造，其措施是在结构施工时，在变形缝处预埋止水带。止水带有橡胶止水带、塑料止水带及金属止水带等。其构造做法有内埋式和可卸式两种。无论采用哪种形式，止水带中间空心圆或弯曲部分须对准变形缝，以适应变形需要。

11.3　防震缝

在地震区建造房屋，必须充分考虑地震对建筑造成的影响。为防止建筑物各部分在地震时相互撞击造成变形和破坏所设置的缝隙叫防震缝。它将建筑物分成若干体型简单、结构刚度均匀的独立单元。

11.3.1　砌体结构房屋

对多层砌体房屋，应优先采用横墙承重或纵横墙混合承重的结构体系。在设防地区，有下列情况之一时宜设防震缝：

（1）建筑立面高差在 6 m 以上。

（2）建筑有错层且错层楼板高差较大。

（3）建筑物相邻各部分结构刚度、质量截然不同。

此时防震缝宽度可采用 50～100 mm，缝两侧均需设置墙体，以加强防震缝两侧房屋刚度。

11.3.2 钢筋混凝土结构房屋

对多层和高层钢筋混凝土结构房屋，应尽量选用合理的建筑结构方案，不设防震缝。当必须设置防震缝时，其最小宽度应符合下列要求：

（1）当高度不超过 15 m 时，可采用 70 mm。

（2）当高度超过 15 m 时，按不同设防烈度增加缝宽：

6 度地区，建筑每增高 5 m，缝宽增加 20 mm；

7 度地区，建筑每增高 4 m，缝宽增加 20 mm；

8 度地区，建筑每增高 3 m，缝宽增加 20 mm；

9 度地区，建筑每增高 2 m，缝宽增加 20 mm。

防震缝应沿建筑物全高设置，缝的两侧应布置双墙或双柱，或一墙一柱，使各部分结构都有较好的刚度。

防震缝应与伸缩缝、沉降缝统一布置，并满足防震缝的设计要求。设计中，尽量做到三缝合一。

一般情况下，防震缝基础可不分开，但在平面复杂的建筑中，或建筑相邻部分刚度差别很大时，也需将基础分开。按沉降缝要求的防震缝也应将基础分开。

防震缝因缝隙较宽，在构造处理时，应充分考虑盖缝条的牢固性以及适应变形的能力。

对于高层，由于高度大，震害更加严重，尽可能不设缝。平面设计时选择对抗震有利的形式，使刚度均匀。竖向也要刚度均匀。

高层建筑中，裙房常为 1～3 层。如设缝，高层地下室防水难以处理，基础构造麻烦。

不设缝的处理措施：利用压缩性小的地基；施工先主体，后裙体（主体完工后，完成 50%以上沉降）；连接部分现浇（对于建筑物长度超标而引起的温度应力产生的裂缝问题，可以利用混凝土早期收缩占总收缩量大部分的原理，采用后浇施工缝技术以减少或取消伸缩缝）；裙房放在主体基础上。

【联系实际】

如图 11-1 所示为变形缝的一个实例，采用中间走道的梁与板支承在两边主体结构伸出的牛腿上的措施，使得变形缝与基础构造无关，与室内地面、楼面、墙面、顶棚及屋面构造无关。

图 11-1 梁与板支承在两边主体结构伸出的牛腿上

由于两边层数不同，建筑长度超过伸缩缝最大长度，因此该缝为伸缩缝、沉降缝与防震缝的三合一。

如图 11-2 所示为一 L 形平面教学楼设置的变形缝。其位置位于 L 形转角处，由于两侧都是层数相同的教学楼，又处在 L 形转角处，因此该缝为伸缩缝与防震缝的二合一。采用两边主体结构向中间挑出梁的措施，使得变形缝与基础构造无关，与室内地面、楼面、墙面、顶棚及屋面构造无关。而走道的地面、楼面、栏板、顶棚及屋面构造比室内简单得多。

图 11-2　两边主体结构向中间挑出梁

【本章小结】

变形缝有三种，即伸缩缝、沉降缝和防震缝。

减小温度时建筑的影响——伸缩缝（温度缝）；

减小沉降差对建筑物的影响——沉降缝；

减小地震对建筑物的影响——防震缝。

（1）伸缩缝要求把建筑物的墙体、楼板层、屋顶等地面以上部分全部断开，以保证伸缩缝两侧的建筑构件能在水平方向自由伸缩，缝宽一般在 20～40 mm。基础部分因受温度变化影响较小，不需断开。

（2）为防止外界自然条件对墙体及室内环境的侵袭（防止风、雨），缝内填有防水、防腐性质的弹性材料，变形缝外墙一侧常用如沥青麻丝、橡胶条、塑料条、泡沫塑料条、油膏等有弹性的防水材料塞缝，也可以用金属调节片作盖缝处理。内墙可用具有一定装饰效果的金属片、塑料片或木盖缝条盖缝。

（3）楼地板层伸缩缝构造

楼地板层伸缩缝内常用可压缩变形的材料（如油膏、沥青麻丝、橡胶、金属或塑料调节片等）做封缝处理，上铺活动盖板或橡、塑地板等地面材料，以满足地面平整、光洁、防滑、防水及防尘等功能。

（4）在屋顶伸缩缝处加砌矮墙，并做好屋面防水和泛水处理，其基本要求同屋顶泛水构造，不同之处在于盖缝处应能允许自由伸缩而不造成渗漏。

（5）沉降缝是为了预防建筑物各部分由于不均匀沉降引起的破坏而设置的变形缝。沉降缝主要应满足建筑物各部分在垂直方向的自由沉降变形，故应将建筑物从基础到屋顶全部断开。同时沉降缝也应兼顾伸缩缝的作用，故应在构造设计时应满足伸缩和沉降双重要求。

（6）砌体结构条形基础沉降缝处理方法有双墙偏心基础、挑梁基础和交叉式基础等三种方案。沉降不至太大时，基础拉开距离，上部设两端简支的构件（梁、板）。

（7）为防止建筑物各部分在地震时相互撞击造成的变形和破坏，将建筑物分成若干体型简单、结构刚度均匀的独立单元。

（8）防震缝应沿建筑物全高设置，缝的两侧应布置双墙、双柱或一墙一柱，使各部分结构都有较好的刚度。防震缝应与伸缩缝、沉降缝统一布置，并满足防震缝的设计要求。设计中，尽量做到三缝合一。

（9）一般情况下，防震缝基础可不分开，但在平面复杂的建筑中，或建筑相邻部分刚度差别很大时，也需将基础分开。按沉降缝要求的防震缝也应将基础分开。

【阶段测试】

一、填空题

1. 伸缩缝应保证建筑构件能在（　）方向自由伸缩，缝宽一般在（　）mm。

2. 防震缝将建筑物分成若干体型简单，结构（　）均匀的独立单元。

二、选择题

1. 沉降缝的构造做法中要求基础（　）。

A. 不断开　　B. 断开　　C. 只有高层才断开　　D. 可断开也可不断开

2. 条形基础沉降缝处理方法有（　）。

A. 单墙偏心基础、双墙偏心基础、交叉基础

B. 双墙偏心基础、挑梁基础、联合基础

C. 双墙偏心基础、挑梁基础、交叉基础

D. 单墙偏心基础、双墙偏心基础、联合基础

三、判断题

1. 为减少建筑物因受温度变化的影响产生热胀冷缩，而设置的缝隙就称为伸缩缝。（　）

2. 沉降缝要兼顾伸缩缝的作用，因此沉降缝基础不必断开。（　）

【阶段测试答案】

一、填空题：1. 水平，20 ~ 40　　2. 刚度

二、选择题：1. B　　2. C

三、判断题　1. √　　2. ×

第 12 章　工业建筑概论

【导学提示】

工业生产的类别繁多，产品种类不计其数。生产的内容不同，对厂房建筑的要求也就各不相同。为了了解各种厂房建筑的特征，掌握厂房建筑的设计规律，就需要根据厂房建筑的特点进行分类，明确工业建筑的设计任务与设计要求。

【学习要求】

（1）了解工业建筑的特点。

（2）理解工业建筑的分类。

（3）了解工业建筑的设计任务和设计要求。

【学习建议与实践活动】

学习本章内容时，可结合本章理论多观察身边的已有工业建筑及施工现场，理论联系实际，这样便于知识的理解与记忆。

【学习指导】

工业建筑是进行工业生产的房屋，生产工艺是工业建筑设计的主要依据。

12.1　工业建筑的特点

工业建筑是进行工业生产的房屋，在其中根据一定的工艺过程及设备组织生产。在工业建筑设计中必须注意以下几方面的特点：

（1）工业建筑必须紧密结合生产，满足工业生产的要求，并为工人创造良好的劳动卫生条件，以利提高产品质量及劳动生产率。

（2）工业生产类别多、差异大，对建筑平面空间布局、层数、体型、立面及室内处理等有直接的影响。因此，生产工艺不同的厂房具有不同的特征。

（3）无论在采光、通风、屋面排水及构造处理上都较一般民用建筑复杂。

12.2　工业建筑的分类

12.2.1　按用途分类

（1）主要生产厂房，系指从原料、材料至半成品、成品的整个加工装配过程中直接从事生产的厂房。

（2）辅助生产厂房，指间接从事工业生产的厂房。

（3）动力用厂房，指为生产提供能源的厂房。

（4）储存用房屋，指为生产提供储备各种原料、材料、半成品、成品的房屋。

（5）运输用房屋，指管理、停放、检修交通运输工具的房屋。

（6）其他，如水泵房、污水处理站等。

12.2.2 按层数分类

（1）单层厂房。这类厂房主要用于重型机械制造工业、冶金工业、纺织工业等。

（2）多层厂房。这类厂房广泛用于食品工业、电子工业、化学工业、轻型机械制造工业、精密仪器工业等。

（3）混合层次厂房。厂房内既有单层跨，又有多层跨。

12.2.3 按生产状况分类

（1）冷加工车间。生产操作在常温下进行，如机械加工车间、机械装配车间等。

（2）热加工车间。生产中散发大量余热，有时伴随烟雾、灰尘、有害气体，如铸工车间、锻工车间等。

（3）恒温恒湿车间。为保证产品质量，车间内部要求稳定的温湿度条件，如精密机械车间、纺织车间等。

（4）洁净车间。为保证产品质量，防止大气中灰尘及细菌的污染，要求保持车间内部高度洁净，如精密仪表加工及装配车间、集成电路车间等。

（5）其他特种状况的车间。如有爆炸可能性、有大量腐蚀物、有放射性散发物、防微振、高度隔声、防电磁波干扰等的车间。

12.3 工业建筑设计的任务及设计要求

12.3.1 工业建筑设计的任务

建筑设计人员根据设计任务书和工艺设计人员提出的生产工艺资料，设计厂房的平面形状、柱网尺寸、剖面形式、建筑体型；合理选择结构方案和围护结构的类型，进行细部构造设计。

12.3.2 工业建筑设计应满足的要求

1. 满足生产工艺的要求

生产工艺是工业建筑设计的主要依据,生产工艺对建筑提出的要求就是该建筑使用功能上的要求。

2. 满足建筑技术的要求

（1）工业建筑的坚固性及耐久性应符合建筑的使用年限。

（2）建筑设计应使厂房具有较大的通用性和改建扩建的可能性。

（3）应严格遵守《厂房建筑模数协调标准》及《建筑模数协调统一标准》的规定，合理选择厂房建筑参数（柱距、跨度、柱顶标高等），从而提高厂房建筑工业化水平。

3. 满足建筑经济的要求

（1）在不影响卫生、防火及室内环境要求的条件下，将若干个车间合并成联合厂房，对现代化连续生产极为有利。因为联合厂房占地较少，外墙面积相应减小，缩短了管网线路，使用灵活，能满足工艺更新的要求。

（2）建筑的层数是影响建筑经济性的重要因素。

（3）在满足生产要求的前提下，设法缩小建筑体积，充分利用建筑空间。

（4）在不影响厂房的坚固、耐久、生产操作、使用要求和施工速度的前提下，应尽量降低材料的消耗，从而减轻构件的自重和降低建筑造价。

（5）设计方案应便于采用先进的、配套的结构体系及工业化施工方法。

4. 满足卫生及安全要求

（1）应有与厂房所需采光等级相适应的采光条件，以保证厂房内部工作面上的照度；应有与室内生产状况及气候条件相适应的通风措施。

（2）排除生产余热、废气，提供正常的卫生、工作环境。

（3）对散发出的有害气体、有害辐射、严重噪声等应采取净化、隔离、消声、隔声等措施。

（4）美化室内外环境，注意厂房内部的水平绿化、垂直绿化及色彩处理。

【本章小结】

（1）工业建筑是进行工业生产的房屋，生产工艺是工业建筑设计的依据。

（2）工业建筑分类。

按用途分类：主要生产厂房、辅助生产厂房、动力用厂房、储存用房屋、运输用房屋、其他。

按层数分类：单层厂房、多层厂房、混合层次厂房。

按生产状况分类：冷加工车间、热加工车间、恒温恒湿车间、洁净车间、其他特种状况的车间。

（3）工业建筑设计的任务：建筑设计人员根据设计任务书和工艺设计人员提出的生产工艺资料，设计厂房的平面形状、柱网尺寸、剖面形式、建筑体型；合理选择结构方案和围护结构的类型，进行细部构造设计。

（4）工业建筑设计应满足的要求：满足生产工艺的要求，满足建筑技术的要求，满足建筑经济的要求，满足卫生及安全要求。

【阶段测试】

一、填空题

1. 工业设计的依据是（　）。

2. 工业建筑按层数可分为（　）。

二、选择题

1. 哪类厂房广泛用于食品工业、电子工业、化学工业、轻型机械制造工业、精密仪器工业等？（　）

A. 单层厂房　　B. 多层厂房　　C. 混合层次厂房　　D. 高层厂房

2. 冷加工车间是生产操作在（　）。

A. 常温下进行　　B. 0 °C 下进行　　C. －25～0 °C 下进行　　D. －10～4 °C 下进行

三、判断题

1. 多层厂房广泛用于食品工业、电子工业、化学工业、轻型机械制造工业、精密仪器工业等。（　）

2. 单层厂房广泛用于食品工业、电子工业、化学工业、轻型机械制造工业、精密仪器工业等。（　）

【阶段测试答案】

一、填空题　1. 生产工艺　　2. 单层厂房、多层厂房及混合层次厂房

二、选择题　1. B　　2. A

三、判断题　1. √　　2. ×

第 13 章 单层工业建筑设计

【导学提示】

单层厂房广泛应用于冶金、机械制造、纺织等工业部门。这类厂房要求组织大型笨重设备与产品在水平方向的工艺流程，进行生产和加工。因此，单层厂房在整个工业建筑中占有较大的比重。

单层厂房设计时必须要满足生产工艺特点，但在工业产生过程中，操纵机器的主体是人，因此设计中要强调以人为中心，创造出能满足人们对物质和精神方面要求的生产环境。

由于单层工业建筑设计相对于民用建筑来说，要复杂得多，其环境又不被大家所熟悉，因此学习过程中要多注意联系实际，多参观已有单层工业建筑，将理论与实践结合起来，加深对知识的理解。

【学习要求】

（1）了解单层工业厂房的排架结构组成。

（2）理解厂房平面设计，掌握平面形式的选择，理解柱网的选择。

（3）理解单层厂房剖面设计，了解厂房高度的确定，理解天然采光，理解自然通风。

（4）了解单层厂房定位轴线的确定。

【学习建议与实践活动】

学习本章内容时，可结合本章理论多观察身边的已有单层厂房建筑及施工现场，理论联系实际，这样便于知识的理解与记忆。试观察已有单层厂房建筑平面、立面、剖面与生产工艺的关系，并写出调研报告。

【学习指导】

单层厂房具有的特点：厂房的面积及柱网尺寸较大，可根据生产工艺特点设计成多跨连片的大面积厂房；厂房结构与地面可承受大的荷载，方便放置重大型生产设备和加工件，有些生产还需要在地面上设地坑或地沟；内部空间较大，能通行大型运输工具；为了解决厂房内部的采光和通风，屋顶设有各种类型的天窗，这使屋面、天窗构造复杂。

13.1 单层工业厂房的排架结构组成

单层厂房常用排架结构，承重结构由横向骨架和纵向连系构件组成。

横向骨架包括屋面大梁（或屋架）、柱子、柱基础。它承受屋顶、天窗、外墙及吊车荷载。纵向连系构件包括大型屋面板（或檩条）、连系梁、吊车梁等。它们能保证横向骨架的稳定性，并将作用在山墙上的风力和吊车纵向制动力传给柱子。

为了保证厂房的整体性和稳定性，往往还要在屋架之间和柱间设置支撑系统。墙体在厂房中只起围护或分隔作用。

13.2 单层厂房平面设计

13.2.1 生产工艺流程与平面形式的关系

为使生产车间工艺流程直接、连贯、顺畅。常采用的平面组合方式为直线式、直线往复式和垂直式三种。

13.2.2 生产状况与平面形式的关系

生产状况也影响着工业建筑的平面形式，如热加工车间对工业建筑平面形式的限制最大。热车间（如机械厂的铸钢、铸铁、锻造车间，钢铁厂的轧钢车间等）在生产过程中散发出大量的余热和烟尘，在平面设计中应创造具有良好的自然通风条件。因此，这类工业建筑平面不宜太宽。

为了满足生产工艺的要求，有时要将工业建筑平面设计成 L 形、U 形和 E 形。

这些平面的特点：有良好的通风、采光、排气、散热和除尘功能，适用于中型以上的热加工工业建筑，如轧钢、铸造、锻造等，以便于排除产生的热量、烟尘和有害气体。

对于热加工车间，为使厂房有良好的自然通风，厂房宽度不宜过大，最好采用长条形，在平面布置时，应使厂房长轴与夏季主导风向垂直或大于 45°，U 形平面要将开口迎向夏季主导风向或与主导风向呈 0°～45°夹角，以改善通风效果和工作条件。

13.2.3 温湿度生产环境与平面设计的关系

有一些生产需要恒温恒湿生产技术条件，以保证产品质量。这类厂房生产环境依靠采用空气调节设备来保证。为了简化围护结构构造和减少能量消耗，在空调用房周围布置非空调用房和空调机房。宜采用联跨整片式平面，以减少空调负荷。

在面积相同情况下，矩形、L 形平面外围结构的周长比方形平面长。

13.3 柱网选择

柱网选择就是选择厂房的跨度和柱距。

13.3.1 跨度尺寸

跨度尺寸首先应满足工艺布置的要求。应考虑设备布置的方式和需要的尺寸、间距，生产操作和检修设备所需的空间，选择一个适宜的尺寸。

跨度尺寸还必须考虑结构构件的统一化和通用性。对于采用装配式钢筋混凝土排架结构的单层厂房，应符合《厂房建筑统一化基本规则》的要求：

跨度尺寸≤18 m 时应采用 3 m 的倍数，即 9 m、12 m、15 m、18 m。

跨度尺寸＞18 m 时应采用 6 m 的倍数，即 24 m、30 m、36 m 等。

跨度尺寸还受结构形式和材料的限制。当采用空间结构形式时，跨度可以大到上百米。如果是排架结构采用钢柱、钢屋架，则跨度尺寸可以比钢筋混凝土的更大些。如果采用的是砖柱、木屋架，则跨度一般只在 15 m 以内。

13.3.2 柱距尺寸

厂房中柱距的尺寸与屋面板、吊车梁、连系梁等构件的关系很密切，常常是一致的。所以一般柱距确定了，屋面板、吊车梁等构件的跨度尺寸也就确定了。

对于装配式钢筋混凝土排架结构的单层厂房，柱距的尺寸也应符合《厂房建筑统一化基本规划》的要求，柱距应为 6 m 或 6 m 的倍数。对工艺布置特别有利的情况下可采用 9 m 柱距。

我国装配式钢筋混凝土排架结构的单层厂房，采用 6 m 柱距最广泛，6 m 柱距的厂房所使用的屋面板、吊车梁、墙板等构件已经基本配套。但 6 m 柱距尺寸较小，柱子占用的面积和不能有效利用的面积较多，厂房的通用性较差。

12 m 柱距的采用，提高了厂房的通用性，更利于设备的布置，综合的技术经济效果好。在工程中，常将 6 m 与 12 m 柱距混合使用，即平行多跨的厂房中间采用 12 m 柱距，外侧采用 6 m 柱距。屋盖上仍然按 6 m 的距离设一榀屋架，所以采用的屋面板的跨度尺寸是 6 m，这样使 6 m 柱距与 12 m 柱距的一些构件可以通用。

全部采用 12 m 柱距时，屋面承重方案有无托架方案与有托架方案两种。当采用无托架方案时，屋架间距 12 m，屋面要布置 12 m 跨的屋面板；当采用有托架方案，屋架间距 6 m，可以采用 6 m 长屋面板，对于减轻屋面自重与方便安装都有利。

厂房采用扩大柱网，有利于设备布置和工艺变革，有利于重型设备的布置及重大型产品的运输，有利于减少柱的数量与基础的工程量，减少大型设备基础与柱基础的矛盾，充分利用车间的有效面积。

13.4 单层厂房剖面设计

剖面设计的主要内容是：确定厂房的高度、解决厂房的采光与通风、决定厂房的排水方案等等。

在进行剖面设计时应结合建筑的立面、体形等问题来考虑。

13.4.1 厂房高度的确定

1. 无吊车厂房

无吊车厂房柱顶标高，由最高的生产设备所需的净空高度以及安装、操作、检修所需的净空高度来决定。从采光与通风考虑一般不低于 3.9 m。

按《厂房建筑统一化基本规则》的要求，厂房高度一般为 300 mm 的倍数，即 3M 的模数系列。

2. 有吊车的厂房

常见的吊车有：单轨悬挂式吊车、梁式吊车、桥式吊车。

（1）单轨悬挂式吊车。

单轨悬挂式吊车，一般将单轨悬挂在屋架下弦（或屋面梁下翼缘）处，也可另立支架，安装梁式钢轨，钢轨可直线或曲线布置，轨梁上设有可移动的滑轮组，沿轨梁水平移动起吊重物。

特点：起重量较小，一般在 1 ~ 2 t 以内，可手动，也可电动操作，但起吊范围只能局限在沿单轨的较窄地段内。

（2）梁式吊车。

梁式吊车跨度大、服务范围广（横梁纵向移动，起吊设备横向移动），起重吨位为 1 ~ 5 t。

横梁沿轨道（双轨道）运行，轨道的固定支承方式有两种。

悬挂式梁式吊车：将轨道固定在屋架下弦（或屋面梁下翼缘）处。

支承式梁式吊车：将轨道搁置在吊车梁上，吊车梁由厂房排架柱伸出的牛腿支承。

梁式吊车特点：起重量一般不超过 5 t，可在地面上操作，也可在吊车上设置操纵室。由于横梁是沿跨间直线运行的，所以，它适用于生产线与跨间方向一致的车间。

（3）桥式吊车。

桥式吊车的起重量为 5 ~ 500 t，甚至更大些，对冶金、机械、矿山各种专业均有配套型号。它由起重小车及桥架组成，桥架上有起重小车的轨道，起重小车可横向移动。

桥式吊车按工作的重要性及繁忙程度分为轻级、中级、重级三种工作制，以吊车的工作时间占台班生产时间的比率表示。

轻级工作制：工作时间为 15% ~ 25%，满载机会少。

中级工作制：工作时间为 25% ~ 40%。

重级工作制：工作时间 > 40%，主要用于工作繁忙的车间。

桥式吊车外形尺寸占据的空间较大，增加了厂房的净高和净空，在设计时以地面、吊车轨顶和屋架下弦（或柱顶）三个标高为控制标高。

在《厂房建筑模数协调标准》（GBJ 6—86）中规定：

钢筋混凝土结构的柱顶标高应符合 300 mm 数列确定，轨顶标高按 600 mm 数列确定，牛腿标高也按 300 mm 数列确定。

在模数协调标准中规定："在工艺有高低要求的多跨厂房中，当高差值小于等于 1.2 m 时，不宜设置高度差；在不采暖的多跨厂房中高跨一侧仅有一个低跨，且高差不大于 1.8 m 时，也不宜设置高度差。"所以，剖面设计中应尽量采用平行等高跨。

13.4.2　剖面空间的利用

降低厂房的高度措施：将设备放置在地面以下；利用两榀屋架空间布置高大设备。

13.4.3　室内地坪标高的确定

一般高出室外 150 ~ 200 mm。

当厂房地坪出现两个以上标高时，定主要地坪标高为 ± 0.000。

13.5　天然采光

厂房的天然采光主要是通过厂房围护结构（墙面和屋面）的门窗、天窗的开口来进行的，与厂房的剖面关系密切，是剖面设计的重要组成部分。

天然采光设计的主要内容是：确定采光窗的面积，选择窗的形式，进行窗的布置。

13.5.1　天然采光的基本要求

1. 满足采光系数最低值的要求

在方案阶段，对采光洞口面积可采用窗地面积比估算，窗地面积比为窗洞口面积与地面面积之比。

2. 满足采光均匀度的要求

采光均匀度是指工作面上采光系数最低值与平均值之比。要求工作面上各部分的照度值比较接近，明暗变化不要太大，否则容易造成工人视力疲劳，使视力下降。

顶部采光时，Ⅰ ~ Ⅳ级采光等级的采光均匀度不宜小于 0.7。为保证采光均匀度不小于 0.7 的规定，相邻两天窗中线间的距离不宜大于工作面至天窗下沿高度的 2 倍。

3. 避免在工作区产生眩光

在人的视野范围内出现过于明亮而刺眼的光叫眩光。厂房内在工作区出现眩光一般是由于太阳直射到金属表面而产生的。要避免产生眩光，因为它影响工人清楚地识别物品，对视力也有伤害。

13.5.2　天然采光方式

天然采光方式是根据采光口的位置来确定的，有侧面采光、顶部采光和混合采光。

1. 侧面采光

侧窗施工方便、造价较低、维修使用方便。由于侧窗有这些优点，所以在设计中常常是尽量采用侧面采光，当侧面采光不能满足使用要求时才采用别的采光方式。

侧面采光均匀度差，随着与窗的距离的增加，采光系数值急剧下降。设高侧窗可提高远窗点的照度和厂房采光均匀度。

2. 顶部采光

在屋顶上设置采光窗（天窗）采光的方式为顶部采光。顶部设天窗采光较侧窗采光效率高，在采光要求相同时，所需的天窗面积仅为侧窗的二分之一左右，但天窗的构造较侧窗复杂，造价也较高。

3. 混合采光

既有侧面采光，又有顶部采光时称为混合采光。一般在侧面采光不能满足要求时采用。

13.6 自然通风

厂房内需要通风，通风的作用在于使厂房内部的空气得到更换，从而使空气清洁，气温正常，这关系到工人生产环境的好坏。

通风的方式有两种：

（1）机械通风，这种方式需装置成套的设备并耗费电能，不经济，而且通风量受到限制，但通风效果是稳定可靠的。

（2）自然通风，这种方式是利用自然力作通风动力来达到通风目的的，其最大的优点是经济，但受气象的影响，通风不稳定。

单层厂房主要采用自然通风。

13.6.1 自然通风的基本原理

自然通风是利用热压作用和风压作用来通风的。

1. 热压作用

由于厂房内各种热源如加热炉、热加工件等排出大量热量，使室内空气温度升高，体积膨胀。容重小于室外空气，则产生室内外空气重力差（压力差），室内热空气上升从厂房上部窗口排出，室外容重大的冷空气由外墙下部的窗口、门洞进入室内。进入室内的空气又被加热，如此循环，使室内空气得到更换。这种由于热源作用造成室内外温度差，产生的空气重力差就叫热压。

依靠热压作用，促使厂房通风换气，这就叫热压作用下的自然通风。

2. 风压作用

当风吹向房屋时，迎风面气流受阻，压力增大，形成正压区。气流跃过房屋，流速加大，在房屋顶部、背风面以及与风向平行的两侧，空气压力减小，形成负压区，这种由于风的作用而形成的空气压力差就叫风压。

由于风压使空气从风压大的迎风面的开口进入室内，又由风压小的背风面的开口排出室外，这种依靠风压作用而使厂房通风换气的通风，就叫风压作用下的自然通风。

13.6.2 冷加工车间的自然通风

冷加工车间内生产中散发的余热小，没有大的热源，所以厂房内自然通风的组织不依靠热压作用，而是以风压作用为主来组织自然通风。

设计中的自然通风问题应主要考虑厂房的方位，应尽量使厂房纵向与夏季主导风向垂直或使其与风向的交角大于 45°，且厂房宽度不要太大。厂房内最好不设或少设隔墙，以利于组织穿堂风。一般按采光要求设置的窗开启一部分，以及开敞的车间大门就基本上能满足通风的要求。

两跨及以下厂房，可以利用高侧窗进行通风换气，多跨厂房则应该结合采光需要，设置足够的通风天窗。

13.6.3　热加工车间的自然通风

热加工车间内由于有大的热源向室内散发大量的余热，所以热加工车间主要是利用热压通风原理来组织自然通风。

为了更好地利用热压作用来组织自然通风，根据热压作用原理，在设计中应考虑尽量加大进、排气口中心的距离。

1. 进气口

进气口的位置宜尽量低一些。

根据窗的开启方式不同，一般分为上悬窗、中悬窗、平开窗、立旋窗等。其中平开窗和立旋窗阻力系数小，立旋窗还有引导气流的作用，这两种窗通常作为下部进气窗；中悬窗的进气效果也较好，常用作上排窗；上悬窗阻力系数较大，采用得较少。

在寒冷地区，进气窗宜分成上下两排设置，夏季开启下排，以利于室外的新鲜空气直接吹向工作地带。冬天则关闭下排进气窗，开启上排进气窗，这样可以避免寒冷空气直接吹向工人。

2. 排气口

排气口的位置宜尽量高一些。

当厂房未设天窗时，排气口宜设在靠近檐口处，外墙中部不宜设通风窗口，以免减少下部进气口的进气量和气流速度，如中部需设置采光窗，可作成固定的不开启的窗。

当厂房设有天窗时，天窗作为排气口，外墙中、上部均不设置开启窗。

当厂房内有大的集中热源时，可在其上方设置排气天窗。

当吊车驾驶室靠外墙一侧设置时，可在驾驶室高度范围的外墙上设开启窗口，以改善驾驶人员的工作条件。

在多数情况下，对于热加工车间来说，风压和热压是同时作用的。当风压与热压同时作用时，会出现下面几种情况：

风压<热压，排气口排气，但迎风面排气口的排气量减少；

风压＝热压，迎风面排气口停止排气，背风面窗口排气；

风压>热压，排气口不能排气，且可能使上升到上部的热气、烟尘返回到厂房下部，出现倒灌现象。

为了保证排气口在任何情况下都能稳定地排出热气流，须要采取避风措施，如果使排气口始终处于负压区内，就能达到这个目的。

只要在排气口的迎风面一定距离内装置一块挡风板就可使排气口处于负压区，使排气的天窗成为通风天窗。

3. 合理布置热源

利用穿堂风通风的车间应将热源布置在主导风向的下风向，减少热源对车间的影响。

当设有天窗通风时，应将热源正对天窗喉口，使其排气路线短捷、顺畅。

在多跨冷热并联的厂房中，在工艺允许的情况下，宜将冷热跨间隔布置，并设置吊墙（距地 3 m 左右），防止热跨气流进入冷跨。

当厂房为连续多跨时，可采取分离布置的措施，或在跨间设置天井，使进排气口路径短捷。

为了保证厂房的自然通风，在厂房进风一侧应不建或少建毗连房屋。

13.6.4　通风天窗的类型

1. 矩形通风天窗

矩形天窗装有挡风板则称为矩形避风天窗，也叫矩形通风天窗。

通风天窗不设挡风板的几种情况：

（1）以相邻的天窗代替挡风板。

（2）可利用外侧高跨房屋代替挡风板。

（3）有女儿墙代替挡风板。

2. 下沉式通风天窗

利用屋架上下弦的高差将部分屋面板布置在屋架的下弦上，则形成下沉式通风天窗。

13.6.5 开敞式厂房

开敞式厂房多用于防寒防雨要求不高或连续性散热的车间。我国南方地区气候炎热，一些车间特别是热加工车间为了充分利用穿堂风，将厂房做成开敞式厂房，即将厂房外墙大面积开敞，开敞部位不设窗而采用挡雨板。

13.7 单层厂房定位轴线的标定

定位轴线是确定厂房主要结构构件标志尺寸及其相互位置的基线。同时，也是设备定位、安装及厂房施工放线的依据。

定位轴线的划分是在柱网选择的基础上进行的，与柱网是一致的。定位轴线不仅反映跨度和柱距的尺寸，同时更具体地反映厂房主要结构构件的具体位置和相互关系。

一般情况下，横向轴线在屋面板端部，纵向轴线在屋架（屋面梁）端部。

介绍几个符号的意义：

a_i——缝隙宽度（插入距）；

a_e——变形缝宽度；

a_c——联系尺寸宽度，与起重量、有无走道板等因素有关；

t——封墙厚度。

13.7.1 横向定位轴线

与横向定位轴线有关系的结构构件是屋面板、吊车梁、连系梁、基础梁、外墙板等等。横向定位轴线通过这些构件长度标志尺寸的端部，横向定位轴线间的尺寸一确定，这些构件长度的标志尺寸也就确定了。

1. 中间柱与横向定位轴线的联系

横向定位轴线一般与柱的中心线相重合，且通过屋架中心线和屋面板的横向接缝处。

2. 横向变形缝处柱与横向定位轴线的联系

横向变形缝处采用双柱双轴线处理。变形缝两侧柱子的中心线距轴线 600 mm，缝两侧的柱距较其他柱距尺寸减小 600 mm。横向定位轴线仍然通过屋面板、吊车梁等构件标志尺寸端部，这样不增加构件的尺寸规格，只是使屋面板与屋架焊接、吊车梁与柱子等的焊接位置由横向定位轴线向两侧移动了 600 mm。其目的是便于变形缝两侧柱子基础的处理和施工吊装。

$$a_i = a_e$$

3. 山墙与横向定位轴线的联系

（1）山墙为承重墙时。

当山墙为承重墙时，厂房端部屋面板直接搁置在山墙上。横向定位轴线仍然通过屋面板、吊车梁等构件标志尺寸端部。

（2）山墙为非承重墙时。

当山墙为非承重墙时，厂房端部靠近山墙处需设排架柱搁置屋架。由于厂房山墙高大，为了增强其稳定性需设置抗风柱，并使其能通至屋架上弦或屋面梁上翼缘处。为了避免抗风柱与端部屋架发生矛盾，在端部应让出抗风柱的位置，端部排架柱与横向定位轴线间须有 600 mm 距离。为了减少构件的尺寸规格，横向定位轴线仍然通过屋面板、吊车梁标志尺寸端部，同时与山墙内缘重合。

抗风柱顶部与屋架上弦用弹簧板铰接，以传递风荷载，当沉降较大时，用加劲板铰接。

13.7.2　纵向定位轴线

由于受吊车起重形式、起重重量、柱距、跨度、有无安全走道板等因素影响，外墙内侧或不等高中跨高侧封墙与纵向轴线的联系有“封闭结合”与“非封闭结合”两种。

1. 外墙、边柱与纵向定位轴线的联系

（1）封闭结合。

一般情况下，当厂房内没有吊车或只有悬挂吊车，以及柱距为 6 m，吊车起重量 $Q \leqslant 20t/5t$ 时，外墙内缘、边柱外缘与纵向定位轴线重合，轴线通过屋架或屋面梁标志尺寸端部。

此时屋面板全部采用标准板，铺至轴线的屋面板与外墙内侧无间隙，形成封闭结合。

（2）非封闭结合。

当 $Q \geqslant 30$ t/5 t 时，铺至轴线的屋面板与外墙内侧出现间隙（有联系尺寸 a_c，其值由吊车起重量等因素确定），形成非封闭结合。

间隙（a_c）可通过墙顶砌体向内出檐、铺非标准屋面板或结合外檐构造增设檐沟板等措施使屋面封闭。

“封闭结合”也叫“封闭轴线”，“非封闭结合”也叫“非封闭轴线”。

2. 中柱与纵向定位轴线的联系

（1）等高跨中柱。

① 当无纵向伸缩缝时。

当无纵向伸缩缝时，中柱上柱的中心线与纵向定位轴线重合，为使制作简单，上柱不带牛腿，其截面高度一般取 600 mm，以保证两侧屋架有足够的支撑长度。当相邻跨因起重量、柱距、构造等因素，要求设插入距 a_i 时，采用单柱双轴线，插入应符合 3M 数列。

② 当有纵向变形缝时。

当厂房宽度较大，需设纵向伸缩缝时，采用单柱双轴线。伸缩缝一侧的屋架或屋面梁搁置在活动支座上。此时插入距 a_i = 变形缝宽度 a_e。

（2）不等高跨中柱。

不等高跨中柱处定位轴线划分的原则与边柱处一样。根据吊车起重量以及厂房柱距的大小不同，有“封闭结合”和“非封闭结合”两种处理方式。

① 无纵向伸缩缝。

当封墙在低跨屋面上，吊车起重量小，无联系尺寸时（$a_c = 0$），采用封闭结合，单轴线定位，高跨上柱外缘、封墙内缘、低跨屋架（或屋面梁）跨度标志尺寸端部与纵向定位轴线相重合；当封墙在低跨屋面上，吊车起重量大，有联系尺寸时（$a_c = ?$），采用不封闭结合，双轴线定位，两轴线分别与高、低跨屋架（或屋面梁）跨度标志尺寸端部相重合，两轴线间设插入距（$a_i = a_c$）。

当封墙在低跨屋面下，吊车起重量小，无联系尺寸时（$a_c = 0$），采用封闭结合，双轴线定位，两轴线间设插入距（$a_i = t$）；当封墙在低跨屋面下，吊车起重量大，有联系尺寸时（$a_c = ?$），采用不封

闭结合，采用双轴线定位，两轴线间设插入距（$a_i = a_c + t$）。

② 有纵向伸缩缝用单柱处理。

当设有纵向伸缩缝时，为了结构简单和减少构件数量，减少施工吊装工程量，应尽可能采用单柱双轴线处理，两轴线间设插入距 a_i。

当封墙在低跨屋面上，吊车起重量小，无联系尺寸时（$a_c = 0$），采用封闭结合，两轴线间设插入距（$a_i = a_e$）；当封墙在低跨屋面上，吊车起重量大，有联系尺寸时（$a_c = ?$），采用不封闭结合，两轴线间设插入距（$a_i = a_c + a_e$）。

当封墙在低跨屋面下，吊车起重量小，无联系尺寸（$a_c = 0$）时，采用封闭结合，两轴线间设插入距（$a_i = a_e + t$）；当封墙在低跨屋面下，吊车起重量大，有联系尺寸时（$a_c = ?$），采用不封闭结合，两轴线间设插入距（$a_i = a_c + a_e + t$）。

③ 有纵向伸缩缝用双柱处理。

当两相邻跨高低悬殊，或吊车起重量相差较大时，常结合纵向变形缝采用双柱双轴线，两轴线间设插入距 a_i。

13.7.3 纵横跨相交处柱与定位轴线的联系

在有纵横跨的厂房中，在纵横跨相交处需设置变形缝，各有自己的承重柱，各有自己的定位轴线。一条是横向定位轴线，一条是纵向定位轴线，两轴线间设插入距。

（1）横向定位轴线：按山墙与横向定位轴线联系的方法处理。

（2）纵向定位轴线：

当采用封闭结合时，插入距等于上部封墙宽度加变形缝宽度。

当采用非封闭结合时，插入距等于上部封墙宽加变形缝宽度再加联系尺寸。

【本章小结】

（1）单层工业厂房的排架结构组成：排架承重结构由横向骨架和纵向连系构件组成。横向骨架包括屋面大梁（或屋架）、柱子、柱基础。它承受屋顶、天窗、外墙及吊车荷载。纵向连系构件包括大型屋面板（或檩条）、连系梁、吊车梁等。它们能保证横向骨架的稳定性，并将作用在山墙上的风力和吊车纵向制动力传给柱子。

（2）单层厂房生产工艺流程的形式有直线式、直线往复式和垂直式三种。

（3）为了满足生产工艺的要求，有时要将工业建筑平面设计成 L 形、U 形和 E 形。这些平面的特点：有良好的通风、采光、排气、散热和除尘功能。

（4）柱网选择：对于采用装配式钢筋混凝土排架结构的单层厂房，跨度与柱距尺寸应符合《厂房建筑统一化基本规则》的要求。

（5）无吊车的厂房：无吊车厂房柱顶标高，由最高的生产设备所需的净空高度以及安装、操作、检修所需的净空高度来决定。从采光与通风考虑一般不低于 3.9 m。按《厂房建筑统一化基本规则》的要求，一般按 300 mm 数列确定。

（6）有吊车的厂房。

常见的吊车有：单轨悬挂式吊车、梁式吊车 、桥式吊车。

有桥式吊车的厂房外形尺寸占据的空间较大，在设计时以地面、吊车轨顶和屋架下弦（或柱顶）三个标高为控制标高。柱顶标高应符合 300 mm 数列确定，轨顶标高按 600 mm 数列确定，牛腿标高也按 300 mm 数列确定。桥式吊车按工作的重要性及繁忙程度分为轻级、中级、重级三种工作制。

（7）在模数协调标准中规定：“在工艺有高低要求的多跨厂房中，当高差值小于等于 1.2 m 时，不宜设置高度差；在不采暖的多跨厂房中高跨一侧仅有一个低跨，且高差不大于 1.8 m 时，也不宜设置高度差。”所以，剖面设计中应尽量采用平行等高跨。

（8）天然采光的基本要求：满足采光系数最低值的要求，满足采光均匀度的要求，避免在工作区产生眩光。

（9）天然采光方式是根据采光口的位置来确定的，有侧面采光、顶部采光和混合采光。

（10）自然通风是利用热压作用和风压作用来达到的。热加工车间的自然通风，根据热压作用原理，在设计中应考虑尽量加大进、排气口中心的距离。当风压与热压同时作用时，会出现下面几种情况：风压<热压，排气口排气，但迎风面排气口的排气量减少；风压＝热压，迎风面排气口停止排气，背风面窗口排气；风压>热压，排气口不能排气，且可能使上升到上部的热气、烟尘返回到厂房下部，出现倒灌现象。

（11）单层厂房定位轴线的标定。

横向定位轴线：与横向定位轴线有关系的结构构件是屋面板、吊车梁、连系梁、基础梁、外墙板等等。横向定位轴线通过这些构件长度标志尺寸的端部。

纵向定位轴线通过屋架或屋面梁标志尺寸端部。由于受吊车起重形式、起重重量、柱距、跨度、有无安全走道板等因素，外墙内侧或不等高中跨高侧封墙与纵向轴线的联系有“封闭结合”与“非封闭结合”两种。

无联系尺寸时为封闭结合，$a_c = 0$。

有联系尺寸时为非封闭结合，$a_c = ?$，有无联系尺寸由工艺确定。

$$a_i(\text{缝隙宽度或插入距}) = a_e(\text{变形缝宽度}) + a_c(\text{联系尺寸宽度}) + t(\text{封墙厚度})$$

当厂房宽度较大，需设纵向伸缩缝时，伸缩缝一侧的屋架或屋面梁搁置在活动支座上，此时插入距 a_i = 变形缝宽度 a_e。

不等高跨中跨，封墙在低跨屋面下时，插入距 a_i = 封墙厚度 t。

非封闭结合时，其间隙可通过墙顶砌体向内出檐、铺非标准屋面板或结合外檐构造增设檐沟板等措施使屋面封闭。

纵横跨相交处柱与定位轴线的联系：在有纵横跨的厂房中，在纵横跨相交处需设置变形缝，各有自己的承重柱，各有自己的定位轴线。一条是横向定位轴线，一条是纵向定位轴线，两轴线间设插入距。

【阶段测试】

一、填空题

1. 跨度尺寸（　　）时应采用 3M 的模数；跨度尺寸（　　）时应采用 6M 的模数。

2. 天然采光方式是根据采光口的位置来确定的，有（　　）。

二、选择题

1. 单层厂房具有下列一些特点（　　）。

（1）厂房的面积及柱网尺寸较大，可根据生产工艺特点设计成多跨连片的大面积厂房

（2）厂房结构与地面可承受较大的荷载，方便在地面上设地沟

（3）内部空间较大，能通行大型运输工具

（4）屋面面积大、天窗构造复杂

A.（1）（2）（3）　　　　B.（2）（3）（4）

C.（1）（2）（4）　　　　D.（1）（2）（3）（4）

2. 下面正确的是（　　）。

（1）为了保证排气口在任何情况下都能稳定地排出热气流，须要采取避风措施，如果使排气口始终处于负压区内，就能达到这个目的

（2）只要在排气口的迎风面一定距离内装置一块挡风板，不管有无大风，也不管风压是小于还是

大于热压，都能稳定地排除热气流

（3）矩形天窗装有挡风板则成为矩形避风天窗，也叫矩形通风天窗

（4）下沉式天窗属于避风天窗

A.（1）（2）（3）　　B.（2）（3）（4）

C.（1）（2）（3）（4）　　D.（1）（2）（4）

3. 横向定位轴线间的距离就是屋面板、吊车梁等构件长度的（　）。

A. 构造尺寸　B. 工艺尺寸　C. 标志尺寸　D. 实际尺寸

4. 单层厂房纵向定位轴线为（　）。

（1）一般情况下，边柱外缘和厂房外墙内缘宜与纵向定位轴线重合

（2）等高中柱，不论采用单轴线或双轴线，纵向定位轴线的位置都在两端屋架的标志尺寸的端部

（3）等高中柱，采用单轴线，一边纵向定位轴线的位置在屋架的标志尺寸的端部，另一边纵向定位轴线的位置在柱的中心位置

（4）不等高中柱，不论采用单轴线或双轴线，纵向定位轴线的位置都在两端屋架的标志尺寸的端部

（5）不等高中柱，采用双轴线，荷载大的一边纵向定位轴线在柱的中心位置，荷载小的一边纵向定位轴线在屋架的标志尺寸的端部

（6）纵横跨连接处，横跨轴线在屋面板的标志尺寸端部；纵跨轴线在屋架的标志尺寸的端部

（7）纵横跨连接处，两边轴线都在屋面板的标志尺寸端部

A.（1）（2）（4）（6）　　B.（1）（2）（4）（7）

C.（1）（2）（5）（6）　　D.（1）（3）（5）（7）

三、判断题

1. 设计中应尽量使厂房纵向与夏季主导风向平行或使其与风向的交角小于45°，是冷加工车间利用自然通风的方式之一。（　）

2. 在面积相同情况下，矩形、L形平面外围结构的周长比方形平面短。（　）

【阶段测试答案】

一、填空题 1. ≤18 m，＞18 m　2. 侧面采光、顶部采光和混合采光

二、选择题：1. D　2. C　3. C　4. A

三、判断题：1. ×　2. ×

第14章　工业建筑构造

【导学提示】

多层厂房与公共建筑有许多相似之处，单层厂房构造平时少见，大家不熟悉，本章主要介绍单层厂房构造原理及做法。单层厂房由承重结构与围护结构两大部分组成，围护部分分为墙体、屋面及门窗。

【学习要求】

（1）了解墙体构造。

（2）理解屋面构造。

（3）了解天窗、侧窗构造。

（4）了解大门构造。

【学习建议与实践活动】

学习本章内容时，可结合本章理论多观察身边的已有建筑及施工现场，理论联系实际，这样便于知识的理解与记忆。试观察已有单层厂房建筑墙柱关系，门窗与大门构造，特别注意天窗的形式，并写出调研报告。

【学习指导】

14.1　墙　体

14.1.1　砖　墙

1. 承重砖墙

在厂房高度不高、吊车吨位较小的情况下，外墙常做成带承重壁柱的外墙。有时，也将山墙作为承重墙，侧墙作为非承重墙。

承重砖墙适用于跨度≤15 m、柱距≤6 m、高度≤9 m、吊车起重量≤5 t的单层厂房。为增加其刚度、稳定性和承载能力，通常平均每隔 4～6 m 间距应设置壁柱。当地基较弱或有较大振动荷载等不利因素时，还应根据结构需要在墙体中设置钢筋混凝土圈梁或钢筋砖圈梁。

当无吊车厂房的承重砖墙厚度≤240 mm，檐口标高为 5～8 m 时，要在墙顶设置一道圈梁，超过8 m时应在墙的中间部位增设一道，吊车、墙体厚度较大时，还应在吊车梁附近增设一道圈梁。

墙身防潮层应设置在相对标高-0.06 m处。其下部墙体不得使用不耐潮湿的材料砌筑。

2. 非承重砖墙

对于跨度、高度、吊车起重量和风荷载较大的大、中型厂房，再用砖墙承重，其结构面积将大大增加，而使用面积则相对减少，且承重墙对吊车等所引起的振动荷载的抵抗能力也较差。这时宜将承重与围护功能分开，单独设置钢筋混凝土或钢骨架承重，外墙则做成只起围护作用的非重墙，可以用砖或各种砌块砌筑。

单层厂房的外墙通常为非承重外墙，上部是框架填充墙，下部是自承重墙。根据结构要求，厂房一定高度应设纵向连系构件——连系梁，连系梁搁置在厂房排架柱上，梁与柱构成框架，梁上用砖或砌块填充，这就构成了框架墙。厂房下面部分的墙体由基础梁支承，为自承重墙。基础梁搁置在厂房排架柱基础杯口的壁上。

14.1.2　墙与柱的连接构造

为了保证墙体与排架柱的整体性与稳定性，防止风力、振动等使墙体倾倒，墙与柱之间应有一定的连接。

1. 墙与柱间设置拉结钢筋

沿柱子高度每间隔 500 ~ 600 mm 预埋 Φ6 钢筋两根，在砌墙时，把伸出的钢筋砌在砖缝里。墙与屋架（或屋面梁）的连接也采用同样的方法。

2. 女儿墙的拉结构造

受设备振动影响较大的或地震区的厂房，其女儿墙的高度则不应超过 500 mm，并须用整浇的钢筋混凝土压顶板加固。

女儿墙应与屋面板作拉结处理。女儿墙与屋面板的连接方式常采取在屋面板板缝中伸出钢筋的方式，钢筋两端连接纵向钢筋，一端纵向钢筋埋在屋面板纵向板缝里，另一端埋在纵向钢筋砌在砖墙里。

3. 山墙与抗风柱的连接

为了保证山墙的稳定性，须设置抗风柱。

厂房山墙比纵墙高，且墙面随跨度的增加而增大，故山墙承受的水平风荷载较纵墙为大。通常应设置钢筋混凝土抗风壁柱来保证承自重山墙的刚度和稳定性。抗风柱的间距以 6 m 为宜，个别不能被 6 m 整除的跨度，允许采用 4.5 m 和 7.5 m 等非标准柱距。

抗风柱靠山墙的侧面也应每隔相应高度伸出锚拉钢筋与山墙相连接。

当山墙的三角形部位高度较大时，为保证其稳定性和抗风抗震能力，应在山墙上部沿屋面板设置钢筋混凝土圈梁，并在屋面板的板缝小嵌入钢筋使与圈梁相拉结。

确定抗风柱位置时，应尽量使抗风柱柱距尺寸统一，与厂房柱距一致，以利于山墙上基础梁、圈梁等构件规格统一；设有排架柱处不需另设抗风柱，只需将山墙局部加厚、砌实，厂房排架柱间有空隙与拉接钢筋。

抗风柱下端插入基础杯口。

抗风柱在屋架下弦处变断面，让出屋架位置；抗风柱与屋架上弦采用弹簧钢板连接，使抗风柱与屋架在水平方向上有可靠的连接，能有效地传递水平风荷载，同时，允许屋架和抗风柱间在竖向上有小的相对位移的可能性。如山墙较高，抗风柱需在屋架下弦处变截面伸到上弦部位。

14.1.3　承重砖墙的下部构造

1. 墙与基础梁

厂房柱基础一般较深，承重砌体墙采用带形基础常不够经济，并会由于和排架基础沉降不一致而导致墙面开裂。所以除了通行重型运输工具的大门下可能采用带形基础外，通常多把自承重砖墙砌置在简支于柱子基础顶面的基础梁上。

当柱基础埋深不大时，基础梁可直接搁置在柱基的杯口顶面上；如果柱基础较深，可将基础梁设置在柱基础杯口处的混凝土垫块上；当柱基础很深时，也可把基础梁设置在排架柱下部的小牛腿上或者高杯基础的杯口上。

2. 墙身防潮层

基础梁顶面均宜低于室内地面 60 mm，以便保证在设门处基础梁顶面有一层地面保护层。基础梁顶面一般高出室外地面 100 mm，为了保护基础梁，可粉刷勒脚。因此，车间的室内外地面高差一般为 150 mm。这样可以防止雨水流入车间，并便于在车间大门口设置合适的通行坡道，把车间内外地面连接起来，以利运输工具的通行。

基础梁断面常做成梯形，制作方便，也有作成矩形、T形等其他形式的。

为保证墙体的整体刚性，防止厂房的振动荷载而引起滑移，基础梁顶面一般不宜采用油毡等柔性材料作防潮层，而宜采用防水砂浆做的刚性防潮层。基础梁底下的回填土应虚铺，不必夯实，以利基础梁随柱基础一起沉降。采暖厂房为防止散热，基础梁周围宜用炉渣等松散材料填充，以加强保温措施。当基土为冻胀性土壤时采用干砂，其梁底最好留有空隙，以防土壤冻胀对基础梁产生的反拱作用。这种措施也适用于湿陷性土壤。

基础梁下面的土层应进行处理，为了避免因厂房柱下沉，基础梁也下沉，或因土壤冻胀而把基础梁和墙体顶裂，在寒冷地区，基础梁下要铺设松散保温材料，在温暖地区，梁下回填土虚铺，或铺设砂、矿渣等扩散材料，必要时，还可留出空隙。铺设保温材料还可避免室内热量由梁下向室外散失。梁下松散材料厚度一般大于或等于300 mm。

14.1.4　墙体与连系梁、圈梁的连接

连系梁是排架结构厂房的纵向连系构件，还与厂房柱形成框架，承受厂房上部墙体荷载。可根据需要将连系梁沿厂房高度同一水平面上连接起来，起到圈梁的作用。其位置应尽可能与门窗过梁相一致，使一梁多用，并无碍于窗的设置如设在窗洞上，可兼起过梁的作用。

连系梁在高度方向的间距一般为6~8 m。

柱伸出牛腿搁置连系梁。当连系梁上部墙体为240 mm厚时，连系梁断面做成矩形；当连系梁上部墙体厚度等于或大于370 mm时，连系梁宜做成L形，这样可减少梁的外露部分，减少“冷桥”，也有利于墙体的热工性能。

预制连系梁与柱的连接方式可采用螺栓连接或焊接连接。

将连系梁做成等截面梁搁置在柱的牛腿上，牛腿为明牛腿，使梁下砌墙不方便，且不便设置带形窗。将连系梁做成卡口梁搁置在柱的牛腿上，牛腿为暗牛腿，梁下砌墙方便，也便于设带形窗。

连系梁与柱的连接方式还可采用预制现浇接头的方式，称为装配整体式连系梁。这种做法整体性好，利于抗震，但施工较麻烦。

当需要增强厂房的整体性，需要提高厂房的抗震能力时，一般需设置圈梁。圈梁不由柱支承，圈梁是搁在墙上的，与柱间设置锚拉钢筋，使二者有水平连接，在垂直方向圈梁与柱间允许小的相对位移。圈梁可采用现浇或预制现浇接头。

基础梁、连系梁、圈梁等构件的尺寸和连接方式均由结构设计来确定。

14.1.5　大型板材墙

钢筋混凝土板材墙使用的墙板根据尺度不同，有小型墙板和大型墙板。

1. 小型墙板

当墙板的长度≤3 m、宽度≤0.9 m时，称为小型墙板，一般是在施工运输、起重吊装能力较小的情况下采用。

小型墙板不承重，可以横向布置，也可以竖向布置。设置支承在厂房承重柱上的梁，由梁支承或悬挂小型墙板。墙板的断面可以做成槽形板，正反扣合布置，也可以做成其他断面形式。采用小型墙板的厂房檐口、窗间墙以及窗台以下部分的墙体常采用砖或砌块砌筑。

2. 大型墙板

（1）基本板。

基本板长度应符合我国《厂房建筑模数协调标准》（GBJ 6—86）的规定，并考虑山墙抗风柱的设置情况，一般把板长定为4.5 m、6.0 m、7.5 m、12.0 m等数种。但有时由于生产工艺的需要，并具有较好的技术经济效果时，也允许采用9.0 m的规格。

基本板高度应符合 3M，规定为 1.5 m、1.2 m 和 0.9 m 三种。6 m 柱距一般选用 1.2 m 和 0.9 m 高。12 m 柱距选用 1.8 m 或 1.5 m 高。

基本板的厚度应符合 M/5，具体厚度则按结构计算确定。

（2）窗框板。

窗框板应与选用的基本板规格相适应，长度与标准柱距相符，为 6.0 m、12.0 m。高度≥1.2 m，应符合 3M，按建筑处理的需要决定。

（3）加长板及窗间墙短板。

二者的高度、厚度应与基本板相同，长度按设计要求确定，但应符合模数化尺寸。

（4）辅助构件。

如转角构件高度应与基本板高度或其组合高度相适应。嵌梁及其与窗台板的组合高度应符合 3M。

3. 墙板的布置

大型墙板的布置方式有横向布置、竖向布置和混合布置三种方式。

4. 墙板的连接

（1）墙板与柱的连接。

连接方式有：柔性连接与刚性连接。

柔性连接的特点是，墙板在垂直方向一般由钢支托支承，水平方向由连接件拉接。因此，墙板与厂房骨架以及板与板之间在一定范围内可相对独立位移，能较好地适应振动（包括地震）等引起的变形，加上墙板每块板自身整体性较好、又轻（振动惯性力就小），这就形成了比砖墙抗震性能优越的条件。

它适用于地基软弱，或有较大振动的厂房以及抗震设计烈度大于 7 度的地区的厂房。

刚性连接，就是将每块板材与柱子用型钢焊接在一起，无须另设钢支托。其突出的优点是用钢量少，当板本身的强度和刚度较大时，厂房纵向刚度好。但由于刚性连接失去了能相对位移的条件，并能传递振动或不均匀沉降引起的荷载，使墙板易产生裂缝等破坏，故刚性连接可用在地基条件较好、没有较大振动的设备或非地震区及地震烈度小于 7 度的地区的厂房。

（2）檐口的连接。

檐口处可根据需要设挑檐板，或设檐沟，或做成女儿墙。檐口处墙板的支承或悬挂方式应尽量与下部墙板的支承、悬挂方式相同。采用螺栓挂钩连接墙板与屋架，以纵墙作女儿墙时需设置小钢柱，小钢柱呈 T 形，翼缘与屋盖构件预埋件焊接，腹板伸入墙板垂直板缝中，通过小钢柱焊接螺栓，墙板与屋盖的连接采用压条连接方式。女儿墙的墙头需设压顶板，压顶板的接缝处应与墙板的板缝错开布置，并作抹灰和粉出滴水。

（3）勒脚墙板的构造。

勒脚处的做法比较灵活，可用砖砌或砌块砌筑。当采用墙板时，墙板与柱的接连方式与墙体上部墙板的做法应一致。

（4）山墙与转角墙板的连接。

在考虑山墙墙板、转角墙板的布置和连接时，应尽量使墙板的类型减少、安装方便、支托和连接可靠。

（5）高低跨交接处构造。

高低跨交接处在构造处理上，要注意解决高跨墙面与低跨屋面间缝的防水，以及低跨屋面卷材的收头问题。

纵横跨交接处构造处理，主要也是缝的处理及低跨屋面卷材收头的问题，具体做法与高低跨交接处构造相同。

14.1.6 开敞式外墙的挡雨设施

开敞式外墙须设置挡雨板，一般设置支架搁置固定挡雨板。

可采用角钢或钢筋制作支架，支架接焊在厂房柱子预埋铁件上，支架上焊接檩条，在檩条上用钢筋钩固定石棉瓦挡雨板，挡雨板上需设置防溅板，防溅板是通过柱上预埋铁件焊接螺栓固定的。

挡雨板还可采用钢筋混凝土来制作，钢筋混凝土挡雨板可用支架支承，也可不设支架，在挡雨板上预埋铁件与柱上预埋的铁件焊接固定。还可做成多功能墙板，既通风又采光既遮阳又挡雨。

14.2 屋 面

厂房屋面的基本功能是抵抗风雨、积雪、酷热、严寒等等，这与民用建筑是相同的。但厂房建筑有其自身的一些特点，如屋面面积大，在连续多跨的情况下，屋面的构造比较复杂。常有振动、冲击等不利影响，要求屋面必须有一定的强度、足够的整体刚度。有爆炸危险的厂房，要考虑屋面防爆泄压的问题；有腐蚀气体产生的厂房，屋面要考虑防腐蚀；等等。

14.2.1 厂房屋面的有组织排水

厂房屋面的有组织排水方式通常可归纳为下列几种：

内排水，分为中间天沟内排水、高低跨内排水、多跨内落外排水。内排水使屋面构造复杂。

外排水，外排水分为：挑檐外排、女儿墙外排水、女儿墙挑檐外排水、长天沟外排水、暗管外排水（将雨水管隐藏在柱或空心墙中，假柱可结合立面造型设）。外排水构造简单，施工方便，造价较低。

在多雨地区，一般采用钢筋混凝土槽形天沟板作檐沟、天沟。

14.2.2 厂房屋面的特殊构造做法

1. 高低跨处泛水

平行高低跨处构造：高跨需设置封墙，如设置需有梁承抬的墙体时则需设墙梁；墙梁由高跨排架柱伸出牛腿支承；墙梁与低跨屋面间的缝隙需作构造处理：

（1）当低跨设有天沟时，可采用加宽沟壁上砌 120 mm 厚砖墙至墙梁下沿的方式。

（2）当低跨没有天沟，屋面坡向外侧时，可采用在低跨屋面板纵肋上砌 120 mm 厚矮墙至墙梁下沿的方式。

为了保证矮墙的稳定性，一般在高跨柱挑出的牛腿上预留钢筋，砌矮墙时，用 2φ6 钢筋与牛腿上预留钢筋焊牢。

2. 纵横跨相关处屋面构造

在纵跨屋面板端肋上砌 120 mm 厚的矮墙，屋面卷材贴至矮墙顶部，也可采用油毡内填沥青麻丝和镀锌铁皮盖缝的方式盖缝；设挑砖遮住油毡和镀锌铁皮固定处，挑砖应粉出滴水，以防雨水沿墙下流；油毡、镀锌铁皮通过墙上预埋木砖固定。

14.3 天 窗

14.3.1 平天窗

平天窗有采光板、采光罩和采光带三种。

直接在屋面板上开洞，装设平板透光材料的叫采光板。常用的平板透光材料是玻璃。屋面板上开洞，装设弧形透光材料的叫采光罩。采光带是指屋面上铺设的透光材料长度在 6 m 以上的采光口，采光带的坡度与屋面板一致。

平天窗构造处理：

1. 孔壁的构造

为了防水，天窗采光口周围应设孔壁，孔壁高度不少于 150 mm，在暴雨和积雪多的地区，可加高至 250 mm，但也不宜过高，以免影响采光效率和增加屋面荷载。孔壁可做成垂直的，也可做成倾斜的，倾斜的较垂直的孔壁进光线多一些。孔壁可采用钢筋混凝土、薄钢板、玻璃纤维、塑料等制作。采用钢筋混凝土孔壁可与屋面板一起捣制，也可做预制孔壁。一起捣制的孔壁防水性能好。分别预制的孔壁在与屋面板连接处泛水需附加一层卷材，以加强其防水性能。

2. 玻璃的固定和防水处理

玻璃与孔壁之间的缝隙是防水的薄弱环节，其连接通常采用钢卡钩，用木螺钉将钢卡钩固定在孔壁的预埋木砖上，在玻璃与孔壁及钢卡钩间用油膏等弹性好的材料垫缝。

当采用大孔采光板或设置采光带时，玻璃横向间通常设置横档安装固定玻璃，有木制横档、钢制倒“T”形横档和倒“个”形横档，还有钢筋混凝土制作的横档。其中：木制横档耐久性差，且易渗漏；钢制 T 形横档下部有承水槽，可将渗漏到槽内的水排走，防水可靠。玻璃纵向采用上搭下的方式，搭接长度不小于 100 mm，采用 S 形镀锌铁卡子固定。为了防止雨雪、灰尘由缝隙进入室内，可采用油膏、油灰、塑料管或浸油绳索等柔性材料封口。

3. 安全措施

如平天窗采用安全玻璃，如夹丝玻璃、玻璃钢罩等。

4. 通风措施

（1）采光与通风结合，即将平天窗做成通风型平天窗。

（2）采光与通风分开，即平天窗仅用作采光，另采取措施通风。解决厂房通风常采用设通风屋脊的方法。

14.3.2 矩形天窗

矩形天窗由天窗架、天窗扇、天窗屋面板、天窗侧板、天窗端壁板等构件组成。

1. 天窗架

天窗架是矩形天窗的承重构件，它由屋架上弦支承，常采用钢筋混凝土天窗架和钢天窗架。

天窗架的尺寸应根据采光、通风的要求确定，其宽度还应和屋面板的尺寸同时考虑，并尽可能将天窗架支承在屋架的节点上。目前我国采用的标准天窗架的宽度是 6 m、9 m 和 12 m。天窗架的高度要结合选用的天窗扇尺寸来确定。为了便于制作和安装，6 m 和 9 m 的钢筋混凝土天窗架分为两块，12 m 的分为三块预制，吊装拼接而成。

钢天窗架的应用也较为普遍，它具有重量轻、制作吊装方便等优点，既可用于钢屋架上，又可用于钢筋混凝土屋架上。

2. 天窗扇

常用的天窗扇为钢天窗扇，也有用木天窗扇的。

钢天窗扇耐久性好、耐高温、挡光少、不易变形、关闭严密。木天窗扇造价较低，但耐火性差、抗变形能力差、挡光多，只适宜于火灾危险性不大、相对湿度较小的厂房。因此，钢天窗扇应用比较广泛。

天窗扇常采用的开启方式有上悬式和中悬式。

3. 天窗屋顶及檐口

天窗屋顶的构造与厂房屋顶的构造是相同的。天窗屋顶的排水方式如为无组织排水，天窗屋顶采用的是钢筋混凝土大型屋面板时，一般采用带挑檐的屋面板，挑檐挑出长度为300～500 mm。在降雨量较大的地区，或天窗高度较高，或天窗屋面面积较大时，天窗屋顶宜采用有组织排水。

4. 天窗侧板

为了防止雨水溅入厂房内部，为了挡住屋面积雪，天窗扇下部应设置天窗侧板，其高度高出屋面不少于 300 mm。为了不过多增加天窗架高度和影响天窗采光，在大风雨及多雪地区，天窗侧板的高度不宜超过 500 mm。天窗侧板的形式及材料应与厂房屋盖结构相适应。

5. 天窗端壁

天窗两端的围护构件称为天窗端壁。常用的天窗端壁有预制钢筋混凝土天窗端壁和石棉水泥瓦天窗端壁。

6. 天窗开关

为了天窗的开闭方便，天窗应设置开关器。天窗开关器可采用手动、电动或气动。

14.3.3　矩形避风天窗

矩形天窗加设挡风板则成为矩形避风天窗。

1. 挡风板的构造

挡风板需设支架支承，支架有立柱式和悬挑式两种。

立柱式是在一定位置的屋面板边肋处设置柱墩，墩内有与屋架上弦相连的铁件，将钢的或钢筋混凝土立柱支承在柱墩上，立柱上部与天窗架间用支撑连接构成支架。

悬挑式挡风板支架是由天窗架悬挑出杆件固定的。支架上需设置檩条以固定挡风板。檩条可采用型钢、钢筋、钢筋混凝土等制作。挡风板常采用中波石棉瓦，也可用瓦楞铁、钢丝网水泥波形瓦、压型钢板等等制作。

2. 挡雨设施

矩形避风天窗的功能作用主要是通风，在确定挡雨设施时应考虑阻力系数最小、通风性能最好的形式。一般作挡雨片而不设窗扇挡雨，可在水平口或垂直口设置挡雨片。

14.3.4　井式天窗

井式天窗也叫局部下沉式天窗。井口上面称水平口，井底板周围与水平口间的垂直面称为垂直口。

井式天窗通常用于热加工车间，主要是起通风作用，因此，在不采暖的厂房中，井式天窗常不设窗扇而采用开敞式，只考虑设置挡雨设施。挡雨设施常设在水平口，与井口板的布置一起考虑，也可设在垂直口。

1. 窗扇的设置

对于采暖的厂房，井式天窗须设置窗扇。窗扇可在垂直口设置，也可在水平口设置。

2. 排水设施

设有井式天窗的厂房，特别是连跨厂房，屋面排水比较复杂。应根据井的位置、厂房的高度、车间生产中灰尘量的大小以及地区降雨量等因素来确定屋面排水方式。通常沿厂房外侧设外排水，厂房中部设内落水。

（1）外排水。

边井式天窗外排水的几种处理方式：

① 无组织外排水，上层屋面与井底板分别作挑檐，自由落水，构造简单，施工方便，适用于地区降雨量少，且厂房高度不高的情况。

② 单层天沟外排水，当地区降雨量较大时，可采用上层屋面设置外天沟，下层屋面自由落水，或上层屋面自由落水，下层屋面设置通长天沟（可兼作清灰走道）。

③ 双层天沟外排水，当地区降雨量大，厂房较高，生产中灰尘量也大时，可设置双层天沟。上层屋面作通长天沟或间断天沟（井口处不设），下层屋面作通长天沟兼做清灰走道。

（2）内排水。

在多跨厂房相连处，对于灰尘不大的车间，上下层屋面可设间断天沟。由于有沉井，上层屋面上的天沟不能连通，在长沉井时，底板上的天沟也可断开。可以节省天沟的材料，但水落管和水斗的数量可能增多。雨大、烟尘大的车间则可设上下两层通长天沟，上层天沟支承在屋架上，或下层通长天沟，上层间断天沟。在降雨量不大的地区，也可不设天沟，仅用水泥砂浆找坡起天沟的作用（自然天沟），将雨水引至水落管。

连跨布置及跨中布置的井式天窗均须选用内落水。连跨布置时，也可选用单层天沟或双层天沟的做法。跨中布置时，井底板的雨水须用悬吊管将雨水引向跨边再连接屋面落水管排出。

（3）天窗泛水。

为了防止上部屋面的雨水自由溅落到井底板上，井口周围须作 150 ~ 200 mm 高的泛水；为了防止雨水溅入和流入厂房内，井底板边缘也须作高度不小于 300 mm 的泛水。泛水通常用砖砌，表面抹水泥砂浆。

3. 挡风侧墙

为了保证两侧井式天窗有稳定的通风效果，在边跨需设垂直挡风侧墙，挡风侧墙系厂房外侧边井处起挡风板作用的墙体。挡风侧墙所采用的材料通常与厂房外墙材料相同，可采用砖墙、板材或各种轻质材料，为了排除井底板上的雨雪和灰尘，挡风侧墙与井底板间应留 100 ~ 150 mm 高的缝隙。

4. 清灰及检修设施

为了清灰扫雪及检修人员行走方便，通常每个井内设直钢梯，厂房外侧边井可在挡风侧墙上开设小门。厂房外侧天沟壁上应设安全栏杆，特别是在兼作清灰走道时。

5. 屋架选择

屋架的形式直接影响井式天窗的布置及构造方式。如三角形屋架、拱形屋架两端高度低，不宜布置边井式天窗。设边井式天窗宜选择梯形屋架，或端头升起的折线形屋架。当井底板采用纵向布置的方式，则宜选用直复杆屋架。

14.4 侧 窗

单层厂房的侧窗与民用建筑一样仍然是因为采光、通风的需要而设置的。由于厂房侧窗面积大，侧窗的构造应坚固耐久、开关方便、节约材料、便于施工。由于生产工艺还对侧窗提出了一些特殊的要求，如生产中有易燃易爆危险的厂房，侧窗应利于泄压；有一定温、湿度要求的厂房，侧窗应具有一定的保温隔热性能；有洁净要求的厂房，侧窗应能防尘和密闭等等。

14.4.1 层数、尺寸及材料

1. 层 数

单层厂房的侧窗一般都采用单层窗，只在寒冷地区采暖厂房或需空调的厂房才考虑作双层窗。

2. 尺 寸

侧窗的尺寸一般都以洞口尺寸为窗的标准尺寸，窗的构造尺寸略小于洞口尺寸。在《建筑配件标准图集》中，窗洞的尺寸在 1.8 m 以内是 3M（300 mm）的倍数，1.8 m 以上是 6M（600 mm）的倍数。

3. 材 料

侧窗可用木、钢、钢筋混凝土、玻璃钢、铝合金等材料制作。在单层厂房中大量采用的是钢侧窗。

14.4.2 基本扇与组合窗

单层厂房侧窗每樘窗面积都比较大，为了便于制作和运输，一般采用基本扇进行组合，称为组合窗的方式。基本扇一般宽≤1.8 m、高≤2.4 m。在进行组合时，横向拼接左右窗框间应加竖梃；竖向拼接时，上下窗框间应加横挡。如组合窗的面积特别大，高度超过 4.8 m 时，宜增设横梁，以加强窗的整体刚度。在具体设计中，可根据标准图选用或进行组合。

14.4.3 立转窗

立旋窗有引导气流的作用，立旋窗可采用金属板、钢丝网水泥板、钢筋混凝土板等材料制作，也可部分或全部采用玻璃窗扇作成采光的立旋窗。

立旋窗不设框，窗扇与窗扇间须有搭缝，因此，窗扇宽度的构造尺寸大于标志尺寸。窗扇下部带有插销插入洞内固定窗扇，插销固定的位置不同，窗的开启角度不同。窗的开启角度有 45°、90°、135°，可根据风向和对遮阳的要求来确定开启角度。窗洞上应设挡雨板，挡雨板挑出长度应大于窗扇最大出墙宽度。

14.4.4 通风式固定高侧窗

高侧窗开关不便，即便是使用了开关器，也常嫌麻烦，所以一些厂房高侧窗常常是开启了不关闭或关闭了不开启。因此，在我国南方冬季气温不低的地区出现了多种形式的通风式固定高侧窗，这类型窗常年开启，以满足通风的要求，也可起采光的作用。

14.5 大 门

工业厂房的大门是供生产运输、人流通行和疏散使用的。厂房大门大而且重，要求开关灵活方便，少占空间面积，坚固耐久，不产生下垂翘曲变形，制作安装方便，省工省料。

大门的尺寸应根据生产运输设备的类型、规格以及运输设备装载货物的最大体积的高度、宽度和必要的安全距离来决定。根据模数制的要求，统一规定了适用于通行各种车辆的大门尺寸。

【本章小结】

（1）在厂房高度不高、吊车吨位较小的情况下，外墙常做成带承重壁柱的外墙。采用承重砖墙的单层厂房，适用于跨度≤15 m、柱距≤6 m、高度≤9 m、吊车起重量≤5 t 的情况。

单层厂房的外墙通常为非承重外墙，上部是框架填充墙，下部是自承重墙。

墙与柱的连接有：墙与柱间的连接，女儿墙与屋面板的连接，山墙与抗风柱的连接。

通常应设置钢筋混凝土抗风壁柱来保证承自重山墙的刚度和稳定性。

连系梁是排架结构厂房的纵向连系构件，还与厂房柱形成框架，承受厂房上部墙体荷载。可根据需要将连系梁沿厂房高度同一水平面上连接起来，起到圈梁的作用。预制连系梁与柱的连接方式可采用螺栓连接或焊接连接。连系梁与柱的连接方式还可采用预制现浇接头的方式，称为装配整体式连系梁。这种做法整体性好，利于抗震，但施工较麻烦。

（2）当需要增强厂房的整体性，需要提高厂房的抗震能力时，一般需设置圈梁。圈梁不由柱支承，圈梁是搁在墙上的，与柱间设置锚拉钢筋，使二者有水平连接，在垂直方向圈梁与柱间允许小的相对位移。圈梁可采用现浇或预制现浇接头。

（3）钢筋混凝土板材墙使用的墙板根据尺度不同，有小型墙板和大型墙板。

当墙板的长度≤3 m、宽度≤0.9 m时，称为小型墙板，一般是在施工运输、起重吊装能力较小的情况下采用。

大型墙板基本板长度应符合我国《厂房建筑模数协调标准》（GBJ6-86）的规定，一般把板长定为4.5 m、6.0 m、7.5 m、12.0 m等数种。基本板高度应符合3M，规定为1.5 m、1.2 m和0.9 m三种。6 m柱距一般选用1.2 m或0.9 m高。12 m柱距选用1.8 m或1.5 m高。基本板的厚度应符合M/5，具体厚度则按结构计算确定。

大型墙板的布置方式有横向布置、竖向布置和混合布置三种方式。

墙板与柱的连接方式有：柔性连接与刚性连接。

檐口处可根据需要设挑檐板，或设檐沟，或做成女儿墙。檐口处墙板的支承或悬挂方式应尽量与下部墙板的支承、悬挂方式相同。采用螺栓挂钩连接墙板与屋架。

（4）开敞式外墙须设置挡雨板，一般设置支架搁置固定挡雨板。

（5）厂房建筑屋面面积大，在连续多跨的情况下，屋面的构造比较复杂。常有振动、冲击等不利影响，要求屋面必须有一定的强度、足够的整体刚度。有爆炸危险的厂房，要考虑屋面防爆泄压的问题。有腐蚀气体产生的厂房，屋面要考虑防腐蚀等等。

（6）平天窗有采光板、采光罩和采光带三种。

平天窗安全措施有：采用安全玻璃、玻璃钢罩等。

（7）矩形天窗加设挡风板则称为矩形避风天窗。

挡风板需设支架支承，支架有立柱式和悬挑式两种。

矩形避风天窗的功能作用主要是通风，在确定挡雨设施时应考虑阻力系数最小、通风性能最好的形式。一般作挡雨片而不设窗扇挡雨，可在水平口或垂直口设置挡雨片。

（8）井式天窗也叫局部下沉式天窗。井式天窗通常用于热加工车间，主要是起通风作用，在不采暖的厂房中，井式天窗常不设窗扇而采用开敞式，只考虑设置挡雨设施。挡雨设施常设在水平口，与井口板的布置一起考虑，也可设在垂直口。

对于采暖的厂房，井式天窗须设置窗扇。窗扇可在垂直口设置，也可在水平口设置。

（9）由于厂房侧窗面积大，侧窗的构造应坚固耐久、开关方便、节约材料、便于施工。由于生产工艺还对侧窗提出了一些特殊的要求，如：生产中有易燃易爆危险的厂房，侧窗应利于泄压；有一定温、湿度要求的厂房，侧窗应具有一定的保温隔热性能；有洁净要求的厂房，侧窗应能防尘和密闭；等等。

（10）单层厂房侧窗每樘窗面积都比较大，为了便于制作和运输，一般采用基本扇进行组合称为组合窗的方式。基本扇一般宽≤1.8 m、高≤2.4 m。在进行组合时，横向拼接左右窗框间应加竖梃；竖向拼接时，上下窗框间应加横档。如组合窗的面积特别大，高度超过4.8 m时，宜增设横梁，以加强窗的整体刚度。

（11）立旋窗有引导气流的作用，立旋窗不设框，窗扇与窗扇间须有搭缝，因此，窗扇宽度的构造尺寸大于标志尺寸。

（12）厂房大门大而且重，要求开关灵活方便，少占空间面积，坚固耐久，不产生下垂翘曲变形，制作安装方便，省工省料。

【阶段测试】

一、填空题

1. 采用承重砖墙的单层厂房，适用于吊车起重量（　　）的情况。

2. 矩形天窗加设（　　）则称为矩形避风天窗。

二、选择题

1. 单层厂房大型墙板的布置方式有（　　）三种方式。

A. 长向布置、短向布置和混合布置　　B. 横向布置、纵向布置和混合布置

C. 单向布置、双向布置和混合布置　　D. 横向布置、竖向布置和混合布置

2. 平天窗有（　　）三种。

A. 三角形、矩形和锯齿形　　B. 采光板、采光罩和采光带

C. 块状、点状和状带　　D. 单面、双面和多面

三、判断题

1. 连系梁是排架结构厂房的纵向连系构件，还与厂房柱形成框架，承受厂房上部墙体荷载。（　　）

2. 厂房大门大而且重，适合采用提升门。（　　）

【阶段测试答案】

一、填空题　1. ≤5 t　　2. 挡风板

二、选择题　1. D　　2. B

三、判断题：1. √　　2. ×

第二部分　模拟综合考题与答案

综合考题 1

一、单选题　（每题 1 分，共 30 题，共 30 分）

1. 住宅建筑按层数分类：（　）层为低层住宅，（　）层为多层住宅，（　）层为中高层住宅，（　）层为高层住宅。

A. 1～2、3～6、7～9、≥10　　B. 1～3、4～6、7～9、≥10

C. 1～2、3～6、7～8、≥9　　D. 1～3、4～6、7～8、≥9

2. 下列不属于分模数数值的是（　）。

A. 10 mm　　B. 20 mm　　C. 30 mm　　D. 50 mm

3. 房间面积的组成有（　）。

A. 家具和设备所占用的面积、人们使用家具和设备及活动所需的面积、房间内部的交通面积

B. 家具和设备所占用的面积、人们使用家具和设备及活动所需的面积、；房间内部的交通面积；房间的结构面积

C. 家具和设备所占用的面积、房间内部的交通面积、墙厚面积

D. 家具和设备所占用的面积、人们使用家具和设备及活动所需的面积、房间内部走道与户内楼梯所占的面积

4. 门洞口宽为（　）时，适合做双扇门。

A. 700～1 000 mm　　B. 2 400～3 600 mm

C. 900～1 500 mm　　D. 1 200～1 800 mm

5.（　）是横墙承重的特点。

A. 建筑物横向刚度好　　B. 横向刚度较差

C. 适用于需要大空间　　D. 平面布置灵活

6. 空间利用方式有（　）。

（1）楼梯间顶部设阁楼及底部设储藏间；（2）走道上设设备廊；

（3）坡屋顶设阁楼；（4）大空间四周设夹层；（5）门斗上方设吊柜

A.（1）（2）　　B.（1）（2）（3）（4）

C.（2）（3）（4）（5）　　D.（1）（2）（3）（4）（5）

7.（　）建筑具有亲切的尺度感。

A. 教学　　B. 纪念　　C. 住宅　　D. 幼托

8. 建筑形体的基本组合方式有（　）。

A. 统一与变化的造型　　B. 对称与不对称的造型

C. 平衡与不平衡的造型　　D. 均衡与稳定的造型

9. 只是建筑物的围护构件的是（　）。

A. 墙　　B. 门和窗　　C. 基础　　D. 楼板

10.（　）不是影响建筑构造的因素。

A. 外界环境　B. 建筑技术　C. 建筑标准　D. 施工技术

11. 横墙承重方案的特点是（　）。

A. 建筑物的横向刚度较强　B. 划分空间较灵活

C. 横墙的间距较大　D. 四周为墙承重

12. 砂浆的和易性指（　）。

A. 强度、黏聚性、保水性　B. 流动性、黏聚性

C. 强度与保水性　D. 流动性、黏聚性、保水性

13. 按构造方式砌块可以分为（　）。

A. 实心砌块和空心砌块　B. 主砌块和辅助砌块

C. 大型砌块和小型砌块　D. 重型砌块和轻型砌块

14. 墙面抹灰按照面层材料及做法分为（　）。

A. 普通抹灰和高级抹灰　B. 低级抹灰和高级抹灰

C. 普通抹灰、中级抹灰和高级抹灰　D. 一般抹灰和装饰抹灰

15. 根据使用材料不同，楼板分为（　）。

A. 木楼板、金属楼板、钢筋混凝土楼板

B. 木楼板、钢楼板、钢筋混凝土楼板

C. 木楼板、竹楼板、钢筋混凝土楼板

D. 木楼板、钢筋混凝土楼板、压型钢板组合楼板

16. 钢筋混凝土楼板按施工方法不同分为（　）。

A. 现浇式、装配式、装配整体式　B. 平板、梁板式、无梁式

C. 现浇式、装配式、预制式　D. 平板、梁板式、井字式

17. （　）不是涂料地面的特点。

A. 施工方便　B. 耐磨性差　C. 造价高　D. 涂层较薄

18. 一部楼梯由（　）组成。

A. 楼段、平台、扶手　B. 踏步、栏杆、扶手

C. 踏步、平台、扶手　D. 楼段、栏杆、扶手

19. 住宅共用楼梯，最小宽度（　），最大高度（　）。

A. 0.26、0.175　B. 0.25、0.175　C. 0.25、0.180　D. 0.26、0.180

20. 每个梯段的踏步不应超过（　）级，也不应少于（　）级。

A. 18、3　B. 19、3　C. 18、2　D. 20、3

21. 靠地面梯段的支撑有两种方式，一是（　），二是（　）。

A. 地面下设梯基支撑梯段，设置埋入地下的梁

B. 地面下设砖、石材支撑梯段，设置埋入地下的混凝土支撑梯段

C. 地面下设砖、石材支撑梯段，设置埋入地下的钢筋混凝土支撑梯段

D. 地面下设条形砖、石材支撑梯段，柱墩形砖、石材支撑梯段

22. 为方便行走，室内坡道的坡度不宜大于（　）；室外坡道的坡度不宜大于（　）；供轮椅使用的坡度不应大于1∶12，困难地段不应大于1∶8。

A. 1∶6、1∶10　B. 1∶8、1∶12　C. 1∶8、1∶10　D. 1∶10、1∶10

23. 平屋顶也有一定的排水坡度，其排水坡度小于（　），最常用的排水坡度为（　）。

A. 10%、2%～3%　B. 5%、2%～3%　C. 10%、3%～5%　D. 5%、1%～3%

24. 屋面防水等级为（　）级。

A. 3　B. 4　C. 5　D. 6

25. 天沟纵坡的坡度不应小于（　）。

A. 0.5%　　B. 1%　　C. 1.5%　　D. 2%

26. 屋顶的隔热措施有（　）。

A. 设通风间层，蓄水隔热，种植隔热，增加保温层厚度

B. 设通风间层，蓄水隔热，反射降温，增加保温层厚度

C. 设通风间层，种植隔热，反射降温，增加保温层厚度

D. 设通风间层，蓄水隔热，种植隔热，反射降温

27. 下面叙述错误的是（　）。

A. 平开门是建筑中最常见、使用最广泛的门

B. 弹簧门不适于用于幼儿园、中小学出入口处

C. 推拉门不占地或少占地，受力合理，不易变形

D. 卷帘门适用于高度大、需要经常开关的门洞

28. 门窗框的安装根据施工方式分（　）两种。

A. 塞口和立口　　B. 单裁口和双裁口

C. 有回风口和无回风口　　D. 靠外平和靠内平

29. 沉降缝的构造做法中要求基础（　）。

A. 不断开　　B. 断开

C. 只有高层才断开　　D. 可断开也可不断开

30. 条形基础沉降缝处理方法有（　）。

A. 单墙偏心基础、双墙偏心基础、交叉基础

B. 双墙偏心基础、挑梁基础、联合基础

C. 双墙偏心基础、挑梁基础、交叉基础

D. 单墙偏心基础、双墙偏心基础、联合基础

二、判断题　（正确的打√，错误的打×，每题 1 分，共 20 题，共 20 分）

1. 民用建筑根据其使用功能，分为居住建筑和公共建筑两大类。（　）

2. 对大量性建筑，标准可高些，对大型性建筑标准可低些。（　）

3. 对于风向风速，建筑设计中一般用风玫瑰图表示，玫瑰图上的风向是指从外吹向地区中心。（　）

4. 房间面积大小的确定依据：面积定额指标确定面积；无规范可查的建筑进行调查研究确定一个合理面积。（　）

5. 框架结构适用于开间大、进深大的房间及空间需要灵活划分、层高较高的建筑。（　）

6. 建筑既是物质产品，又是精神需求。（　）

7. 勒脚构造做法有：水泥砂浆抹面、面砖贴面或用卷材贴面。（　）

8. 灰缝厚 8 ~ 12 mm，标准为 10 mm。（　）

9. 门窗过梁不能承受洞口上部楼板所传的荷载。（　）

10. 露点温度：空气中相对湿度达到 100%时的空气温度。这时水蒸气因达到饱和状态而结冰。（　）

11. 水头指平均地下水位高于地下室底板底面的高度。（　）

12. 楼板层与地坪层的相同之处：都是水平方向分隔房屋空间的承重构件。（　）

13. 预制板按单向受力设计，长边可以压在墙内。（　）

14. 地面面层应坚固耐磨、表面平整、光洁、易清洁、不起尘。不同的房间对面层有不同的要求。（　）

15. 按其消防性质可分为敞开楼梯、封闭楼梯、防烟楼梯、室外楼梯。（　）

16. 楼梯间入口处地面与室外地面的高差不小于 0.10 m。这主要是考虑，其一建筑物有沉降，其

二有利于保持楼梯间里的卫生。(　)

17. 要使屋面坡度恰当，须考虑所采用的屋面防水材料和当地降雨量这两方面的因素。(　)

18. 无组织排水适用于少雨地区的高层建筑。(　)

19. 柔性防水屋面是将防水卷材或片材用沥青胶粘贴在屋面上防水。(　)

20. 减少缝隙的长度，也是门窗节能的构造措施之一。(　)

三、填空题　(每空 0.5 分，共 40 空，共 20 分)

1. 建筑是指(　)与(　)的总称。

2. 建筑工程设计分为(　)、(　)、(　)三个方面。

3. 教室设计，为避免斜视影响视力，前排边座的学生与黑板(　)形成的水平视角(　)。为防止第一排垂直视距(　)造成近视，保证垂直视角(　)。

4. 中小型民用建筑常用结构类型为(　)与(　)。

5. 栏杆离楼面或地面(　) m 范围内不得留空。有儿童活动的场所，栏杆应采用(　)的构造，垂直杆件间的净距不应大于(　) m。

6. 砖墙包括(　)和(　)两种材料。

7. 通常使用的砂浆有(　)砂浆、(　)砂浆及(　)砂浆三种。

8. 按基础的材料和受力特点可分为(　)基础与(　)基础。

9. 楼板层通常由(　)、(　)、(　)三部分组成。

10. 木地面按其构造方法有(　)、(　)和(　)三种。

11. 当楼梯间进深受限，使踏面宽度不满足最小宽度尺寸时，采取措施：一为采用(　)，二为采用(　)。

12. 楼梯按施工工艺主要分(　)、(　)两种。

13. 屋顶的类型按形式分有(　)、(　)、(　)。

14. 窗的主要功能是(　)、(　)以及(　)。

15. 变形缝有三种，即(　)、(　)、(　)。

四、问答题　(每题 4 分，共 5 题，共 20 分)

1. 建筑三要素是什么？它们的辩证关系怎样？

2. 走道按使用性质划分为几类？试举例说明。

3. 什么叫板式楼梯，有何特点？什么叫梁板式，有何特点？

4. 什么是泛水，什么地方需要做泛水，做泛水有什么要求？

5. 沉降缝与伸缩缝的区别是什么？

五、作图题　(每题 5 分，共 2 题，共 10 分)

1. 绘图表示墙身防潮层位置。

2. 绘图表示两种楼梯扶手与栏杆的连接做法。

综合考题 2

一、单选题　(每题 1 分，共 30 题，共 30 分)

1. (　)属于大量性建筑。

A. 学校、商店、医院　　B. 学校、商店、体育馆

C. 剧院、火车站、航空港　　D. 商店、医院、展览馆

2. 基本模数表示符号为 M，1M =（　）mm。

A. 1000　　B. 100　　C. 10　　D. 50

3. 不正确的是（　）。

A. 标志尺寸：用以标注建筑物定位轴线之间的距离

B. 构造尺寸：符合模数数列的规定的设计尺寸

C. 实际尺寸：建筑制品生产制作出来的尺寸

4. 第一排课桌前沿与黑板的水平距离≥（　）。教室最后一排课桌的后沿与黑板的水平距离：小学≤8000，中学≤8500。

A. 1800　　B. 2000　　C. 2200　　D. 2500

5. 经济合理的结构布置：钢筋混凝土板经济跨度（　）；钢筋混凝土梁经济跨度（　）。

A. ≤3 m、≤9 m　　B. ≤4 m、≤5 m

C. ≤4 m、≤9 m　　D. ≤4 m、≤12 m

6. 楼梯根据其使用性质分为（　）。

A. 防火楼梯、非防火楼梯　　B. 使用楼梯、消防楼梯

C. 主要楼梯、次要楼梯　　D. 主要楼梯、疏散楼梯

7. 房间单侧开窗时，房间进深不大于窗上沿离地高度的（　）倍；两侧开窗时，房间进深可以较单侧开窗时增加（　）倍。

A. 2、1　　B. 1、2　　C. 2、3　　D. 1、3

8. 框架结构的特点有（　）。

A. 层高不能大于 3.6 m　　B. 层数≤5

C. 可成带形窗　　D. 阳台排出长度≤1.0 m

9.（　）不是“主次分明，以次衬主”采用的手法。

A. 以轴线突出主体　　B. 以低衬高突出主体

C. 以虚衬实突出主体　　D. 以形象变化突出主体

10. 组成房屋各部分的构件归纳起来有（　）两方面作用。

A. 墙、屋顶　　B. 楼板、基础　　C. 围护、承重　　D. 门窗、墙

11. 墙体按照构造的不同可分为（　）。

A. 实体墙、空心墙和组合墙　　B. 实体墙、空体墙和组合墙

C. 12 墙、24 墙和 37 墙　　D. 块材墙、版筑墙和大板墙

12. 挑砖窗台的高度通常为（　）mm 及（　）mm 厚，也可以采用钢筋混凝土窗台。

A. 50、100　　B. 60、120　　C. 70、140　　D. 120、240

13. 装饰用的天然石材有（　）。

A. 花岗石、大理石、青石板　　B. 花岗石、大理石、合成石材

C. 花岗石、大理石、水磨石板　　D. 水磨石板、合成石材、青石板

14. 为防止墙体产生内部凝结小，常在墙体的保温层（　）设置一道隔蒸气层。

A. 两侧各　　B. 靠高温一侧　　C. 靠低温一侧　　D. 两侧的任意一侧

15. 楼板层的设计要求有（　）。

（1）具有足够的强度和刚度；（2）满足隔声、防火、防潮、防水与热工等方面的要求；

（3）满足建筑经济的要求；（4）满足自重轻的要求

A.（2）（3）（4）　　B.（1）（2）（4）　　C.（1）（2）（3）　　D.（1）（2）（3）（4）

16. 下面正确的是（　）。

A. 主济跨梁经度 $L = 8 \sim 12$ m　　B. 主梁经济跨度 $L = 7 \sim 10$ m

C. 主梁经济跨度 $L = 5 \sim 8$ m　　D. 主梁经济跨度 $L = 3 \sim 5$ m

17. 阳台根据与建筑物外墙的关系分（　）。

A. 挑阳台、凹阳台、半挑半凹阳台、中间阳台

B. 挑阳台、凹阳台、半挑半凹阳台、中转角阳台

C. 挑阳台、凹阳台、中间阳台、转角阳台

D. 挑阳台、凹阳台、半挑半凹阳台

18、楼梯坡度<20°宜用坡道，坡度>45°宜成爬梯，楼梯坡度一般控制在（　）左右，常见坡度范围为（　）。

A. 30°、25° ~ 45°　　B. 35°、25° ~ 45°　　C. 30°、20° ~ 45°　　D. 35°、20° ~ 45°

19、平台宽度应（　），梯段改变方向时，转弯处平台最小宽度应大于等于梯段的宽度，并不能小于（　）。当平台上有构件时，平台宽度算至构件边沿。

A. ＞梯段的宽度、1.2 m　　B. ≥梯段的宽度、1.2 m

C. ＞梯段的宽度、1.3 m　　D. ≥梯段的宽度、1.3 m

20、室外楼梯栏杆临空高度＜24 m 时，栏杆高度不应低于（　）m。临空高度≥24 m 时，栏杆高度不应低于（　）m。

A. 1.00、1.10　　B. 1.05、1.20　　C. 1.05、1.15　　D. 1.05、1.10

21. 楼梯是供人行走的，楼梯的踏步面层应（　）。

A. 抗弯、抗折，耐磨、防滑，便于清洁，也要求美观

B. 抗弯、抗折，防火，环保，便于清洁，也要求美观

C. 便于行走，防火，环保，也要求美观

D. 便于行走，耐磨、防滑，便于清洁，也要求美观

22. 在楼梯的梯段或坡道的坡段的起始及结束处，扶手应自其前缘向前伸出（　）mm 以上。

A. 200　　B. 300　　C. 400　　D. 500

23. 一般的工业与民用建筑屋面防水层耐用年限是（　）年。

A. 25　　B. 15　　C. 10　　D. 5

24. 屋顶排水坡度的表示方法常用（　）。

A. 角度法、斜率法和百分比法　　B. 角度法、斜率法和比例法

C. 百分比法、比例法和斜率法　　D. 角度法、比例法和百分比法

25. 一般建筑的天沟净宽不应小于（　）mm，天沟上口至分水线的距离不应小于（　）mm，沟底的水落差不超过（　）mm。

A. 200、120、200　　B. 200、150、250

C. 200、150、200　　D. 200、120、250

26. 空调采暖且室内空气湿度（　）的房间，以及空气湿度常年大于（　）的房间，应在结构层上的找平层与保温层之间设置隔汽层。

A. ≥60%，80%　　B. ≥75%，80%　　C. ≥75%，90%　　D. ≥60%，90%

27. 下面叙述错误的是（　）。

A. 水平推拉窗构造简单，是常用的形式，通风面积大。

B. 平开窗构造简单，外开窗不宜在高层建筑中使用；内开窗安装、维修、擦洗方便。

C. 固定窗构造简单，密闭性好，不能通风，可供采光和眺望之用。

D. 百叶窗主要用于遮阳、防雨及通风，但采光差，多用于有特殊要求的部位。

28. 披水板的作用是防止雨水流入室内，通常设置的位置在（　）。

A. 上冒头、中横框、下横框　　B. 下冒头、上横框、上冒头

C. 下冒头、中横框、下横框　　D. 下冒头、下横框、上冒头

29. 伸缩缝是为了预防（　）对建筑物的不利影响而设置的。

A. 温度变化　　B. 地基不均匀沉降

C. 地震　　D. 建筑平面过于复杂

30. 凡属下列情况时均应考虑设置沉降缝：(　)。

(1) 同一建筑物相邻部分的高度相差较大或荷载大小相差悬殊、或结构形式变化较大，易导致地基沉降不均时；

(2) 当建筑物各部分相邻基础的形式、宽度及埋置深度相差较大，造成基础底部压力有很大差异，易形成不均匀沉降时；

(3) 当建筑物建造在不同地基上，且难于保证均匀沉降时；

(4) 建筑物体型比较复杂、连接部位又比较薄弱时；

(5) 建筑物过长时；

(6) 新建建筑物与原有建筑物紧相邻时

A. (1)(2)(3)(4)(6)　　B. (1)(2)(3)(4)(5)(6)

C. (1)(2)(3)(4)(5)　　D. (1)(2)(3)(5)(6)

二、判断题　(正确的打√，错误的打×，每题1分，共20题，共20分)

1. 建筑高度大于24 m的单层公共建筑属于高层建筑。(　)

2. 建筑工程设计分为建筑设计、结构设计、设备设计三个方面。(　)

3. 一般厨房的布置方式有单排布置、双排布置、L形布置、U形布置。(　)

4. 交通流线组织分人流、货流两类。各种流线简捷、通畅，可以逆行，可以相互交叉。(　)

5. 建筑功能是起主导作用的因素，因此满足了功能就是成功的设计。(　)

6. 形象设计与平、剖面设计无关。(　)

7. 建筑构造的设计原则是：满足使用功能要求，有利结构安全，满足工业化生产需求，注意经济及综合效益，注意美观。(　)

8. 水泥砂浆常用于地下结构或经常受水侵蚀的砌体部位。(　)

9. 墙体砌筑要求是：错缝搭接，避免通缝，灰浆饱满，横平竖直。(　)

10. 板材隔墙是依赖骨架、面板装配而成的隔墙。(　)

11. 通常把导热系数小于0.25的材料称作为保温材料。(　)

12. 地坪层的结构层是夯实的素土层。(　)

13. 预制板的长度是300 mm的倍数，宽度是100 mm的倍数，厚度是10 mm的倍数。(　)

14. 挑阳台的结构布置可采用挑梁搭板及悬挑阳台板的方式。(　)

15. 楼梯梯段宽度与平台宽度应根据建筑物使用特征，按每股人流为0.55 m+(0～0.15) m的人流股数确定。(　)

16. 由于预制装配式楼梯的整体性差，对抗震不利，多用于非地震设防地区、旧建筑为完善疏散后增加的楼梯，及供少数人使用的室内成品楼梯。(　)

17. 刚性防水屋面也不宜用于高温、有振动、基础有较大不均匀沉降的建筑。(　)

18. 施工时保温层和找平层干燥有困难时，宜采用排汽屋面，排汽孔数量根据基层的潮湿程度确定，一般每26 m^2设一个排汽孔。(　)

19. 门窗属于房屋建筑中的围护及分隔构件，不承重。(　)

20. 沉降缝要兼顾伸缩缝的作用，因此沉降缝基础不必断开。(　)

三、填空题　(每空0.5分，共40空，共20分)

1. 建筑三要素是：(　)、(　)、(　)。

2. 水平扩大模数数列主要适用于建筑物的(　)、(　)、(　)、(　)。

3. 由组成平面各部分面积的使用性质分，平面可分为（　）部分和（　）部分两类。

4. 影响平面组合的因素：地基环境、（　）、（　）、（　）、（　）。

5.（　）是指设计要求所能看到的极限位置。

6. 规划设计（　）建筑单体设计，建筑单体设计（　）规划设计的要求。

7. 基础是房屋底部与（　）接触的承重结构，它的作用是（　）。

8. 墙体承重方案有：有（　）承重、（　）承重、（　）承重和（　）承重四种。

9. 轻骨架隔墙由（　）和（　）两部分组成。

10. 为防止人为活动影响基础，基础埋深不宜小于（　）m。

11. 压型钢板组合楼板是用（　）作底板，再与（　）整浇层浇筑在一起。

12. 有（　）的场所，栏杆不应采用易于攀登的花格构造，一般做（　），其净距不应大于（　）m，防止（　）。

13. 按最上层防水材料分有（　）屋面、（　）屋面、（　）屋面、（　）屋面。

14. 转门对防止室内外空气的对流有一定的作用，适用于（　），（　）作为疏散门。

15. 伸缩缝要求把建筑物的（　）、（　）、（　）等地面以上部分全部断开。

四、问答题　（每题 4 分，共 5 题，共 20 分）

1. 什么是建筑？

2. 房间为矩形平面的优点有哪些？

3. 刚性基层的特点有哪些？

4. 简述现浇式钢筋混凝土楼板特点。

5. 楼梯净高的设计要求是什么？当平台下作房间或通道不满足净高时可采用什么措施解决？

五、作图题　（每题 5 分，共 2 题，共 10 分）

1. 绘图表示两种散水的构造做法。

2. 绘图表示卷材防水屋面的泛水构造。

综合考题 3

一、单选题　（每题 1 分，共 30 题，共 30 分）

1.（　）属于建筑物。

A. 住宅、办公楼、水坝、水塔　　B. 住宅、办公楼、影剧院、烟囱

C. 住宅、影剧院、蓄水池、烟囱　　D. 住宅、学校、办公楼、影剧院

2. 按材料的燃烧性能把材料分为（　）。

A. 燃烧材料、半燃烧材料、不燃烧材料　　B. 全燃烧材料、部分燃烧材料、不燃烧材料

C. 全燃烧材料、半燃烧材料、不燃烧材料　　D. 燃烧材料、难燃烧材料、不燃烧材料

3. 前排边座的学生与黑板远端形成的水平视角（　），为防止第一排垂直视太小造成近视，保证垂直视角（　）。

A. $\alpha = 30°$、$\beta = 45°$　　B. $\alpha \geq 30°$、$\beta \geq 45°$

C. $\alpha \geq 30°$、$\beta \leq 45°$　　D. $\alpha \leq 30°$、$\beta \leq 45°$

4. 离地高度（　）以下的采光口不计入应有效光面积。采光口上部有宽度超过 1 m 以上的外廊、阳台等遮挡物时，其有效导光面积按采光面积的（　）计算。

A. 0.5 m、70%　　B. 0.3 m、60%　　C. 0.5 m、60%　　D. 0.1 m、70%

5.（　）是框架结构的特点。

A. 适用于开间、进深不大的房间　　B. 抗震性能差

C. 隔墙要承重　　D. 空间划分灵活

6. 房间的最小净高应不小于（　）m。

A. 1.8　　B. 2.0　　C. 2.2　　D. 2.4

7、混合结构的特点有（　）。

A. 墙段尺寸不能太小　　B. 立面开窗自由

C. 层数可达 4.5 m　　D. 空间分隔灵活

8. 建筑立面的虚实对比有（　），之间的对比关系等。

（1）墙面实体和门窗洞口；（2）栏板和凹廊；（3）宽线条与窄线条；（4）柱墩和门廊

A.（2）（3）（4）　　B.（1）（2）（3）　　C.（1）（2）（4）　　D.（1）（3）（4）

9. 组成房屋的基本部分是（　）。

A. 基础、楼地面、楼梯、墙（柱）、屋顶、门窗

B. 地基、楼板、地面、楼梯、墙（柱）、屋顶、门窗

C. 基础、楼地面、楼梯、墙、柱、门窗、阳台

D. 基础、地基、楼地面、楼梯、墙、柱、门窗

10. 屋顶的作用是（　）。

（1）抵抗风、雨、雪的侵袭；（2）抵抗太阳辐射热；（3）承受施工期间的各种荷载

A.（1）（2）（3）　　B.（1）（2）　　C.（2）（3）　　D.（1）（3）

11. 灰缝厚（　），标准为（　）。

A. 8 ~ 12 mm、10 mm　　B. 7 ~ 12 mm、9 mm

C. 8 ~ 14 mm、10 mm　　D. 6 ~ 12 mm、9 mm

12. 钢筋混凝土过梁的特点是（　）。

A. 承载能力强　　B. 仅用于 2 m 宽以内的洞口

C. 有集中荷载不宜使用　　D. 过梁两端的支承长度不小于 100 mm

13. 构造柱与墙体连接：沿墙高设（　）水平拉结筋，每边伸入墙内不少于 1000。

A. @300、2Φ8　　B. @300、2Φ6　　C. @500、2Φ6　　D. @500、2Φ8

14. 下面错误的是（　）。

A. 基地有冻胀现象时，基础应置于冰冻线以下 200 mm

B. 基础埋深小于基础宽度或≤5 m 的基础叫浅基础

C. 新建建筑当埋深大于原有建筑基础时，两基础间净距≥基底高差的 2 ~ 3 倍

D. 基础不能埋在地下水位以上时，应将基础埋置在最低水位以下 200 mm

15.（　）不是装配式钢筋混凝土楼板的特点。

A. 节省模板　　B. 刚度大

C. 施工速度快　　D. 能改善构件制作时工人的劳动条件

16. 板的长边与短边之比（　）时，叫单向板；（　）时，叫双向板。

A. ＞2、≤2　　B. ≤2、＞2　　C. ≥2、＜2　　D. ＜2、≥2

17.（　）不是非刚性垫层的做法。

A. 砂垫层　　B. 石灰炉渣　　C. 低标号混凝土　　D. 碎石灌浆

18.（　）不是楼板隔声的措施。

A. 铺地毯、橡胶地板、塑料地贴　　B. 做木地面

C. 叠合楼板　　D. 用弹性吊顶、浮筑楼板

19. 踢面高度和踏面宽度之和要与人的步距相适应，步距是按经验公式（　）设计，式中 h 为踏步高度，b 为踏步宽度。

A. $h+b=$ 步距　B. $2h+2b=$ 步距　C. $h+2b=$ 步距　D. $2h+b=$ 步距

20. 按楼梯的结构支承情况，可以分为（　）楼梯。

A. 板式、梁板式、现浇式、装配式　B. 板式、梁板式、墙承式、梁承式

C. 板式、梁式、螺旋式、空间结构式　D. 板式、梁板式、墙承式、空间结构式

21. 预制踏步板的断面形式有（　）。

A. 一字形、L 形和三角形　B. 一字形、L 形、T 形和三角形

C. 一字形、T 形和三角形　D. 一字形、L 形、倒 L 形和三角形

22. 我国对便于残疾人通行的坡道的坡度标准为不大于 1：12，同时还规定与之相匹配的每段坡道的最大高度为（　）mm，最大坡段水平长度为 9000 mm。

A. 1：10、750　B. 1：10、850　C. 1：12、850　D. 1：12、750

23. 屋顶坡度选择错误的是（　）。

A. 高度较低的简单建筑，为了控制造价，宜优先选用无组织排水

B. 积灰多的单层厂房屋面应采用有组织排水

C. 有腐蚀性介质的工业建筑也不宜采用有组织排水

D. 临街建筑的雨水排向人行道时宜采用有组织排水

24. 刚性防水屋面的构造层一般有（　）。

A. 防水层、找平层、结构层　B. 防水层、隔离层、找坡层、结构层

C. 防水层、隔离层、找平层、结构层　D. 防水层、隔离层、找平层、找坡层

25. 排水分区的大小一般按，一个雨水口最多负担（　）m^2 屋面的排水。

A. 100　B. 150　C. 200　D. 250

26. 一般情况下水落管的间距≤（　）m，最大间距不超（　）m，工业建筑不超过 30 m。

A. 12，24　B. 12，28　C. 18，24　D. 18，28

27. 卷材防水屋面适用于（　）级屋面防水。

A. Ⅲ、Ⅳ　B. Ⅰ～Ⅳ　C. Ⅱ～Ⅳ　D. Ⅳ

28. 窗扇由（　）组成，可安装玻璃、窗纱或百叶片。

A. 上横框、下横框、边梃和窗芯　B. 上冒头、下冒头、边梃和窗芯

C. 窗框、玻璃、五金　D. 上冒头、下冒头、玻璃、五金

29. 在地震区设置伸缩缝时，必须满足（　）的设置要求。

A. 防震缝　B. 沉降缝　C. 分格缝　D. 伸缩缝

30. 下面提法正确的是：（　）

A. 防震缝应与伸缩缝统一布置，尽量做到二缝合一；沉降缝必须单独布置

B. 防震缝应与沉降缝统一布置，尽量做到二缝合一；伸缩缝必须单独布置

C. 伸缩缝应与沉降缝统一布置，尽量做到二缝合一；防震缝必须单独布置

D. 防震缝应与伸缩缝、沉降缝统一布置，尽量做到三缝合一

二、判断题　（正确的打√，错误的打×，每题 1 分，共 20 题，共 20 分）

1. 建筑是一种人工创造的满足人类需求的空间环境。（　）

2. 对小型和技术简单的建筑，可以只作施工图阶段设计。（　）

3. 对于多个开间组成的大房间，尽可能统一开间尺寸，减少构件类型。（　）

4. 大多数民用建筑，日照是确定房屋间距的主要依据，一般情况下，只要满足了日照间距，其他要求均能满足。（　）

5. 设计视点越低，视觉范围愈大，地坪坡度越大；设计视点越高，视野范围愈小，地坪升起坡度愈平缓。(　)

6. 均衡指前后左右的轻重关系，稳定指上下的轻重关系。(　)

7. 建筑构造是研究组成建筑各种构、配件的组合原理和构造方法的学科。(　)

8. 过梁高度通常为 60 mm 的倍数。(　)

9. 砌块建筑每层设圈梁，以加强墙体整体性。(　)

10. 外墙抹灰，为了立面造型需要，常将抹灰面层做分格缝。(　)

11. 大孔洞的空心砖比小孔、多孔的空心砖保温性能好。(　)

12. 预制平板适用于走道、阳台、雨篷及小开间房间。(　)

13. 装配整体式楼板，它综合了现浇与装配的优点，既具有很好的整体性，又施工简单，无须模板、支撑，工期短，避免了大量湿作业。(　)

14. 吊顶面层的板条间不能有空隙。(　)

15. 水平扶手长度超过 0.50 m 时，其高度不应小于 1.20 m，栏杆离楼面 0.10 m 高度内不应留空。(　)

16. 为使受力协调，小型构件装配式楼梯只能采用单一的材料制作。(　)

17. 刚性防水屋面为减少结构层产生挠曲变形及温度变化时产生胀缩变形对防水层带来不利影响，在它们之间设隔离层。(　)

18. 屋顶排水方式分为有组织排水和无组织排水两大类。(　)

19. 转门对防止内外空气的对流有一定的作用，可以作为疏散门。(　)

20. 为减少建筑物因受温度变化的影响产生热涨冷缩，而设置的缝隙就称为伸缩缝。(　)

三、填空题　(每空 0.5 分，共 40 空，共 20 分)

1. 建筑根据其使用性质，建筑通常可以分为(　)建筑和(　)建筑两大类。

2. 厕所间最小平面尺寸：外开门厕所间，宽×深＝(　)；内开门厕所间，宽×深＝(　)。

3. 采用花篮梁或十字梁，在层高不变的情况下，可以(　)房间的净高。这时板的(　)也相应减少了一个(　)的宽度。

4. 立面设计要注意的问题有：尺度、比例、(　)、(　)、(　)、(　)。

5. 建筑物的六大组成部分中，(　)属于非承重构件。

6. 墙体按照结构受力的不同可分为(　)墙与(　)墙。

7. 构造柱从(　)向加强(　)的连接，与圈梁一起构成(　)，作用是(　)。

8. 装饰用的天然石材有(　)、(　)及(　)。

9. 整体地面容易(　)，解决方法：用(　)材料(　)地下冷潮气上升的路径，地面面层用(　)材料。

10. 吊顶顶棚一般由三个部分组成：(　)、(　)、(　)。

11. 对于螺旋楼梯或弧形楼梯，离内侧扶手中心(　) m 处的踏步宽度不应小于(　) m。

12. 预制踏步的支承有(　)与(　)两种形式。

13. 屋顶坡度的形成有(　)找坡和(　)找坡两种做法。

14. 门扇的类型主要有(　)、(　)、(　)、(　)、无框玻璃门等。

15. 伸缩缝应保证建筑构件能在(　)方向自由伸缩，缝宽一般在(　) mm。

四、问答题　(每题 4 分，共 5 题，共 20 分)

1. 平面组合的形式有哪些？试举例各适用于什么类型的建筑。

2. 什么是层高，什么是净高？

3. 什么叫天然地基，什么叫人工地基？
4. 什么是预制装配式钢筋混凝土楼梯，有什么特点？
5. 什么叫柔性防水屋面，基本构造层次有哪些，找平层为何要设分隔缝？

五、作图题　（每题 5 分，共 2 题，共 10 分）

1. 作出卷材防水屋面的分格缝构造图。
2. 绘图表示底层靠地面梯段的两种连接方式。

综合考题 4

一、单选题　（每题 1 分，共 30 题，共 30 分）

1.（　）通常是确定房屋朝向和间距的主要因素。

A. 日照和风向　B. 风向和地震　C. 地形和地震　D. 日照和地震

2. 对于风向风速，建筑设计中一般用（　）表示。

A. 指北针　B. 文字书写清楚　C. 风玫瑰图　D. 箭头指向北方

3. 教室光线应自学生座位的（　）射入，当教室南方为外廊，北向为教室时，应以（　）窗为主要采光面。

A. 右侧、北向　B. 左侧、南向　C. 右侧、南向　D. 左侧、北向

4. 教学楼走道净宽要求是（　）。

A. 内廊≥2100 mm、外廊≥1800 mm　B. 内廊≥1500 mm、外廊≥1200 mm
C. 内廊≥1800 mm、外廊≥1500 mm　D. 内廊≥2200 mm、外廊≥1900 mm

5. 栏杆离楼面或地面（　）m 范围内不得留空。有儿童活动的场所，栏杆应采用不易攀登的构造，垂直杆件间的净距不应大于（　）m。

A. 0.1、0.2　B. 0.15、0.11　C. 0.12、0.2　D. 0.1、0.11

6. 以对称的手法，通过两端低矮部分衬托中部主体，多用于（　）建筑。

A. 医院　B. 办公楼　C. 学校　D. 体育馆

7. 夸张的尺度是指（　）真实大小的尺度感。

A. 大于　B. 小于　C. 等于　D. 大于等于

8.（　）不是建筑形式美的构图规律。

A. 统一与变化　B. 韵律、对比、比例、尺度
C. 均衡与稳定　D. 虚实、凹凸

9. 组成房屋的构件中，下列既属承重构件又是围护构件的是（　）。

A. 墙、屋顶　B. 楼板、基础　C. 屋顶、基础　D. 门窗、墙

10.（　）不是框架结构建筑的特点。

A. 层高大、空间分隔灵活　B. 立面开窗自由
C. 墙体无须上下对齐　D. 可成带形窗，但不能作大面积幕墙

11. 对砖墙，厚度≤240 时，当大梁跨度≥（　）m 时，支承处宜设壁柱。

A. 4　B. 5　C. 6　D. 7

12. 当圈梁被门窗洞口截断时，应在洞口上部增设附加圈梁，其搭接长度（　）。

A. $L \geq h$ 并≥1 000　B. $L \geq h$ 并≥500　C. $L \geq 2h$ 并≥500　D. $L \geq 2h$ 并≥1 000

13. 基础按构造形式可分为（ ）。

A. 带形基础、锥形、联合基础

B. 带形基础、片筏基础、箱形基础。

C. 带形基础、独立式基础、联合基础

D. 带形基础、十字交叉基础、箱形基础柱下

14. 下列不是无梁楼板的特点的是（ ）。

A. 楼板不设梁，柱间距≤6 m

B. 适用于荷载较大的建筑

C. 净空高度大，顶棚平整，采光通风较好

D. 通常跨度为柱距的 2 倍

15. 楼地面按面层所用材料和施工方式不同，其类别可分为（ ）。

A. 水泥砂浆面、木地面、石材地面、涂料地面

B. 整体地面、块材地面、卷材地面、涂料地面

C. 水磨石地面、块材地面、绝缘地面、不绝缘地面

D. 石材地面、抹灰地面、卷材地面、聚氨酸地面

16. 地坪垫层分为（ ）。

A. 刚性垫层、非刚性垫层

B. 保温垫层、非保温垫层

C. 保温垫层、非保温垫层、复式垫层

D. 刚性垫层、非刚性垫层、复式垫层

17. 顶棚类型有（ ）。

A. 抹灰顶棚与贴面顶棚

B. 喷刷顶棚与抹灰顶棚

C. 直接顶棚与贴面顶棚

D. 直接顶棚与吊顶顶棚

18. 固定遮阳板的基本形式有（ ）。

A. 水平式、垂直式、综合式

B. 水平式、垂直式、综合式和挡板式

C. 水平式、垂直式、挡板式

D. 水平式、垂直式

19. 户内楼梯，最小宽度（ ），最大高度（ ）。

A. 0.23、0.20 B. 0.22、0.22 C. 0.23、0.22 D. 0.22、0.20

20. 根据防火要求，疏散走道和楼梯的最小宽度不应小于（ ）m，不超过六层的单元式住宅中一边设有栏杆的疏散楼梯，其最小宽度可不小于（ ）m。

A. 1.1、1.05 B. 1.2、1 C. 1.1、1 D. 1.05、1

21. 住宅建筑可不设梯井，但为了方便梯段施工和平台转弯缓冲，可设（ ）mm 宽。

A. 60 ~ 100 B. 40 ~ 200 C. 60 ~ 150 D. 60 ~ 200

22. 室外台阶应坚固耐磨，具有较好的（ ）。

A. 耐久性、防火性和抗水性

B. 耐久性、抗冻性和抗水性

C. 防火性、抗震性和抗水性

D. 耐久性、抗震性和抗水性

23. 对便于残疾人通行的楼梯梯段宽度，公共建筑不小于（ ），居住建筑不小于（ ）。

A. 1 800 mm、1 200 mm

B. 1 800 mm、1 300 mm

C. 1 500 mm、1 200 mm

D. 1 500 mm、1 300 mm

24.（ ）是材料找坡的特点。

A. 增加了屋面荷载

B. 减轻屋面自重

C. 用于有吊顶棚或室内观感要求不高的建筑

D. 节省人工和材料

25. 卷材防水屋面当屋面坡度小于（ ）时，油毡宜平行于屋脊。屋面坡度在（ ）时，油毡可平行或垂直于屋脊铺贴。当屋面坡度大（ ）或屋面受震动时，油毡应垂直于屋脊铺贴。

A. 2%、2% ~ 10%、10%

B. 3%、3% ~ 10%、10%

C. 3%、3% ~ 15%、15%

D. 2%、2% ~ 15%、15%

26. 刚性屋面适用于防水等级为（ ）级的屋面防水。

A. Ⅲ B. Ⅲ、Ⅳ C. Ⅰ ~ Ⅳ D. Ⅳ

27. 刚性防水屋面的特点是（ ）。

A. 构造简单，施工方便，造价较高，对气温变化和屋面基层变形的适应性较好

B. 构造复杂，施工麻烦，造价较高，对气温变化和屋面基层变形的适应性较好

C. 构造简单，施工麻烦，造价较低，对气温变化和屋面基层变形的适应性较差

D. 构造简单，施工方便，造价较低，对气温变化和屋面基层变形的适应性较差

28. 山墙承重是将檩条或屋面板支承在横墙上，常用于（　）；屋架承重是将檩条或屋面板支承在屋架上，常用于（　）。

A. 办公楼、住宅等 教学楼、食堂等　　B. 教学楼、食堂等，办公楼、住宅等

C. 办公楼、教学楼等，住宅、食堂等　　D. 食堂、住宅等，办公楼、教学楼等

29. 成品门窗框的安装均采用（　）；门窗系列名称是以门窗框的（　）尺寸来命名的。

A. 立口、厚度　　B. 塞口、高度　　C. 立口、高度　　D. 塞口、厚度

30. 防震缝的构造做法中要求基础（　）。

A. 不断开　　B. 断开

C. 可断开也可不断开　　D. 只有高层才断开

二、判断题　（正确的打√，错误的打×，每题 1 分，共 20 题，共 20 分）

1. 建筑功能是起主导作用的因素，因此满足了功能就是成功的设计。（　）

2. 竖向扩大模数的基数为 3M、6M 两个，其相应的尺寸为 300 mm、600 mm。（　）

3. 厕所间最小平面尺寸：外开门厕所间，宽 × 深 = 0.9 m × 1.4 m；内开门厕所间，宽 × 深 = 0.9 m × 1.8 m。（　）

4. 房间单侧开窗时，房间进深不大于窗上沿离地高度的 2 倍；两侧开窗时，房间进深可以较单侧开窗时增加 2 倍。（　）

5. 建筑物立面在材料和色彩的选配上，与其功能有关，与所处的基地环境和气候条件无关。（　）

6. 一座建筑美观主要是体型组合和立面处理，与细部构造无关。（　）

7. 圈梁是沿外墙四周及部分内部墙体设置的在同一水平面上连续闭合的梁，以增加墙体整体性。（　）

8. 为了抗震，圈梁必须每层设置。（　）

9. 普通抹灰是一层底灰，一层中灰，一层面灰。（　）

10. 材料的含水率、温度较低时，导热系数较小。（　）

11. 采用装配式楼板时，为增加室内空间净高，可采用十字梁或花篮梁。（　）

12. 肋梁楼板组成：板、次梁、主梁、圈梁。（　）

13. 钢、木楼梯则全部采用装配式的工艺。（　）

14. 人群密集的场所，台阶高度超过 1.0 m 并侧面临空时，人易跌伤，应有防护设施。（　）

15. 坡屋顶是指屋面坡度较陡的屋顶，其坡度一般在 20%以上。（　）

16. 柔性防水屋面设置保护层的目的是保护防水层，使卷材不致因光照和气候等的作用迅速老化，防止沥青类卷材的沥过热流淌或受到暴雨的冲刷。（　）

17. 刚性防水屋面为减少结构层产生挠曲变形及温度变化时产生胀缩变形对防水层带来不利影响，在它们之间作隔离层。（　）

18. 通风间层的设置通常有两种方式：一是在屋面上做架空通风隔热间层，二是利用吊顶顶棚内的空间做通风间层。（　）

19. 造成门窗热损失有两个途径，一是门窗面由于热传导、辐射以及对流所造成，二是通过门窗各种缝隙冷风渗透所造成的，所以门窗节能从以上两个方面采取构造措施。（　）

20. 沉降缝是为了预防建筑物各部分由于不均匀沉降引起的破坏设置的变形缝。（　）

三、填空题 （每空 0.5 分，共 40 空，共 20 分）

1. 按耐火等级分类，建筑的耐火等级分为（ ）级。

2. 公共建筑楼梯梯段净宽，一般按每股人流宽为（ ）m 的人流股数确定，并不应少于（ ）股人流。疏散走道和楼梯的最小宽度不应小于（ ）m。

3. 建筑既是（ ）产品，又是（ ）产品。

4. 一幢建筑物一般由（ ）、墙或柱、楼板层及地坪层、（ ）、（ ）和（ ）等组成。

5. 墙面装修按施工的不同，可分为（ ）、（ ）、（ ）、（ ）与铺钉类五种。

6. 当设计最高地下水位处在地下室地面（ ）时，地下室的（ ）与（ ）直接受到水的侵蚀，必须采取（ ）措施。

7. 预制板安装前支承处用（ ）堵孔，作用是（ ）及灌浆时跑浆。

8. 阳台按使用要求分为：（ ）阳台与（ ）阳台。

9. 雨棚板的支承，可以采用（ ）的方式，也可以采用（ ）的方式。

10. 室外台阶按材料不同，有（ ）、（ ）和（ ）等，其中（ ）台阶应用最普遍。

11. 积灰多的单层厂房屋面应采用（ ）排水，在房屋较高的情况下，应采用（ ）排水。

12. 一般情况下水落管的间距≤（ ）m，最大间距不超（ ）m，工业建筑不超过（ ）m。

13. 固定遮阳板的基本形式有（ ）、（ ）、（ ）和（ ）。

14. 要增强窗户的保温性能，最重要的办法之一就是（ ）。

15. 防震缝将建筑物分成若干（ ）简单，结构刚度（ ）的独立单元。

四、问答题 （每题 4 分，共 5 题，共 20 分）

1. 简述混合结构对建筑设计的要求。混合结构的承重形式有哪些？

2. 外界环境对建筑构造的影响有哪些？试举例说明。

3. 什么是现浇钢筋混凝土楼梯，有什么特点？

4. 刚性防水屋面的防水层中为什么要设分格缝，分格缝设置的位置？

5. 什么是倒铺保温屋面，优点是什么？

五、作图题 （每题 5 分，共 2 题，共 10 分）

1. 绘图表示刚性防水屋面的泛水构造。

2. 绘图表示两种楼梯栏杆与梯段、平台的连接构造。

综合考题 5

一、单选题 （每题 1 分，共 30 题，共 30 分）

1. 冷加工车间是生产操作在（ ）。

A. 常温下进行　B. 0 °C 下进行　C. －25～0 °C 进行　D. －10～4 °C 下进行

2. （ ）属于建筑物。

A. 住宅、办公楼、水坝、水塔B. 住宅、办公楼、影剧院、烟囱

C. 住宅、影剧院、蓄水池、烟囱　D. 住宅、学校、办公楼、影剧院

3. （ ）通常是确定房屋朝向和间距的主要因素。

A. 日照和风向　B. 日照和地震　C. 地形和地震　D. 日照和地形

4. 下面正确的是（ ）。

（1）机械加工车间、机械装配车间属于冷加工车间；
（2）铸工车间、锻工车间属于热加工车间；
（3）精密仪表加工及装配车间、集成电路车间属于洁净车间；
（4）精密机械车间、纺织车间属于恒温恒湿车间

A.（1）（2）（3）（4） B.（2）（3）（4） C.（1）（2）（4） D.（1）（2）（3）

5. 楼梯根据其使用性质分为（ ）。

A. 防火楼梯、非防火楼梯 B. 使用楼梯、消防楼梯
C. 主要楼梯、次要楼梯 D. 主要楼梯、疏散楼梯

6. 离地高度（ ）以下的采光口不计入应有效光面积。采光口上部有宽度超过 1 m 以上的外廊，阳台等遮挡物时，其有效导光面积按采光面积的（ ）计算。

A. 0.8 m、70% B. 0.7 m、60% C. 0.5 m、60% D. 0.1 m、70%

7. 门洞口宽为（ ）时，适合做双扇门。

A. 700 ~ 1000 mm B. 2400 ~ 3600 mm C. 900 ~ 1500 mm D. 1200 ~ 1800 mm

8.（ ）建筑具有亲切的尺度感。

A. 教学 B. 纪念 C. 住宅 D. 幼托

9. 建筑立面的虚实对比有（ ）之间的对比关系等。

（1）墙面实体和门窗洞口；（2）栏板和凹廊；（3）宽线条与窄线条；（4）柱墩和门廊

A.（2）（3）（4） B.（1）（2）（3） C.（1）（2）（4） D.（1）（3）（4）

10. 空间利用方式有（ ）。

（1）楼梯间顶部设阁楼及底部设储藏间；（2）走道上设设备廊；（3）坡屋顶设阁楼；（4）大空间四周设夹层；（5）门斗上方设吊柜

A.（1）（2） B.（1）（2）（3）（4）
C.（2）（3）（4）（5） D.（1）（2）（3）（4）（5）

11. 混凝土小型空心砌块的主要规格尺寸为（ ）。

A. 390 mm × 190 mm × 190 mm B. 400 mm × 200 mm × 200 mm
C. 300 mm × 150 mm × 150 mm D. 480 mm × 240 mm × 120 mm

12. 装饰用的天然石材有（ ）。

A. 花岗石、大理石、青石板 B. 花岗石、大理石、合成石材
C. 花岗石、大理石、水磨石板 D. 水磨石板、合成石材、青石板

13. 厚度≤240 mm 的砖墙，当大梁跨度≥（ ）m 时，支承处宜设壁柱。

A. 4 B. 5 C. 6 D. 7

14.（ ）不是涂料地面的特点。

A. 施工方便 B. 耐磨性差 C. 造价高 D. 涂层较薄

15. 根据阳台与建筑物外墙的关系分（ ）。

A. 挑阳台、凹阳台、半挑半凹阳台、中间阳台
B. 挑阳台、凹阳台、半挑半凹阳台、转角阳台
C. 挑阳台、凹阳台、中间阳台、转角阳台
D. 挑阳台、凹阳台、半挑半凹阳台

16. 预制踏步板的断面形式有（ ）。

A. 一字形、L 形和三角形 B. 一字形、L 形、T 形和三角形
C. 一字形、T 形和三角形 D. 一字形、L 形、倒 L 形和三角形

17. 室外台阶应坚固耐磨，具有较好的（ ）。

A. 耐久性、防火性和抗水性 B. 耐久性、抗冻性和抗水性

C. 防火性、抗震性和抗水性　　D. 耐久性、抗震性和抗水性

18. 楼梯是供人行走的，楼梯的踏步面层应（　）。

A. 抗弯、抗折，耐磨、防滑，便于清洁，也要求美观

B. 抗弯、抗折，防火，环保，便于清洁，也要求美观

C. 便于行走，防火，环保，也要求美观

D. 便于行走，耐磨、防滑，便于清洁，也要求美观

19. 踢面高度和踏面宽度之和要与人的步距相适应，步距是按经验公式（　）设计，式中 h 为踏步高度，b 为踏步宽度。

A. $h+b=$步距　　B. $2h+2b=$步距　　C. $h+2b=$步距　　D. $2h+b=$步距

20. 刚性防水屋面的特点是（　）。

A. 构造简单，施工方便，造价较高，对气温变化和屋面基层变形的适应性较好

B. 构造复杂，施工麻烦，造价较高，对气温变化和屋面基层变形的适应性较好

C. 构造简单，施工麻烦，造价较低，对气温变化和屋面基层变形的适应性较差

D. 构造简单，施工方便，造价较低，对气温变化和屋面基层变形的适应性较差

21. 平屋顶也有一定的排水坡度，其排水坡度小于（　），最常用的排水坡度为（　）。

A. 10%、2%～3%　　B. 5%、2%～3%　　C. 10%、3%～5%　　D. 5%、1%～3%

22. 屋顶的隔热措施有（　）。

A. 设通风间层，蓄水隔热，种植隔热，增加保温层厚度

B. 设通风间层，蓄水隔热，反射降温，增加保温层厚度

C. 设通风间层，种植隔热，反射降温，增加保温层厚度

D. 设通风间层，蓄水隔热，种植隔热，反射降温

23. 成品门窗框的安装均采用（　）；门窗系列名称是以门窗框的（　）尺寸来命名的。

A. 立口、厚度　　B. 塞口、高度　　C. 立口、高度　　D. 塞口、厚度

24. 采用承重砖墙的单层厂房，适用于跨度（　），柱距（　）。

A. ≤12 m、≤9 m　　B. ≤12 m、≤6 m　　C. ≤15 m、≤6 m　　D. ≤15 m、≤9 m

25. 热加工工业建筑，要求有良好的（　）功能。

A. 通风、采光、排气、散热和除尘　　B. 通风、采光、保温、隔热和除尘

C. 保温、隔热、排气、散热和除尘　　D. 防水、防潮、排气、散热和除尘

26. 下列关于天窗概念正确的是（　）。

（1）天窗的采光效率高于侧窗；（2）天窗的构造比侧窗复杂；

（3）侧窗的构造比天窗复杂；（4）北向锯齿形天窗可避免直射阳光；

（5）平天窗、下沉式天窗均不是避风窗

A.（1）（3）（4）　　B.（2）（4）（5）　　C.（1）（2）（4）　　D.（1）（2）（5）

27. 中型以上的热加工工业建筑，平面适合设计成（　）。这些平面的特点是：有良好的通风、采光、排气、散热和除尘功能，适用于如轧钢、铸造、锻造等，以便于排除产生的热量、烟尘和有害气体。

A. 一形、口与 E 形　　B. 口形、L 形与 U 形

C. 一形、L 形与 E 形　　D. L 形、U 形与 E 形

28. 无吊车厂房柱顶标高，由最高的生产设备所需的净空高度以及安装、操作、检修所需的净空高度来决定，从采光与通风考虑一般不低于（　）m。

A. 3.3　　B. 3.6　　C. 3.9　　D. 4.2

29. 厂房采用扩大柱网的优点（　）。

（1）充分利用车间的有效面积；（2）有利于节约车床与柱之间的操作和检修面积；

（3）有利于设备布置和工艺变革；（4）有利于重型设备的布置及重大型产品的运输；

（5）有利于减少柱的数量与基础的工程量，减少大型设备基础与柱基础的矛盾。

A.（1）（2）（3）（4）（5） B.（1）（2）（3）（4）

C.（1）（3）（4）（5） D.（2）（3）（4）（5）

30. 单层厂房侧窗每樘窗面积都比较大，一般采用基本扇进行组合成为组合窗的方式。在进行组合时，横向拼接左右窗框间应加（ ）；竖向拼接时，上下窗框间应加（ ）。

A. 竖梃、横档 B. 窗框、中冒头 C. 竖梃、中冒头 D. 窗框、横档

二、判断题 （正确的打√，错误的打×，每题1分，共20题，共20分）

1. 建筑构造是研究组成建筑各种构、配件的组合原理和构造方法的学科。（ ）

2. 对于风向风速，建筑设计中一般用风玫瑰图表示，玫瑰图上的风向是指从外吹向地区中心。（ ）

3. 门的宽度通常为：单扇门宽 700～1 000 mm，双扇门宽 1 200～1 800 mm，四扇门宽 2 400～3 600 mm。（ ）

4. 平面作定向反射，可加强声场不足的部位；凸曲面作扩散反射，使声场均匀；凹曲面作收敛反射，严重产生声聚和音质缺陷——轰鸣声。（ ）

5. 建筑物立面在材料和色彩的选配上，与其功能有关，与所处的基地环境和气候条件无关。（ ）

6. 空间结构具有荷载传递路线最短，受力均匀的特点，因此造价最低。（ ）

7. 过梁高度通常为 60 mm 的倍数。（ ）

8. 通常把导热系数小于 0.25 的材料称作为保温材料。（ ）

9. 门窗过梁不能承受洞口上部楼板所传的荷载。（ ）

10. 装配整体式楼板，它综合了现浇与装配的优点，既具有很好的整体性，又施工简单，无须模板、支撑，工期短，避免了大量湿作业。（ ）

11. 为增加室内空间净高，可采用十字梁或花篮梁。（ ）

12. 楼梯梯段宽度与平台宽度应根据建筑物使用特征，按每股人流为 0.55 m +（0～0.15）m 的人流股数确定。（ ）

13. 为使受力协调，小型构件装配式楼梯只能采用单一的材料制作。（ ）

14. 人群密集的场所，台阶高度超过 1.0 m 并侧面临空时，人易跌伤，应有防护设施。（ ）

15. 坡屋顶是指屋面坡度较陡的屋顶，其坡度一般在 20%以上。（ ）

16. 涂膜防水屋面适用于Ⅲ、Ⅳ级屋面防水，也可作为多层中的一层。防水涂料只需涂刷一次。（ ）

17. 沉降缝是为了预防建筑物各部分由于不均匀沉降引起的破坏设置的变形缝。（ ）

18. 通风天窗以相邻的天窗代替挡风板时，或可利用外侧高跨房屋代替挡风板时，或有女儿墙代替挡风板时，天窗不设挡风板。（ ）

19. 厂房内最好不设或少设隔墙，以利于组织穿堂风。（ ）

20. 墙板与柱的柔性连接是墙板与厂房骨架以及板与板之间在一定范围内可相对独立位移，能较好地适应振动（包括地震）等引起的变形。它适用于地基软弱，或有较大振动的厂房以及抗震设计烈度大于 7 度的地区的厂房。（ ）

三、填空题 （每空1分，共20空，共20分）

1.（ ）通常是确定房屋朝向和间距的主要因素。

2. 工业厂房按层数可分为（ ）以及混合层数厂房。

3. 建筑是指（ ）的总称。

4. 建筑设计包括（ ）两方面，由建筑师完成。

5. 框架结构适用于开间大，进深大的房间及（ ）的建筑。

6. 厕所布置常处于人流交通线上，与走道及楼梯间相联系，从卫生和使用上考虑常设（ ）。

7. 城市规划与单体设计的关系是：（ ）的要求。

8. （ ）是指设计要求所能看到的极限位置。

9. 装饰用的天然石材有花岗石、大理石及（ ）。

10. 通常使用的砂浆有（ ）三种。

11. 雨篷板的支承，可以采用（ ）的方式，也可以采用墙或柱支承的方式。

12. 预制板安装前支承处用砖块或混凝土堵孔，作用是（ ）及灌浆时跑浆。

13. 当楼梯间进深受限，使踏面宽度不满足最小宽度尺寸时，采取措施：一为采用（ ），二为挑出踏面。

14. 一般情况下水落管的间距≤（ ）m，最大间距不超 24 m，工业建筑不超过 30 m。

15. 在房屋较高的情况下，应采用（ ）排水。

16. 伸缩缝应保证建筑构件能在水平方向自由伸缩，缝宽一般在（ ）mm。

17. 单层厂房侧窗每樘窗面积都比较大，一般采用基本扇进行组合成为组合窗的方式。在进行组合时，横向拼接左右窗框间应加（ ）；竖向拼接时，上下窗框间应加横档。

18. 横向轴线在屋面板端部；纵向轴线在（ ）。

19. 立旋窗有引导气流的作用，窗扇与窗扇间须有搭缝，因此，窗扇宽度的构造尺寸（ ）标志尺寸。

20. 单层厂房常用排架结构，其横向骨架包括（ ）。

四、问答题 （每题 4 分，共 5 题，共 20 分）

1. 建筑三要素是什么？它们的辩证关系怎样？

2. 房间为矩形平面的优点有哪些？

3. 什么是层高？什么是净高？

4. 什么情况下地下室需要做防潮层？

5. 当平台下作房间或通道不满足净高时可采用什么措施解决？

五、作图题 （每题 5 分，共 2 题，共 10 分）

1. 绘图表示勒脚防护处理方法。

2. 绘图表示两种室外台阶的构造作法。

综合考题 6

一、单选题 （每题 1 分，共 30 题，共 30 分）

1.（ ）属于建筑物。

A. 住宅、办公楼、水坝、水塔　　B. 住宅、办公楼、影剧院、烟囱

C. 住宅、影剧院、蓄水池、烟囱　　D. 住宅、学校、办公楼、影剧院

2. 基本模数表示符号为 M，1M =（ ）mm。

A. 1 000　B. 100　C. 10　D. 50

3.（ ）通常是确定房屋朝向和间距的主要因素。

A. 日照和风向　B. 风向和地震　C. 地形和地震　D. 日照和地震

4. 只是建筑物的围护构件的是（ ）。

A. 墙　B. 门和窗　C. 基础　D. 楼板

5. 离地高度（　）以下的采光口不计入应有效光面积。采光口上部有宽度超过 1 m 以上的外廊，阳台等遮挡物时，其有效导光面积按采光面积的（　）计算。

A. 0.8 m、70%　B. 0.7 m、60%　C. 0.5 m、60%　D. 0.1 m、70%

6. 教学楼走道净宽要求是（　）。

A. 内廊≥2 100 mm、外廊≥1 800 mm　B. 内廊≥1 500 mm、外廊≥1 200 mm

C. 内廊≥1 800 mm、外廊≥1 500 mm　D. 内廊≥2 200 mm、外廊≥1 900 mm

7. 前排边座的学生与黑板远端形成的水平视角（　），为防止第一排垂直视太小造成近视，保证垂直视角（　）。

A. $\alpha=30°$、$\beta=45°$　B. $\alpha\geq30°$、$\beta\geq45°$

C. $\alpha\geq30°$、$\beta\leq45°$　D. $\alpha\leq30°$、$\beta\leq45°$

8. 设计视点越（　），视觉范围愈（　），地坪坡度越大。

A. 低、大　B. 高、大　C. 低、小　D. 高、小

9. 空间利用方式有（　）。

（1）楼梯间顶部设阁楼及底部设储藏间；（2）走道上设设备廊；（3）坡屋顶设阁楼；（4）大空间四周设夹层；（5）门斗上方设吊柜

A.（1）（2）　B.（1）（2）（3）（4）

C.（2）（3）（4）（5）　D.（1）（2）（3）（4）（5）

10. 大厅式组合适用于（　）建筑。

A. 体育馆　B. 医院　C. 展览馆　D. 办公楼

11. 挑砖窗台的高度通常为（　）mm 及（　）mm 厚，也可以采用钢筋混凝土窗台。

A. 50、100　B. 60、120　C. 70、140　D. 120、240

12. 墙体按照构造的不同可分为（　）。

A. 实体墙、空心墙和组合墙　B. 实体墙、空体墙和组合墙

C. 12 墙、24 墙和 37 墙　D. 块材墙、版筑墙和大板墙

13. 砌块按构造方式可以分为（　）。

A. 实心砌块和空心砌块　B. 主砌块和辅助砌块

C. 大型砌块和小型砌块　D. 重型砌块和轻型砌块

14.（　）不是涂料地面的特点。

A. 施工方便　B. 耐磨性差　C. 造价高　D. 涂层较薄

15. 楼板层的设计要求有（　）。

（1）具有足够的强度和刚度；（2）满足隔声、防火、防潮、防水与热工等方面的要求；（3）满足建筑经济的要求；（4）满足自重轻的要求

A.（2）（3）（4）　B.（1）（2）（4）

C.（1）（2）（3）　D.（1）（2）（3）（4）

16. 靠地面梯段的支撑有两种方式，一是（　），二是（　）。

A. 地面下设梯基支撑梯段，设置埋入地下的梁。

B. 地面下设砖、石材支撑梯段，设置埋入地下的混凝土支撑梯段。

C. 地面下设砖、石材支撑梯段，设置埋入地下的钢筋混凝土支撑梯段。

D. 地面下设条形砖、石材支撑梯段，设置柱墩形砖，石材支撑梯段。

17. 踢面高度和踏面宽度之和要与人的步距相适应，步距是按经验公式（　）设计，式中 h 为踏步高度，b 为踏步宽度。

A. $h+b=$步距　B. $2h+2b=$步距　C. $h+2b=$步距　D. $2h+b=$步距

18. 预制踏步板的断面形式有（　）。

A. 一字形、L 形和三角形　　B. 一字形、L 形、T 形和三角形

C. 一字形、T 形和三角形　　D. 一字形、L 形、倒 L 形和三角形

19. 楼梯是供人行走的，楼梯的踏步面层应（　）。

A. 抗弯、抗折、耐磨、防滑，便于清洁，也要求美观

B. 抗弯、抗折、防火，环保，便于清洁，也要求美观

C. 便于行走，防火、环保、也要求美观

D. 便于行走，耐磨、防滑，便于清洁，也要求美观

20. 为便于残疾人通行，在楼梯的梯段或坡道的坡段起始及结束处，扶手应自其前缘向前伸出（　）mm 以上。

A. 200　　B. 300　　C. 400　　D. 500

21. 刚性屋面适用于防水等级为（　）级的屋面防水。

A. Ⅲ　　B. Ⅲ、Ⅳ　　C. Ⅰ～Ⅳ　　D. Ⅳ

22. 排水分区的大小一般按，一个雨水口最多负担（　）m^2 屋面的排水。

A. 100　　B. 150　　C. 200　　D. 250

23. 门窗框的安装根据施工方式分（　）两种。

A. 塞口和立口　　B. 单裁口和双裁口

C. 有回风口和无回风口　　D. 靠外平和靠内平

24. 单层厂房侧窗每樘窗面积都比较大，一般采用基本扇进行组合成为组合窗的方式。在进行组合时，横向拼接左右窗框间应加（　）；竖向拼接时，上下窗框间应加（　）。

A. 竖梃、横档　　B. 窗框、中冒头　　C. 竖梃、中冒头　　D. 窗框、横档

25. 矩形通风天窗为防止迎风面对排气口的不良影响，应设置（　）。

A. 固定窗　　B. 挡雨板　　C. 挡风板　　D. 上旋窗

26. 关于自然通风，正确的是（　）。

（1）由于冷加工车间内没有大的热源，所以厂房内自然通风的组织不依靠热压作用，而是以风压作用为主来组织自然通风；

（2）热加工车间内由于有大的热源向室内散发大量的余热，所以热加工车间主要是利用热压通风原理来组织自然通风；

（3）为了更好地利用热压作用来组织自然通风，根据热压作用原理，在设计中应考虑尽量加大进、排气口中心的距离；

（4）为了更好地利用热压作用来组织自然通风，进气口的位置宜尽量低一些，排气口的位置应设在屋脊处

A.（1）（2）（3）　　B.（1）（2）（4）　　C.（1）（2）（3）（4）　　D.（1）（2）

27. 下列关于天窗的概念正确的是（　）。

（1）天窗的采光效率高于侧窗；（2）天窗的构造比侧窗复杂；（3）侧窗的构造比天窗复杂；

（4）北向锯齿形天窗可避免直射阳光；（5）平天窗、下沉式天窗均不是避风窗

A.（1）（2）（3）　　B.（2）（4）（5）　　C.（1）（2）（4）　　D.（1）（2）（5）

28. 横向变形缝处采用双柱双轴线，变形缝两侧柱子的中心线距轴线（　）m。

A. 0.5　　B. 0.6　　C. 0.8　　D. 1.0

29. 厂房采用扩大柱网的优点（　）。

（1）充分利用车间的有效面积；（2）有利于节约车床与柱之间的操作和检修面积；

（3）有利于设备布置和工艺变革；（4）有利于重型设备的布置及重大型产品的运输；

（5）有利于减少柱的数量与基础的工程量，减少大型设备基础与柱基础的矛盾

A.（1）（2）（3）（4）（5）　　B.（1）（2）（3）（4）
C.（1）（3）（4）（5）　　D.（2）（3）（4）（5）

30. 采用承重砖墙的单层厂房，适用于跨度（　），柱距（　）。

A. ≤12 m、≤9 m　B. ≤12 m、≤6 m　C. ≤15 m、≤6 m　D. ≤15 m、≤9 m

二、判断题　（正确的打√，错误的打×，每题 1 分，共 20 题，共 20 分）

1. 多层厂房广泛用于食品工业、电子工业、化学工业、轻型机械制造工业、精密仪器工业等。（　）
2. 一座建筑美观主要是体型组合和立面处理，与细部构造无关。（　）
3. 一般厨房的布置方式有单排布置、双排布置、L 形布置、U 形布置。（　）
4. 厕所间最小平面尺寸：外开门厕所间，宽 × 深 = 0.9 m × 1.4 m；内开门厕所间，宽 × 深 = 0.9 m × 1.8 m。（　）
5. 均衡指前后左右的轻重关系，稳定指上下的轻重关系。（　）
6. 空间结构具有荷载传递路线最短，受力均匀的特点，因此造价最低。（　）
7. 水泥砂浆常用于地下结构或经常受水侵蚀的砌体部位。（　）
8. 露点温度：空气中相对湿度达到 100%时的空气温度。这时水蒸气因达到饱和状态而结冰。（　）
9. 通常把导热系数小于 0.25 的材料称作保温材料。（　）
10. 挑阳台的结构布置可采用挑梁搭板及悬挑阳台板的方式。（　）
11. 楼板层与地坪层的相同之处：都是水平方向分隔房屋空间的承重构件。（　）
12. 为使受力协调，小型构件装配式楼梯只能采用单一的材料制作。（　）
13. 人群密集的场所，台阶高度超过 1.0 m 并侧面临空时，人易跌伤，应有防护设施。（　）
14. 钢、木楼梯采用装配式的工艺。（　）
15. 坡屋顶是指屋面坡度较陡的屋顶，其坡度一般在 20%以上。（　）
16. 刚性防水屋面也不宜用于高温、有振动、基础有较大不均匀沉降的建筑。（　）
17. 减少缝隙的长度，也是门窗节能的构造措施之一。（　）
18. 对于热加工车间，在平面布置时，使厂房长轴与夏季主导风向垂直或大于 45°，U 形平面要将开口迎向夏季主导风向或与主导风向呈 0° ~ 45°夹角。（　）
19. 厂房大门大而且重，适合采用提升门。（　）
20. 天然采光方式是根据采光口的位置来确定的，有侧面采光、顶部采光和混合采光。（　）

三、填空题　（每空 1 分，共 20 空，共 20 分）

1. 民用建筑根据其使用功能，分为（　）两大类。
2. 工业建筑设计的主要依据是（　）。
3. 屋顶的类型按形式分为（　）。
4. 建筑物的六大组成部分中，（　）属于非承重构件。
5. 由组成平面各部分面积的使用性质分，平面可分为（　）两类。
6. 影响平面组合的因素有：地基环境、（　）、设备管线、建筑造型。
7. 混合结构要求层高不能大于（　）m。
8. 采用花篮梁或十字梁，在层高不变的情况下，可以提高房间的净高。这时板的跨度也相应减少了一个（　）的宽度。
9. 装饰用的天然石材有花岗石、大理石及（　）。
10. 当设计最高地下水位处在地下室地面以上时，必须采取（　）措施。
11. 楼板层通常由（　）三部分组成。
12. 预制板安装前支承处用砖块或混凝土堵孔，作用是（　）及灌浆时跑浆。

13. 当楼梯间进深受限，使踏面宽度不满足最小宽度尺寸时，采取措施：一为采用（ ），二为挑出踏面。

14. 要使屋面坡度恰当，须考虑所采用的屋面防水材料和（ ）这两方面的因素。

15. 基础的作用是（ ）。

16. 伸缩缝要求把建筑物的（ ）断开。

17. 矩形天窗加设（ ）则成为矩形避风天窗。

18. 常见的吊车有：单轨悬挂式吊车、（ ）。

19. 当厂房地坪出现两个以上标高时，定（ ）为 ± 0.000。

20. 采用承重砖墙的单层厂房，适用的吊车起重量为（ ）t。

四、问答题 （每题 4 分，共 5 题，共 20 分）

1. 屋顶有哪些作用?
2. 混合结构对建筑设计有什么要求? 混合结构的承重形式有哪些?
3. 建筑模数的作用是什么?
4. 单层厂房的特点有哪些?
5. 遮阳设施有几种类型? 固定遮阳板有几种形式?

五、作图题 （每题 5 分，共 2 题，共 10 分）

1. 绘图表示两种外墙伸缩缝构造图。
2. 绘图表示等高屋面变形缝构造做法。

综合考题 7

一、单选题 （每题 1 分，共 30 题，共 30 分）

1. 按材料的燃烧性能把材料分为（ ）。

A. 燃烧材料、半燃烧材料、不燃烧材料　　B. 全燃烧材料、部分燃烧材料、不燃烧材料

C. 全燃烧材料、半燃烧材料、不燃烧材料　　D. 燃烧材料、难燃烧材料、不燃烧材料

2. 错误的是（ ）。

A. 标志尺寸：用以标注建筑物定位轴线之间的距离

B. 构造尺寸：符合模数数列的规定

C. 实际尺寸：建筑制品等生产制作出来的实际尺寸

3.（ ）通常是确定房屋朝向和间距的主要因素。

A. 日照和风向　　B. 风向和地震　　C. 地形和地震　　D. 日照和地震

4.（ ）是属于大量性建筑。

A. 学校、商店、医院　　B. 学校、商店、体育馆

C. 剧院、火车站、航空港　　D. 商店、医院、展览馆

5. 离地高度（ ）以下的采光口不计入应有效光面积。采光口上部有宽度超过 1 m 以上的外廊、阳台等遮挡物时，其有效导光面积按采光面积的（ ）计算。

A. 0.8 m、70%　　B. 0.7 m、60%　　C. 0.5 m、60%　　D. 0.1 m、70%

6. 门洞口宽为（ ）时，适合做双扇门。

A. 700 ~ 1 000 mm　　B. 2 400 ~ 3 600 mm　　C. 900 ~ 1 500 mm　　D. 1 200 ~ 1 800 mm

7. 第一排课桌前沿与黑板的水平距离≥（　）mm，教室最后一排课桌的后沿与黑板的水平距离：小学≤8 000 mm，中学≤8 500 mm。

A. 1 800　　B. 2 000　　C. 2 200　　D. 2 500

8. 框架结构的特点有（　）。

A. 层高不能大于 3.6 m　　B. 层数≤5

C. 可成带形窗　　D. 阳台排出长度≤1.0 m

9. 以对称的手法，通过两端低矮部分衬托中部主体，多用于（　）建筑。

A. 医院　　B. 办公楼　　C. 学校　　D. 体育馆

10、大厅式组合适用于（　）建筑。

A. 体育馆　　B. 医院　　C. 展览馆　　D. 办公楼

11. 为防止墙体产生内部凝结水，常在墙体的保温层（　）设置一道隔蒸气层。

A. 两侧各　　B. 靠高温一侧　　C. 靠低温一侧　　D. 两侧的任意一侧

12. 砂浆的和易性指（　）。

A. 强度、黏聚性、保水性　　B. 流动性、黏聚性

C. 强度与保水性　　D. 流动性、黏聚性、保水性

13. 基础按构造形式可分为（　）。

A. 带形基础、锥形、联合基础　　B. 带形基础、片筏基础、箱形基础。

C. 带形基础、独立式基础、联合基础　　D. 带形基础、十字交叉基础、箱形基础

14. 下面正确的是（　）。

A. 主济跨梁经度 $L = 8 \sim 12$ m　　B.主梁经济跨度 $L = 7 \sim 10$ m

C. 主梁经济跨度 $L = 5 \sim 8$ m　　D.主梁经济跨度 $L = 3 \sim 5$ m

15.（　）不是装配式钢筋混凝土楼板的特点。

A. 节省模板　　B. 刚度大

C. 施工速度快　　D. 能改善构件制作时工人的劳动条件

16. 室外台阶应坚固耐磨，具有较好的（　）。

A. 耐久性、防火性和抗水性　　B. 耐久性、抗冻性和抗水性

C. 防火性、抗震性和抗水性　　D. 耐久性、抗震性和抗水性

17. 一部楼梯由（　）组成。

A. 楼段、平台、扶手　　B. 踏步、栏杆、扶手

C. 踏步、平台、扶手　　D. 楼段、栏杆、扶手

18. 楼梯是供人行走的，楼梯的踏步面层应（　）。

A. 抗弯、抗折、耐磨、防滑，便于清洁，也要求美观

B. 抗弯、抗折、防火、环保，便于清洁，也要求美观

C. 便于行走，防火、环保，也要求美观

D. 便于行走，耐磨、防滑，便于清洁，也要求美观

19. 按楼梯的结构支承情况，可以分为（　）楼梯。

A. 板式、梁板式、现浇式、装配式　　B. 板式、梁板式、墙承式、梁承式

C. 板式、梁式、螺旋式、空间结构式　　D. 板式、梁板式、墙承式、空间结构式

20. 一般建筑的天沟净宽不应小于 200 mm，天沟上口至分水线的距离不应小于（　）mm，沟底的水落差不超过（　）mm。

A. 120、200　　B. 150、250　　C. 150、200　　D. 120、250

21. 卷材防水屋面当屋面坡度小于（　）时，油毡宜平行于屋脊。屋面坡度在（　）时，油毡可平行或垂直于屋脊铺贴。当屋面坡度大（　）或屋面受震动时，油毡应垂直于屋脊铺贴。

A. 2%、2%～10%、10%
B. 3%、3%～10%、10%
C. 3%、3%～15%、15%
D. 2%、2%～15%、15%

22. 卷材防水屋面适用于（ ）级屋面防水。

A. Ⅲ、Ⅳ
B. Ⅰ～Ⅳ
C. Ⅱ～Ⅳ
D. Ⅳ

23. 窗扇由（ ）组成，可安装玻璃、窗纱或百叶片。

A. 上横框、下横框、边梃和窗芯
B. 上冒头、下冒头、边梃和窗芯
C. 窗框、玻璃、五金
D. 上冒头、下冒头、玻璃、五金

24. 下列关于天窗的概念正确的是（ ）。

（1）天窗的采光效率高于侧窗；（2）天窗的构造比侧窗复杂；
（3）侧窗的构造比天窗复杂；（4）北向锯齿形天窗可避免直射阳光；
（5）平天窗、下沉式天窗均不是避风窗

A.（1）（2）（3）
B.（2）（4）（5）
C.（1）（2）（4）
D.（1）（2）（5）

25. 封闭式结合的纵向定位轴线应是与屋架外缘、（ ）。

（1）边柱内缘重合；（2）边柱外缘重合；（3）外墙内缘重合；（4）外墙外缘重合

A.（1）（3）
B.（2）（3）
C.（1）（4）
D.（2）（4）

26. 下面正确的是（ ）。

（1）为了保证排气口在任何情况下都能稳定地排出热气流，须要采取避风措施，如果使排气口始终处于负压区内，就能达到这个目的；

（2）只要在排气口的迎风面一定距离内装置一块挡风板，不管有无大风，也不管风压是小于还是大于热压，都能稳定地排除热气流；

（3）矩形天窗装有挡风板则成为矩形避风天窗，也叫矩形通风天窗；

（4）下沉式天窗属于避风天窗

A.（1）（2）（3）
B.（2）（3）（4）
C.（1）（2）（3）（4）
D.（1）（2）（4）

27. 中型以上的热加工工业建筑，平面适合设计成（ ）。这些平面适用于如轧钢、铸造、锻造等，以便于排除产生的热量、烟尘和有害气体。

A. 一形、口与E形
B. 口形、L形与U形
C. 一形、L形与E形
D. L形、U形与E形

28. 桥式吊车外形尺寸占据的空间较大，增加了厂房的净高和净空，在设计时以（ ）三个标高为控制标高。

A. 地面、牛腿顶面和屋架下弦（或柱顶）
B. 地面、吊车轨顶和屋架下弦（或柱顶）
C. 牛腿顶面、吊车轨顶和屋架下弦（或柱顶）
D. 地面、牛腿顶面和吊车轨顶

29. 热加工工业建筑，要求有良好的（ ）功能。

A. 通风、采光、排气、散热和除尘
B. 通风、采光、保温、隔热和除尘
C. 保温、隔热、排气、散热和除尘
D. 防水、防潮、排气、散热和除尘

30. 单层厂房大型墙板的布置方式有（ ）三种方式。

A. 长向布置、短向布置和混合布置
B. 横向布置、纵向布置和混合布置
C. 单向布置、双向布置和混合布置
D. 横向布置、竖向布置和混合布置

二、判断题 （正确的打√，错误的打×，每题1分，共20题，共20分）

1. 工业建筑无论在采光、通风、屋面排水及构造处理上都较一般民用建筑简单。（ ）
2. 建筑构造是研究组成建筑各种构、配件的组合原理和构造方法的学科。（ ）

3. 门的宽度通常为：单扇门宽 700～1000 mm，双扇门宽 1200～1800 mm，四扇门宽 2400～3600 mm。(　)

4. 厕所间最小平面尺寸：外开门厕所间，宽×深＝0.9 m×1.4 m；内开门厕所间，宽×深＝0.9 m×1.8 m。(　)

5. 建筑物立面在材料和色彩的选配上，与其功能有关，与所处的基地环境和气候条件无关。(　)

6. 设计视点越低，视觉范围愈大，地坪坡度越大；设计视点越高，视野范围愈小，地坪升起坡度愈平缓。(　)

7. 墙体砌筑要求是错缝搭接，避免通缝，灰浆饱满，横平竖直。(　)

8. 外墙抹灰，为了立面造型需要，常将抹灰面层做分格缝。(　)

9. 过梁高度通常为 60 的倍数。(　)

10. 预制板的长度是 300 mm 的倍数，宽度是 100 mm 的倍数，厚度是 10 mm 的倍数。(　)

11. 地坪层的结构层是夯实的素土层。(　)

12. 人群密集的场所，台阶高度超过 1.0 m 并侧面临空时，人易跌伤，应有防护设施。(　)

13. 由于预制装配式楼梯的整体性差，对抗震不利，多用于非地震设防地区、旧建筑为完善疏散后增加的楼梯，及供少数人使用的室内成品楼梯。(　)

14. 为使受力协调，小型构件装配式楼梯只能采用单一的材料制作。(　)

15. 无组织排水适用于少雨地区的高层建筑。(　)

16. 施工时保温层和找平层干燥有困难时，宜采用排汽屋面，排汽孔数量根据基层的潮湿程度确定，一般每 26 m^2 设一个排汽孔。(　)

17. 沉降缝要兼顾伸缩缝的作用，因此沉降缝基础不必断开。(　)

18. 常见的吊车有：单轨悬挂式吊车、梁式吊车、桥式吊车。(　)

19. 对于热加工车间，在平面布置时，使厂房长轴与夏季主导风向垂直或大于 45°，U 形平面要将开口迎向夏季主导风向或与主导风向呈 0°～45°夹角。(　)

20. 在面积相同情况下，矩形、L 形平面外围结构的周长比方形平面短。(　)

三、填空题　（每空 1 分，共 20 空，共 20 分）

1. 建筑工程设计分为（　）三个方面。

2. 工业厂房按层数可分为（　）以及混合层数厂房。

3. 建筑根据其使用性质，建筑通常可以分为（　）两大类。

4. 工业建筑设计的主要依据是（　）。

5. 教室设计，前排边座的学生与黑板远端形成的水平视角（　），避免斜视影响视力，为防止第一排垂直视太小造成近视，保证垂直视角≥45°。

6. 由组成平面各部分面积的使用性质分，平面可分为（　）两类。

7. 城市规划与单体设计的关系是：(　）的要求。

8. 采用花篮梁或十字梁，在层高不变的情况下，可以提高房间的净高。这时板的跨度也相应减少了一个（　）的宽度。

9. 为防止人为活动影响基础，基础埋深不宜小于（　）m。

10. 当设计最高地下水位处在地下室地面以上时，必须采取（　）措施。

11. 吊顶顶棚一般由（　）三个部分组成。

12. 楼板层通常由（　）三部分组成。

13. 室外台阶按材料不同，有混凝土台阶、石砌台阶和砖砌台阶等，其中（　）台阶应用最普遍。

14. 屋面结构找坡构造简单，施工方便，节省人工和材料，减轻屋面自重。但室内顶棚倾斜，适用于（　）的建筑。

15. 荷载对屋面有（ ）要求，防止结构变形引起防水层开裂漏水，保温层性能降低。

16. 防震缝将建筑物分成（ ）。

17. 当厂房地坪出现两个以上标高时，定（ ）为 ± 0.000。

18. 顶部采光时，Ⅰ ~ Ⅳ级采光等级的采光均匀度不宜小于（ ）。

19. 立旋窗有引导气流的作用，窗扇与窗扇间须有搭缝，因此，窗扇宽度的构造尺寸（ ）标志尺寸。

20. 热车间在生产过程中散发出大量的余热和烟尘，在平面设计中应创造具有良好的（ ）条件。

四、问答题 （每题 4 分，共 5 题，共 20 分）

1. 工业建筑按层数如何进行分类？按生产状况如何进行分类？
2. 平面组合的形式有哪些？试举例说明各适用于什么类型的建筑。
3. 影响建筑外形设计的因素有哪些？
4. 简述井式楼板的特点。
5. 什么叫天然地基，什么叫人工地基？

五、作图题 （每题 5 分，共 2 题，共 10 分）

1. 绘图表示 18 墙、24 墙、37 墙墙厚与标准砖规格的关系
2. 绘图表示地下室防潮构造

综合考题 8

一、单选题 （每题 1 分，共 30 题，共 30 分）

1. 下面正确的是（ ）。

（1）机械加工车间、机械装配车间属于冷加工车间；

（2）铸工车间、锻工车间属于热加工车间；

（3）精密仪表加工及装配车间、集成电路车间属于洁净车间；

（4）精密机械车间、纺织车间属于恒温恒湿车间

A.（1）（2）（3）（4） B.（2）（3）（4） C.（1）（2）（4） D.（1）（2）（3）

2. 多层厂房广泛用于（ ）等。

A. 食品工业、电子工业、机械工业 B. 机械工业、电子工业、精密仪器工业

C. 食品工业、机械工业、轻型机械制造工业 D. 食品工业、电子工业、轻型机械制造工业

3. 按材料的燃烧性能把材料分为（ ）。

A. 燃烧材料、半燃烧材料、不燃烧材料 B. 全燃烧材料、部分燃烧材料、不燃烧材料

C. 全燃烧材料、半燃烧材料、不燃烧材料 D. 燃烧材料、难燃烧材料、不燃烧材料

4. 组成房屋的基本部分是（ ）。

A. 基础、楼地面、楼梯、墙（柱）、屋顶、门窗

B. 地基、楼板、地面、楼梯、墙（柱）、屋顶、门窗

C. 基础、楼地面、楼梯、墙、柱、门窗、阳台

D. 基础、地基、楼地面、楼梯、墙、柱、门窗

5. 经济合理的结构布置：钢筋混凝土板经济跨度（ ），钢筋混凝土梁经济跨度（ ）。

A. ≤3 m、≤9 m B. ≤4 m、≤5 m C. ≤4 m、≤9 m D. ≤4 m、≤12 m

6.（　）是横墙承重的特点。

A. 建筑物横向刚度好　B. 横向刚度较差　C. 适用于需要大空间　D. 平面布置灵活

7.（　）是框架结构的特点。

A. 适用于开间、进深不大的房间　B. 抗震性能差

C. 隔墙要承重　D. 空间划分灵活

8. 大厅式组合适用于（　）建筑。

A. 体育馆　B. 医院　C. 展览馆　D. 办公楼

9. 夸张的尺度是指（　）真实大小的尺度感。

A. 大于　B. 小于　C. 等于　D.大于等于

10. 以对称的手法，通过两端低矮部分衬托中部主体，多用于（　）建筑。

A. 医院　B. 办公楼　C. 学校　D. 体育馆

11. 按构造形式可分为（　）。

A. 带形基础、锥形、联合基础　B. 带形基础、片筏基础、箱形基础。

C. 带形基础、独立式基础、联合基础　D. 带形基础、十字交叉基础、箱形基础

12. 挑砖窗台的高度通常为（　）mm 及（　）mm 厚，也可以采用钢筋混凝土窗台。

A. 50、100　B. 60、120　C. 70、140　D. 120、240

13. 装饰用的天然石材有（　）。

A. 花岗石、大理石、青石板　B. 花岗石、大理石、合成石材

C. 花岗石、大理石、水磨石板　D. 水磨石板、合成石材、青石板

14. 根据阳台与建筑物外墙的关系分（　）。

A. 挑阳台、凹阳台、半挑半凹阳台、中间阳台

B. 挑阳台、凹阳台、半挑半凹阳台、转角阳台

C. 挑阳台、凹阳台、中间阳台、转角阳台

D. 挑阳台、凹阳台、半挑半凹阳台

15.（　）不是无梁楼板的特点是。

A. 楼板不设梁，柱间距≤6 m　B. 适用于荷载较大的建筑

C. 净空高度大，顶棚平整，采光通风较好　D. 通常跨度为柱距的 2 倍

16. 楼梯是供人行走的，楼梯的踏步面层应（　）。

A. 抗弯、抗折，耐磨、防滑，便于清洁，也要求美观

B. 抗弯、抗折，防火，环保，便于清洁，也要求美观

C. 便于行走，防火，环保，也要求美观

D. 便于行走，耐磨、防滑，便于清洁，也要求美观

17. 按楼梯的结构支承情况，可以分为（　）楼梯。

A. 板式、梁板式、现浇式、装配式　B. 板式、梁板式、墙承式、梁承式

C. 板式、梁式、螺旋式、空间结构式　D. 板式、梁板式、墙承式、空间结构式

18. 室外台阶应坚固耐磨，具有较好的（　）。

A. 耐久性、防火性和抗水性　B. 耐久性、抗冻性和抗水性

C. 防火性、抗震性和抗水性　D. 耐久性、抗震性和抗水性

19. 根据防火要求，疏散走道和楼梯的最小宽度不应小于（　）m，不超过六层的单元式住宅中一边设有栏杆的疏散楼梯，其最小宽度可不小于（　）m。

A. 1.1、1.05　B. 1.2、1.0　C. 1.1、1.0　D. 1.05、1.0

20. 屋面防水等级分为（　）级。

A. 3　B. 4　C. 5　D. 6

21. 一般建筑的天沟净宽不应小于 200 mm，天沟上口至分水线的距离不应小于（　）mm，沟底的水落差不超过（　）mm。

A. 120、200　　B. 150、250　　C. 150、200　　D. 120、250

22. 平屋顶也有一定的排水坡度，其排水坡度小于（　），最常用的排水坡度为（　）。

A. 10%、2% ~ 3%　　B. 5%、2% ~ 3%　　C. 10%、3% ~ 5%　　D. 5%、1% ~ 3%

23. 下面叙述错误的是（　）。

A. 平开门是建筑中最常见、使用最广泛的门

B. 弹簧门不适于用于幼儿园、中小学出入口处

C. 推拉门不占地或少占地，受力合理，不易变形

D. 卷帘门适用于高度大、需要经常开关的门洞

24. 横向定位轴线间的距离就是屋面板，吊车梁等构件长度的（　）。

A. 构造尺寸　　B. 工艺尺寸　　C. 标志尺寸　　D. 实际尺寸

25. 下面正确的是（　）。

（1）利用穿堂风通风的车间应将热源布置在主导风向的上风向，最好在附跨或敞棚中；

（2）我国南方地区气候炎热，一些热加工车间为了充分利用穿堂风，将厂房作成开敞式厂房，即将厂房外墙大面积开敞，开敞部位不设窗而采用挡雨板；

（3）开敞式厂房多用于防寒防雨要求不高或连续性散热的车间；

（4）我国南方地区气候炎热，一些热加工车间为了散热，将设备配置在露天

A.（1）（2）（3）　　B.（2）（3）　　C.（1）（2）（4）　　D.（3）（4）

26. 平天窗有（　）三种。

A. 三角形、矩形和锯齿形　　B. 采光板、采光罩和采光带

C. 块状、点状和状带　　D. 单面、双面和多面

27. 由于受吊车起重形式、起重量、柱距、跨度、有无安全走道板等因素，边柱与纵向轴线的联系有（　）。

A. “封闭结合”与“非封闭结合”　　B. “封闭结合”与“半封闭结合”

C. “半封闭结合”与“非封闭结合”　　D. “半结合”与“全结合”

28. 横向变形缝处采用双柱双轴线，变形缝两侧柱子的中心线距轴线（　）m。

A. 0.5　　B. 0.6　　C. 0.8　　D. 1.0

29. 单层厂房大型墙板的布置方式有（　）三种方式。

A. 长向布置、短向布置和混合布置　　B. 横向布置、纵向布置和混合布置

C. 单向布置、双向布置和混合布置　　D. 横向布置、竖向布置和混合布置

30. 立旋窗有（　）的作用。

A. 通风　　B. 散热　　C. 引导气流　　D. 遮雨

二、判断题（正确的打√，错误的打×，每题 1 分，共 20 题，共 20 分）

1. 民用建筑根据其使用功能，分为居住建筑和公共建筑两大类。（　）

2. 对于风向风速，建筑设计中一般用风玫瑰图表示，玫瑰图上的风向是指从外吹向地区中心。（　）

3. 经济合理的结构布置，要求钢筋混凝土板经济跨度≤2 m，钢筋混凝土梁经济跨度≤9 m。（　）

4. 平面作定向反射，可加强声场不足的部位；凸曲面作扩散反射，使声场均匀；凹曲面作收敛反射，严重产生声聚和音质缺陷 —— 轰鸣声。（　）

5. 建筑功能是起主导作用的因素，因此满足了功能就是成功的设计。（　）

6. 房间单侧开窗时，房间进深不大于窗上沿离地高度的 2 倍；两侧开窗时，房间进深可以较单侧开窗时增加 2 倍。（　）

7. 隔墙有块材隔墙、轻骨架隔墙、板材隔墙三种类型。( )

8. 墙体砌筑要求是错缝搭接，避免通缝，灰浆饱满，横平竖直。( )

9. 为了抗震，圈梁必须每层设置。( )

10. 地坪层的结构层是夯实的素土层。( )

11. 预制板的长度是 300 mm 的倍数，宽度是 100 mm 的倍数，厚度是 10 mm 的倍数。( )

12. 为使受力协调，小型构件装配式楼梯只能采用单一的材料制作。( )

13. 按其消防性质可分为敞开楼梯、封闭楼梯、防烟楼梯、室外楼梯。( )

14. 水平扶手长度超过 0.50 m 时，其高度不应小于 1.20 m，栏杆离楼面 0.10 m 高度内不应留空。( )

15. 刚性防水屋面为减少结构层产生挠曲变形及温度变化时产生胀缩变形对防水层带来不利影响，在它们之间作隔离层。( )

16. 瓦屋面均为坡屋顶，其承重结构体系有山墙承重、屋架承重。( )

17. 转门对防止内外空气的对流有一定的作用，可以作为疏散门。( )

18. 顶部采光时，Ⅰ～Ⅳ级采光等级的采光均匀度不宜小于 0.5。( )

19. 连系梁是排架结构厂房的纵向连系构件，还与厂房柱形成框架，承受厂房上部墙体荷载。( )

20. 厂房大门大而且重，适合采用提升门。( )

三、填空题 （每空 1 分，共 20 空，共 20 分）

1. 工业厂房按层数可分为（ ）以及混合层数厂房。

2. 建筑设计包括（ ）两方面，由建筑师完成。

3. 工业建筑的设计应满足（ ）、建筑经济、卫生安全等方面的要求。

4. （ ）通常是确定房屋朝向和间距的主要因素。

5. 框架结构适用于开间大，进深大的房间及（ ）的建筑。

6. 教室设计，前排边座的学生与黑板远端形成的水平视角（ ），避免斜视影响视力，为防止第一排垂直视太小造成近视，保证垂直视角≥45°。

7. 立面设计要注意的问题有：尺度和比例、韵律和虚实、（ ）。

8. 建筑既是物质产品，又是（ ）产品。

9. 装饰用的天然石材有花岗石、大理石及（ ）。

10. 墙体按照结构受力的不同可分为（ ）。

11. 吊顶顶棚一般由（ ）三个部分组成。

12. 楼板层通常由（ ）三部分组成。

13. 当楼梯间进深受限，使踏面宽度不满足最小宽度尺寸时，采取措施：一为采用（ ），二为采用挑出梯口。

14. 屋面按最上层防水材料分有（ ）、油膏嵌缝涂料屋面、瓦屋面。

15. 屋顶坡度的形成有（ ）两种做法。

16. 变形缝有三种，即（ ）。

17. 采用承重砖墙的单层厂房，适用的吊车起重量为（ ）t。

18. 单层厂房侧窗每樘窗面积都比较大，一般采用基本扇进行组合成为组合窗的方式。在进行组合时，横向拼接左右窗框间应加（ ）；竖向拼接时，上下窗框间应加横档。

19. 为了保证厂房的（ ），往往还要在屋架之间和柱间设置支撑系统。墙体在厂房中只起围护或分隔作用。

20. 矩形天窗加设（ ）则成为矩形避风天窗。

四、问答题　（每题 4 分，共 5 题，共 20 分）

1. 外界环境对建筑构造的影响有哪些？试举例说明。
2. 建筑形体组合的造型要求是什么？
3. 框架结构建筑的特点有哪些？
4. 厂房建筑为了保证排气口在任何情况下都能稳定地排出热气流，应采取什么措施？
5. 为什么要设置伸缩缝？

五、作图题　（每题 5 分，共 2 题，共 10 分）

1. 绘图表示三角形天沟的构造图。
2. 绘图表示地下室外防水构造。

综合考题 1 答案

一、单选题

1～5. BCADA　6～10. DDBBD　11～15. ADADD　16～20. ACAAA
21～25. ACBBB　26～30. DDABC

二、判断题

1～5. √×√√√　6～10. √×√××　11～15. ×√×√√　16～20. √√××√

三、填空题

1. 建筑物、构筑物
2. 建筑设计、结构设计、设备设计
3. 远端、≥30°、太小、≥45°
4. 混合结构、框架结构
5. 0.1、不易攀登、0.11
6. 砖、砂浆
7. 水泥、石灰、混合
8. 刚性、柔性
9. 面层、楼板、顶棚
10. 空铺、实铺、粘贴
11. 踢面向外倾斜、挑出踏面
12. 现浇、预制装配
13. 平屋顶、坡屋顶、其他屋顶
14. 采光、通风、观望
15. 伸缩缝、沉降缝、防震缝

四、问答题

1. 建筑三要素是：建筑功能、建筑技术、建筑形象。

建筑三要素彼此之间是辩证统一的关系，不能分割，但又有主次之分。第一是功能，是起主导作用的因素；第二是物质技术，是达到目的的手段，但是技术对功能又有约束或促进的作用；第三是建筑形象，是功能和技术的反映。建筑设计就是要充分发挥设计者的主观能动作用，把这三者完美结合在一起，使建筑既实用经济又美观。

2. 完全为交通需要而设置的走道，如办公楼、旅馆、电影院、体育馆走道仅供人流集散用；主要为交通联系，同时兼有其他功能的走道，如教学楼走道、医院门诊走道；多功能综合使用的走道，如展览馆走道式布置展品，满足边走边看的要求。

3. 板式楼梯——由斜梯板、平台梁和平台板组成。其特点是钢材及混凝土用量多，自重大，但板底底面平整，视觉上轻巧，适用于层高低，梯段水平投影长小及荷载较轻的楼梯。

梁板式楼梯——由踏步板、斜梯梁、平台梁和平台板组成。荷载由踏步板传给斜梯梁，再由斜梁传给平台梁，而后传到墙或柱上。梁板式楼梯与板式楼梯相比，板跨小了很多，因此具有自重轻，节约钢材与混凝土的特点，常用于层高大，跨度大，荷载大的楼梯。

4. 泛水指屋面沿垂直面铺设的防水层。女儿墙、烟囱、楼梯间、变形缝、检修孔、出屋面立管等凸出屋面部分，当它们穿过防水层时，与屋面交界处最容易漏水的地方，必须将屋面防水层连续铺设至出屋面的立面上，形成立铺的防水层。

泛水高度，即卷材贴至垂直面至少 250 mm。找平层在泛水转角处，均应做成直径≥100 mm 的圆弧或钝角斜面，斜面宽≥100。

5. 伸缩缝只需保证建筑物在水平方向的自由伸缩变形，而沉降缝主要应满足建筑物在垂直方向的自由沉降变形，故应将建筑物从基础到屋顶全部断开。同时沉降缝也应兼顾伸缩缝的作用，故应在构造设计时应满足伸缩和沉降双重要求。

五、作图题

1.

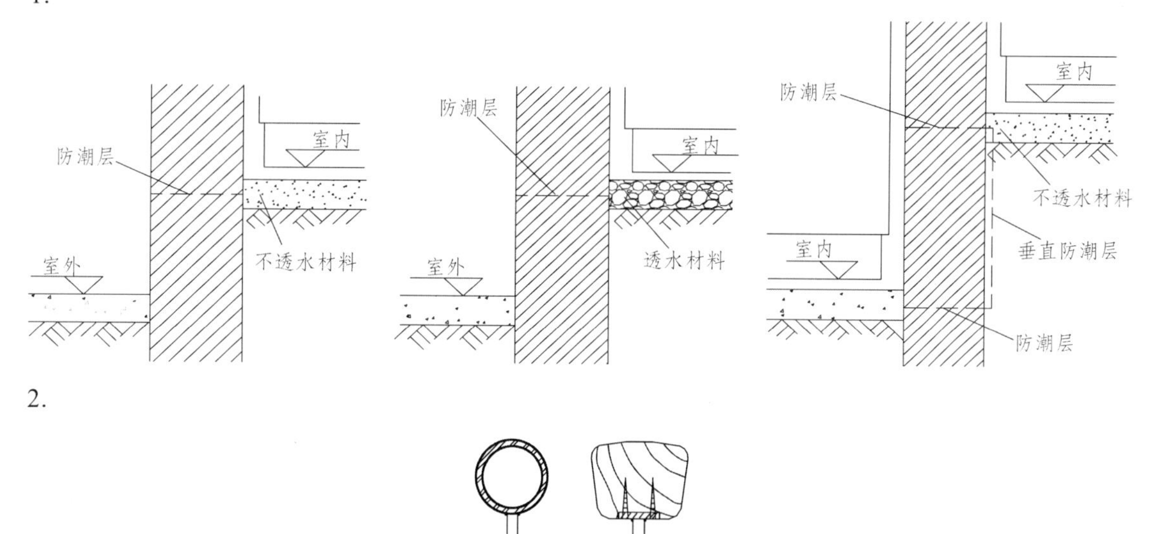

2.

金属管材扶手与金属栏杆用焊接连接；
硬木扶手在竖杆顶部设通长扁钢，与扶手底面槽口榫接。

综合考题 2 答案

一、单选题

1～5. ABBBC　　6～10. CACCC　　11～15. BBABC　　16～20. CDCBD

21 ~ 25. DBCAA　　26 ~ 30. BACAA

二、判断题

1 ~ 5. ×√√××　　6 ~ 10. ×√√√×　　11 ~ 15. √×√√√　　16 ~ 20. √√×√×

三、填空题

1. 建筑功能、建筑技术、建筑形象
2. 开间或柱距、进深或跨度、构配件尺寸、门窗洞口尺寸
3. 使用、交通联系
4. 使用功能、结构形式、设备管线、建筑造型
5. 视点
6. 先于、满足
7. 地基、把房屋上部的荷载传给地基
8. 横墙、纵墙、双向、局部框架
9. 骨架、面层
10. 0.5
11. 压型薄钢板、混凝土
12. 儿童活动、竖直杆件、0.11、穿越坠落
13. 柔性防水、刚性防水、油膏嵌缝涂料、瓦
14. 人流不集中出入的公共建筑、不能
15. 墙体、楼板层、屋顶

四、问答题

1. 建筑是指建筑物与构筑物的总称。住宅、学校、办公楼、影剧院这些直接供人们生活居住、工作学习和娱乐的建筑称为建筑物，而像水坝、水塔、蓄水池、烟囱之类的建筑则称为构筑物。无论是建筑物或构筑物，都是一种人工创造的满足人类生活需求的空间环境。

2. 体型简单，墙面平直，便于家具布置和设备安排，使用上充分利用室内有效面积，有较大的灵活性；结构布置简单，便于施工，经济；便于统一开间、进深，有利于平面及空间组合。

3. 刚性基础——由抗压强度高，而抗拉、抗剪强度低的材料制作的基础，如砖、石、混凝土。

灰缝强度低，基底宽度在刚性角控制范围内，基础不产生拉力，基础不致被拉坏。当基底宽超过刚性角控制范围，地基反力使基底拉破坏。

刚性角是基础放宽的引线与墙体垂直线之间的夹角。材料不同，刚性角不同。砖、石基础的刚性角在 26 ~ 33°之内，混凝土基础控制在 45°之内。

4. 整体性好、刚度大，利于抗震，梁板布置灵活，能适应各种不规则形状和需要留孔洞等特殊要求的建筑，但模板材料的耗用量大，施工速度慢。

5. 楼梯平台上下净高不应小于 2 m（含梯段起、止点与上方构件的水平距离≥0.3 m 范围内）；梯段处要求梯段净高不应小于 2.20 m，

当底层的中间平台下作房间或通道不满足净高时，可采用：等跑并降低室外地面；底层采用直跑直达二楼；采用不等跑，将第一梯跑加长，第二梯跑缩短，成形跑数不等的梯跑；混合方法，既采用不等跑，又适当降低地面。

五、作图题

1.

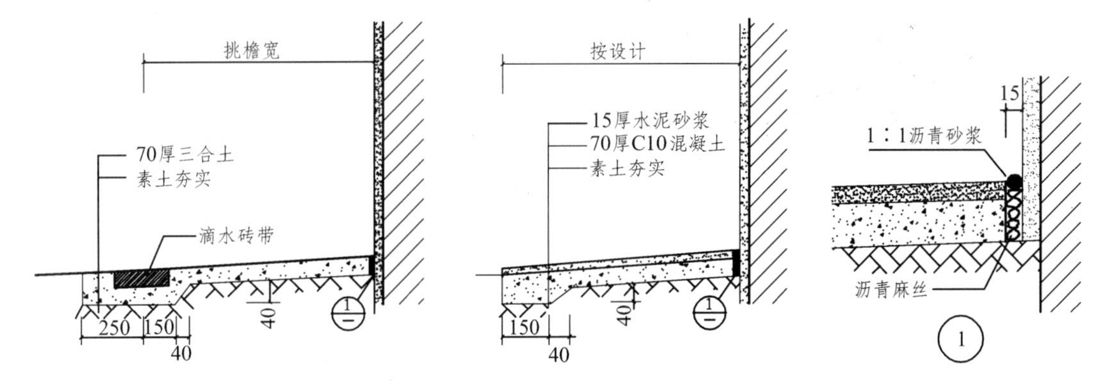

2.

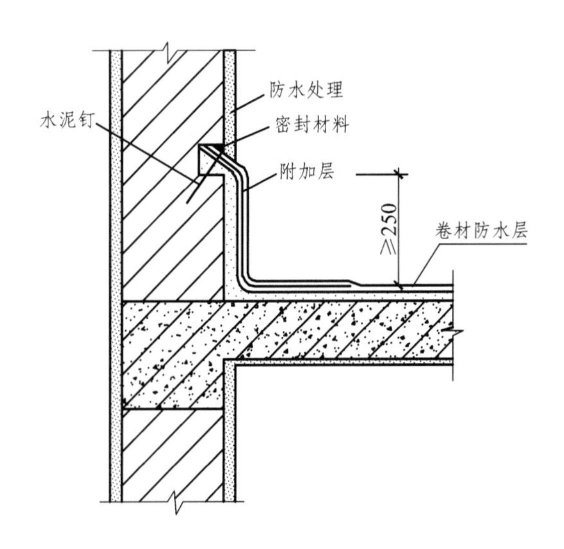

综合考题 3 答案

一、单选题

1～5. DDBAD　　6～10. CACAA　　11～15. AACCB　　16～20. ACCDD

21～25. DDBCC　　26～30. CBBAD

二、判断题

1～5. √×√√√　　6～10. √√√√×　　11～15. ×√√××　　16～20. ×√√×√

三、填空题

1. 生产性、非生产性
2. 0.9 m×1.2 m、0.9 m×1.4 m
3. 提高、跨度、梁顶面
4. 韵律、虚实、质感、色彩
5. 门窗
6. 承重、非承重
7. 竖、层间墙体、空间骨架、加强建筑物的整体性
8. 花岗石、大理石、青石板

9. 返潮、空气间层或多孔、断开、微吸水性
10. 吊杆、骨架、面层
11. 0.25、0.22
12. 梁支承、墙支承
13. 材料、结构
14. 镶板门、夹板门、纱门、百叶门
15. 水平、20 ~ 40

四、问答题

1. 走道式组合，如教学楼、医院、宿舍、办公楼；套间式组合，如展览馆、博物馆；单元式组合，如住宅、幼儿园；大厅式组合，如影剧院、体育馆。

2. 层高是指建筑物相邻楼层之间楼地面面层之间的垂直距离。室内净高是指按楼地面面层至吊顶或楼板或梁底面之间的垂直距离。

3. 天然地基——天然土层本身具有足够强度，不须人工改善或加固便可作为建筑物的地基，如岩石、碎石、砂土、黏土。

人工地基——由于荷载较大或地基承载力不够而缺乏足够稳定性，须预先对土层通行人工加固后才能作为建筑物的地基，如压实、换土。

4. 预制装配式楼梯是指，用预制厂生产或现场制作的构件安装拼合而成的楼梯。采用预制装配式楼梯可较现浇式钢筋混凝土楼梯提高工业化施工水平，节约模板，简化操作程序，较大幅度地缩短工期。但预制装配式钢筋混凝土楼梯的整体性、抗震性、灵活性等不及现浇钢筋混凝土楼梯。

5. 卷材防水屋面是利用防水卷材与黏结剂结合，形成连续致密的构造层来防水的一种屋顶。卷材防水屋面防水层具有一定的延伸性和适应变形的能力，又被称作柔性防水屋面。

卷材防水屋面的基本构造层次有结构层、找平层、结合层、防水层、保护层。

为防止找平层变形开裂而波及卷材防水层，宜在找平层中留设分格缝。

五、作图题

1.

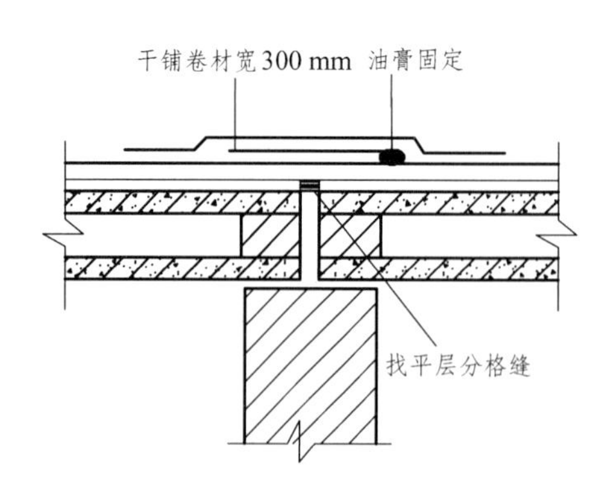

2.

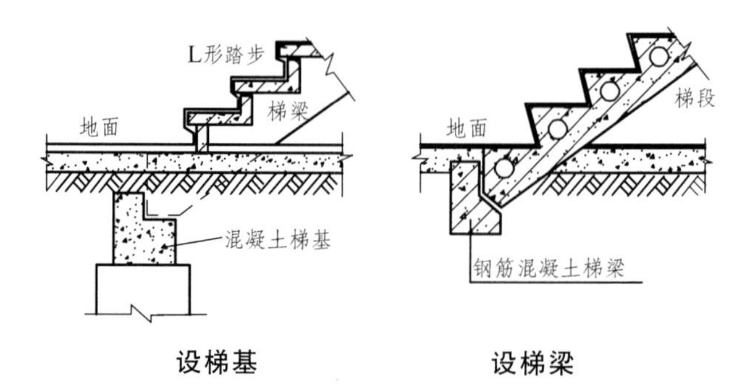

设梯基　　　设梯梁

综合考题4答案

一、单选题

1～5. ACDAD　6～10. BADAD　11～15. CDCDB　16～20. DDBDC
21～25. DBCAC　26～30. ADADC

二、判断题

1～5. ×√×××　6～10. ×√××√　11～15. √×√××　16～20. √√√√√

三、填空题

1. 四
2. 0.55＋（0～0.15）、两、1.1
3. 物质、精神
4. 基础、楼梯、屋顶、门窗
5. 抹灰类、涂料类、贴面类、裱糊类
6. 以上、墙身、地坪、防水
7. 砖块或混凝土、防止板端被压坏
8. 生活、服务
9. 门洞过梁悬挑、墙或柱支承
10. 混凝土台阶、石砌台阶、砖砌台阶、混凝土
11. 无组织、有组织
12. 18、24、30
13. 水平式、垂直式、综合式、挡板式
14. 增加玻璃的层数
15. 体型、均匀

四、问答题

1. 要求开间、进深尺寸尽量统一，上下承重墙对齐，墙体洞口上下对齐。

混合结构的承重形式有：横墙承重、纵墙承重、纵横墙共同承重、内框架结构。

2. 外界作用力的影响，如人、家具和设备的重量，结构自重，风力，地震力，以及雪重等；气候条件的影响，如日晒雨淋、风雪冰冻、地下水等；人为因素的影响，如火灾、机械振动、噪声等的影响。

3. 现浇钢筋混凝土楼梯是指楼梯梯段、楼梯平台等现场整浇在一起的楼梯。它整体性好，刚度大，坚固耐久，抗震较为有利。但是在施工过程中，要经过支模板，绑扎钢筋，浇灌混凝土，振捣，养护，拆模等作业，受外界环境因素影响较大，湿作业多，工人劳动强度大，工期长，在拆模之前，不能利用它进行垂直运输。因而较适合抗震设防要求较高的建筑中。

4. 分格缝是一种设置在刚性防水层中的变形缝，其作用有：防水层受气温影响产生的温度变形较大，容易导致混凝土开裂，设置一定数量的分格缝将防水层的面积减小，可有效地防止和限制裂缝的产生；屋面板在荷载作用下会产生挠曲变形，支承端翘起，易于引起混凝土防水层开裂，如在这些部位预留分格缝就可避免防水层开裂。

分格缝应设置在装配式结构屋面板的支承端、屋面转折处、刚性防水层与立墙的交接处，并应与板缝对齐。分格缝的纵横间距不宜大于 6 m。屋脊是屋面转折的界线，故此处应设一纵向分格缝；横向分格缝每开间设一道，并与装配式屋面板的板缝对齐；沿女儿墙四周的刚性防水层与女儿墙之间也应设分隔缝；其他突出屋面的结构物四周都应设置分格缝。

5. 将保温层放在防水层之上，形成敞露式保温层，叫倒铺保温屋面。

优点：防水层在保温层之下，不受阳光及气候变化影响（影响小），不易受到来自外界的机械损伤，保护防水层。

五、作图题

1.

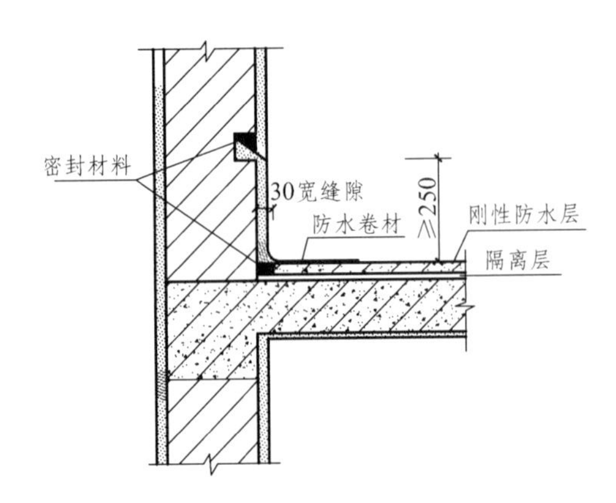

2.

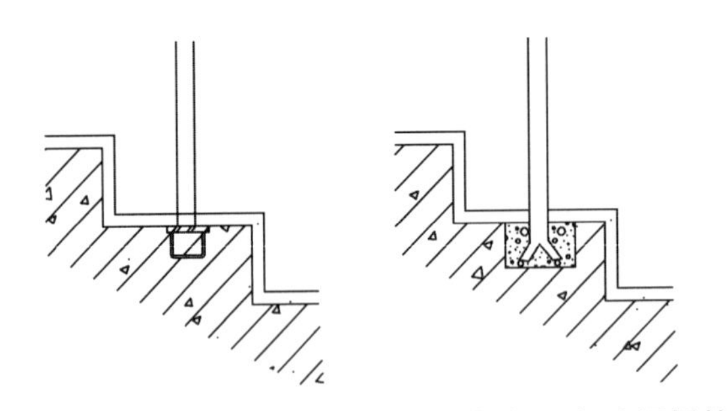

楼梯栏杆与预埋件焊接　　楼梯栏杆与预留孔洞插接

综合考题5答案

一、单选题

1～5. ADAAC　　6～10. ADDCD　　11～15. AACCD　　16～20. DBDDD

21～25. BDDCA　　26～30. CDCCA

二、判断题

1～5. √√√√×　　6～10. ×√√×√　　11～15. √√×××　　16～20. ×√√√√

三、填空题

1. 日照和主导风向
2. 单层厂房、多层厂房
3. 建筑物与构筑物
4. 总体设计和单体设计
5. 空间需要灵活划分、层高较高

6. 前室
7. 单体设计必须服从规划
8. 视点
9. 青石板
10. 水泥砂浆、石灰砂浆及混合砂浆
11. 门洞过梁悬挑
12. 防止板端被压坏
13. 踢面向外倾斜
14. 18
15. 有组织
16. 20 ~ 40
17. 竖梃
18. 屋架或屋面梁端部
19. 大于
20. 屋面大梁或屋架、柱子、柱与基础

四、问答题

1. 建筑三要素是：建筑功能、建筑技术、建筑形象。

建筑三要素彼此之间是辩证统一的关系，不能分割，但又有主次之分。功能是起主导作用的因素；物质技术是达到目的的手段，但是技术对功能又有约束或促进的作用；建筑形象，是功能和技术的反映。建筑设计就是要充分发挥设计者的主观能动作用，把这三者完美结合在一起，使建筑既实用经济又美观。

2. 体型简单，墙面平直，便于家具布置和设备安排，使用上充分利用室内有效面积，有较大的灵活性；结构布置简单，便于施工，经济；便于统一开间、进深，有利于平面及空间组合。

3. 层高是指建筑物相邻楼层之间楼地面面层之间的垂直距离。室内净高是指按楼地面面层至吊顶或楼板或梁底面之间的垂直距离。

4. 当地下水的常年水位和最高水位处在地下室地面标高以下时，只对地下墙体和地坪作防潮气处理。

5. 当底层的中间平台下作房间或通道不满足净高时，可采用：等跑并降低室外地面；底层采用直跑直达二楼；采用不等跑，将第一梯跑加长，第二梯跑缩短，成形跑数不等的梯跑；混合方法，既采用不等跑，又适当降低地面。

五、作图题

1.

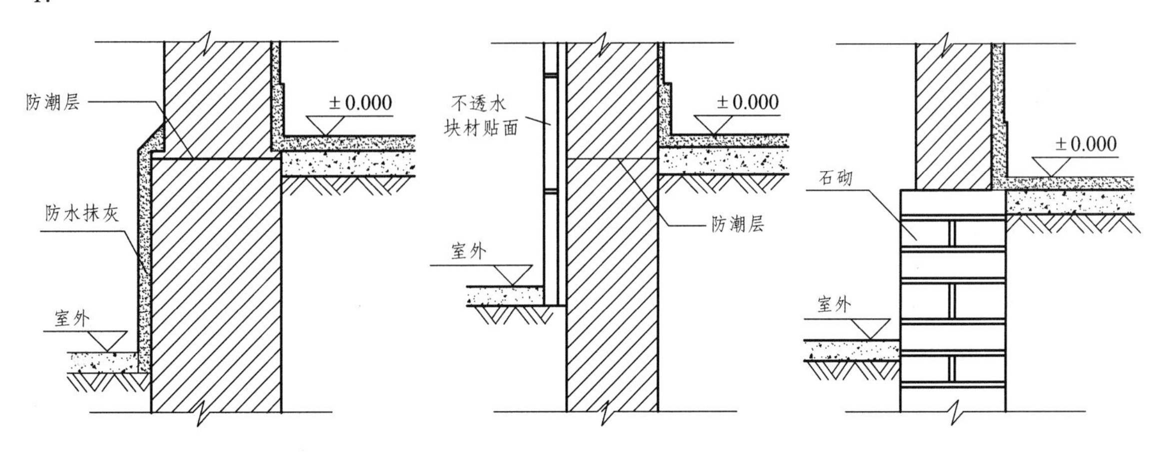

2.

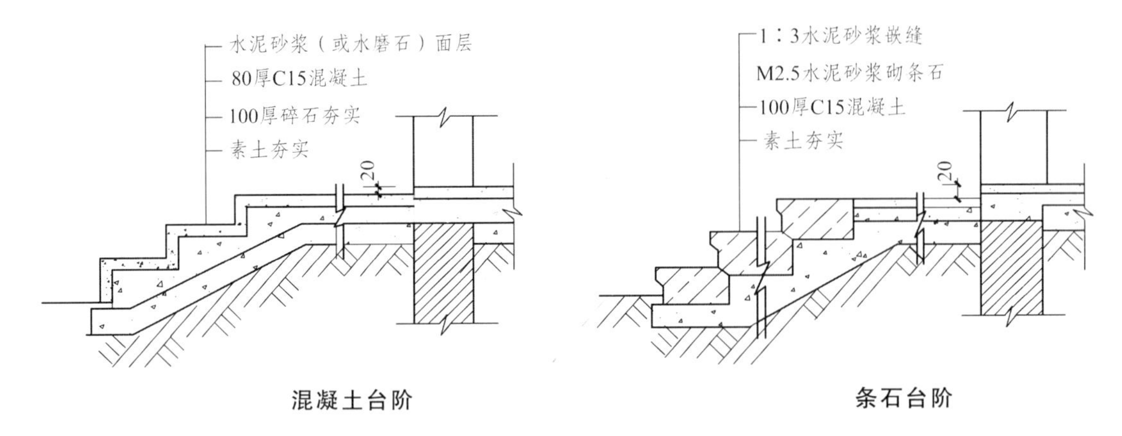

混凝土台阶　　　　条石台阶

综合考题6答案

一、单选题

1～5. DBABA　6～10. ABADA　11～15. BBACC　16～20. ADDDB
21～25. ACAAC　26～30. ACBCC

二、判断题

1～5. √×√×√　6～10. ×√×√√　11～15. √××√×　16～20. √√√×√

三、填空题

1. 居住建筑和公共建筑
2. 生产工艺
3. 平屋顶、坡屋顶、其他屋顶
4. 门窗
5. 使用部分和交通联系部分
6. 使用功能、结构形式
7. 3.6
8. 梁顶面
9. 青石板
10. 防水
11. 面层、楼板、顶棚
12. 防止板端被压坏
13. 踢面向外倾斜
14. 当地降雨量
15. 把房屋上部的荷载传给地基
16. 墙体、楼板层、屋顶等地面以上部分全部
17. 挡风板
18. 梁式吊车、桥式吊车
19. 主要地坪标高
20. ≤5

四、问答题

1. 屋顶是房屋顶部的围护构件，抵抗风、雨、雪的侵袭和太阳辐射热的影响。屋顶又是房屋的承重结构，承受风、雪和施工期间的各种荷载。屋顶应坚固耐久、不渗漏水和保暖隔热。

2. 混合结构对建筑设计要求是开间、进深尺寸尽量统一，上下承重墙对齐，墙体洞口上下对齐。混合结构的承重形式有：横墙承重、纵墙承重、纵横墙共同承重、内框架结构。

3. 为了实现建筑的工业化和规模化生产，不同材料、不同形式和不同制造方法的建筑构配件、组合件应当具有一定的通用性和互换性。

4. 厂房的面积及柱网尺寸较大，可设计成多跨连片的大面积厂房；厂房结构与地面可承受大的荷载，有些生产还需要在地面上设地坑或地沟；内部空间较大，能通行大型运输工具；为了解决厂房内部的采光和通风，屋顶设有各种类型的天窗，这使屋面、天窗构造复杂。

5. 遮阳设施有活动遮阳和固定遮阳板两种类型。固定遮阳板的基本形式有水平式、垂直式、综合式和挡板式。

五、作图题

1.

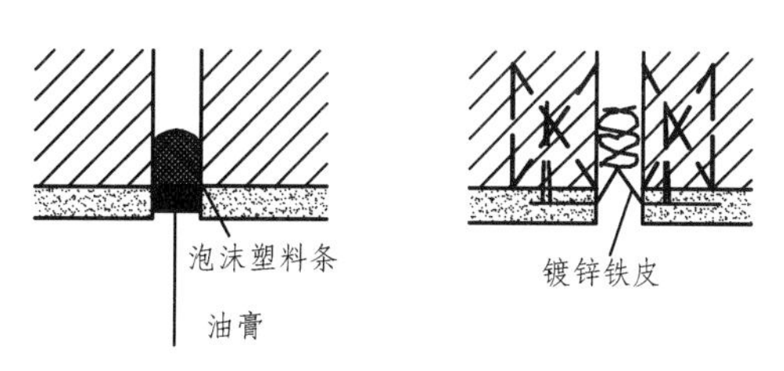

2.

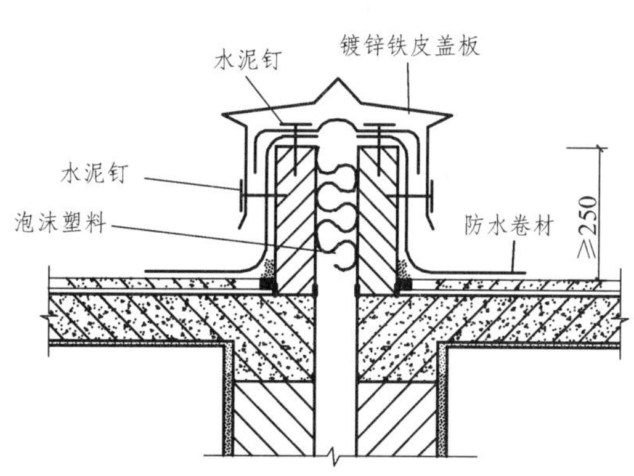

综合考题 7 答案

一、单选题

1～5. DBAAA　　6～10. DBCBA　　11～15. BDCCB　　16～20. BADDA
21～25. CBBCB　　26～30. CDBAD

二、判断题

1～5. ×√√××　　6～10. √√×√√　　11～15. ××√××　　16～20. ××√√×

三、填空题

1. 建筑设计、结构设计、设备设计
2. 单层厂房、多层厂房
3. 生产性建筑和非生产性建筑

4. 生产工艺
5. ≥30°
6. 使用部分和交通联系部分
7. 单体设计必须服从规划
8. 梁顶面
9. 0.5
10. 防水
11. 吊杆、骨架、面层
12. 面层、楼板、顶棚
13. 混凝土
14. 有吊顶棚或室内观感要求不高
15. 强度和刚度
16. 若干体型简单、结构刚度均匀的独立单元
17. 主要地坪标高
18. 0.7
19. 大于
20. 自然通风

四、问答题

1. 工业建筑按层数分：单层厂房；多层厂房；混合层次厂房，即厂房内既有单层跨又有多层跨。

工业建筑按生产状况分：冷加工车间、热加工车间、恒温恒湿车间、洁净车间、其他特种状况的车间。

2. 走道式组合，如教学楼、医院、宿舍、办公楼；套间式组合，如展览馆、博物馆；单元式组合，如住宅、幼儿园；大厅式组合，如影剧院、体育馆。

3. 使用功能，结构、材料、城市规划及环境条件、社会经济条件。

4. 天然地基——天然土层本身具有足够强度，不须人工改善或加固便可作为建筑物的地基，如岩石、碎石、砂土、黏土。

人工地基——由于荷载较大或地基承载力不够而缺乏足够稳定性，须预先对土层通行人工加固后才能作为建筑物的地基，如压实、换土。

5. 肋梁楼板两个方向的梁不分主次，高度相等，同位相交，呈井字形，成为井式楼板。井式楼板宜采用正方形或矩形长短边之比≤1.5，跨度可达 30 ~ 40 m，梁间距在 3.0 m 左右。

五、作图题

1.

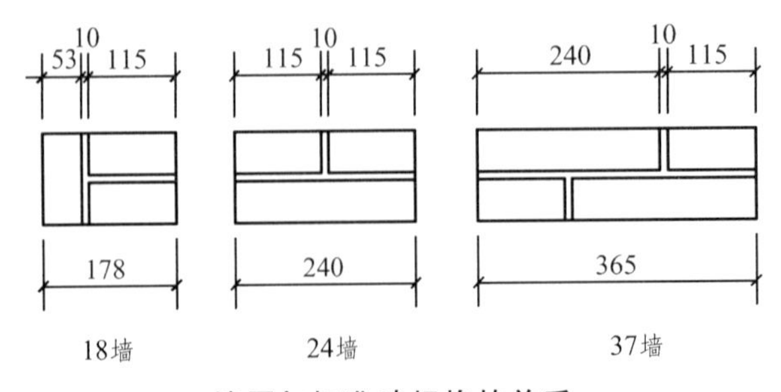

墙厚与标准砖规格的关系

2.

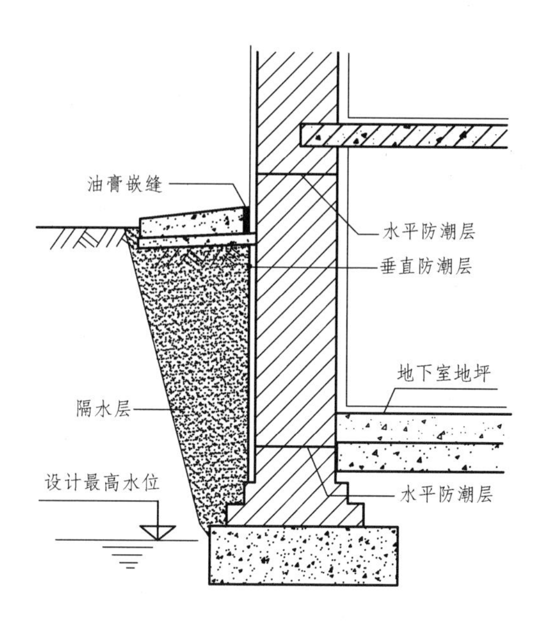

综合考题 8 答案

一、单选题

1～5. ADDAC　　6～10. ADAAB　　11～15. CBADD　　16～20. DDBCB
21～25. ABDCB　　26～30. BABDC

二、判断题

1～5. √√×√×　　6～10. ×√√××　　11～15. √×√×√　　16～20. √××√×

三、填空题

1. 单层厂房、多层厂房
2. 总体设计和单体设计
3. 生产工艺、建筑技术
4. 日照和主导风向
5. 空间需要灵活划分、层高较高
6. ≥30°
7. 质感和色彩
8. 精神
9. 青石板
10. 承重墙与非承重墙
11. 吊杆、骨架、面层
12. 面层、楼板、顶棚
13. 三角形梯口
14. 柔性防水屋面、刚性防水屋面
15. 材料找坡和结构找坡
16. 伸缩缝、沉降缝和防震缝

17. ≤5
18. 竖梃
19. 整体性和稳定性
20. 挡风板

四、问答题

1. 外界作用力的影响，如人、家具和设备的重量，结构自重，风力，地震力，以及雪重等；气候条件的影响，如日晒雨淋、风雪冰冻、地下水等；人为因素的影响，如火灾、机械振动、噪声等的影响。

2. 完整统一、比例适当，主次分明、交接明确，体型简洁、尊重环境。

3. 层高大，空间分隔灵活，立面开窗自由，可形成大面积独立窗，也可成带形窗，甚至可作大面积幕墙。作为围护分隔的墙体可以根据各个楼层的不同需要设置，无需上下对齐。

4. 只要在排气口的迎风面一定距离内装置一块挡风板就可使排气口处于负压区，使排气的天窗成为通风天窗。

5. 建筑物因受温度变化的影响而产生热涨冷缩，在结构内部产生温度应力，当建筑物长度超过一定限度时，建筑物会因热胀冷缩变形较大而产生开裂。为预防这种情况发生，常常沿建筑物长度方向每隔一定距离将建筑物断开。这种对应因温度变化而设置的缝隙就称为伸缩缝或温度缝。

五、作图题

1.

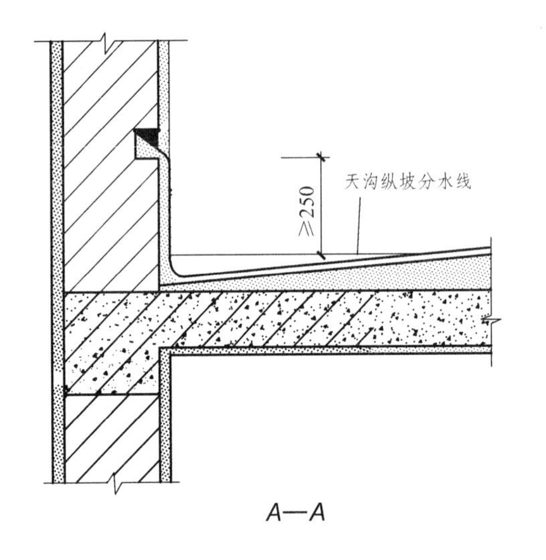

A—A

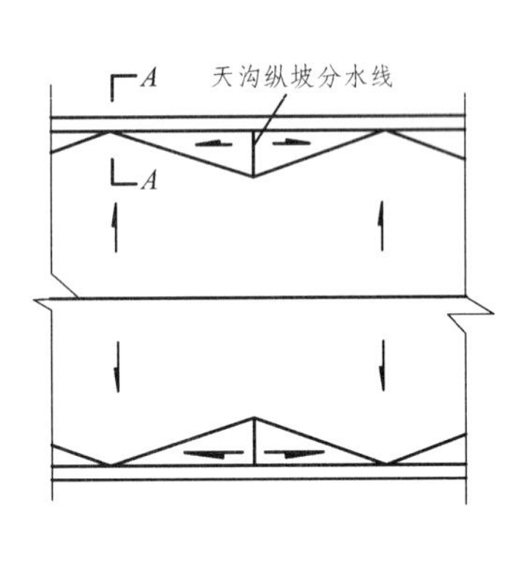

三角形天沟平面示意图

2.

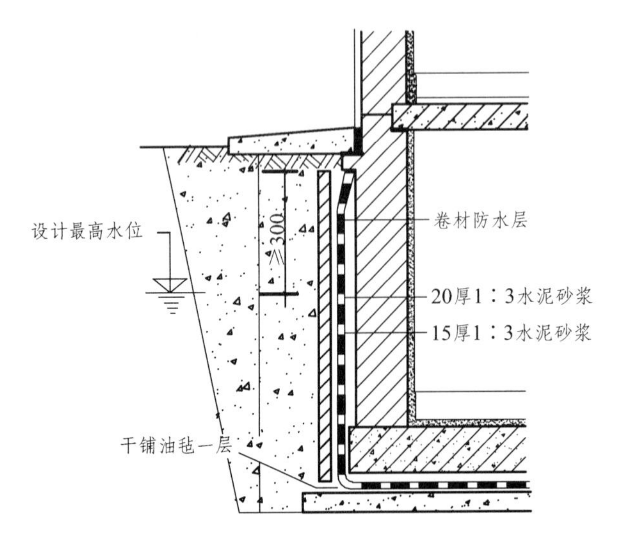

第三部分　房屋建筑学课程设计指导书

第 15 章　建筑设计相关规范

15.1 《民用建筑设计通则》(GB 50352—2005) 节选

1　总　则

1. 0. 1　为使民用建筑符合适用、经济、安全、卫生和环保等基本要求，制定本通则，作为各类民用建筑设计必须共同遵守的通用规则。

1. 0. 2　本通则适用于新建、改建和扩建的民用建筑设计。

3　基本规定

3.1　民用建筑分类

3. 1. 1　民用建筑按使用功能可分为居住建筑和公共建筑两大类。

3. 1. 2　民用建筑按地上层数或高度分类划分应符合下列规定：

1　住宅建筑按层数分类：一层至三层为低层住宅，四层至六层为多层住宅，七层至九层为中高层住宅，十层及十层以上为高层住宅；

2　除住宅建筑之外的民用建筑高度不大于 24 m 者为单层和多层建筑，大于 24 m 者为高层建筑（不包括建筑高度大于 24 m 的单层公共建筑）；

3　建筑高度大于 100 m 的民用建筑为超高层建筑。

注：本条建筑层数和建筑高度计算应符合防火规范的有关规定。

3. 1. 3 民用建筑等级分类划分应符合有关标准或行业主管部门的规定。

3.2　设计使用年限

3. 2. 1 民用建筑的设计使用年限应符合表 3.2.1 的规定。

表 3.2.1　设计使用年限分类

类别	设计使用年限（年）	示　例
1	5	临时性建筑
2	25	易于替换结构构件的建筑
3	50	普通建筑和构筑物
4	100	纪念性建筑和特别重要的建筑

3.3　建筑气候分区对建筑基本要求

3. 3. 1 建筑气候分区对建筑的基本要求应符合表 3.3.1 的规定，中国建筑气候区划图见附录 A。

表 3.3.1　不同分区对建筑基本要求

分区名称		热工分区名称	气候主要指标	建筑基本要求
Ⅰ	ⅠA ⅠB ⅠC ⅠD	严寒地区	1 月平均气温 ≤ −10 °C 7 月平均气温 ≤25 °C 7 月平均相对湿度 ≥50%	1. 建筑物必须满足冬季保温、防寒、防冻等要求 2. ⅠA、ⅠB 区应防止冻土、积雪对建筑物的危害 3. ⅠB、ⅠC、ⅠD 区的西部，建筑物应防冰雹、防风沙

续表

分区名称		热工分区名称	气候主要指标	建筑基本要求
Ⅱ	ⅡA ⅡB	寒冷地区	1月平均气温−10～0 °C 7月平均气温18～28 °C	1. 建筑物应满足冬季保温、防寒、防冻等要求，夏季部分地区应兼顾防热 2. ⅡA区建筑物应防热、防潮、防暴风雨，沿海地带应防盐雾侵蚀
Ⅲ	ⅢA ⅢB ⅢC	夏热冬冷地区	1月平均气温0～10 °C 7月平均气温25～30 °C	1. 建筑物必须满足夏季防热、遮阳、通风降温要求，冬季应兼顾防寒 2. 建筑物应防雨、防潮、防洪、防雷电 3. ⅢA区应防台风、暴雨袭击及盐雾侵蚀
Ⅳ	ⅣA ⅣB	夏热冬暖地区	1月平均气温>10 °C 7月平均气温25～29 °C	1. 建筑物必须满足夏季防热、遮阳、通风、防雨要求 2. 建筑物应防暴雨、防潮、防洪、防雷电 3. ⅣA区应防台风、暴雨袭击及盐雾侵蚀
Ⅴ	ⅤA ⅤB	温和地区	7月平均气温18～25 °C 1月平均气温0～13 °C	1. 建筑物应满足防雨和通风要求 2. ⅤA区建筑物应注意防寒，ⅤB区应特别注意防雷电
Ⅵ	ⅥA ⅥB	严寒地区	7月平均气温<18 °C 1月平均气温0～−22 °C	1. 热工应符合严寒和寒冷地区相关要求 2. ⅥA、ⅥB应防冻土对建筑物地基及地下管道的影响，并应特别注意防风沙 3. ⅥC区的东部，建筑物应防雷电
	ⅥC	寒冷地区		
Ⅶ	ⅦA ⅦB ⅦC	严寒地区	7月平均气温≥18 °C 1月平均气温−5～−20 °C 7月平均相对湿度<50%	1. 热工应符合严寒和寒冷地区相关要求 2. 除ⅦD区外，应防冻土对建筑物地基及地下管道的危害 3. ⅦB区建筑物应特别注意积雪的危害 4. ⅦC区建筑物应特别注意防风沙，夏季兼顾防热 5. ⅦD区建筑物应注意夏季防热，吐鲁番盆地地区应特别注意隔热、降温
	ⅦD	寒冷地区		

3.5 建筑无障碍设施

3.5.1 居住区道路、公共绿地和公共服务设施应设置无障碍设施，并与城市道路无障碍设施相连接。

3.5.2 设置电梯的民用建筑的公共交通部位应设无障碍设施。

3.5.3 残疾人、老年人专用的建筑物应设置无障碍设施。

3.5.4 居住区及民用建筑无障碍设施的实施范围和设计要求应符合国家现行标准《城市道路和建筑物无障碍设计规范》JGJ 50的规定。

3.7 无标定人数的建筑

3.7.1 建筑物除有固定座位等标明使用人数外，对无标定人数的建筑物应按有关设计规范或经调查分析确定合理的使用人数，并以此为基数计算安全出口的宽度。

3.7.2 公共建筑中如为多功能用途，各种场所有可能同时开放并使用同一出口时，在水平方向应按各部分使用人数叠加计算安全疏散出口的宽度，在垂直方向应按楼层使用人数最多一层计算安全疏散出口的宽度。

4 城市规划对建筑的限定

4.1 建筑基地

4.1.2 基地应与道路红线相邻接，否则应设基地道路与道路红线所划定的城市道路相连接。基地内建筑面积小于或等于3 000 m^2时，基地道路的宽度不应小于4 m，基地内建筑面积大于3000 m^2且只有一条基地道路与城市道路相连接时，基地道路的宽度不应小于7 m，若有两条以上基地道路与城市道路相连接时，基地道路的宽度不应小于4 m。

4.1.4 相邻基地的关系应符合下列规定：

1　建筑物与相邻基地之间应按建筑防火等要求留出空地和道路。当建筑前后各自留有空地或道路，并符合防火规范有关规定时，则相邻基地边界两边的建筑可毗连建造；

2　本基地内建筑物和构筑物均不得影响本基地或其他用地内建筑物的日照标准和采光标准；

3　除城市规划确定的永久性空地外，紧贴基地用地红线建造的建筑物不得向相邻基地方向设洞口、门、外平开窗、阳台、挑檐、空调室外机、废气排出口及排泄雨水。

4.2　建筑突出物

4. 2. 1　建筑物及附属设施不得突出道路红线和用地红线建造，不得突出的建筑突出物为：

——地下建筑物及附属设施，包括结构挡土桩、挡土墙、地下室、地下室底板及其基础、化粪池等；

——地上建筑物及附属设施，包括门廊、连廊、阳台、室外楼梯、台阶、坡道、花池、围墙、平台、散水明沟、地下室进排风口、地下室出入口、集水井、采光井等；

——除基地内连接城市的管线、隧道、天桥等市政公共设施外的其他设施。

4. 2. 2　经当地城市规划行政主管部门批准，允许突出道路红线的建筑突出物应符合下列规定：

1　在有人行道的路面上空：

1）2.50 m 以上允许突出建筑构件：凸窗、窗扇、窗罩、空调机位，突出的深度不应大于 0.50 m；

2）2.50 m 以上允许突出活动遮阳，突出宽度不应大于人行道宽度减 1 m，并不应大于 3 m；

3）3 m 以上允许突出雨篷、挑檐，突出的深度不应大于 2 m；

4）5 m 以上允许突出雨篷、挑檐，突出的深度不宜大于 3 m。

2　在无人行道的路面上空：4 m 以上允许突出建筑构件：窗罩，空调机位，突出深度不应大于 0.50 m。

3　建筑突出物与建筑本身应有牢固的结合。

4　建筑物和建筑突出物均不得向道路上空直接排泄雨水、空调冷凝水及从其他设施排出的废水。

5　场地设计

5.1　建筑布局

5. 1. 3　建筑日照标准应符合下列要求：

1　每套住宅至少应有一个居住空间获得日照，该日照标准应符合现行国家标准《城市居住区规划设计规范》GB 50180 有关规定；

2　宿舍半数以上的居室，应能获得同住宅居住空间相等的日照标准；

3　托儿所、幼儿园的主要生活用房，应能获得冬至日不小 3 h 的日照标准；

4　老年人住宅、残疾人住宅的卧室、起居室，医院、疗养院半数以上的病房和疗养室，中小学半数以上的教室应能获得冬至日不小于 2 h 的日照标准。

5.2　道　路

5. 2. 1　建筑基地内道路应符合下列规定：

1　基地内应设道路与城市道路相连接，其连接处的车行路面应设限速设施，道路应能通达建筑物的安全出口；

2　沿街建筑应设连通街道和内院的人行通道（可利用楼梯间），其间距不宜大于 80 m；

3　道路改变方向时，路边绿化及建筑物不应影响行车有效视距；

4　基地内设地下停车场时，车辆出入口应设有效显示标志；标志设置高度不应影响人、车通行；

5　基地内车流量较大时应设人行道路。

5. 2. 2　建筑基地道路宽度应符合下列规定：

1　单车道路宽度不应小于 4 m，双车道路不应小于 7 m；

2　人行道路宽度不应小于 1.50 m；

3　利用道路边设停车位时，不应影响有效通行宽度；

4 车行道路改变方向时，应满足车辆最小转弯半径要求；消防车道路应按消防车最小转弯半径要求设置。

5.2.4 建筑基地内地下车库的出入口设置应符合下列要求：

1 地下车库出入口距基地道路的交叉路口或高架路的起坡点不应小于 7.50 m；

2 地下车库出入口与道路垂直时，出入口与道路红线应保持不小于 7.50 m 安全距离；

3 地下车库出入口与道路平行时，应经不小于 7.50 m 长的缓冲车道汇入基地道路。

5.3 竖 向

5.3.3 建筑物底层出入口处应采取措施防止室外地面雨水回流。

6 建筑物设计

6.1 平面布置

6.1.1 平面布置应根据建筑的使用性质、功能、工艺要求，合理布局。

6.1.2 平面布置的柱网、开间、进深等定位轴线尺寸，应符合现行国家标准《建筑模数协调统一标准》GBJ 2 等有关标准的规定。

6.1.3 根据使用功能，应使大多数房间或重要房间布置在有良好日照、采光、通风和景观的部位。对有私密性要求的房间，应防止视线干扰。

6.1.4 平面布置宜具有一定的灵活性。

6.1.5 地震区的建筑，平面布置宜规整，不宜错层。

6.2 层高和室内净高

6.2.1 建筑层高应结合建筑使用功能、工艺要求和技术经济条件综合确定，并符合专用建筑设计规范的要求。

6.2.2 室内净高应按楼地面完成面至吊顶或楼板或梁底面之间的垂直距离计算；当楼盖、屋盖的下悬构件或管道底面影响有效使用空间者，应按楼地面完成面至下悬构件下缘或管道底面之间的垂直距离计算。

6.2.3 建筑物用房的室内净高应符合专用建筑设计规范的规定；地下室、局部夹层、走道等有人员正常活动的最低处的净高不应小于 2 m。

6.5 厕所、盥洗室和浴室

6.5.1 厕所、盥洗室、浴室应符合下列规定：

1 建筑物的厕所、盥洗室、浴室不应直接布置在餐厅、食品加工、食品贮存、医药、医疗、变配电等有严格卫生要求或防水、防潮要求用房的上层；除本套住宅外，住宅卫生间不应直接布置在下层的卧室、起居室、厨房和餐厅的上层；

2 卫生设备配置的数量应符合专用建筑设计规范的规定，在公用厕所男女厕位的比例中，应适当加大女厕位比例；

3 卫生用房宜有天然采光和不向邻室对流的自然通风，无直接自然通风和严寒及寒冷地区用房宜设自然通风道；当自然通风不能满足通风换气要求时，应采用机械通风；

4 楼地面、楼地面沟槽、管道穿楼板及楼板接墙面处应严密防水、防渗漏；

5 楼地面、墙面或墙裙的面层应采用不吸水、不吸污、耐腐蚀、易清洗的材料；

6 楼地面应防滑，楼地面标高宜略低于走道标高，并应有坡度坡向地漏或水沟；

7 室内上下水管和浴室顶棚应防冷凝水下滴，浴室热水管应防止烫人；

8 公用男女厕所宜分设前室，或有遮挡措施；

9 公用厕所宜设置独立的清洁间。

6.5.2 厕所和浴室隔间的平面尺寸不应小于表 6.5.2 的规定。

表 6.5.2　厕所和浴室隔间平面尺寸

类　别	平面尺寸（宽度 m×深度 m）
外开门的厕所隔间	0.90×1.20
内开门的厕所隔间	0.90×1.40
医院患者专用厕所隔间	1.10×1.40
无障碍厕所隔间	1.40×1.80（改建用 1.00×2.00）
外开门淋浴隔间	1.00×1.20
内设更衣凳的淋浴隔间	1.00×（1.00＋0.60）
无障碍专用浴室隔间	盆浴（门扇向外开启）2.00×2.25 淋浴（门扇向外开启）1.50×2.35

6.5.3　卫生设备间距应符合下列规定：

1　洗脸盆或盥洗槽水嘴中心与侧墙面净距不宜小于 0.55 m；

2　并列洗脸盆或盥洗槽水嘴中心间距不应小于 0.70 m；

3　单侧并列洗脸盆或盥洗槽外沿至对面墙的净距不应小于 1.25 m；

4　双侧并列洗脸盆或盥洗槽外沿之间的净距不应小于 1.80 m；

5　浴盆长边至对面墙面的净距不应小于 0.65 m，无障碍盆浴间短边净宽度不应小于 2 m；

6　并列小便器的中心距离不应小于 0.65 m；

7　单侧厕所隔间至对面墙面的净距：当采用内开门时，不应小于 1.10 m；当采用外开门时不应小于 1.30 m；双侧厕所隔间之间的净距：当采用内开门时，不应小于 1.10 m；当采用外开门时不应小于 1.30 m；

8　单侧厕所隔间至对面小便器或小便槽外沿的净距：当采用内开门时，不应小于 1.10 m；当采用外开门时，不应小于 1.30 m。

6.6　台阶、坡道和栏杆

6.6.1　台阶设置应符合下列规定：

1　公共建筑室内外台阶踏步宽度不宜小于 0.30 m，踏步高度不宜大于 0.15 m，并不宜小于 0.10 m，踏步应防滑。室内台阶踏步数不应少于 2 级，当高差不足 2 级时，应按坡道设置；

2　人流密集的场所台阶高度超过 0.70 m 并侧面临空时，应有防护设施。

6.6.2　坡道设置应符合下列规定：

1　室内坡道坡度不宜大于 1∶8，室外坡道坡度不宜大于 1∶10；

2　室内坡道水平投影长度超过 15 m 时，宜设休息平台，平台宽度应根据使用功能或设备尺寸所需缓冲空间而定；

3　供轮椅使用的坡道不应大于 1∶12，困难地段不应大于 1∶8；

4　自行车推行坡道每段坡长不宜超过 6 m，坡度不宜大于 1∶5；

5　机动车行坡道应符合国家现行标准《汽车库建筑设计规范》JGJ100 的规定；

6　坡道应采取防滑措施。

6.6.3　阳台、外廊、室内回廊、内天井、上人屋面及室外楼梯等临空处应设置防护栏杆，并应符合下列规定：

1　栏杆应以坚固、耐久的材料制作，并能承受荷载规范规定的水平荷载；

2　临空高度在 24 m 以下时，栏杆高度不应低于 1.05 m，临空高度在 24 m 及 24 m 以上（包括中高层住宅）时，栏杆高度不应低于 1.10 m；

注：栏杆高度应从楼地面或屋面至栏杆扶手顶面垂直高度计算，如底部有宽度大于或等于 0.22 m，且高度

低于或等于 0.45 m 的可踏部位，应从可踏部位顶面起计算。

3 栏杆离楼面或屋面 0.10 m 高度内不宜留空；

4 住宅、托儿所、幼儿园、中小学及少年儿童专用活动场所的栏杆必须采用防止少年儿童攀登的构造，当采用垂直杆件做栏杆时，其杆件净距不应大于 0.11 m；

5 文化娱乐建筑、商业服务建筑、体育建筑、园林景观建筑等允许少年儿童进入活动的场所，当采用垂直杆件做栏杆时，其杆件净距也不应大于 0.11 m。

6.7 楼 梯

6.7.1 楼梯的数量、位置、宽度和楼梯间形式应满足使用方便和安全疏散的要求。

6.7.2 墙面至扶手中心线或扶手中心线之间的水平距离即楼梯梯段宽度除应符合防火规范的规定外，供日常主要交通用的楼梯的梯段宽度应根据建筑物使用特征，按每股人流为 0.55 +（0 ~ 0.15）m 的人流股数确定，并不应少于两股人流。0 ~ 0.15 m 为人流在行进中人体的摆幅，公共建筑人流众多的场所应取上限值。

6.7.3 梯段改变方向时，扶手转向端处的平台最小宽度不应小于梯段宽度，并不得小于 1.20 m，当有搬运大型物件需要时应适量加宽。

6.7.4 每个梯段的踏步不应超过 18 级，亦不应少于 3 级。

6.7.5 楼梯平台上部及下部过道处的净高不应小于 2 m，梯段净高不宜小于 2.20 m。

注：梯段净高为自踏步前缘（包括最低和最高一级踏步前缘线以外 0.30 m 范围内）量至上方突出物下缘间的垂直高度。

6.7.6 楼梯应至少于一侧设扶手，梯段净宽达三股人流时应两侧设扶手，达四股人流时宜加设中间扶手。

6.7.7 室内楼梯扶手高度自踏步前缘线量起不宜小于 0.90 m。靠楼梯井一侧水平扶手长度超过 0.50 m 时，其高度不应小于 1.05 m。

6.7.8 踏步应采取防滑措施。

6.7.9 托儿所、幼儿园、中小学及少年儿童专用活动场所的楼梯，梯井净宽大于 0.20 m 时，必须采取防止少年儿童攀滑的措施，楼梯栏杆应采取不易攀登的构造，当采用垂直杆件做栏杆时，其杆件净距不应大于 0.11 m。

6.7.10 楼梯踏步的高宽比应符合表 6.7.10 的规定。

表 6.7.10 楼梯踏步最小宽度和最大高度（m）

楼梯类别	最小宽度	最大高度
住宅共用楼梯	0.26	0.175
幼儿园、小学校等楼梯	0.26	0.15
电影院、剧场、体育馆、商场、医院、旅馆和大中学校等楼梯	0.28	0.16
其他建筑楼梯	0.26	0.17
专用疏散楼梯	0.25	0.18
服务楼梯、住宅套内楼梯	0.22	0.20

注：无中柱螺旋楼梯和弧形楼梯离内侧扶手中心 0.25 m 处的踏步宽度不应小于 0.22 m。

6.7.11 供老年人、残疾人使用及其他专用服务楼梯应符合专用建筑设计规范的规定。

6.9 墙身和变形缝

6.9.1 墙身材料应因地制宜，采用新型建筑墙体材料。

6.9.2 外墙应根据地区气候和建筑要求，采取保温、隔热和防潮等措施。

6.9.3　墙身防潮应符合下列要求：

1　砌体墙应在室外地面以上，位于室内地面垫层处设置连续的水平防潮层；室内相邻地面有高差时，应在高差处墙身侧面加设防潮层；

2　湿度大的房间的外墙或内墙内侧应设防潮层；

3　室内墙面有防水、防潮、防污、防碰等要求时，应按使用要求设置墙裙。

注：地震区防潮层应满足墙体抗震整体连接的要求。

6.9.4　建筑物外墙突出物，包括窗台、凸窗、阳台、空调机搁板、雨水管、通风管、装饰线等处宜采取防止攀登入室的措施。

6.9.5　外墙应防止变形裂缝，在洞口、窗户等处采取加固措施。

6.9.6　变形缝设置应符合下列要求：

1　变形缝应按设缝的性质和条件设计，使其在产生位移或变形时不受阻，不被破坏，并不破坏建筑物；

2　变形缝的构造和材料应根据其部位需要分别采取防排水、防火、保温、防老化、防腐蚀、防虫害和防脱落等措施。

6.10　门　窗

6.10.2　门窗与墙体应连接牢固，且满足抗风压、水密性、气密性的要求，对不同材料的门窗选择相应的密封材料。

6.10.3　窗的设置应符合下列规定：

1　窗扇的开启形式应方便使用，安全和易于维修、清洗；

2　当采用外开窗时应加强牢固窗扇的措施；

3　开向公共走道的窗扇，其底面高度不应低于 2 m；

4　临空的窗台低于 0.80 m 时，应采取防护措施，防护高度由楼地面起计算不应低于 0.80 m；

5　防火墙上必须开设窗洞时，应按防火规范设置；

6　天窗应采用防破碎伤人的透光材料；

7　天窗应有防冷凝水产生或引泄冷凝水的措施；

8　天窗应便于开启、关闭、固定、防渗水，并方便清洗。

注：1 住宅窗台低于 0.90 m 时，应采取防护措施；

2 低窗台、凸窗等下部有能上人站立的宽窗台面时，贴窗护栏或固定窗的防护高度应从窗台面起计算。

6.10.4　门的设置应符合下列规定：

1　外门构造应开启方便，坚固耐用；

2　手动开启的大门扇应有制动装置，推拉门应有防脱轨的措施；

3　双面弹簧门应在可视高度部分装透明安全玻璃；

4　旋转门、电动门、卷帘门和大型门的邻近应另设平开疏散门，或在门上设疏散门；

5　开向疏散走道及楼梯间的门扇开足时，不应影响走道及楼梯平台的疏散宽度；

6　全玻璃门应选用安全玻璃或采取防护措施，并应设防撞提示标志；

7　门的开启不应跨越变形缝。

6.12　楼地面

6.12.1　底层地面的基本构造层宜为面层、垫层和地基；楼层地面的基本构造层宜为面层和楼板。当底层地面或楼面的基本构造不能满足使用或构造要求时，可增设结合层、隔离层、填充层、找平层和保温层等其他构造层。

6.12.2　除有特殊使用要求外，楼地面应满足平整、耐磨、不起尘、防滑、防污染、隔声、易于清洁等要求。

6.12.3　厕浴间、厨房等受水或非腐蚀性液体经常浸湿的楼地面应采用防水、防滑类面层，且应低于相邻楼地面，并设排水坡坡向地漏；厕浴间和有防水要求的建筑地面必须设置防水隔离层；楼层结构必须采用现浇混凝土或整块预制混凝土板，混凝土强度等级不应小于 C20；楼板四周除门洞外，应做混凝土翻边，其高度不应小于 120 mm。

经常有水流淌的楼地面应低于相邻楼地面或设门槛等挡水设施，且应有排水措施，其楼地面应采用不吸水、易冲洗、防滑的面层材料，并应设置防水隔离层。

6.12.4 筑于地基土上的地面，应根据需要采取防潮、防基土冻胀、防不均匀沉陷等措施。

6.12.7 木板楼地面应根据使用要求，采取防火、防腐、防潮、防蛀、通风等相应措施。

6.13 屋面和吊顶

6.13.2 屋面排水坡度应根据屋顶结构形式，屋面基层类别，防水构造形式，材料性能及当地气候等条件确定，并应符合表 6.13.2 的规定。

表 6.13.2 屋面的排水坡度

屋面类别	屋面排水坡度（%）
卷材防水、刚性防水的平屋面	2 ~ 5
平瓦	20 ~ 50
波形瓦	10 ~ 50
油毡瓦	≥20
网架、悬索结构金属板	≥4
压型钢板	5 ~ 35
种植土屋面	1 ~ 3

注：1. 平屋面采用结构找坡不应小于 3%，采用材料找坡宜为 2%。

2. 卷材屋面的坡度不宜大于 25%，当坡度大于 25%时应采取固定和防止滑落的措施。

3. 卷材防水屋面天沟、檐沟纵向坡度不应小于 1%，沟底水落差不得超过 200 mm。天沟、檐沟排水不得流经变形缝和防火墙。

4. 平瓦必须铺置牢固，地震设防地区或坡度大于 50%的屋面，应采取固定加强措施。

5. 架空隔热屋面坡度不宜大于 5%，种植屋面坡度不宜大于 3%。

6.13.3 屋面构造应符合下列要求：

1 屋面面层应采用不燃烧体材料，包括屋面突出部分及屋顶加层，但一、二级耐火等级建筑物，其不燃烧体屋面基层上可采用可燃卷材防水层；

2 屋面排水宜优先采用外排水；高层建筑、多跨及集水面积较大的屋面宜采用内排水；屋面水落管的数量、管径应通过验（计）算确定；

3 天沟、檐沟、檐口、水落口、泛水、变形缝和伸出屋面管道等处应采取与工程特点相适应的防水加强构造措施，并应符合有关规范的规定；

4 当屋面坡度较大或同一屋面落差较大时，应采取固定加强和防止屋面滑落的措施；平瓦必须铺置牢固；

5 地震设防区或有强风地区的屋面应采取固定加强措施；

6 设保温层的屋面应通过热工验算，并采取防结露、防蒸汽渗透及施工时防保温层受潮等措施；

7 采用架空隔热层的屋面，架空隔热层的高度应按照屋面的宽度或坡度的大小变化确定，架空层不得堵塞；当屋面宽度大于 10 m 时，应设置通风屋脊；屋面基层上宜有适当厚度的保温隔热层；

8 采用钢丝网水泥或钢筋混凝土薄壁构件的屋面板应有抗风化、抗腐蚀的防护措施；刚性防水屋面应有抗裂措施；

9 当无楼梯通达屋面时，应设上屋面的检修人孔或低于 10 m 时可设外墙爬梯，并应有安全防护和防止儿童攀爬的措施；

10　闷顶应设通风口和通向闷顶的检修人孔；闷顶内应有防火分隔。

7　室内环境

7.1　采　光

7.1.1　各类建筑应进行采光系数的计算，其采光系数标准值应符合下列规定。

1　居住建筑的采光系数标准值应符合表 7.1.1-1 的规定。

表 7.1.1-1　居住建筑的采光系数标准值

采光等级	房间名称	侧面采光	
		采光系数最低值 C_{min}（%）	室内天然光临界照度（lx）
Ⅳ	起居室（厅）、卧室、书房、厨房	1	50
Ⅴ	卫生间、过厅、楼梯间、餐厅	0.5	25

2 办公建筑的采光系数标准值应符合表 7.1.1-2 的规定。

表 7.1.1-2　办公建筑的采光系数标准值

采光等级	房间名称	侧面采光	
		采光系数最值 C_{min}（%）	室内天然光临界照度（lx）
Ⅱ	设计室、绘图室	3	150
Ⅲ	办公室、视频工作室、会议室	2	100
Ⅳ	复印室、档案室	1	50
Ⅴ	走道、楼梯间、卫生间	0.5	25

3　学校建筑的采光系数标准值必须符合 7. 1. 1-3 的规定。

表 7.1.1-3　学校建筑的采光系数标准值

采光等级	房间名称	侧面采光	
		采光系数最低值 C_{min}（%）	室内天然光临界照度（lx）
Ⅲ	教室、阶梯教室实验室、报告厅	2	100
Ⅴ	走道、楼梯间、卫生间	0.5	25

4　图书馆建筑的采光系数标准值应符合表 7.1.1-4 的规定。

表 7.1.1-4　图书馆建筑的采光系数标准值

采光等级	房间名称	侧面采光		顶部采光	
		采光系数最低值 C_{min}（%）	室内天然光临界照度（lx）	采光系数平均值 C_{av}（%）	室内天然光临界照度（lx）
Ⅲ	阅览室、开架书库	2	100	—	—
Ⅳ	目录室	1	50	1.5	75
Ⅴ	书库、走道、楼梯间、卫生间	0.5	25	—	—

5 医院建筑的采光系数标准值应符合表 7.1.1-5 的规定。

表 7.1.1-5 医院建筑的采光系数标准值

采光等级	房间名称	侧面采光		顶部采光	
		采光系数最低值 C_{min}(%)	室内天然光临界照度(lx)	采光系数平均值 C_{av}(%)	室内天然光临界照度(lx)
Ⅲ	诊室、药房、治疗室、化验室	2	100	–	–
Ⅳ	候诊室、挂号处、综合大厅、药房、医生办公室(护士室)	1	50	1.5	75
Ⅴ	走道、楼梯间、卫生间	0.5	25	–	–

注:表 7.1.1-1 至 7.1.1-5 所列采光系数标准值适用于Ⅲ类光气候区。其他地区的采光系数标准值应乘以相应地区光气候系数。

7.1.2 有效采光面积计算应符合下列规定:

1 侧窗采光口离地面高度在 0.80 m 以下的部分不应计入有效采光面积;

2 侧窗采光口上部有效宽度超过 1 m 以上的外廊、阳台等外挑遮挡物,其有效采光面积可按采光口面积的 70%计算;

3 平天窗采光时,其有效采光面积可按侧面采光口面积的 2.50 倍计算。

7.2 通 风

7.2.1 建筑物室内应有与室外空气直接流通的窗口或洞口,否则应设自然通风道或机械通风设施。

7.2.2 采用直接自然通风的空间,其通风开口面积应符合下列规定:

1 生活、工作的房间的通风开口有效面积不应小于该房间地板面积的 1/20;

2 厨房的通风开口有效面积不应小于该房间地板面积的 1/10,并不得小于 0.60 ㎡,厨房的炉灶上方应安装排除油烟设备,并设排烟道。

7.2.3 严寒地区居住用房,厨房、卫生间应设自然通风道或通风换气设施。

7.2.4 无外窗的浴室和厕所应设机械通风换气设施,并设通风道。

7.2.5 厨房、卫生间的门的下方应设进风固定百叶,或留有进风缝隙。

7.2.6 自然通风道的位置应设于窗户或进风口相对的一面。

7.3 保 温

7.3.1 建筑物宜布置在向阳、无日照遮挡、避风地段。

7.3.2 设置供热的建筑物体形应减少外表面积。

7.3.3 严寒地区的建筑物宜采用围护结构外保温技术,并不应设置开敞的楼梯间和外廊,其出入口应设门斗或采取其他防寒措施;寒冷地区的建筑物不宜设置开敞的楼梯间和外廊,其出入口宜设门斗或采取其他防寒措施。

7.3.4 建筑物的外门窗应减少其缝隙长度,并采取密封措施,宜选用节能型外门窗。

7.3.5 严寒和寒冷地区设置集中供暖的建筑物,其建筑热工和采暖设计应符合有关节能设计标准的规定。

7.3.6 夏热冬冷地区、夏热冬暖地区建筑物的建筑节能设计应符合有关节能设计标准的规定。

7.4 防 热

7.4.1 夏季防热的建筑物应符合下列规定:

1 建筑物的夏季防热应采取绿化环境、组织有效自然通风、外围护结构隔热和设置建筑遮阳等综合措施;

2 建筑群的总体布局、建筑物的平面空间组织、剖面设计和门窗的设置,应有利于组织室内通风;

3 建筑物的东、西向窗户,外墙和屋顶应采取有效的遮阳和隔热措施;

4　建筑物的外围护结构，应进行夏季隔热设计，并应符合有关节能设计标准的规定。

7.4.2　设置空气调节的建筑物应符合下列规定：

1　建筑物的体形应减少外表面积；

2　设置空气调节的房间应相对集中布置；

3　空气调节房间的外部窗户应有良好的密闭性和隔热性；向阳的窗户宜设遮阳设施，并宜采用节能窗；

4　设置非中央空气调节设施的建筑物，应统一设计、安装空调机的室外机位置，并使冷凝水有组织排水；

5　间歇使用的空气调节建筑，其外围护结构内侧和内围护结构宜采用轻质材料；连续使用的空调建筑，其外围结构内侧和内围护结构宜采用重质材料；

6　建筑物外围护结构应符合有关节能设计标准的规定。

7.5　隔　声

7.5.1　民用建筑各类主要用房的室内允许噪声级应符合表 7.5.1 的规定。

表 7.5.1　室内允许噪声级（昼间）

建筑类别	房间名称	允许噪声级（A 声级，dB）			
		特级	一级	二级	三级
住　宅	卧室、书房	—	≤40	≤45	≤50
	起居室	—	≤45	≤50	≤50
学　校	有特殊安静要求的房间	—	≤40	—	—
	一般教室	—	—	≤50	-
	无特殊安静要求的房间	—	—	—	≤55
医　院	病房、医务人员休息室	—	≤40	≤45	≤50
	门诊室	—	≤55	≤55	≤60
	手术室	—	≤45	≤45	≤50
	听力测听室	—	≤25	≤25	≤30
旅　馆	客厅	≤35	≤40	≤45	≤55
	会议室	≤40	≤45	≤50	≤50
	多用途大厅	≤40	≤45	≤50	—
	办公室	≤45	≤50	≤55	≤55
	餐厅、宴会厅	≤50	≤55	≤60	—

7.5.2　不同房间围护结构（隔墙、楼板）的空气声隔声标准应符合表 7.5.2 规定。

表 7.5.2　空气声隔声标准

建筑类别	围护结构部位	计权隔声量（dB）			
		特级	一级	二级	三级
住　宅	分户墙、楼板	—	≥50	≥45	≥40
学　校	隔板、楼板	—	≥50	≥45	≥40
医　院	病房与病房之间	—	≥45	≥40	≥35
	病房与产生噪声房间之间	—	≥50	≥50	≥45

续表 7.5.2

建筑类别	围护结构部位	计权隔声量（dB）			
		特级	一级	二级	三级
医　院	手术室与病房之间	—	≥50	≥45	≥40
	手术室和产生噪声的房间之间	—	≥50	≥50	≥45
	听力测听室围护结构	—	≥50	≥50	≥50
旅　馆	客房与客房间隔墙	≥50	≥45	≥40	≥40
	客房与走廊间隔墙（含门）	≥40	≥40	≥35	≥30
	客房外墙（含窗）	≥40	≥35	≥25	≥20

7.5.3　不同房间楼板撞击声隔声标准应符合表 7.5.3 的规定。

表 7.5.3　撞击声隔声标准

建筑类别	楼板部位	计权标准化撞击声压级（dB）			
		特级	一级	二级	三级
住　宅	分户层间	—	≤65	≤75	≤75
学　校	教室层间	—	≤65	≤65	≤75
医　院	病房与病房之间	—	≤65	≤75	≤75
	病房与手术室之间	—	—	≤75	≤75
	听力测听室上部	—	≤65	≤65	≤65
旅　馆	客房层间	≤55	≤65	≤75	≤75
	客房与有振动房间之间	≤55	≤55	≤65	≤65

本通则用词说明

1 为便于在执行本通则条文时区别对待，对要求严格程度不同的用词说明如下：

1）表示很严格，非这样做不可的用词：

正面词采用“必须”；反面词采用“严禁”。

2）表示严格，在正常情况下均应这样做的用词：

正面词采用“应”；反面词采用“不应”或“不得”。

3）表示允许稍有选择，在条件许可时，首先应这样做的用词：

正面词采用“宜”；反面词采用“不宜”。

表示有选择，在一定条件下可以这样做的，采用“可”。

2 通则中指定应按其他有关标准、规范执行时，写法为：“应符合……规定”或“应按……执行”。

15.2 《建筑设计防火规范》（GB 50016—2014）节选

1　总则

1.0.1　为了预防建筑火灾，减少火灾危害，保护人身和财产安全，制定本规范。

1.0.2　本规范适用于下列新建、扩建和改建的建筑：

1　厂房；

2　仓库；

3 民用建筑；

4 甲、乙、丙类液体储罐（区）；

5 可燃、助燃气体储罐（区）；

6 可燃材料堆场；

7 城市交通隧道。

人民防空工程、石油和天然气工程、石油化工工程和火力发电厂与变电站等的建筑防火设计，当有专门的国家标准时，宜从其规定。

1.0.3 本规范不适用于火药、炸药及其制品厂房（仓库）、花炮厂房（仓库）的建筑防火设计。

1.0.4 同一建筑内设置多种使用功能场所时，不同使用功能场所之间应进行防火分隔，该建筑及其各功能场所的防火设计应根据本规范的相关规定确定。

5 民用建筑

5.1 建筑分类和耐火等级

5.1.1 民用建筑根据其建筑高度和层数可分为单、多层民用建筑和高层民用建筑。高层民用建筑根据其建筑高度、使用功能和楼层的建筑面积可分为一类和二类。民用建筑的分类应符合表 5.1.1 的规定。

表 5.1.1 民用建筑的分类

名称	高层民用建筑		单、多层民用建筑
	一类	二类	
住宅建筑	建筑高度大于 54 m 的住宅建筑（包括设置商业服务网点的住宅建筑）	建筑高度大于 27 m，但不大于 54 m 的住宅建筑（包括设置商业服务网点的住宅建筑）	建筑高度不大于 27 m 的住宅建筑（包括设置商业服务网点的住宅建筑）
公共建筑	1. 建筑高度大于 50 m 的公共建筑 2. 任一楼层建筑面积大于 1 000 m^2 的商店、展览、电信、邮政、财贸金融建筑和其他多种功能组合的建筑 3. 医疗建筑、重要公共建筑 4. 省级及以上的广播电视和防灾指挥调度建筑、网局级和省级电力调度建筑 5. 藏书超过 100 万册的图书馆、书库	除一类高层公共建筑外的其他高层公共建筑	1. 建筑高度大于 24 m 的单层公共建筑。 2. 建筑高度不大于 24 m 的其他公共建筑。

注：1 表中未列入的建筑，其类别应根据本表类比确定。

2 除本规范另有规定外，宿舍、公寓等非住宅类居住建筑的防火要求，应符合本规范有关公共建筑的规定；裙房的防火要求应符合本规范有关高层民用建筑的规定。

5.1.3 民用建筑的耐火等级应根据建筑高度、使用功能、重要性和火灾扑救难度等确定，并应符合下列规定：

1 地下或半地下建筑（室）和一类高层建筑的耐火等级不应低于一级；

2 单、多层重要公共建筑和二类高层建筑的耐火等级不应低于二级。

5.1.4 建筑高度大于 100 m 的民用建筑，其楼板的耐火极限不应低于 2.00h。

一、二耐火等级建筑的上人平屋顶，其屋面板的耐火极限不应低于 1.50h 和 1.00h。

5.2 总平面布局

5.2.2 民用建筑之间的防火间距不应小于表 5.2.2 的规定，与其他建筑的防火间距，除应符合本节外，尚应符合规范其他章的有关规定。

表 5.2.2 民用建筑之间的防火间距（m）

建筑类别		高层民用建筑	裙房和其他民用建筑		
		一、二级	一、二级	三级	四级
高层民用建筑	一、二级	13	9	11	14
裙房和其他民用建筑	一、二级	9	6	7	9
	三级	11	7	8	10
	四级	14	9	10	12

5.2.4 除高层民用建筑外，数座一、二级耐火等级的住宅建筑或办公建筑，当建筑物的占地面积总和不大于 2 500 m^2时，可成组布置，但组内建筑物之间的间距不宜小于 4 m。组与组或组与相邻建筑物的防火间距不应小于本规范第 5.2.2 条的规定。

5.3 防火分区和层数

5.3.1 除本规范外，不同耐火等级建筑的允许建筑高度或层数、防火分区最大允许建筑面积应符合表 5.3.1 的规定。

表 5.3.1 不同耐火等级建筑的允许建筑高度或层数、防火分区最大允许建筑面积

名　称	耐火等级	允许建筑高度或层数	防火分区的最大允许建筑面积（m^2）	备　注
高层民用建筑	一、二级	按本规范第 5.1.1 条确定	1 500	对于体育馆、剧场的观众厅，防火分区的最大允许建筑面积可适当增加
单、多层民用建筑	一、二级	按本规范第 5.1.1 条确定	2 500	
	三级	5 层	1 200	
	四级	2 层	600	
地下或半地下建筑（室）	一级	—	500	设备用房的防火分区最大允许建筑面积不应大于 1 000 m^2

5.4 平面布置

5.4.1 民用建筑的平面布置应结合建筑的耐火等级、火灾危险性、使用功能和安全疏散等因素合理布置。

5.4.4 托儿所、幼儿园的儿童用房，老年人活动场所和儿童游乐厅等儿童活动场所宜设置在独立的建筑内，且不应设置在地下或半地下；当采用一、二级耐火等级的建筑时，不应超过 3 层；采用三级耐火等级的建筑时，不应超过 2 层；采用四级耐火等级的建筑时，应为单层；确需设置在其他民用建筑内时，应符合下列规定：

1 设置在一、二级耐火等级的建筑内时，应布置在首层、二层或三层；

2 设置在三级耐火等级的建筑内时，应布置在首层或二层；

3 设置在四级耐火等级的建筑内时，应布置在首层；

4 设置在高层建筑内时，应设置独立的安全出口和疏散楼梯；

5 设置在单、多层建筑内时，宜设置独立的安全出口和疏散楼梯。

5.4.6 教学建筑、食堂、菜市场采用三级耐火等级建筑时，不应超过 2 层；采用四级耐火等级建筑时，应为单层；设置在三级耐火等级的建筑内时，应布置在首层或二层；设置在四级耐火等级的建筑内时，应布置在首层。

5.4.10 除商业服务网点外，住宅建筑与其他使用功能的建筑合建时，应符合下列规定：

1 住宅部分与非住宅部分之间，应采用耐火极限不低于 2.00h 且无门、窗、洞口的防火隔墙和 1.50h

的不燃性楼板完全分隔；当为高层建筑时，应采用无门、窗、洞口的防火墙和耐火极限不低于 2.00h 的不燃性楼板完全分隔。建筑分墙上、下层开口之间的防火措施应符合本规范第 6.2.5 条的规定。

2　住宅部分与非住宅部分的安全出口和疏散楼梯应分别独立设置；为住宅部分服务的地上车库应设置独立的疏散楼梯或安全出口，地下车库的疏散楼梯应按本规范第 6.4.4 条的规定进行分隔。

3　住宅部分和非住宅部分的安全疏散、防火分区和室内消防设施配置，可根据各自的建筑高度分别按照本规范有关住宅建筑和公共建筑的规定执行；该建筑的其他防火设计应根据建筑的总高度和建筑规模按本规范有关公共建筑的规定执行。

5.4.11　设置商业服务网点的住宅建筑，其居住部分与商业服务网点之间应采用耐火极限不低于 2.00h 且无门、窗、洞口的防火隔墙和 1.50h 的不燃性楼板完全分隔，住宅部分和商业服务网点部分的安全出口和疏散楼梯应分别独立设置。

商业服务网点中每个分隔单元之间应采用耐火极限不低于 2.00h 且无门、窗、洞口的防火隔墙相互分隔，当每个分隔单元任一层建筑面积大于 200 m^2 时，该层应设置 2 个安全出口或疏散门。每个分隔单元内的任一点至最近直通室外的出口的直线距离不应大于本规范表 5.5.17 中有关多层其他建筑位于袋形走道两侧或尽端的疏散门至最近安全出口的最大直线距离。

5.5　安全疏散和避难

Ⅰ　一般要求

5.5.1　民用建筑应根据其建筑高度、规模、使用功能和耐火等级等因素合理设置安全疏散和避难设施。

5.5.2　建筑内的安全出口和疏散门应分散布置，且建筑内每个防火分区或一个防火分区的每个楼层、每个住宅单元每层相邻两个安全出口以及每个房间相邻两个疏散门最近边缘之间的水平距离不应小于 5 m。

5.5.3　建筑的楼梯间宜通至屋面，通向屋面的门或窗应向外开启。

5.5.4　自动扶梯和电梯不应计作安全疏散设施。

Ⅱ　公共建筑

5.5.8　公共建筑内每个防火分区或一个防火分区的每个楼层，其安全出口的数量应经计算确定，且不应小于 2 个。符合下列条件之一的公共建筑，可设置 1 个安全出口或 1 部疏散楼梯：

1　除托儿所、幼儿园外，建筑面积不大于 200 m^2 且人数不超过 50 人的单层公共建筑或多层公共建筑的首层；

2　除医疗建筑，老年人建筑，托儿所、幼儿园的儿童用房，儿童游乐厅等儿童活动场所和歌舞娱乐放映游艺场所等外，符合表 5.5.8 规定的公共建筑。

表 5.5.8　可设置 1 部疏散楼梯的公共建筑

耐火等级	最多层数	每层最大建筑面积（m^2）	人　数
一、二级	3 层	200	第二、三层的人数之各不超过 50 人
三级	3 层	200	第二、三层的人数不超过 25 人
四级	2 层	200	第二层人数不超过 15 人

5.5.9　一、二级耐火等级公共建筑内的安全出口全部直通室外确有困难的防火分区，可利用通向相邻防火分区的甲级防火门作为安全出口，但应符合下列要求：

1　利用通向相邻防火分区的甲级防火门作为安全出口时，应采用防火墙与相邻防火分区进行分隔；

2　建筑面积大于 1000 m^2 的防火分区，直通室外的安全出口不应少于 2 个；建筑面积不大于 1000 m^2 的防火分区，直通室外的安全出口不应少于 1 个；

3　该防火分区通向相邻防火分区的疏散净宽度不应大于其按本规范第 5.5.21 条规定计算所需疏

散总净宽度的 30%，建筑各层直通室外的安全出口总净宽度不应小于按照本规范第 5. 5. 21 条规定计算所需疏散总净宽度。

5. 5. 11　设置不少于 2 部疏散楼梯的一、二级耐火等级公共建筑，如顶层局部升高，当高出部分的层数不超过 2 层、人数之和不超过 50 人且每层建筑面积不大于 200 m^2 时，高出部分可设置 1 部疏散楼梯，但至少应另外设置 1 个直通建筑主体上人平屋面的安全出口，且上人屋面应符合人员安全疏散的要求。

5. 5. 13　下列多层建筑的疏散楼梯，除与敞开式外廊直接相连的楼梯间外，均应采用封闭楼梯间：

1　医疗建筑、旅馆、老年人建筑及类似使用功能的建筑；

2　设置歌舞娱乐放映游艺场所的建筑；

3　商店、图书馆、展览建筑、会议中心及类似使用功能的建筑；

4　6 层及以上的其他建筑。

5. 5. 15　公共建筑内房间的疏散门数量应经计算确定且不应少于 2 个。除托儿所、幼儿园、老年人建筑、医疗建筑、教学建筑内位于走道尽端的房间外，符合下列条件之一的房间可设置 1 个疏散门：

1　位于两个安全出口之间或袋形走道两侧的房间，对于托儿所、幼儿园、老年人建筑，建筑面积不大于 50 m^2；对于医疗建筑、教学建筑，建筑面积不大于 75 m^2；对于其他建筑或场所，建筑面积不大于 120 m^2。

2　位于走道尽端的房间，建筑面积小于 50 m^2 且疏散门的净宽度不小于 0.90 m，或由房间内任一点至疏散门的直线距离不大于 15 m、建筑面积不大于 200 m^2 且疏散门的净宽度不小于 1.40 m。

3　歌舞娱乐放映游艺场所内建筑面积不大于 50 m^2 且经常停留人数不超过 15 人的厅、室。

5. 5. 17　公共建筑的安全疏散距离应符合下列规定：

1　直通疏散走道的房间疏散门至最近安全出口的直线距离不应大于表 5.5.17 的规定。

表 5.5.17　直通疏散走道的房间疏散门至最近安全出口的直线距离（m）

名称			位于两个安全出口之间的疏散门			位于袋形走道两侧或尽端的疏散门		
			一、二级	三级	四级	一、二级	三级	四级
托儿所、幼儿园、老年人建筑			25	20	15	20	15	10
歌舞娱乐放映游艺场所			25	20	15	9	—	—
医疗建筑	单、多层		35	30	25	20	15	10
	高层	病房部分	24	—	—	12	—	—
		其他部分	30	—	—	15	—	—
教学建筑	单、多层		35	30	25	22	20	10
	高层		30	—	—	15	—	—
高层旅馆、展览建筑			30	—	—	15	—	—
其他建筑	单、多层		40	35	25	22	20	15
	高层		40	—	—	20	—	—

注：1 建筑内开向敞开式外廊的房间疏散门至最近安全出口的直线距离可按本表的规定增加 5 m。

2 直通疏散走道的房间疏散门至最近敞开楼梯间的直线距离，当房间位于两个楼梯间之间时，应按本表的规定减少 5 m；当房间位于袋形走道两侧或尽端时，应按本表的规定减少 2 m。

3 建筑物内全部设置自动喷水灭火系统时，其安全疏散距离可按本表的规定增加 25%。

4 楼梯间应在首层直通室外，确有困难时，可在首层采用扩大的封闭楼梯间或防烟楼梯间前室。当层数不超过 4 层且未采用扩大的封闭楼梯间或防烟楼梯间前室时，可将直通室外的门设置在离楼梯间不大于 15 m 处。

5 房间内任一点至房间直通疏散走道的疏散门的直线距离，不应大于表 5.5.17 规定的袋形走道两侧或尽端的疏散门至最近安全出口的直线距离。

6 一、二级耐火等级建筑内疏散门或安全出口不少于 2 个的观众厅、展览厅、多功能厅、餐厅、营业厅等。其室内任一点至最近疏散门或安全出口的直线距离不应大于 30 m；当疏散门不能直通室外地面或疏散楼梯间时，应采用长度不大于 10 m 的疏散走道通至最近的安全出口。当该场所设置自动喷水灭火系统时，室内任一点至最近安全出口的安全疏散距离可分别增加 25%。

5.5.18　除本规范另有规定外，公共建筑内疏散门和安全出口的净宽度不应小于 0.90 m，疏散走道和疏散楼梯的净宽度不应小于 1.10 m。

5.5.21 除剧场、电影院、礼堂、体育馆外的其他公共建筑，其房间疏散门、安全出口、疏散走道和疏散楼梯的各自总净宽度，应符合下列规定：

1　每层的房间疏散门、安全出口、疏散走道和疏散楼梯的各自总净宽度，应根据疏散人数按每 100 人的最小疏散净宽度不小于表 5.5.21-1 的规定计算确定。当每层疏散人数不等时，疏散楼梯的总净宽度可分层计算，地上建筑内下层楼梯的总净宽度应按该层及以上疏散人数最多一层的人数计算；地下建筑内上层楼梯的总净宽度应按该层及以下疏散人数最多一层的人数计算。

表 5.5.21-1　每层的房间疏散门、安全出口、疏散走道和疏散楼梯的每 100 人最小疏散净宽度（m/百人）

建筑层数		建筑的耐火等级		
		一、二级	三级	四级
地上楼层	1～2 层	0.65	0.75	1.00
	3 层	0.75	1.00	—
	≥4 层	1.00	1.25	—
地下楼层	与地面出入口地面的高差 $\Delta H \leqslant 10$ m	0.75	—	—
	与地面出入口地面的高差 $\Delta H > 10$ m	1.00	—	—

2　地下或半地下人员密集的厅、室和歌舞娱乐放映游艺场所，其房间疏散门、安全出口、疏散走道和疏散楼梯的各自总净宽度，应根据疏散人数按每 100 人不小于 1.00 m 计算确定。

3　首层外门的总净宽度应按该建筑疏散人数最多一层的人数计算确定，不供其他楼层人员疏散的外门，可按本层的疏散人数计算确定。

4　歌舞娱乐放映游艺场所中录像厅的疏散人数，应根据厅、室的建筑面积按不小于 1.0 人/ m^2 计算；其他歌舞娱乐放映游艺场所的疏散人数，应根据厅、室的建筑面积按不小于 0.5 人/ m^2 计算。

5　有固定座位的场所，其疏散人数可按实际座位数的 1.1 倍计算。

6　展览厅的疏散人数应根据展览厅的建筑面积和人员密度计算，展览厅内的人员密度不宜小于 0.75 人/ m^2。

7　商店的疏散人数应按每层营业厅的建筑面积乘以表 5.5.21-2 规定的人员密度计算。对于建材商店、家具和灯饰展示建筑，其人员密度可按表 5.5.21-2 规定值的 30%确定。

表 5.5.21-2　商店营业厅内的人员密度（人/ m^2）

楼层位置	地下第二层	地下第一层	地上第一、二层	地上第三层	地上第四层及以上各层
人员密度	0.56	0.60	0.43～0.60	0.39～0.54	0.30～0.42

5.5.25　住宅建筑安全出口的设置应符合下列规定：

1　建筑高度不大于 27 m 的建筑，当每个单元任一层的建筑面积大于 650 m^2，或任一户门至最近安全出口的距离大于 15 m 时，每个单元每层的安全出口不应少于 2 个；

2　建筑高度大于 27 m、不大于 54 m 的建筑，当每个单元任一层的建筑面积大于 650 m^2，或任一户门至最近安全出口的距离大于 10 m 时，每个单元每层的安全出口不应少于 2 个；

3　建筑高度大于 54 m 的建筑，每个单元每层的安全出口不应少于 2 个。

5.5.26　建筑高度大于 27 m，但不大于 54 m 的住宅建筑，每个单元设置一座疏散楼梯时，疏散楼梯应通至屋面，且单元之间的疏散楼梯应能通过屋面连通，户门应采用乙级防火门。当不能通至屋面或不能通过屋面连通时，应设置 2 个安全出口。

5.5.29 住宅建筑的安全疏散距离应符合下列规定：

1 直通疏散走道的户门至最近安全出口的直线距离不应大于表 5.5.29 的规定。

表 5.5.29 住宅建筑直通疏散走道的户门至最近安全出口的直线距离（m）

住宅建筑类别	位于两个安全出口之间的户门			位于袋形走道两侧或尽端的户门		
	一、二级	三级	四级	一、二级	三级	四级
单、多层	40	35	25	22	20	15
高层	40	—	—	20	—	—

注：1 开向敞开式外廊的户门至最近安全出口的最大直线距离可按本表的规定增加 5 m。

2 直通疏散走道的户门至最近敞开楼梯间的直线距离，当户门位于两个楼梯间之间时，应按本表的规定减少 5 m；当户门位于袋形走道两侧或尽端时，应按本表的规定减少 2 m。

3 住宅建筑内全部设置自动喷水灭火系统时，其安全疏散距离可按本表的规定增加 25%。

4 跃廊式住宅的户门至最近安全出口的距离，应从户门算起，小楼梯的一段距离可按其水平投影长度的 1.50 倍计算。

2 楼梯间应在首层直通室外，或在首层采用扩大的封闭楼梯间或防烟楼梯间前室。层数不超过 4 层时，可将直通室外的门设置在离楼梯间不大于 15 m 处。

3 户内任一点至直通疏散走道的户门的直线距离不应大于表 5.5.29 规定的袋形走道两侧或尽端的疏散门至最近安全出口的最大直线距离。

注：跃层式住宅，户内楼梯的距离可按其梯段水平投影长度的 1.50 倍计算。

5.5.30 住宅建筑的户门、安全出口、疏散走道和疏散楼梯的各自总净宽度应经计算确定，且户门和安全出口的净宽度不应小于 0.90 m，疏散走道、疏散楼梯和首层疏散外门的净宽度不应小于 1.10 m。建筑高度不大于 18 m 的住宅中一边设置栏杆的疏散楼梯，其净宽度不应小于 1.0 m。

5.5.31 建筑高度大于 100 m 的住宅建筑应设置避难层，避难层的设置应符合本规范第 5.5.23 条有关避难层的要求。

6 建筑构造

6.1 防火墙

6.1.1 防火墙应直接设置在建筑的基础或框架、梁等承重结构上，框架、梁等承重结构的耐火极限不应低于防火墙的耐火极限。

防火墙应从楼地面基层隔断至梁、楼板或屋面板的底面基层。当高层厂房（仓库）屋顶承重结构和屋面板的耐火极限低于 1.00h，其他建筑屋顶承重结构和屋面板的耐火极限低于 0.50h 时，防火墙应高出屋面 0.5 m 以上。

6.1.2 防火墙横截面中心线水平距离天窗端面小于 4.0 m，且天窗端面为可燃性墙体时，应采取防止火势蔓延的措施。

6.1.5 防火墙上不应开设门、窗、洞口，确需开设时，应设置不可开启或火灾时能自动关闭的甲级防火门、窗。

可燃气体和甲、乙、丙类液体的管道严禁穿过防火墙。防火墙内不应设置排气道。

6.1.7 防火墙的构造应能在防火墙任意一侧的屋架、梁、楼板等受到火灾的影响而破坏时，不会导致防火墙倒塌。

6.2 建筑构件和管道井

6.2.4 建筑内的防火隔墙应从楼地面基层隔断至梁、楼板或屋面板的底面基层。住宅分户墙和单元之间的墙应隔断至梁、楼板或屋面板的底面基层，屋面板的耐火极限不应低于 0.50h。

6.2.5 除本规范另有规定外，建筑外墙上、下层开口之间应设置高度不小于 1.2 m 的实体墙或挑出宽度不小于 1. 0 m、长度不小于开口宽度的防火挑檐；当室内设置自动喷水灭火系统时，上、下层开口之间的实体墙高度不应小于 0.8 m。当上、下层开口之间设置实体墙确有困难时，可设置防火玻璃墙，但高层建筑的防火玻璃墙的耐火完整性不应低于 1.00h，多层建筑的防火玻璃墙的耐火完整性不应低于 0.50h。外窗的耐火完整性不应低于防火玻璃墙的耐火完整性要求。

住宅建筑外墙上相邻户开口之间的墙体宽度不应小于 1.0 m；小于 1.0 m 时，应在开口之间设置突出外墙不小于 0.6 m 的隔板。

实体墙、防火挑檐和隔板的耐火极限和燃烧性能，均不应低于相应耐火等级建筑外墙的要求。

6. 2. 7　附设在建筑内的消防控制室、灭火设备室、消防水泵房和通风空气调节机房、变配电室等，应采用耐火极限不低于 2.00h 的防火隔墙和 1.50h 的楼板与其他部位分隔。

设置在丁、戊类厂房内的通风机房，应采用耐火极限不低于 1.00h 的防火隔墙和 0.50h 的楼板与其他部位分隔。

通风、空气调节机房和变配电室开向建筑内的门应采用甲级防火门，消防控制室和其他设备房开向建筑内的门应采用乙级防火门。

6.4　疏散楼梯间和疏散楼梯等

6. 4. 1　疏散楼梯间应符合下列规定：

1　楼梯间应能天然采光和自然通风，并宜靠外墙设置。靠外墙设置时，楼梯间、前室及合用前室外墙上的窗口与两侧门、窗、洞口最近边缘的水平距离不应小于 1.0 m。

2　楼梯间内不应设置烧水间、可燃材料储藏室、垃圾道。

3　楼梯间内不应有影响疏散的凸出物或其他障碍物。

4　封闭楼梯间、防烟楼梯间及其前室，不应设置卷帘。

5　楼梯间内不应设置甲、乙、丙类液体管道。

6　封闭楼梯间、防烟楼梯间及其前室内禁止穿过或设置可燃气体管道。敞开楼梯间内不应设置可燃气体管道，当住宅建筑的敞开楼梯间内确需设置可燃气体管道和可燃气体计量表时，应采用金属管和设置切断气源的阀门。

6. 4. 2　封闭楼梯间除应符合本规范第 6.4.1 条的规定外，尚应符合下列规定：

1　不能自然通风或自然通风不能满足要求时，应设置机械加压送风系统或采用防烟楼梯间。

2　除楼梯间的出入口和外窗外，楼梯间的墙上不应开设其他门、窗、洞口。

3　高层建筑、人员密集的公共建筑、人员密集的多层丙类厂房、甲、乙类厂房，其封闭楼梯间的门应采用乙级防火门，并应向疏散方向开启；其他建筑，可采用双向弹簧门。

4　楼梯间的首层可将走道和门厅等包括在楼梯间内形成扩大的封闭楼梯间，但应采用乙级防火门等与其他走道和房间分隔。

6. 4. 3　防烟楼梯间除应符合本规范第 6.4.1 条的规定外，尚应符合下列规定：

1　应设置防烟设施。

2　前室可与消防电梯间前室合用。

3　前室的使用面积：公共建筑、高层厂房（仓库），不应小于 6.0 m^2；住宅建筑，不应小于 4.5 m^2。

与消防电梯间前室合用时，合用前室的使用面积：公共建筑、高层厂房（仓库），不应小于 10.0 m^2；住宅建筑，不应小于 6.0 m^2。

4　疏散走道通向前室以及前室通向楼梯间的门应采用乙级防火门。

5　除住宅建筑的楼梯间前室外，防烟楼梯间和前室内的墙上不应开设除疏散门和送风口外的其他门、窗、洞口。

6　楼梯间的首层可将走道和门厅等包括在楼梯间前室内形成扩大的前室，但应采用乙级防火门等与其他走道和房间分隔。

6. 4. 5　室外疏散楼梯应符合下列规定：

1 栏杆扶手的高度不应小于 1.10 m，楼梯的净宽度不应小于 0.90 m。

2 倾斜角度不应大于 45°。

3 梯段和平台均应采用不燃材料制作。平台的耐火极限不应低于 1.00h，梯段的耐火极限不应低于 0.25h。

4 通向室外楼梯的门应采用乙级防火门，并应向外开启。

5 除疏散门外，楼梯周围 2 m 内的墙面上不应设置门、窗、洞口。疏散门不应正对梯段。

6.4.11 建筑内的疏散门应符合下列规定：

1 民用建筑和厂房的疏散门，应采用向疏散方向开启的平开门，不应采用推拉门、卷帘门、吊门、转门和折叠门。除甲、乙类生产车间外，人数不超过 60 人且每樘门的平均疏散人数不超过 30 人的房间，其疏散门的开启方向不限。

2 仓库的疏散门应采用向疏散方向开启的平开门，但丙、丁、戊类仓库首层靠墙的外侧可采用推拉门或卷帘门。

3 开向疏散楼梯或疏散楼梯间的门，当其完全开启时，不应减少楼梯平台的有效宽度。

4 人员密集场所内平时需要控制人员随意出入的疏散门和设置门禁系统的住宅、宿舍、公寓建筑的外门，应保证火灾时不需使用钥匙等任何工具即能从内部易于打开，并应在显著位置设置具有使用提示的标识。

6.5 防火门、窗和防火卷帘

6.5.3 防火分隔部位设置防火卷帘时，应符合下列规定：

除中庭外，当防火分隔部位的宽度不大于 30 m 时，防火卷帘的宽度不应大于 10 m；当防火分隔部位的宽度大于 30 m 时，防火卷帘的宽度不应大于该部位宽度的 1/3，且不应大于 20 m。

6.7 建筑保温和外墙装饰

6.7.2 建筑外墙采用内保温系统时，保温系统应符合下列规定：

1 对于人员密集场所，用火、燃油、燃气等具有火灾危险性的场所以及各类建筑内的疏散楼梯间、避难走道、避难间、避难层等场所或部位，应采用燃烧性能为 A 级的保温材料。

2 对于其他场所，应采用低烟、低毒且燃烧性能不低于 B1 级的保温材料。

3 保温系统应采用不燃材料做防护层。采用燃烧性能为 B1 级的保温材料时，防护层的厚度不应小于 10 mm。

6.7.4 设置人员密集场所的建筑，其外墙外保温材料的燃烧性能应为 A 级。

6.7.5 与基层墙体、装饰层之间无空腔的建筑外墙外保温系统，其保温材料应符合下列规定：

1 住宅建筑：

1）建筑高度大于 100 m 时，保温材料的燃烧性能应为 A 级；

2）建筑高度大于 27 m，但不大于 100 m 时，保温材料的燃烧性能不应低于 B1 级；

3）建筑高度不大于 27 m 时，保温材料的燃烧性能不应低于 B2 级。

2 除住宅建筑和设置人员密集场所的建筑外，其他建筑：

1）建筑高度大于 50 m 时，保温材料的燃烧性能应为 A 级；

2）建筑高度大于 24 m，但不大于 50 m 时，保温材料的燃烧性能不应低于 B1 级；

3）建筑高度不大于 24 m 时，保温材料的燃烧性能不应低于 B2 级。

6.7.6 除设置人员密集场所的建筑外，与基层墙体、装饰层之间有空腔的建筑外墙外保温系统，其保温材料应符合下列规定：

1 建筑高度大于 24 m 时，保温材料的燃烧性能应为 A 级；

2 建筑高度不大于 24 m 时，保温材料的燃烧性能不应低于 B1 级。

7　灭火救援设施

7.1　消防车道

7.1.2　**高层民用建筑，超过 3 000 个座位的体育馆，超过 2 000 个座位的会堂，占地面积大于 3 000 m² 的商店建筑、展览建筑等单、多层公共建筑应设置环形消防车道，确有困难时，可沿建筑的两个长边设置消防车道；对于高层住宅建筑和山坡地或河道边临空建造的高层民用建筑，可沿建筑的一个长边设置消防车道，但该长边所在建筑立面应为消防车登高操作面。**

7.1.8　**消防车道应符合下列要求：**

1　**车道的净宽度和净空高度均不应小于 4.0 m；**

2　**转弯半径应满足消防车转弯的要求；**

3　消防车道与建筑之间不应设置妨碍消防车操作的树木、架空管线等障碍物；

4　消防车道靠建筑外墙一侧的边缘距离建筑外墙不宜小于 5 m；

5　消防车道的坡度不宜大于 8%。

附录 A　建筑高度和建筑层数的计算方法

A. 0. 1　建筑高度的计算应符合下列规定：;

1　建筑屋面为坡屋面时，建筑高度应为建筑室外设计地面至其檐口与屋脊的平均高度；

2　建筑屋面为平屋面（包括有女儿墙的平屋面）时，建筑高度应为建筑室外设计地面至其屋面面层的高度；

3　同一座建筑有多种形式的屋面时，建筑高度应按上述方法分别计算后，取其中最大值；

4　对于台阶式地坪，当位于不同高程地坪上的同一建筑之间有防火墙分隔，各自有符合规范规定的安全出口，且可沿建筑的两个长边设置贯通式或尽头式消防车道时，可分别计算各自的建筑高度。否则，应按其中建筑高度最大者确定该建筑的建筑高度；

5　局部突出屋顶的瞭望塔、冷却塔、水箱间、微波天线间或设施、电梯机房、排风和排烟机房以及楼梯出口小间等辅助用房占屋面面积不大于 1/4 者，可不计入建筑高度；

6　对于住宅建筑，设置在底部且室内高度不大于 2.2 m 的自行车库、储藏室、敞开空间，室内外高差或建筑的地下或半地 下室的顶板面高出室外设计地面的高度不大于 1.5 m 的部分，可不计入建筑高度。

A. 0. 2　建筑层数应按建筑的自然层数计算，下列空间可不计入建筑层数：

1　室内顶板面高出室外设计地面的高度不大于 1.5 m 的地下或半地下室；

2　设置在建筑底部且室内高度不大于 2.2 m 的自行车库、储藏室、敞开空间；

3　建筑屋顶上突出的局部设备用房、出屋面的楼梯间等。

附录 B　防火间距的计算方法

B. 0. 1　建筑物之间的防火间距应按相邻建筑外墙的最近水平距离计算，当外墙有凸出的可燃或难燃构件时，应从其凸出部分外缘算起。

15.3 《建筑工程设计文件编制深度规定》(2008 年版）节选

1　总　则

1. 0. 1　为加强对建筑工程设计文件编制工作的管理，保证各阶段设计文件的质量和完整性，特制定本规定。

1. 0. 4　民用建筑工程一般应分为方案设计、初步设计和施工图设计三个阶段；对于技术要求相对简单的民用建筑工程，经有关主管部门同意，且合同中没有做初步设计的约定，可在方案设计审批后直接进入施工图设计。

2 方案设计

2.2 设计说明书

2.2.3 建筑设计说明。

1 建筑方案的设计构思和特点；

2 建筑群体和单体的空间处理、平面和竖向构成、立面造型和环境营造、环境分析（如日照、通风、采光）等；

3 建筑的功能布局和各种出入口、垂直交通运输设施（包括楼梯、电梯、自动扶梯）的布置；

4 建筑内部交通组织、防火和安全疏散设计；

5 关于无障碍和智能化设计方面的简要说明；

2.3 设计图纸

2.3.1 总平面设计图纸。

1 场地的区域位置；

2 场地的范围（用地和建筑物各角点的坐标或定位尺寸）；

3 场地内及四邻环境的反映（四邻原有及规划的城市道路和建筑物、用地性质或建筑性质、层数等，场地内需保留的建筑物、构筑物、古树名木、历史文化遗存、现有地形与标高、水体、不良地质情况等）；

4 场地内拟建道路、停车场、广场、绿地及建筑物的布置，并表示出主要建筑物与各类控制线（用地红线、道路红线、建筑控制线等）、相邻建筑物之间的距离及建筑物总尺寸，基地出入口与城市道路文叉门之间的距离；

5 拟建主要建筑物的名称、出入口位置、层数、建筑高度、设计标高，以及地形复杂时主要道路、广场的控制标高；

6 指北针或风玫瑰图、比例；

7 根据需要绘制下列反映方案特性的分析图：功能分区、空间组合及景观分析、交通分析（人流及车流的组织、停车场的布置及停车泊位数量等）、消防分析、地形分析、绿地布置、日照分析、分期建设等。

2.3.2 建筑设计图纸。

1 平面图。

1）平面的总尺寸、开间、进深尺寸及结构受力体系中的柱网、承重墙位置和尺寸（也可用比例尺表示）；

2）各主要使用房间的名称；

3）各楼层地面标高、屋面标高；

4）室内停车库的停车位和行车线路；

5）底层平面图应标明剖切线位置和编号，并应标示指北针；

6）必要时绘制主要用房的放大平面和室内布置；

7）图纸名称、比例或比例尺。

2 立面图。

1）体现建筑造型的特点，选择绘制一、二个有代表性的立面；

2）各主要部位和最高点的标高或主体建筑的总高度；

3）当与相邻建筑（或原有建筑）有直接关系时，应绘制相邻或原有建筑的局部立面图；

4）图纸名称、比例或比例尺。

3 剖面图。

1）剖面应剖在高度和层数不同、空间关系比较复杂的部位；

2）各层标高及室外地面标高，建筑的总高度；

3）若遇有高度控制时，还应标明最高点的标高；

4）剖面编号、比例或比例尺。

4　施工图设计

4.2　总平面

4.2.4　总平面图。

1　保留的地形和地物；

2　测量坐标网、坐标值；

3　场地范围的测量坐标（或定位尺寸）、道路红线、建筑控制线、用地红线等的位置；

4　场地四邻原有及规划的道路、绿化带等的位置（主要坐标或定位尺寸），以及主要建筑物和构筑物及地下建筑物等的位置、名称、层数；

5　建筑物、构筑物（人防工程、地下车库、油库、贮水池等隐蔽工程以虚线表示）的名称或编号、层数、定位（坐标或相互关系尺寸）；

6　广场、停车场、运动场地、道路、围墙、无障碍设施、排水沟、挡土墙、护坡等的定位（坐标或相互关系尺寸）。如有消防车道和扑救场地，需注明；

7　指北针或风玫瑰图；

8　建筑物、构筑物使用编号时，应列出“建筑物和构筑物名称编号表”；

9　注明尺寸单位、比例、坐标及高程系统（如为场地建筑坐标网时，应注明与测量坐标网的相互关系）、补充图例等。

4.2.8　绿化及建筑小品布置图。

1　平面布置；

2　绿地（含水面）、人行步道及硬质铺地的定位；

3　建筑小品的位置（坐标或定位尺寸）、设计标高、详图索引；

4　指北针；

5　注明尺寸单位、比例、图例、施工要求等。

4.2.9　详图。包括道路横断面、路面结构、挡土墙、护坡、排水沟、池壁、广场、运动场地、活动场地、停车场地面、围墙等详图。

4.3　建筑

4.3.1　在施工图设计阶段，建筑专业设计文件应包括图纸目录、设计说明、设计图纸、计算书。

4.3.2　图纸目录。应先列新绘制图纸，后列选用的标准图或重复利用图。

4.3.3　设计说明。

1　依据性文件名称和文号，如批文、本专业设计所执行的主要法规和所采用的主要标准（包括标准名称、编号、年号和版本号）及设计合同等。

2　项目概况。内容一般应包括建筑名称、建设地点、建设单位、建筑面积、建筑基底面积、项目设计规模等级、设计使用年限、建筑层数和建筑高度、建筑防火分类和耐火等级、人防工程类别和防护等级，人防建筑面积、屋面防水等级、地下室防水等级、主要结构类型、抗震设防烈度等，以及能反映建筑规模的主要技术经济指标，如住宅的套型和套数（包括每套的建筑面积、使用面积）、旅馆的客房间数和床位数、医院的门诊人次和住院部的床位数、车库的停车泊位数等。

3　设计标高。工程的相对标高与总图绝对标高的关系。

4　用料说明和室内外装修。

1）墙体、墙身防潮层、地下室防水、屋面、外墙面、勒脚、散水、台阶、坡道、油漆、涂料等处的材料和做法，可用文字说明或部分文字说明，部分直接在图上引注或加注索引号，其中心包括节能材料的说明；

2）室内装修部分除用文字说明以外亦可用表格形式表达（见表 4.3.3-1），在表上填写相应的做法或代号；较复杂或较高级的民用建筑应另行委托室内装修设计；凡属二次装修的部分，可不列装修做法表和进行室内施工图设计，但对原建筑设计、结构和设备设计有较大改动时，应征得原设计单位和设计人员的同意。

表 4.3.3-1 室内装修做法表

名称 部位	楼、地面	踢脚板	墙裙	内墙面	顶棚	备注
门厅						
走廊						

注：表列项目可增减。

5 对采用新技术，新材料的做法说明及对特殊建筑造型和必要的建筑构造的说明。

6 门窗表（见表 4.3.3-2）及门窗性能（防火、隔声、防护、抗风压、保温、气密性、水密性等）、用料、颜色、玻璃、五金件等的设计要求。

表 4.3.3-2 门窗表

类别	设计编号	洞口尺寸（mm）		樘数	采用标准图集及编号		备注
		宽	高		图集代号	编号	
门							
窗							

注：1 采用非标准图集的门窗应绘制立面图及开启方式；

2 单独的门窗表应加注门窗的性能参数、型材类别、玻璃种类及热工性能。

7 幕墙工程（玻璃、金属、石材等）及特殊屋面工程（金属、玻璃、膜结构等）的性能及制作要求（节能、防火、安全、隔声构造等）。

8 电梯（自动扶梯）选择及性能说明（功能、载重量、速度、停站数、提升高度等）。

9 建筑防火设计说明。

10 无障碍设计说明。

4.3.4 平面图。

1 承重墙、柱及其定位轴线和轴线编号，内外门窗位置、编号及定位尺寸，门的开启方向，注明房间名称或编号，库房（储藏）注明储存物品的火灾危险性类别；

2 轴线总尺寸（或外包总尺寸）、轴线间尺寸（柱距、跨度）、门窗洞口尺寸、分段尺寸；

3 墙身厚度（包括承重墙和非承重墙），柱与壁柱截面尺寸（必要时）及其与轴线关系尺寸；当围护结构为幕墙时，标明幕墙与主体结构的定位关系；玻璃幕墙部分标注立面分格间距的中心尺寸；

4 变形缝位置、尺寸及做法索引；

5 主要建筑设备和固定家具的位置及相关做法索引，如卫生器具、雨水管、水池、台、橱、柜、隔断等；

6 电梯、自动扶梯及步道（注明规格）、楼梯（爬梯）位置和楼梯上下方向示意和编号索引；

7 主要结构和建筑构造部件的位置、尺寸和做法索引，如中庭、天窗、地沟、地坑、重要设备或设备机座的位置尺寸、各种平台、夹层、人孔、阳台、雨篷、台阶、坡道、散水、明沟等；

8 楼地而预留孔洞和通气管道、管线竖井、烟囱、垃圾道等位置、尺寸和做法索引，以及墙体（主要为填充墙、承重砌体墙）预留洞的位置、尺寸与标高或高度等；

9 车库的停车位（无障碍车位）和通行路线；

10 特殊工艺要求的土建配合尺寸及工业建筑中的地面荷载、起重设备的起重量、行车轨距和轨顶标高等；

11 室外地面标高、底层地面标高、各楼层标高、地下室各层标高；

12 底层平面标注剖切线位置、编号及指北针；

13 有关平面节点详图或详图索引号；

14 每层建筑平面中防火分区面积和防火分区分隔位置及安全出口位置示意（宜单独成图，如为一个防火分区，可不注防火分区面积），或以示意图（简图）形式在各层平面中表示；

15 住宅平面图中标注各房间使用面积、阳台面积；

16 屋面平面应有女儿墙、檐口、天沟、坡度、坡向、雨水口、屋脊（分水线）、变形缝、楼梯间、水箱间、电梯机房、天窗及挡风板、屋面上人孔、检修梯、室外消防楼梯及其他构筑物，必要的详图索引号、标高等；表述内容单一的屋面可缩小比例绘制；

17 根据工程性质及复杂程度，必要时可选择绘制局部放大平面图；

18 建筑平面较长较大时，可分区绘制，但须在各分区平面图适当位置上绘出分区组合示意图，并明显表示本分区部位编号；

19 图纸名称、比例；

20 图纸的省略：如系对称平面，对称部分的内部尺寸可省略，对称轴部位用对称符号表示，但轴线号不得省略；楼层平面除轴线间等主要尺寸及轴线编号外，与底层相同的尺寸可省略；楼层标准层可共用同一平面．但需注明层次范围及各层的标高。

4.3.5 立面图。

1 两端轴线编号，立面转折较复杂时可用展开立面表示，但应准确注明转角处的轴线编号；

2 立面外轮廓及主要结构和建筑构造部件的位置，如女儿墙顶、檐口、柱、变形缝、室外楼梯和垂直爬梯、室外空调机搁板、外遮阳构件、阳台、栏杆、台阶、坡道、花台、雨篷、烟囱、勒脚、门窗、幕墙、洞口、门头、雨水管，以及其他装饰构件、线脚和粉刷分格线等；

3 建筑的总高度、楼层位置辅助线、楼层数和标高以及关键控制标高的标注，如女儿墙或檐口标高等；外墙的留洞应标注尺寸与标高或高度尺寸（宽×高×深及定位关系尺寸）；

4 平、剖面图未能表示出来的屋顶、檐口、女儿墙、窗台以及其他装饰构件、线脚等的标高或尺寸；

5 在平面图上表达不清的窗编号；

6 各部分装饰用料名称或代号，剖面图上无法表达的构造节点详图索引；

7 图纸名称、比例；

8 各个方向的立面应绘齐全，但差异小、左右对称的立面或部分不难推定的立面可简略；内部院落或看不到的局部立面，可在相关剖面图上表示，若剖面图未能表示完全时，则需单独绘出。

4.3.6 剖面图。

1 剖视位置应选在层高不同、层数不同、内外部空间比较复杂、具有代表性的部位；建筑空间局部不同处以及平面、立面均表达不清的部位，可绘制局部剖面；

2 墙、柱、轴线和轴线编号；

3 剖切到或可见的主要结构和建筑构造部件，如室外地面、底层地（楼）面、地坑、地沟、各层楼板、夹层、平台、吊顶、屋架、屋顶、山屋顶烟囱、天窗、挡风板、檐口、女儿墙、爬梯、门、窗、外遮阳构件、楼梯、台阶、坡道、散水、平台、阳台、雨篷、洞口及其他装修等可见的内容；

4 高度尺寸。

外部尺寸：门、窗、洞口高度、层间高度、室内外高差、女儿墙高度、阳台栏杆高度、总高度；

内部尺寸：地坑（沟）深度、隔断、内窗、洞口、平台、吊顶等；

5　标高。主要结构和建筑构造部件的标高，如室内地面、楼面（含地下室）、平台、雨篷、吊顶、屋面板、屋面檐口、女儿墙顶、高出屋面的建筑物、构筑物及其他屋面特殊构件等的标高，室外地面标高；

6　节点构造详图索引号；

7　图纸名称、比例。

4.3.7　详图。

1　内外墙、屋面等节点，绘出不同构造层次，表达节能设计内容，标注各材料名称及具体技术要求，注明细部和厚度尺寸等；

2　楼梯、电梯、厨房、卫生间等局部平面放大和构造详图，注明相关的轴线和轴线编号以及细部尺寸、设施的布置和定位、相互的构造关系及具体技术要求等；

3　室内外装饰方面的构造、线脚、图案等；标注材料及细部尺寸、与主体结构的连接构造等；

4　门、窗、幕墙绘制立面图，对开启面积大小和开户方式，与主体结构的连接方式、用料材质、颜色等作出规定；

5　对另行委托的幕墙、特殊门窗，应提出相应的技术要求；

6　其他凡在平、立、剖面图或文字说明中无法交待或交待不清的建筑构配件和建筑构造。

4.3.8　对贴邻的原有建筑，应绘出其局部的平、立、剖面图，并索引新建筑与原有建筑结合处的详图号。

4.3.9　平面图、立面图、剖面图和详图有关节能构造及措施的表达应一致。

15.4　房屋建筑学课程设计考核标准

15.4.1　考核标准

1. 按分数

平时考勤	方案图	施工图					满分
		平面设计	立面设计	剖面设计	详图设计	图纸质量	
15分	10分	20分	20分 （其中美观5分）	10分	15分	10分	100分

方案设计阶段未达到考核标准者，须返回修改，直至达到要求才能进行施工图设计。

2. 按等级

考核名称	考核内容	考核方法	考核标准
方案设计	方案构思	检查批改	优秀：功能合理、流线组织合理、符合规范要求 良好：基本达到上述要求 中等：基本达到良好的要求 及格：基本完成设计内容 不及格：没有完成设计内容
施工图绘制	图纸质量	检查批改	优秀：面积与内容符合任务书要求、符合制图标准、设计符合有关规范 良好：基本达到上述要求 中等：基本达到良好的要求 及格：基本完成设计内容 不及格：没有完成设计内容

方案设计阶段未达到考核标准者，须返回修改，直至达到要求才能进行施工图设计。

15.4.2　推荐标题栏

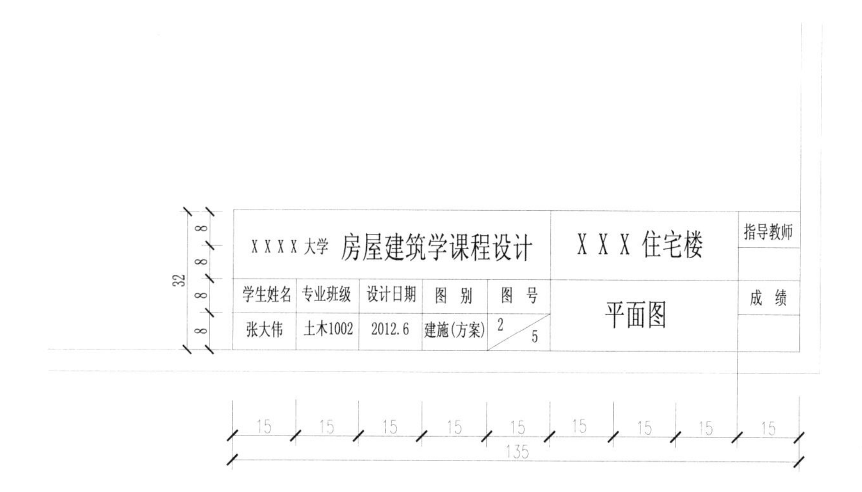

第 16 章　住宅建筑设计

16.1 《住宅建筑设计规范》(GB 50096—2011) 节选

1　总　则

1. 0. 2　本规范适用于全国城镇新建、改建和扩建住宅的建筑设计。

2　术　语

2. 0. 1　住宅　residential building

供家庭居住使用的建筑。

2. 0. 2　套型　dwelling unit

由居住空间和厨房、卫生间等共同组成的基本住宅单位。

2. 0. 3　居住空间　habitable space

卧室、起居室（厅）的统称。

2. 0. 4　卧室　bed roo m

供居住者睡眠、休息的空间。

2. 0. 5　起居室（厅）　living roo m

供居住者会客、娱乐、团聚等活动的空间。

2. 0. 6　厨房　kitchen

供居住者进行炊事活动的空间。

2. 0. 7　卫生间　bathroom

供居住者进行便溺、洗浴、盥洗等活动的空间。

2. 0. 8　使用面积　usable area

房间实际能使用的面积，不包括墙、柱等结构构造的面积。

2. 0. 9　层高　storey height

上下相邻两层楼面或楼面与地面之间的垂直距离。

2. 0. 10　室内净高　interior net storey height

楼面或地面至上部楼板底面或吊顶底面之间的垂直距离。

2. 0. 11　阳台　balcony

附设于建筑物外墙设有栏杆或栏板，可供人活动的空间。

2. 0. 12　平台　terrace

供居住者进行室外活动的上人屋面或由住宅底层地面伸出室外的部分。

2. 0. 13　过道　passage

住宅套内使用的水平通道。

2. 0. 14　壁柜　cabinet

建筑室内与墙壁结合而成的落地贮藏空间。

2. 0. 15　凸窗　bay-window

凸出建筑外墙面的窗户。

2. 0. 16　跃层住宅　duplex apart ment

套内空间跨越两个楼层且设有套内楼梯的住宅。

2.0.17　自然层数　natural storeys

按楼板、地板结构分层的楼层数。

2.0.18　中间层 middle-floor

住宅底层、入口层和最高住户入口层之间的楼层。

2.0.19　架空层　open floor

仅有结构支撑而无外围护结构的开敞空间层。

2.0.20　走廊　gallery

住宅套外使用的水平通道。

2.0.21　联系廊　inter-unit gallery

联系两个相邻住宅单元的楼、电梯间的水平通道。

2.0.22　住宅单元　residential building unit

由多套住宅组成的建筑部分，该部分内的住户可通过共用楼梯和安全出口进行疏散。

2.0.23　地下室　base ment

室内地面低于室外地平面的高度超过室内净高的 1/2 的空间。

2.0.24　半地下室　se mi-base ment

室内地面低于室外地平面的高度超过室内净高的 1/3，且不超过 1/2 的空间。

2.0.25　附建公共用房　accessory assembly occupancy building

附于住宅主体建筑的公共用房，包括物业管理用房、符合噪声标准的设备用房、中小型商业用房、不产生油烟的餐饮用房等。

3　基本规定

3.0.3　住宅设计应以人为本，除应满足一般居住使用要求外，尚应根据需要满足老年人、残疾人等特殊群体的使用要求。

3.0.4　住宅设计应满足居住者所需的日照、天然采光、通风和隔声的要求。

3.0.5　住宅设计必须满足节能要求，住宅建筑应能合理利用能源。宜结合各地能源条件，采用常规能源与可再生能源结合的供能方式。

3.0.6　住宅设计应推行标准化、模数化及多样化，并应积极采用新技术、新材料、新产品，积极推广工业化设计、建造技术和模数应用技术。

3.0.7　住宅的结构设计应满足安全、适用和耐久的要求。

3.0.8　住宅设计应符合相关防火规范的规定，并应满足安全疏散的要求。

3.0.10　住宅设计应在满足近期使用要求的同时，兼顾今后改造的可能。

4　技术经济指标计算

4.0.1　住宅设计应计算下列技术经济指标：

——各功能空间使用面积（m^2）；

——套内使用面积（m^2/套）；

——套型阳台面积（m^2/套）；

——套型总建筑面积（m^2/套）；

——住宅楼总建筑面积（m^2）。

4.0.2　计算住宅的技术经济指标，应符合下列规定：

1　各功能空间使用面积应等于各功能空间墙体内表面所围合的水平投影面积；

2　套内使用面积应等于套内各功能空间使用面积之和；

3　套型阳台面积应等于套内各阳台的面积之和；阳台的面积均应按其结构底板投影净面积的一半计算；

4　套型总建筑面积应等于套内使用面积、相应的建筑面积和套型阳台面积之和；

5　住宅楼总建筑面积应等于全楼各套型总建筑面积之和。

4.0.3　套内使用面积计算，应符合下列规定：

1　套内使用面积应包括卧室、起居室（厅）、餐厅、厨房、卫生间、过厅、过道、贮藏室、壁柜等使用面积的总和；

2　跃层住宅中的套内楼梯应按自然层数的使用面积总和计入套内使用面积；

3　烟囱、通风道、管井等均不应计入套内使用面积；

4　套内使用面积应按结构墙体表面尺寸计算；有复合保温层时，应按复合保温层表面尺寸计算；

5　利用坡屋顶内的空间时，屋面板下表面与楼板地面的净高低于 1.20 m 的空间不应计算使用面积，净高在 1.20 m ~ 2.10 m 的空间应按 1/2 计算使用面积，净高超过 2.10 m 的空间应全部计入套内使用面积；坡屋顶无结构顶层楼板，不能利用坡屋顶空间时不应计算其使用面积；

6　坡屋顶内的使用面积应列入套内使用面积中。

4.0.4　套型总建筑面积计算，应符合下列规定：

1　应按全楼各层外墙结构外表面及柱外沿所围合的水平投影面积之和求出住宅楼建筑面积，当外墙设外保温层时，应按保温层外表面计算；

2　应以全楼总套内使用面积除以住宅楼建筑面积得出计算比值；

3　套型总建筑面积应等于套内使用面积除以计算比值所得面积，加上套型阳台面积。

4.0.5　住宅楼的层数计算应符合下列规定：

1　当住宅楼的所有楼层的层高不大于 3.00 m 时，层数应按自然层数计；

2　当住宅和其他功能空间处于同一建筑物内时，应将住宅部分的层数与其他功能空间的层数叠加计算建筑层数。当建筑中有一层或若干层的层高大于 3.00 m 时，应对大于 3.00 m 的所有楼层按其高度总和除以 3.00 m 进行层数折算，余数小于 1.50 m 时，多出部分不应计入建筑层数，余数大于或等于 1.50 m 时，多出部分应按 1 层计算；

3　层高小于 2.20 m 的架空层和设备层不应计入自然层数；

4　高出室外设计地面小于 2.20 m 的半地下室不应计入地上自然层数。

5　套内空间

5.1　套　型

5.1.1　住宅应按套型设计，每套住宅应设卧室、起居室（厅）、厨房和卫生间等基本功能空间。

5.1.2　套型的使用面积应符合下列规定：

1　由卧室、起居室（厅）、厨房和卫生间等组成的套型，其使用面积不应小于 $30m^2$；

2　由兼起居的卧室、厨房和卫生间等组成的最小套型，其使用面积不应小于 $22m^2$。

5.2　卧室、起居室（厅）

5.2.1　卧室的使用面积应符合下列规定：

1　双人卧室不应小于 9 m^2；

2　单人卧室不应小于 5 m^2；

3　兼起居的卧室不应小于 12 m^2。

5.2.2　起居室（厅）的使用面积不应小于 10 m^2。

5.2.3　套型设计时应减少直接开向起居厅的门的数量。起居室（厅）内布置家具的墙面直线长度宜大于 3 m。

5.2.4　无直接采光的餐厅、过厅等，其使用面积不宜大于 10 m^2。

5.3　厨　房

5.3.1　厨房的使用面积应符合下列规定：

1　由卧室、起居室（厅）、厨房和卫生间等组成的住宅套型的厨房使用面积，不应小于 4.0 m^2；

2　由兼起居的卧室、厨房和卫生间等组成的住宅最小套型的厨房使用面积，不应小于 3.5 m^2。

5. 3. 2　厨房宜布置在套内近入口处。

5. 3. 3　厨房应设置洗涤池、案台、炉灶及排油烟机、热水器等设施或为其预留位置。

5. 3. 4　厨房应按炊事操作流程布置。排油烟机的位置应与炉灶位置对应，并应与排气道直接连通。

5. 3. 5　单排布置设备的厨房净宽不应小于 1.50 m；双排布置设备的厨房其两排设备之间的净距不应小于 0.90 m。

5.4　卫生间

5. 4. 1　每套住宅应设卫生间，应至少配置便器、洗浴器、洗面器三件卫生设备或为其预留设置位置及条件。三件卫生设备集中配置的卫生间的使用面积不应小于 2.50 m^2。

5. 4. 2　卫生间可根据使用功能要求组合不同的设备。不同组合的空间使用面积应符合下列规定：

1　设便器、洗面器时不应小于 1.80 m^2；

2　设便器、洗浴器时不应小于 2.00 m^2；

3　设洗面器、洗浴器时不应小于 2.00 m^2；

4　设洗面器、洗衣机时不应小于 1.80 m^2；

5　单设便器时不应小于 1. 10 m^2。

5. 4. 3　无前室的卫生间的门不应直接开向起居室（厅）或厨房。

5. 4. 4　卫生间不应直接布置在下层住户的卧室、起居室（厅）、厨房和餐厅的上层。

5. 4. 5　当卫生间布置在本套内的卧室、起居室（厅）、厨房和餐厅的上层时，均应有防水和便于检修的措施。

5. 4. 6　每套住宅应设置洗衣机的位置及条件。

5.5　层高和室内净高

5. 5. 1　住宅层高宜为 2.80 m。

5. 5. 2　卧室、起居室（厅）的室内净高不应低于 2.40 m，局部净高不应低于 2.10 m，且局部净高的室内面积不应大于室内使用面积的 1/3。

5. 5. 3　利用坡屋顶内空间作卧室、起居室（厅）时，至少有 1/2 的使用面积的室内净高不应低于 2.10 m。

5. 5. 4　厨房、卫生间的室内净高不应低于 2.20 m。

5. 5. 5　厨房、卫生间内排水横管下表面与楼面、地面净距不得低于 1.90 m，且不得影响门、窗扇开启。

5.6　阳　台

5. 6. 1　每套住宅宜设阳台或平台。

5. 6. 2　阳台栏杆设计必须采用防止儿童攀登的构造，栏杆的垂直杆件间净距不应大于 0.11 m，放置花盆处必须采取防坠落措施。

5. 6. 3　阳台栏板或栏杆净高，六层及六层以下不应低于 1.05 m；七层及七层以上不应低于 1.10 m。

5. 6. 4　封闭阳台栏板或栏杆也应满足阳台栏板或栏杆净高要求。七层及七层以上住宅和寒冷、严寒地区住宅宜采用实体栏板。

5. 6. 5　顶层阳台应设雨罩，各套住宅之间毗连的阳台应设分户隔板。

5. 6. 6　阳台、雨罩均应采取有组织排水措施，雨罩及开敞阳台应采取防水措施。

5. 6. 7　当阳台设有洗衣设备时应符合下列规定：

1　应设置专用给、排水管线及专用地漏，阳台楼、地面均应做防水；

2　严寒和寒冷地区应封闭阳台，并应采取保温措施。

5. 6. 8　当阳台或建筑外墙设置空调室外机时，其安装位置应符合下列规定：

1　应能通畅地向室外排放空气和自室外吸入空气；

2　在排出空气一侧不应有遮挡物；

3 应为室外机安装和维护提供方便操作的条件；

4 安装位置不应对室外人员形成热污染。

5.7 过道、贮藏空间和套内楼梯

5.7.1 套内入口过道净宽不宜小于 1.20 m；通往卧室、起居室（厅）的过道净宽不应小于 1.00 m；通往厨房、卫生间、贮藏室的过道净宽不应小于 0.90 m。

5.7.2 套内设于底层或靠外墙、靠卫生间的壁柜内部应采取防潮措施。

5.7.3 套内楼梯当一边临空时，梯段净宽不应小于 0.75 m；当两侧有墙时，墙面之间净宽不应小于 0.90 m，并应在其中一侧墙面设置扶手。

5.7.4 套内楼梯的踏步宽度不应小于 0.22 m；高度不应大于 0.20 m，扇形踏步转角距扶手中心 0.25 m 处，宽度不应小于 0.22 m。

5.8 门 窗

5.8.1 窗外没有阳台或平台的外窗，窗台距楼面、地面的净高低于 0. 90 m 时，应设置防护设施。

5.8.2 当设置凸窗时应符合下列规定：

1 窗台高度低于或等于 0.45 m 时，防护高度从窗台面起算不应低于 0.90 m；

2 可开启窗扇窗洞口底距窗台面的净高低于 0.90 m 时，窗洞口处应有防护措施。其防护高度从窗台面起算不应低于 0.90 m；

3 严寒和寒冷地区不宜设置凸窗。

5.8.3 底层外窗和阳台门、下沿低于 2.00 m 且紧邻走廊或共用上人屋面上的窗和门，应采取防卫措施。

5.8.4 面临走廊、共用上人屋面或凹口的窗，应避免视线干扰，向走廊开启的窗扇不应妨碍交通。

5.8.5 户门应采用具备防盗、隔声功能的防护门。向外开启的户门不应妨碍公共交通及相邻户门开启。

5.8.6 厨房和卫生间的门应在下部设置有效截面积不小于 0.02 m^2 的固定百叶，也可距地面留出不小于 30 mm 的缝隙。

5.8.7 各部位门洞的最小尺寸应符合表 5.8.7 的规定。

表 5.8.7 门洞最小尺寸

类别	洞口宽度（m）	洞口高度（m）
共用外门	1.20	2.00
户（套）门	1.00	2.00
起居室（厅）门	0.90	2.00
卧室门	0.90	2.00
厨房门	0.80	2.00
卫生间门	0.70	2.00
阳台门（单扇）	0.70	2.00

注：1 表中门洞口高度不包括门上亮子高度，宽度以平开门为准。

2 洞口两侧地面有高低差时，以高地面为起算高度。

6 共用部分

6.1 窗台、栏杆和台阶

6.1.1 楼梯间、电梯厅等共用部分的外窗，窗外没有阳台或平台，且窗台距楼面、地面的净高小于 0.90 m 时，应设置防护设施。

6. 1. 2　公共出入口台阶高度超过 0.70 m 并侧面临空时，应设置防护设施，防护设施净高不应低于 1.05 m。

6. 1. 3　外廊、内天井及上人屋面等临空处的栏杆净高，六层及六层以下不应低于 1.05 m，七层及七层以上不应低于 1.10 m。防护栏杆必须采用防止儿童攀登的构造，栏杆的垂直杆件间净距不应大于 0.11 m。放置花盆处必须采取防坠落措施。

6. 1. 4　公共出入口台阶踏步宽度不宜小于 0.30 m，踏步高度不宜大于 0.15 m，并不宜小于 0.10 m，踏步高度应均匀一致，并应采取防滑措施。台阶踏步数不应少于 2 级，当高差不足 2 级时，应按坡道设置；台阶宽度大于 1.80 m 时，两侧宜设置栏杆扶手，高度应为 0.90 m。

6.2　安全疏散出口

6. 2. 1　十层以下的住宅建筑，当住宅单元任一层的建筑面积大于 650 m^2，或任一套房的户门至安全出口的距离大于 15 m 时，该住宅单元每层的安全出口不应少于 2 个。

6. 2. 2　十层及十层以上且不超过十八层的住宅建筑，当住宅单元任一层的建筑面积大于 650 m^2，或任一套房的户门至安全出口的距离大于 10 m 时，该住宅单元每层的安全出口不应少于 2 个。

6. 2. 3　十九层及十九层以上的住宅建筑，每层住宅单元的安全出口不应少于 2 个。

6. 2. 4　安全出口应分散布置，两个安全出口的距离不应小于 5 m。

6. 2. 5　楼梯间及前室的门应向疏散方向开启。

6. 2. 6　十层以下的住宅建筑的楼梯间宜通至屋顶，且不应穿越其他房间。通向平屋面的门应向屋面方向开启。

6. 2. 7　十层及十层以上的住宅建筑，每个住宅单元的楼梯均应通至屋顶，且不应穿越其他房间。通向平屋面的门应向屋面方向开启。各住宅单元的楼梯间宜在屋顶相连通。但符合下列条件之一的，楼梯可不通至屋顶：

1　十八层及十八层以下，每层不超过 8 户、建筑面积不超过 650 m^2，且设有一座共用的防烟楼梯间和消防电梯的住宅；

2　顶层设有外部联系廊的住宅。

6.3　楼　梯

6. 3. 1　楼梯梯段净宽不应小于 1.10 m，不超过六层的住宅，一边设有栏杆的梯段净宽不应小于 1.00 m。

6. 3. 2　楼梯踏步宽度不应小于 0.26 m，踏步高度不应大于 0.175 m。扶手高度不应小于 0.90 m。楼梯水平段栏杆长度大于 0.50 m 时，其扶手高度不应小于 1.05 m。楼梯栏杆垂直杆件间净空不应大于 0.11 m。

6. 3. 3　楼梯平台净宽不应小于楼梯梯段净宽，且不得小于 1.20 m。楼梯平台的结构下缘至人行通道的垂直高度不应低于 2. 00 m。入口处地坪与室外地面应有高差，并不应小于 0.10 m。

6. 3. 4　楼梯为剪刀梯时，楼梯平台的净宽不得小于 1.30 m。

6. 3. 5　楼梯井净宽大于 0. 11 m 时，必须采取防止儿童攀滑的措施。

6.5　走廊和出入口

6. 5. 1　住宅中作为主要通道的外廊宜作封闭外廊，并应设置可开启的窗扇。走廊通道的净宽不应小于 1.20 m，局部净高不应低于 2.00 m。

6. 5. 2　位于阳台、外廊及开敞楼梯平台下部的公共出入口，应采取防止物体坠落伤人的安全措施。

6. 5. 3　公共出入口处应有标识，十层及十层以上住宅的公共出入口应设门厅。

6.6　无障碍设计要求

6. 6. 1　七层及七层以上的住宅，应对下列部位进行无障碍设计：

1　建筑入口；

2　入口平台；

3　候梯厅；

4 公共走道。

6.6.2 住宅入口及入口平台的无障碍设计应符合下列规定：

1 建筑入口设台阶时，应同时设置轮椅坡道和扶手；

2 坡道的坡度应符合表 6.6.2 的规定；

表 6.6.2 坡道的坡度

坡度	1∶20	1∶16	1∶12	1∶10	1∶8
最大高度（m）	1.50	1.00	0.75	0.60	0.35

3 供轮椅通行的门净宽不应小于 0.8 m；

4 供轮椅通行的推拉门和平开门，在门把手一侧的墙面，应留有不小于 0.5 m 的墙面宽度；

5 供轮椅通行的门扇，应安装视线观察玻璃、横执把手和关门拉手，在门扇的下方应安装高 0.35 m 的护门板；

6 门槛高度及门内外地面高差不应大于 0.015 m，并应以斜坡过渡。

6.6.3 七层及七层以上住宅建筑入口平台宽度不应小于 2.00 m，七层以下住宅建筑入口平台宽度不应小于 1.50 m。

6.6.4 供轮椅通行的走道和通道净宽不应小于 1.20 m。

7 室内环境

7.1 日照、天然采光、遮阳

7.1.1 每套住宅应至少有一个居住空间能获得冬季日照。

7.1.2 需要获得冬季日照的居住空间的窗洞开口宽度不应小于 0.60 m。

7.1.3 卧室、起居室（厅）、厨房应有直接天然采光。

7.1.4 卧室、起居室（厅）、厨房的采光系数不应低于 1%；当楼梯间设置采光窗时，采光系数不应低于 0.5%。

7.1.5 卧室、起居室（厅）、厨房的采光窗洞口的窗地面积比不应低于 1/7。

7.1.6 当楼梯间设置采光窗时，采光窗洞口的窗地面积比不应低于 1/12。

7.1.7 采光窗下沿离楼面或地面高度低于 0.50 m 的窗洞口面积不应计入采光面积内，窗洞口上沿距地面高度不宜低于 2.00 m。

7.1.8 除严寒地区外，居住空间朝西外窗应采取外遮阳措施，居住空间朝东外窗宜采取外遮阳措施。当采用天窗、斜屋顶窗采光时，应采取活动遮阳措施。

16.2 住宅建筑设计任务书

题目：南方某市某单元式多层住宅设计

16.2.1 目的要求

通过“房屋建筑学”建筑设计部分的理论教学、参观和设计实践，学生应了解建筑的设计原理和构造知识，初步掌握建筑设计的基本方法和步骤，完成方案设计草图。

根据方案设计草图，进行部分施工图设计，熟悉施工图的内容、表达方法及工作步骤，掌握建筑施工图设计的基本方法和内容，培养学生综合运用所学的民用建筑设计原理及构造知识来分析问题和解决问题的能力。

16.2.2　设计条件

本设计为城市型住宅楼，位于城市居住小区内，地点在南方某城市。

（1）面积指标：平均每套建筑面积 80～140 m^2，一梯两户。

（2）层数：6层。

（3）2～3个单元。

（4）层高：2 800～3 000 mm。

（5）结构类型：框架。

（6）套型及套型比不少于3个套型。

16.2.3　设计要求

（1）建筑的主体部分应有良好的采光、通风、朝向，根据使用要求确定各个房间的位置，交通疏散符合防火规范。

（2）造型大方，反映时代特色。

16.2.4　设计方法与步骤

（1）分析研究设计任务书，明确目的、要求及条件。

（2）广泛查阅相关设计资料，参观已建成的住宅建筑，扩大眼界，打开思路。

（3）在学习参观的基础上，根据住宅各房间的功能要求及各房间的相互关系进行平面组合设计。

（4）在草图设计的基础上，继续深入，发展为完善的平、立、剖、详图等。

16.2.5　设计内容

本设计采用绘图工具手工绘制。

1. 方案设计草图

（1）平、立、剖草图，标注主要尺寸，比例为 1∶100。

（2）单元放大图 1∶50，标注所有尺寸。

2. 施工图设计图纸

本次设计参考教师给定的住宅方案，根据设计资料确定建筑方案，初步选定主要构件尺寸及布置，明确各部位构造做法。在此基础上按施工图深度要求进行，但因无结构、水、电等工种相配合，故只能局部做到建筑施工图的深度。设计内容如下：

（1）底层平面图 1∶100。

（2）标准层平面图 1∶100。

（3）屋顶平面图 1∶100。

（4）立面图 1∶100。

（5）剖面图（要剖楼梯）1∶100。

（6）墙身大样图 1∶20。

（7）楼梯详图 1∶50。

（8）外檐详图比例 1∶20。

（9）设计简要说明、图纸目录、门窗表及技术经济指标等。

16.2.6　注意问题

（1）注意设计的完整性，课程设计的出图质量、标准、要求应按照施工图设计深度的标准执行，防止片面性。

（2）学习使用规范、标准、手册及图集。

（3）避免设计过程中的重复，能采用标准和图集表达节点构造。

（4）加强独立创新能力的培养，要求学生自方案构思到施工图设计独立完成，指导教师在满足规律要求的基础上应尊重学生的设计思路，确定其方案。

（5）方案设计阶段未达到考核标准者，须返回修改，直至达到要求才能进行施工图设计。

（6）设计作业用文件装好，十六周星期一上午交给指导教师。

16.3 住宅建筑设计指导书

住宅是供人们生活居住的空间，是供家庭日常居住使用的建筑物，是人们为满足家庭生活需要，利用自己掌握的物质技术手段创造的人造环境。设计住宅时，首先要研究家庭结构、生活方式和习惯，以及地方、民族的特点，然后通过多种多样的空间组合方式设计出满足不同生活要求的住宅。

为保障城市居民基本的住房条件，提高城市住宅功能质量，应使住宅设计符合适用、安全、卫生、经济等要求。

住宅按层数划分为：低层住宅为 1 层至 3 层，多层住宅为 4 至 6 层，中高层住宅为 7 至 9 层，高层住宅为 10 层及以上。

本次课程设计是为了培养学生综合运用所学理论知识和专业知识，解决实际工程问题能力的最后一个重要教学环节，师生都应当充分重视。为了使大家进一步明确设计的具体内容及要求，特作如下指导。

16.3.1 目的与要求

（1）目的：① 通过该次设计能系统巩固并扩大所学的理论知识与专业知识，使理论联系实际；② 在指导教师的指导下能独立解决有关工程的建筑施工图设计问题，并能表现出有一定的科学性与创造性，从而提高设计、绘图、综合分析问题与解决问题的能力；③ 了解在建筑设计中，建筑、结构、水、暖、电各工种之间的责任及协调关系，为今后专业课程学习及走上工作岗位，适应我国安居工程建设的需要，打下良好的基础。

（2）要求：学生应严格按照指导老师的安排有组织、有秩序地进行本次设计。先经过老师讲课辅导、答疑以后，学生自行进行设计，完成主要工作以后，在规定的时间内再进行答疑、审图后，每位学生必须将全部设计图纸加上封面装订成册。

16.3.2 住宅尺寸常用模数标准与套型

1. 砖混结构模数协调

（1）砖混结构住宅建筑的开间应采用下列常用参数：

2 100 mm、2 400 mm、2 700 mm、3 000 mm、3 300 mm、3 600 mm、3 900 mm、4 200 mm 等。

注：砖混结构住宅建筑的开间可以采用 3 400 mm 和 2 600 mm。

（2）砖混结构住宅建筑的进深应采用下列常用参数：

3 000 mm、3 300 mm、3 600 mm、3 900 mm、4 200 mm、4 500 mm、4 800 mm、5 100 mm、5 400 mm、5 700 mm、6 000 mm 等。

2. 居住建筑的空间组成

（1）使用房间：

① 主要使用房间：起居室、客厅、卧室、书房、工作室、健身房等。

② 辅助使用房间：卫生间（浴室/厕所）、厨房、餐厅、阳台等。

（2）交通空间：楼梯、门厅、走道等。

16.3.3 各使用空间的设计要求

1. 居住空间

住宅套型的使用面积不应小于：由卧室、起居室、厨房和卫生间等组成的住宅套型，使用面积不应小于 30 m^2；由兼起居的卧室、厨房和卫生间等组成的住宅最小套型，其使用面积不应小于 22 m^2。

（1）起居空间：起居室活动需要，家庭活动，休闲健身，家务劳动，家居美化，社交会客。在套型中起居室位置不同对套型整体影响很大，尽量在设计中使其处于整个套型一侧，保持空间利用的完整性和稳定性（图 16-1）。

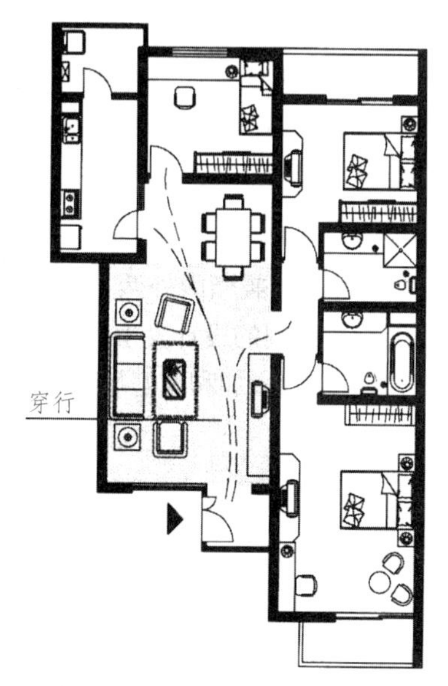

（a）起居室位于门厅和其他功能房间之间，空间使用不够稳定（×）

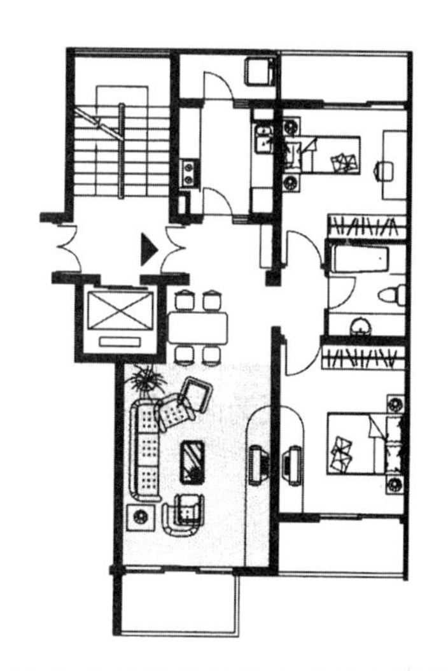

（b）起居室位于整个套型空间的一侧，空间稳定（√）

图 16-1 起居室在套型中所处位置

（2）起居空间和各房间之间关系布置。

起居室作为联系各房间的核心空间，尽量减少直接开向起居室门的个数（图 16-2），保证墙面完整性。为保证家具摆放及电视墙装修需求，起居室至少一面墙体净尺寸>3 m。

图 16-2 内墙面长度与门的位置对起居室家具摆放的影响

（3）起居室空间的尺寸确定。

① 面积：起居室相对独立时，使用面积不宜过小，一般在 15 m^2 以上；当起居室与餐厅合而为一时，将两者的面积控制在 20 ~ 25 m^2；当起居室与餐厅由门厅过道分成两边时，一般在 30 ~ 40 m^2 范围浮动，适合进深较大的大户型。

② 开间（面宽）：决定起居室开间时，除了考虑社交、视觉层面的需求之外，主要的制约因素是人坐在沙发上看电视的距离。常用尺寸：3.9～4.5 m。经济尺寸：3.6 m。舒适尺寸：6 m 以上。如图 16-3。

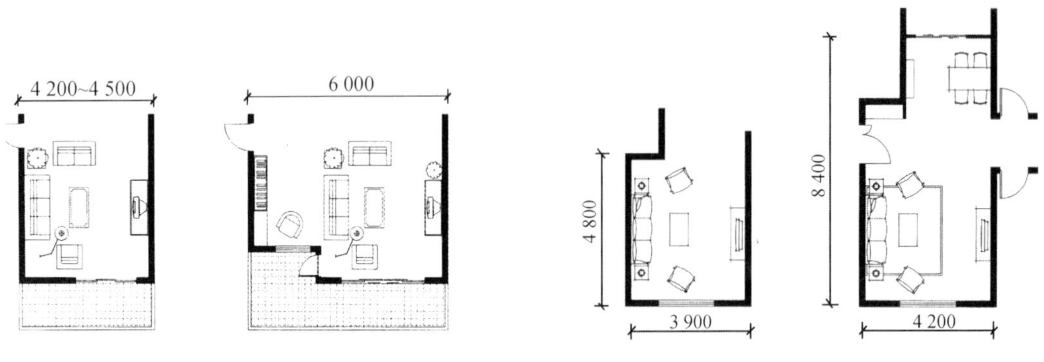

图 16-3　起居室的面宽尺寸与家居布置　　图 16-4　起居室的长宽比例示意

③ 进深：独立起居空间的长宽比值大致在 5∶4～3∶2。当餐厅与起居室连通时，该比例取在 3∶2～2∶1 左右较为合适（如图 16-4）。

2. 餐厅

主要家具有：餐桌椅、酒柜及冰柜等。

（1）供 3～4 人就餐的餐厅，开间净尺寸不宜小于 2 700 mm，使用面积不小于 10 m^2。

（2）供 6～8 人就餐的餐厅，开间净尺寸不宜小于 3 000 mm，使用面积不小于 12 m^2。

餐桌椅的布置如图 16-5。

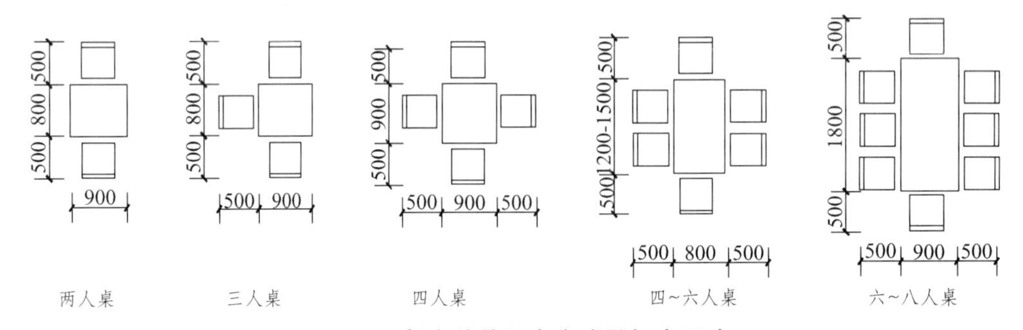

图 16-5　餐桌椅的组合方式及相应尺寸

3. 主卧室

卧室之间不应穿越，应有直接采光、自然通风，其使用面积不应小于：双人卧室 9 m^2，单人卧室 5 m^2，兼起居的卧室为 12 m^2。起居室（厅）应有直接采光、自然通风，其使用面积不应小于 10 m^2。起居室（厅）内的门洞布置应综合考虑使用功能要求，减少直接开向起居室（厅）的门的数量。起居室（厅）内布置家具的墙面直线长度应大于 3 m。无直接采光的餐厅、过厅等，其使用面积不应大于 10 m^2（图 16-6、图 16-7）。

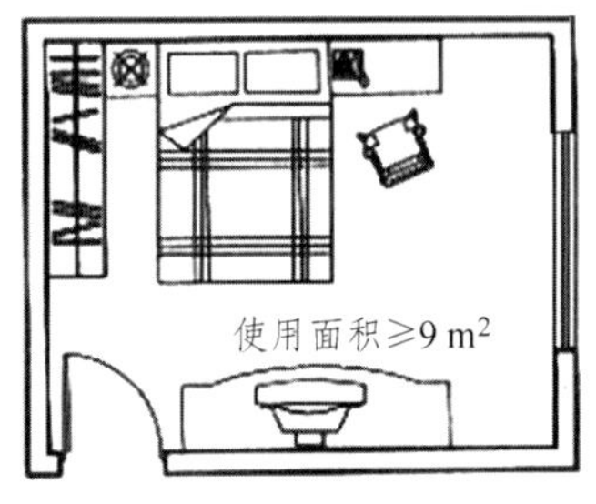

图 16-6　双人卧室平面图示

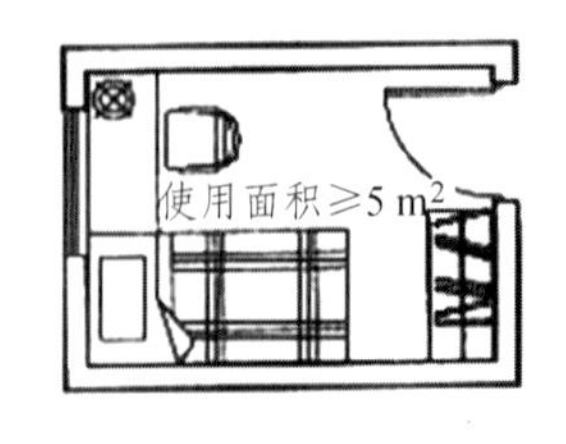

图 16-7　单人卧室平面图示

（1）主卧室的使用需求。

主卧室活动方面需求：睡眠休息，休闲娱乐，工作学习，梳妆打扮。

主卧室空间方面需求：基本空间需求，储藏空间需求，个性化空间需求。

（2）主卧室的家具及布置：

① 主卧室家具类型及主要家具尺寸：主要家具、其他家具、设备主卧室家具布置要点。

② 床周边的活动尺寸。

③ 其他使用要求和生活习惯上的要求。床不要正对门布置，以免影响私密性（图 16-8）。

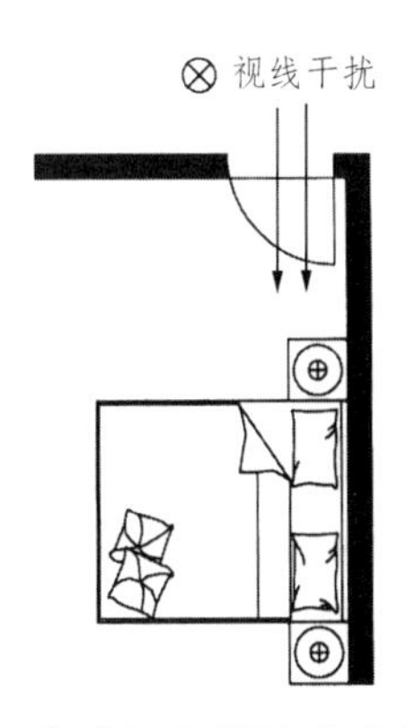

图 16-8　床对门布置影响卧室私密性

4. 书　房

（1）书房的使用需求：书房活动方面需要。

（2）书房空间方面需要：基本空间要求；两人共有空间需求；空间摆床需求（图 16-9）。

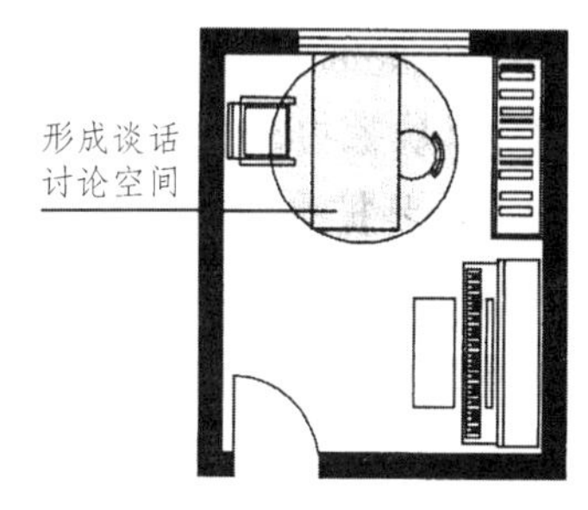

（a）书房中形成讨论空间

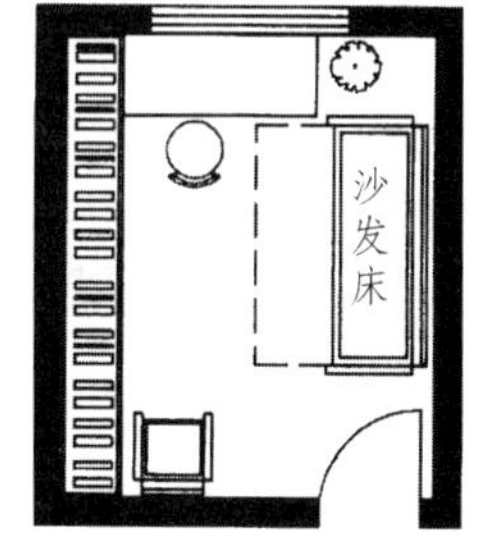

（b）书房中设置沙发床

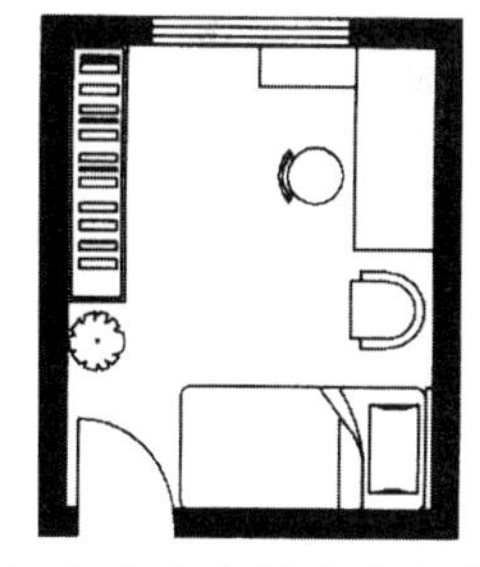

（c）书房中摆放单人床

图 16-9　书房常见布置形式示例

（3）书房的家具布置。

书房家具布置：书桌和座椅的位置：在进行书桌布置时，要考虑到光线的方向；布置书桌和座椅时，还要考虑提供谈话、讨论的空间。

（4）书房的尺寸确定：① 书房的面宽最好在 2.6 m 以上。② 居住空间 SOHO 化，此外书房与其他空间（如起居室、餐厅、卧室）结合，其面积也有进一步扩大的趋势。

5. 次卧室

（1）次卧室的使用需求。

（2）次卧室空间方面需求：基本空间需求；储藏空间需求；个性化空间需求；外接阳台需求。

（3）次卧室家具及布置：房间服务的对象不同，其家具及布置形式也会随之改变，以下分别介绍子女用房和老年人用房的家具和布置情况。

① 青少年房间（13 ~ 18 岁）分区布置：睡眠区、学习区、休闲区和储藏区。

② 儿童、老年人用房间家具、设备类型：单人床或双人床、床头柜、躺椅、电视机、衣柜、写字台、座椅等。

（4）次卧室的尺寸确定（图 16-10）。

① 一般认为次卧室房间的面宽不要小于 2 700 mm，面积不宜小于 10 m^2。

② 当次卧室用作老年人房间，面宽不宜小于 3 300 mm，面积不宜小于 13 m^2。

③ 当考虑到轮椅的使用情况时，次卧室面宽不宜小于 3 600 mm。

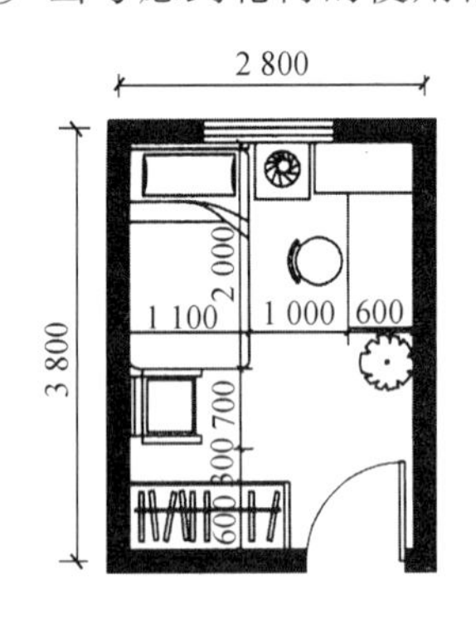

（a）单人间次卧室平面尺寸

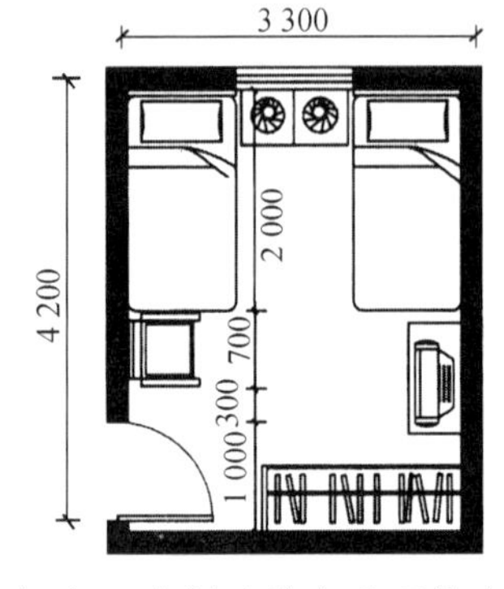

（b）双人间次卧室平面尺寸

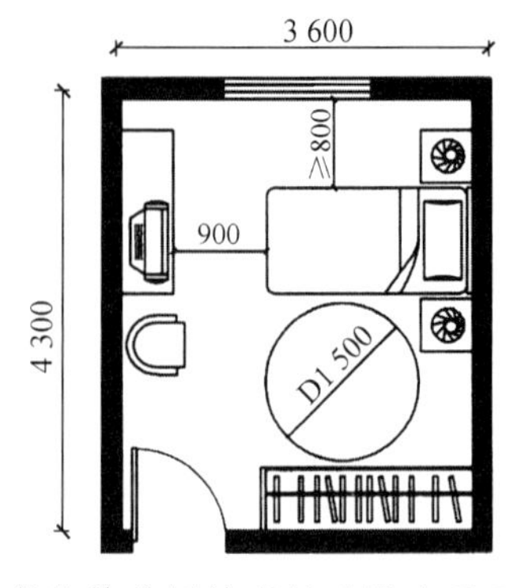

（c）考虑轮椅使用情况的次卧室平面尺寸

图 16-10　不同功能次卧室常用平面尺寸

6. 厨卫空间（住宅设计的核心）

（1）厨房的厨具、设备及布置。

① 厨具的布置方式分为单列形、双列形、“L”形、“U”形和岛式五种平面形式（表 16-1），下面分别从定义、适用范围、优缺点几个方面展开介绍。

表 16-1　厨房布置形式

名称	单列形布置	双列形布置	“L”形布置	“U”形布置	岛式布置
图示	900 冰箱	900~1 200 冰箱	冰箱	900~1 200 冰箱	冰箱

厨房宜布置在套内近入口处。应设置洗涤池、案台、炉灶及排油烟机等设施或预留位置，按炊事操作流程排列，操作面净长不应小于 2.10 m。单面布置设备的厨房净宽不应小于 1. 50 m，双面布置设备的厨房其两排设备的净距不应小于 0.90 m（图 16-11）。

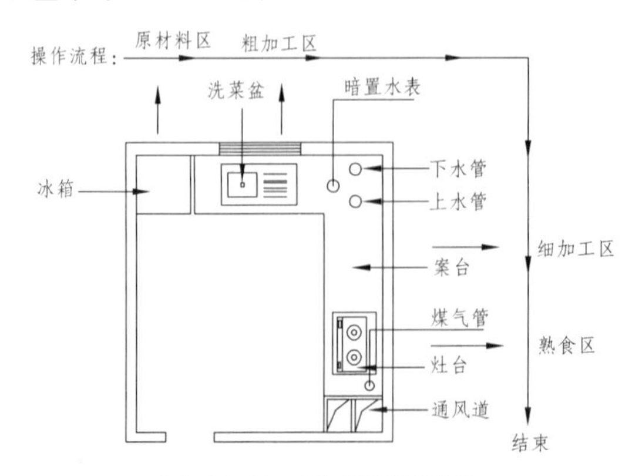

图 16-11　厨房平面图示

（2）厨房的尺寸确定。

厨房应有直接采光、自然通风，其使用面积不应小于：一、二类住宅为 4 m²，三、四类住宅为 5 m²。由兼起居的卧室、厨房和卫生间等组成的住宅最小套型的厨房使用面积不应小于 3.5 m²。厨房一般分为三种类型，见表 16-2。

表 16-2 厨房类型

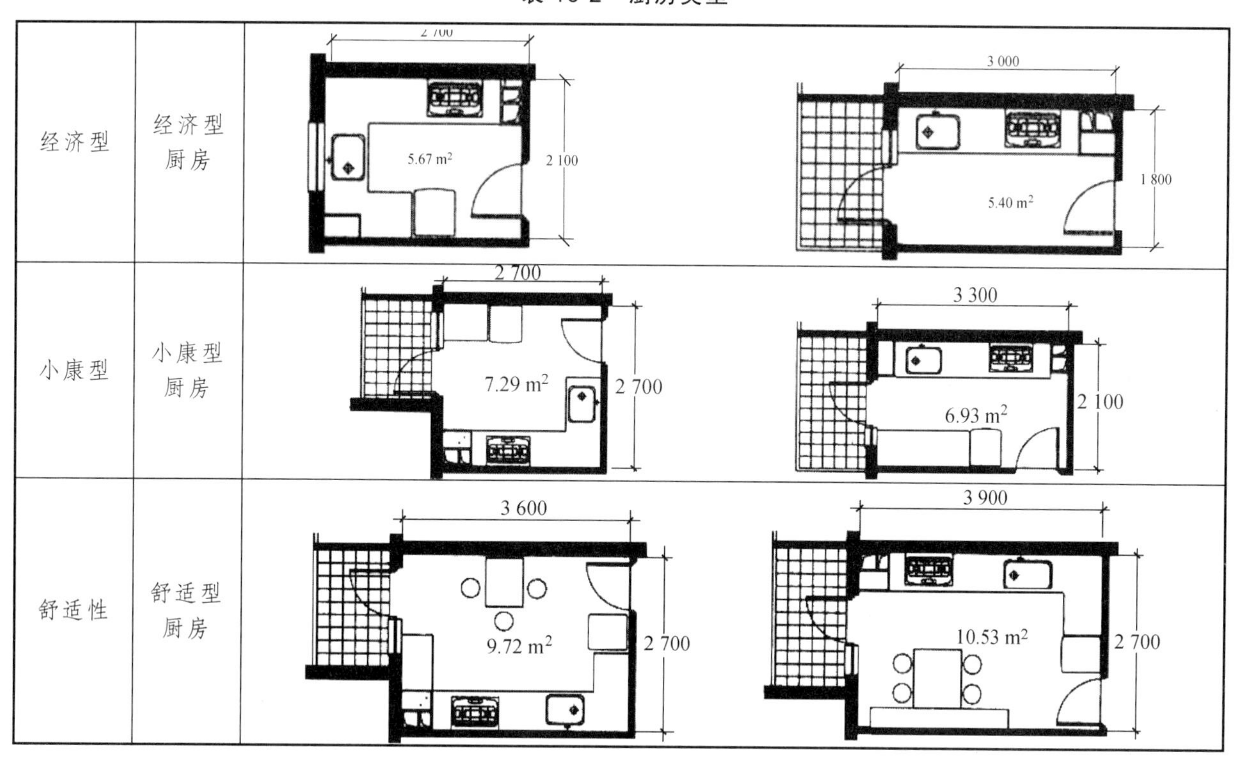

经济型	经济型厨房	2 700；5.67 m²；2 100 3 000；5.40 m²；1 800
小康型	小康型厨房	2 700；7.29 m²；2 700 3 300；6.93 m²；2 100
舒适性	舒适型厨房	3 600；9.72 m²；2 700 3 900；10.53 m²；2 700

（3）厨房的管线和烟道布置。

① 管线的布置应当注意以下问题：立管区宜集中在厨房某一合理的位置；洗涤池要靠近立管布置；管道排列尺寸尽可能标准化。

② 厨房中的排风烟道在布置时应注意的问题：竖向共用排风烟道大多设置在厨房墙角；烟道应靠近灶台。

（4）厨房与餐厅的两种位置关系及特点。

厨房与餐厅常见两种布置形式：串联式布置和并联式布置两种。其特点如表 16-3。

表 16-3 厨房与餐厅的两种位置关系及特点

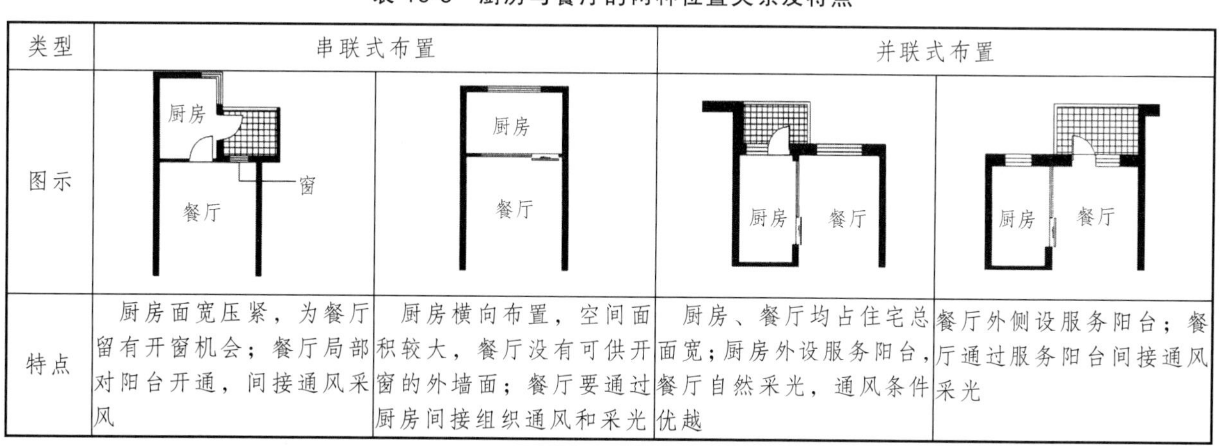

类型	串联式布置		并联式布置	
图示	厨房；餐厅；窗	厨房；餐厅	厨房；餐厅	厨房；餐厅
特点	厨房面宽压紧，为餐厅留有开窗机会；餐厅局部对阳台开通，间接通风采风	厨房横向布置，空间面积较大，餐厅没有可供开窗的外墙面；餐厅要通过厨房间接组织通风和采光	厨房、餐厅均占住宅总面宽；厨房外设服务阳台，餐厅自然采光，通风条件优越	餐厅外侧设服务阳台；餐厅通过服务阳台间接通风采光

7. 卫生间

每套住宅应设卫生间，第四类住宅宜设两个或两个以上卫生间。每套住宅至少应配置三件卫生洁具：便器、洗浴器（浴缸或喷淋）、洗面器。三件卫生设备集中配置的卫生间的使用面积不应小于 2.50 m^2。无前室的卫生间的门不应直接开向其居室（厅）或厨房（图 16-12）。

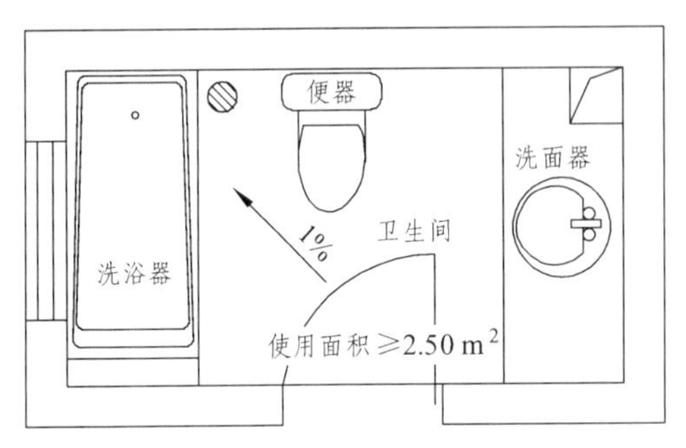

图 16-12 卫生间平面图示

卫生间不应直接布置在下层住户的卧室、起居室（厅）和厨房的上层，可布置在本套内的这些房间的上层，并均应有防水、隔声和便于检修的措施。套内应设置洗衣机的位置。

（1）卫生间的尺寸确定。

不同组合的空间使用面积不应小于下列规定：

① 设便器、洗面器的为 1.80 m^2（图 16-13）。

② 设便器、洗浴器的为 2.00 m^2（图 16-14）。

③ 设洗面器、洗衣机的为 1.80 m^2（图 16-15）。

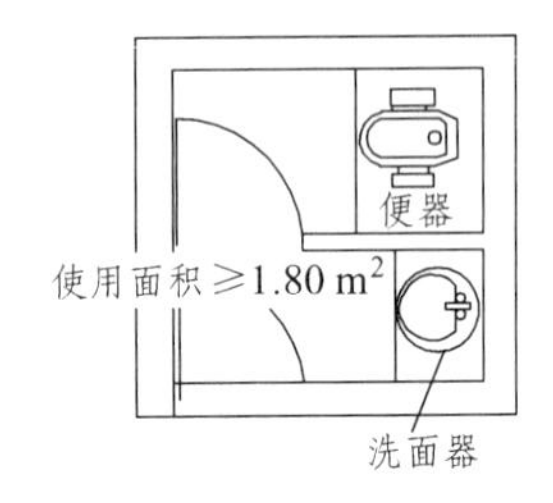

图 16-13 卫生间平面图示

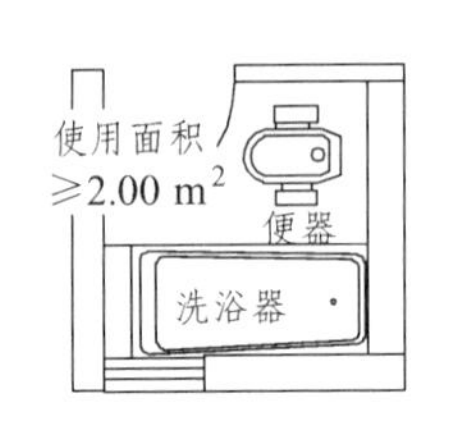

图 16-14 卫生间平面图示

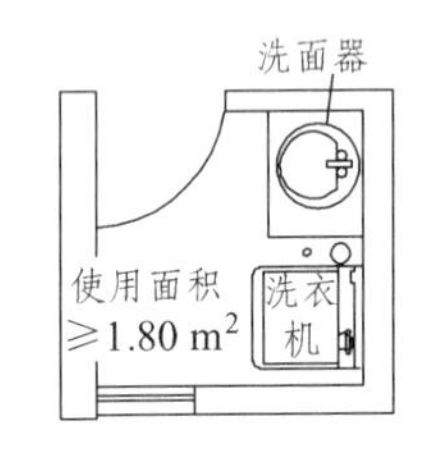

图 16-15 卫生间平面图示

（2）卫生间平面布局形式（表 16-4）。

表 16-4 卫生间布局形式

名称	集中型	前室型	分设型
图示	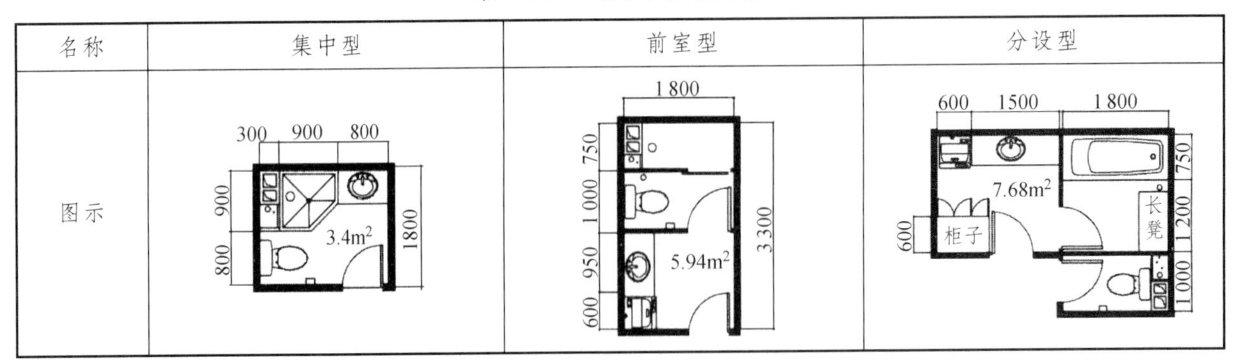		

8. 辅助空间

辅助空间包括门厅、过道，走厅、阳台、储存空间、阳台、露台。

（1）门厅。

① 门厅的使用需求：门厅功能为过渡空间、储藏空间、接待空间、为满足一定的生活需求，门旁

墙垛尺寸（图 16-16）和门厅合适面积都有一定要求。

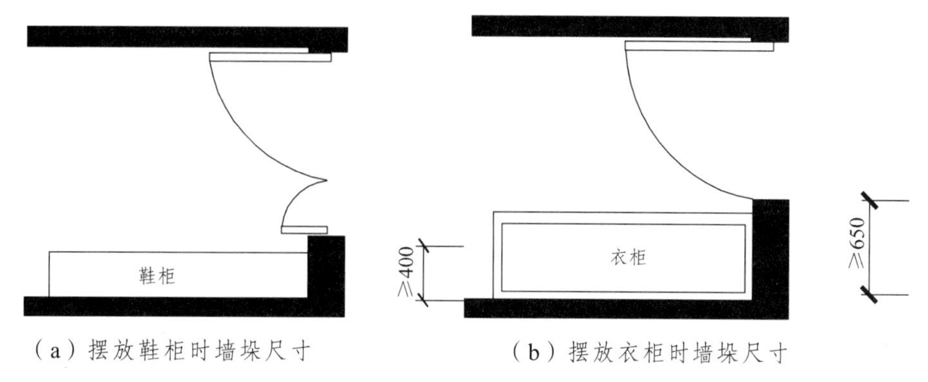

（a）摆放鞋柜时墙垛尺寸　　（b）摆放衣柜时墙垛尺寸

图 16-16　门旁墙垛尺寸

② 门厅的尺寸确定，见图 16-17。

（2）阳台。

阳台：每户设生活阳台和服务阳台各一个。

低层、多层的阳台栏杆净高不低于 1.05 m，中高层、高层的不应低于 1.10 m。阳台栏杆设计应防儿童攀登，垂直栏杆间净空不应大于 0.11 m，放置花盆处必须采取防坠落措施。

中高层、高层及严寒地区住宅的阳台宜采用实体栏板。阳台应设置晾、晒衣物的设施；顶层阳台应设雨罩；各套住宅之间的毗连的阳台应设分户隔板；阳台、雨罩均应做有组织排水；雨罩应做防水，阳台宜做防水。

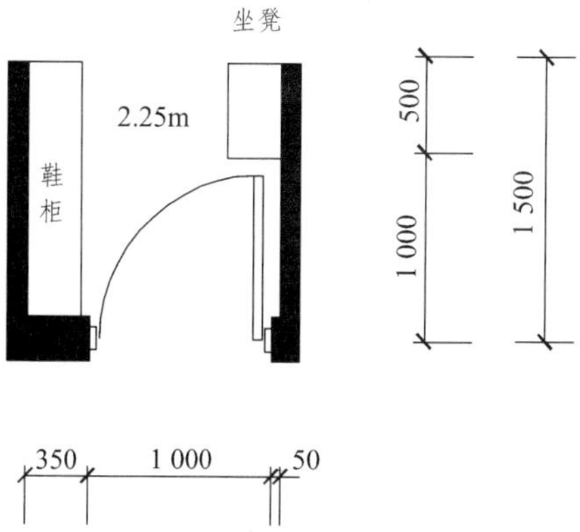

坐凳　2.25m　鞋柜　500　1 000　1 500　350　1 000　50

图 16-17　门厅面积参考尺寸

（3）层高和室内净高。

层高的确定与住宅建造的造价以及能源消耗关系密切。层高降低可节约墙体材料用量、减少结构荷载、降低造价。同时，层高降低还意味着空间容积的减小，需采暖、制冷范围小，降低了空调负荷，对建筑节能具有重要意义。此外，降低层高意味着降低了建筑的总高度，有利于缩小建筑间距，节约用地。目前在实际住宅开发建造中常将层高定为 2 900 ~ 3 000 mm。普通住宅层高不宜高于 2.80 m；卧室、起居室（厅）的室内净高不应低于 2.40 m，局部净高不应低于 2.10 m 且其面积不大于室内使用面积的 1/3，厨房、卫生间的室内净高不应低于 2.20 m。

（4）过道、储藏空间和套内楼梯。

套内人口过道净宽不宜小于 1.20 m；通往卧室、起居室（厅）的过道净宽不应小于 1 m；通往辅助用房的过道净宽不应小于 0.9 m，过道拐弯处的尺寸应便于搬运家具。

套内吊柜净高不应小于 0.40 m，壁柜净深不宜小于 0.50 m，设于底层或靠外墙、卫生间的壁柜内部应采取防潮措施，壁柜内应平整、光洁。

套内楼梯的梯段净宽，当一边临空时，不应小于 0.75 m，当两侧有墙时，不应小于 0.90 m，套内楼梯的踏步宽度不应小于 0.22 m，高度不应大于 0.20 m。扇形踏步在内侧 0.25 m 处的宽度不应小于 0. 22 m。

（5）储藏设施。

根据具体情况设搁板、吊柜、壁龛、壁柜等。

（6）门窗。

外窗窗台面距楼面、地面的净高低于 0.90 m 时，应有防护措施，窗外有阳台的不受此限。底层外窗的阳台门、下沿低于 2 m 且紧邻走廊或公用上人屋面上的窗和门，应采取防护措施。面临走廊或凹口的窗，应避免视线干扰，向走廊开启的窗扇不应妨碍交通。住宅户门应采用安全防护门，向外开启的户门不应妨碍交通，各部位门洞的最小尺寸应符合表 16-5 的规定。

表 16-5　各部位门洞的最小尺寸

类　别	洞口宽度/ m	洞口高度/ m
公用外门	1.20	2.00
户（套）门	0.90	2.00
起居室（厅）门	0.90	2.00
卧室门	0.90	2.00
厨房门	0.80	2.00
卫生间门	0.70	2.00

（7）共用楼梯。

楼梯梯段净宽不应小于 1.10 m（图 16-18）。六层及六层以下住宅中，一边设有栏杆的楼梯净宽不应小于 1 m（注：楼梯净宽是指墙面至扶手中线的水平距离）。

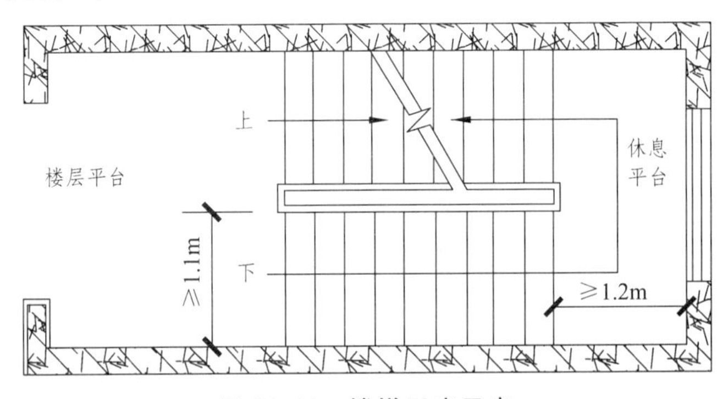

图 16-18　楼梯尺度示意

楼梯踏步宽度不应小于 0.26 m，踏步高度不应大于 0.175 m，扶手高度不宜小于 0.90 m。

楼梯水平段栏杆长度大于 0.50 m 时，其扶手高度不应小于 1.05 m。楼梯栏杆垂直杆件间净空不应大于 0.11 m。楼梯平台净宽不应小于梯段净宽，并不得小于 1.20 m。楼梯平台的结构下缘至人行通道的垂直高度不应低于 2 m。入口处地坪与室外地面应有高差，并不应小于 0.10 m（如图 16-19）。当楼梯井宽度大于 0.11 m 时，必须采取防止儿童攀滑的措施。7 层及以上住宅或住户入口层楼面距室外设计地面的高度超过 16 m 以上的住宅必须设置电梯。

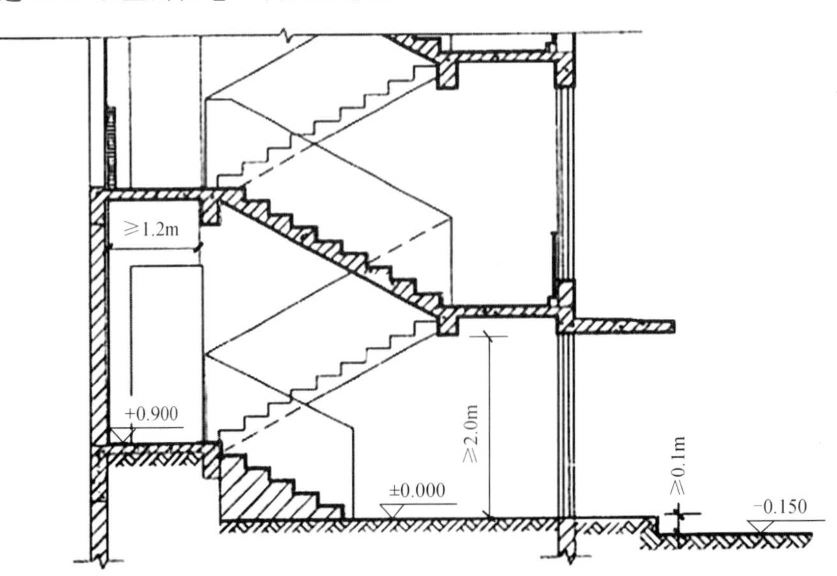

图 16-19　楼梯剖面示意

（8）室内环境。

每套住宅至少应有一个居室能获得日照，当一套住宅中居住空间总数超过 4 个时，其中宜有两个获得日照。住宅采光标准应符合表 16-6 采光系数最低值的规定，其窗地面积比可按表 16-6 的规定取值。

表 16-6　采光系数和窗地面积表

房间名称	侧面采光	
	采光系数最低值/%	窗地面积比
卧室、起居室（厅）、厨房	1	1/7
楼梯间、走廊	0.5	1/12

注：1. 窗地面积比值为直接天然采光房间的侧窗洞口面积 A_1 与该房间地面面积 A_2 之比。
2. 本表按Ⅲ类光气候区单层普通玻璃钢窗计算，采用其他光气候区或其他类型窗时应调整窗地比。
3. 窗洞口上沿距楼地面不宜低于 2 m。距楼地面高度低于 0.50 m 的窗洞口面积不应计入。

卧室、起居室（厅）应有与室外空气直接流通的自然通风，单朝向住宅应采取通风措施。采用自然通风的房间，其通风开口面积应符合下列规定：卧室、起居室（厅）、明卫生间的通风开口面积不应小于该房间地板面积的 1/20；厨房的通风开口面积不应小于该房间地板面积的 1/10，并不得小于 0.60 m^2。

严寒地区住宅的卧室、起居室（厅）应设通风换气设施，厨房、卫生间应设自然通风道。

16.3.4　住宅建筑套型空间的组合设计

1. 套型空间的组合

套型空间的组合是指将户内不同功能的空间，通过一定的方式有机地组合在一起，从而满足不同住户使用的需要，并留有发展余地。不难理解，一套住宅是供一个家庭使用的，套内功能空间的数量、组合方式往往与家庭的人口构成、生活习惯、社会经济条件以及地域、气候条件等密切相关。居住者的不同生活需求要求有不同的套型组合方式来满足，同时这种需求又随着时间的推移而不断改变，如家庭人口数量、年龄的变化等，因此套型也应具备一定的发展余地以适应居住需求的变化。

我国不同年代套型示例：合住型、居室型、房厅型、起居型、安居型、舒适型

2. 套型空间功能分析

（1）套型：满足不同家庭人口规模、结构及居住生活需要的基本物质单位的组合类型。

（2）套型功能：满足住户睡眠、炊事、就餐、便溺、盥洗、更衣、学习、交流、娱乐、晾晒、贮藏等基本的生活需求。为了满足这些需求，一方面要求有相应的空间去实现；另一方面，要求将各空间有机地结合在一起，共同发挥作用。以下便从合理分室和功能分区两个方面对套型空间的功能关系展开分析。

3. 合理分室

住宅空间的合理分室将不同功能的空间分别独立出来，避免空间功能的合用与重叠。套型空间合理分室程度反映了住宅套型的规模，也反映了住宅的居住标准和居住文明程度。合理分室包括生理分室和功能分室两个方面。

（1）生理分室。生理分室也称就寝分室，它与家庭成员的性别、年龄、人数、辈分、关系等因素有关。一般情况下，孩子到一定年龄（6 ~ 8 岁）与父母分室就寝，不同性别的孩子到一定年龄（12 ~ 15 岁）应分室居住，即便是同性别的孩子，到一定年龄（15 ~ 18 岁）也应分室生活。

（2）功能分室。功能分室就是把不同功能的空间分解开来，避免相互干扰，提高使用效率。功能

分室包含了“食寝分离”“居寝分离”和“学习空间独立”三个方面。然而由于生活习惯或个性需求，有时居住者会希望空间功能的多样化，如主卧室同时具备学习工作的功能、厨房兼具就餐需求等。因此，从某种意义上讲，同一个空间具有两种或两种以上的功能是很可能的，甚至是必要的。实际设计中要具体情况具体对待，按照住户的自身需求进行功能分室。

4. 功能分区

套内功能分区根据各功能空间的使用性质、使用对象及使用时间等因素，合理进行房间排布，将性质和使用要求相似的空间组合在一起，避免性质和使用要求不同的空间相互干扰。常见的功能分区原则包括：动静分区、洁污分区和公私分区。

（1）动静分区：动静分区又称时间分区，是按照功能空间的使用时间进行划分的一种原则。一般来说，门厅、起居室、餐厅、厨房、服务阳台和家务空间属于住宅中的动区，使用时间主要集中在白天和晚上部分时间；而卧室、书房是住宅中的静区，其使用时间主要集中在夜晚，但也根据住户的职业、生活习惯的不同而有所区别。

（2）洁污分区：洁污分区主要体现在有灰尘、烟气、污水及垃圾污染的区域和清洁卫生区域的分开布置。门厅是入户的必经之路，鞋底等从室外带来的尘土容易弄脏此处，属于住宅中“污”的区域；而厨房、卫生间要用水，易弄湿地面，并且会散发一些气味、产生垃圾等，也属于“污”区；厨房可接近门厅入口，方便食品垃圾的拿进拿出；卫生间与厨房集中布置，便于集中设置管井和烟道，但有时还要考虑到卫生间不能远离卧室区，以免给使用带来不便。卫生间的门最好不直接对起居、餐厅开放。

（3）公私分区：公私分区也可称作内外分区，是按照空间使用功能的私密程度的层次来划分。

一般来说，住宅中的公共区域是指户门外的走道、平台、楼梯间等外部公共空间；半公共空间是指门厅、起居室、厨房、餐厅、公共卫生间等家庭成员共同使用的空间；卧室、书房、主卧卫生间则属于私密空间的范畴。值得注意的是，住宅的私密性不仅要求在视线、声音等方面有所分隔，同时在住宅内部空间的组织上也能满足居住者需要隐私空间的心理需求。因此布置时，应尽量把最私密的空间安排在一套住宅的里面。此外还要考虑卧室、书房、卫生间等私密空间不仅对外有私密性要求，本身各部分之间也需要有适当的隐私考虑。例如：将公共卫生间靠近公用区域布置；注意将主卧室与老年人用房的门错位布置，避免直接“对门”，形成相互干扰，但是此类布置也有可能对房间的通风组织不利。总的来说，将门厅、起居室、厨房和餐厅集中在一区，将卧室、书房、卫生间集合于另一区，便可大体上实现公与私、动与静的功能分区。

5. 套型空间组合设计

进行住宅套型空间的组合设计一般是从楼、电梯间的交通组织至入户开始，通过对主要空间的位置布置，对进深、面宽的综合调整来完成的。其设计不仅要做到上述的分室合理、功能分区明确，还应照顾到各房间之间的“制约”关系，综合考虑内部空间布局、面宽及面积安排，此外还要兼顾诸如日照、朝向、通风、采光等环境条件及结构、采暖、空调、管井布置等技术条件，从而为居住者营造一个安全、舒适、美观并能够适应居住需求变化的住宅。

6. 套型空间立体组合

套型空间的立体组合：套内各功能空间不局限在同一平面中布置，而是根据需要进行立体设计，通过套内的专用楼梯进行联系。立体组合的套型空间，一方面功能分区明确，私密性强，作息干扰小；另一方面室内空间丰富，增加了空间层次感和情趣；但是其结构、构造较为复杂，特别是复式和跃层式住宅的平面管井对位和设备设计相对复杂。常见的住宅套型立体组合形式有：错层、复式或跃层。

（1）错层的定义及其主要形式：错层式住宅又称变层高式住宅，这种住宅是进行功能分区后，将一些厨卫、储藏类的辅助房间布置在层高较低的空间内，而将主要的居室空间安排在层高较高的空间里。常见的有以下两种形式。

① 起居区或卧室区整体变层高：此类做法有使功能分区明确的优点，空间层次丰富；但也有结构复杂，老人、儿童上下楼梯频繁的缺点。

② 主要居室贯通两层：该做法使主要居室空间高敞、有情趣；而其他（如卧室、厨房、卫生间等）需要近人尺度的空间为普通层高，空间感亲切，尺度宜人。

（2）复式或跃层的定义及其主要形式。

① 复式套型：将部分用房在同一空间内沿垂直方向重叠在一起，常见的做法是利用坡屋顶内空间设置阁楼。

② 跃层式套：每户占用两层或部分两层的建筑空间，并通过自家专用楼梯上下联系。这种套型可节约部分公共交通面积，室内空间丰富。常见的形式有：底部跃层套型、顶部跃层套型。

a. 底部跃层套型。一般为地下室或半地下室跃到一层和一层跃到二层两种形式。这种套型通过赠送地下室和一层庭院等，可以改善底层住户的居住条件，提高居住档次。其中第一种户型可以有效利用地下室或半地下室的面积，提高住宅建设的经济性；第二种户型则比较适合“老少居”套型的设计，满足老年人喜爱庭院，与子女分而不离的居住需求。

b. 顶部跃层套型。跃层式住宅设在住栋的顶部，有一定的优势：第一，可居高望远，通过上层房间设计上空、露台，达到减少跃层套型总面积，丰富室内空间的效果；第二，通过设置退台、坡屋顶等方式缩短与后面楼栋间的日照间距，既丰富建筑形体，又使经济与舒适兼得。

如何缩小集合住宅中跃层套型的面积是现今跃层式住宅设计的重要研究方向之一。以下介绍两种解决办法：

第一种：跃层设在住宅顶层，将平层标准层的一梯两户变成一梯三户，通过缩小跃层套型的底层面积，以达到减小户型总建筑面积，形成小户型式跃层的目的，但是要注意解决好厨卫管线竖向贯通布置的问题。

第二种：将跃层户型的底层和上层的部分空间划分到另一户，从而使得户型面积减小。

7. 套型空间设计原则

（1）尽量保证各个房间均有对外开窗的机会，充分满足居住的采光和通风要求。

（2）入户处应设有门厅，完成由户外进入户内的过渡作用。

（3）厨房宜靠近门厅布置，方便买菜归来及时储藏、处理或是拎垃圾出户；并应设服务阳台，用于物品储藏或衣物清洗、晾晒等。

（4）重视就餐环境，餐厅空间力求临窗采光，并应靠近厨房布置，缩短动线，以方便递送菜肴等。

（5）两室以上的套型宜设置“一个半卫”（即由一个设置“三件套”的全功能卫生间加上一个仅设置便器和小形洗面器的“半卫”组成）或两个卫生间，且一个靠近卧室区，一个靠近起居区，以保证主客两便。

（6）起居室宜设在南向；此外还应设置生活阳台用于休闲、晾晒衣服等。

（7）主卧室尽量朝南开窗；当主卧室设置阳台时，阳台进深不宜过大，以免影响主卧室的日照质量。

（8）注意在套型不同位置设计相应的储藏空间，做到集中储藏与分散储藏结合，并要保证一定的储藏面积。

（9）尽量减少交通面积或使交通空间多功能化，达到充分利用的目的。

8. 套型空间尺度控制

（1）面积：确定套型空间面积要以住户的住房需求为根据，并且做到房间的面积和尺度适当，不要单纯扩大房间面积，而要适当增加不同功能房间的数量，使住宅套型与现代生活方式相适应。值得注意的是：必须以套型使用面积和建筑面积为指标参数，注重使用面积系数的控制，使结构面积与交通面积经济合理。

（2）进深、面宽：住宅楼栋进深、面宽是住宅设计需要控制的重要指标。进深是指与面宽相垂直的面的宽度。进深一般以 11 ~ 13 m 为宜（不含阳台）。

16.3.5 参考资料

（1）建筑设计资料集：3. 2 版. 北京：中国建筑工业出版社.
（2）朱昌廉. 住宅建筑设计原理. 3 版. 北京：中国建筑工业出版社.
（3）房屋建筑制图统一标准（GB 50001—2010）.
（4）民用建筑设计通则（GB 50352—2005）.
（5）住宅设计规范（GB 50096—2011）.
（6）西南建筑配件标准图集.
（7）李必瑜. 房屋建筑学. 4 版. 武汉：武汉工业大学出版社，2000.
（8）李必瑜. 建筑构造（上册）. 北京：中国建筑工业出版社，2000.
（9）刘建荣. 建筑构造（下册）. 北京：中国建筑工业出版社，2000.
（10）同济大学，西安建筑科技大学，东南大学，重庆建筑大学. 房屋建筑学. 3 版. 北京：中国建筑工业出版社，1997.

16.4 住宅建筑设计方案图范例

住宅建筑设计方案图范例见图 16-20、图 16-21。

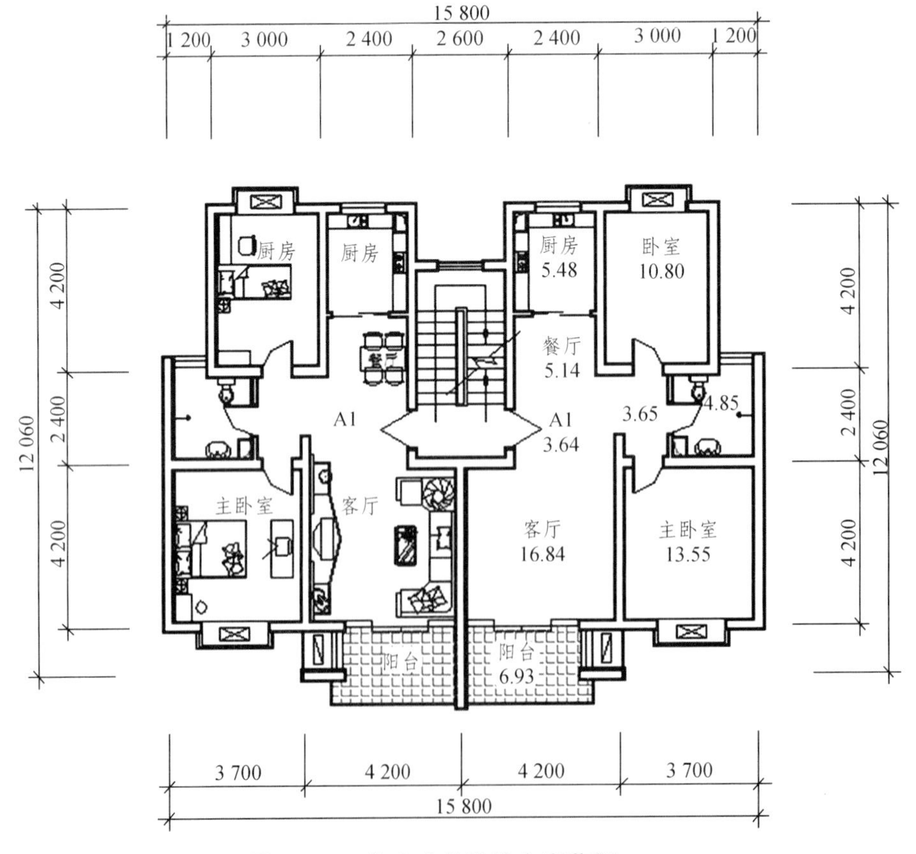

图 16-20 住宅建筑设计方案范例一

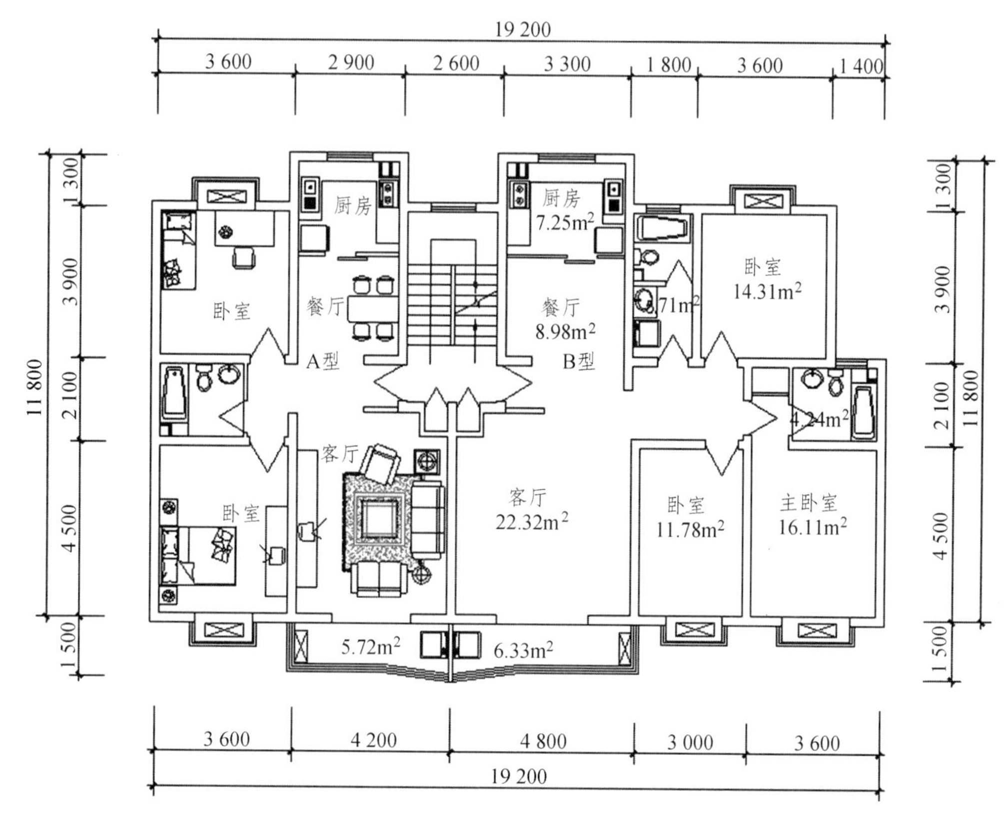

图 16-21　住宅建筑设计方案范例二

16.5　住宅建筑设计施工图范例

某住宅楼部分施工图见图 16-22 ~ 图 16-30。

建 筑 设 计 说 明

一，设计依据:1，甲方提供的设计委托书.2，绵阳建委审定本工程方案图3，绵阳建委审定的建筑红线图及本工程的地形图.4，国家现行的有关建筑设计的规范，标准，规定. 本工程严格遵守《建筑制图标准》，《民用建筑设计防火规范》，《屋面工程技术规范》，工程施工及验收规范，以及建筑结构电气给排水等规范。

二，工程概况: 本工程为xx房地产开发公司——<<xx花园>>
甲栋住宅楼。总建筑面积为5578.7平方米，建筑层数为六层.
结构形式为砖混结构，坡屋顶，层高均为2.8米，室内外高差1.15米。总建筑高度19.3米，室内地坪±0.000相对应的绝对标高为461米。
本工程耐火等级为二级，按六度抗震设防。本工程合理使用年限为50年。
本工程设计所采用的标准图集及通用图集不论采用全部图集及部分节点均按有关说明办理.本工程设计图例符号和表达方式按现行制图标准进行.

三，一般构造: 图中外围墙体（粗线表示）材料为页岩砖，除图中标注外均为240MM厚。内隔墙体（细墙）为QTC轻质复合砌块，120MM厚。墙体中所有与其它专业相关的予留空洞均见各专业相关图纸。
砌筑砖必须淋湿并保证砂浆饱满，凡砌块与柱联接处，以及内外墙交接处，外墙转角处均按每500高在其水平灰缝内配置2根直径为6的拉接筋，每端伸入墙内1100MM。
本工程屋面为不上人防水屋面，并按国家规范对夏热冬冷地区的要求做保温隔热层。坡屋面作法见建施标注。本工程屋面保温找坡材料为膨胀珍珠岩，露台均做缸砖铺面，规格待定。本工程所有防水材料采用APAO改性沥青建筑防水胶防水，指标为一等品。
厨房卫生间楼地面标高比该层楼地面地坪低30MM.
地面，基层素土夯实应分层进行，每层填土厚度为300MM，按最佳密实度夯实并应表面平整. 散水坡度为3%，散水作法参见西南J812-4-1，J812-3-2a.
本工程窗台除标注外均为900MM高，凡是低于900MM高的窗台均将窗扇下部作为固定扇，保持高度在900MM内（主要是飘窗处）。阳台比相应楼面低50MM。本工程阳台，空调机板，屋面排水均做有组织排水。如阳台与空调机板相临，则共用一根排水立管，所有雨水，污水立管在埋地后通过导管排入周边的排水暗沟。所有阳台均找坡2%坡向地漏。
女儿墙构造柱间距2M设置，配筋见结施。本工程凡突出外墙部分均做滴水线，做法见西南J516-4-J，凡有欧式构件与窗口，建筑胶结处均做一遍油膏防水。
本工程所有GRC预制构件的安装均由供货方指导协调，样式由样板确定，设计只规定尺寸范围。本工程所有窗为铝合金窗分格由设计，供货方业协商确定。
本工程所有外墙面材由设计，业主现场验证样板并与装修设计方协商后确定。
本工程所有厨房，卫生间只做流程定位设计，卫生间地坪向地漏或蹲便器找坡
本工程所有厨房，卫生设施器具均由用户自理。

四，敬请施工单位严格按图施工，若有未尽事议或合理变更，争得设计，业主同意后方可实施。施工严格按照国家有关施工及验收规范执行。

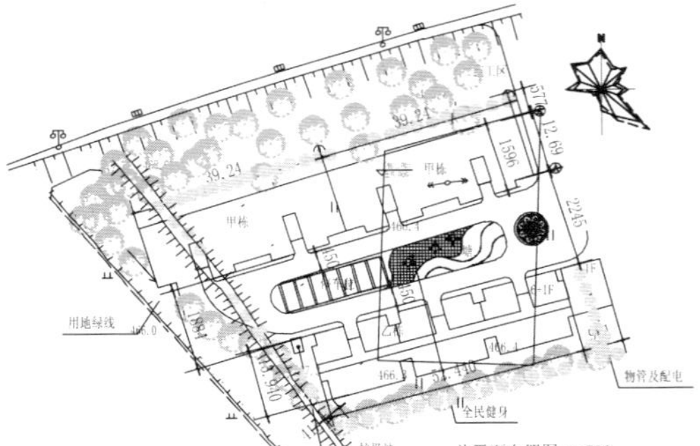

总平面布置图 1:500

门窗统计表 :

类别	名称	代号	洞口尺寸 宽	洞口尺寸 高	数量	备注
门	木制夹板门	M0821	800	2100	48	木门
门	木制夹板门	M0721	700	2100	48	木门
门	防火防盗户门	M1021	1000	2100	24	防盗门
门	木制夹板门	M0921	900	2100	72	木门
门	单元防盗门	M1521	1500	2100	2	防盗门
窗	铝合金门带窗	MC2724	2700	2400	24	
窗	全玻璃门带窗	M1824	1800	2400	24	
窗	铝合金推拉窗	C0915	900	1500	48	白玻
窗	铝合金推拉窗	C1215	1200	1500	24	白玻
窗	铝合金推拉窗	C1515	1500	1500	24	白玻
窗	铝合金推拉窗	C1821	1800	2100	24	白玻 凸窗

注: 本工程铝合金均为银白色有编号为DXXX的洞口未计入表内。

室内装修表 :西南 J312 西南 J515

序号	做法名称	代号	底	梯间	阳台	客厅	饭厅	卧室	起居	厨房	卫生间		备注
1	水泥豆石地面	3110a		◢									
2	水泥豆石楼面	3112		◢									
3	水泥砂浆地面	3103											
4	水泥砂浆楼面	3104				◢	◢	◢	◢				
5	防滑地砖楼面	3184			◢					◢	◢		
6	环保乳胶漆墙面	N05		◢		◢	◢	◢	◢				象牙白色
7	环保乳胶漆顶棚	P06		◢	◢	◢	◢	◢	◢	◢	◢		象牙白色
8	卫生瓷砖墙面	N12			◢					◢	◢		满贴到顶
9	地砖踢脚板	3187		◢	◢								

采用标准图集目录 :

序号	图集名称	图集代号	备注
1	墙	西南 J112	
2	屋面	西南 J212-1	
3	楼地面油漆刷浆	西南 J312	
4	阳台外廊楼梯栏杆	西南 J412	
5	室内装修	西南 J515	
6	室外装修	西南 J516	
7	住宅厨房卫生间设施	西南 J517	
8	木门	西南 J611	
9	室外附属工程	西南 J812	

图纸目录:

序号	图别	图号	图纸名称	图幅
	建施	1/1	总图	2#
1	建施	1/10	首页	2#
2	建施	2/10	底层平面图	2#
3	建施	3/10	标准层平面图2-5层	2#
4	建施	4/10	六层平面图	2#
5	建施	5/10	屋顶平面图	2#
6	建施	6/10	Ⓐ—Ⓐ立面图	2#
7	建施	7/10	Ⓐ—Ⓐ立面图	2#
8	建施	8/10	1—1剖面图 2—2剖面图	2#
9	建施	9/10	ⒶⒶ—ⒶⒶ立面图 节点详图	2#
10	建施	10/10	楼梯平面图 厨卫详图	2#

外墙 屋面节能图集选用表

序号	名称	选用标准图集代号	序号	名称	选用标准图集代号
1	外墙外保温隔热	川02J107-10-4	5	外墙外门窗口	川 02J107-12-3 02J107-13-1
2	外墙阳角保温隔热	川02J107-11-2	6	外墙与阳台隔板	川02J107-14-2(3)
3	内外墙交接处	川02J107-17-3	7	保温隔热屋面构造	川02J107-20-2
4	外墙内门窗口	川 02J107-17-4 02J107-18-1	8	空调室外机搁板	川02J107-15-2

工程名称	住宅楼
图别 建施 图号 1/9	首页

图 16-22

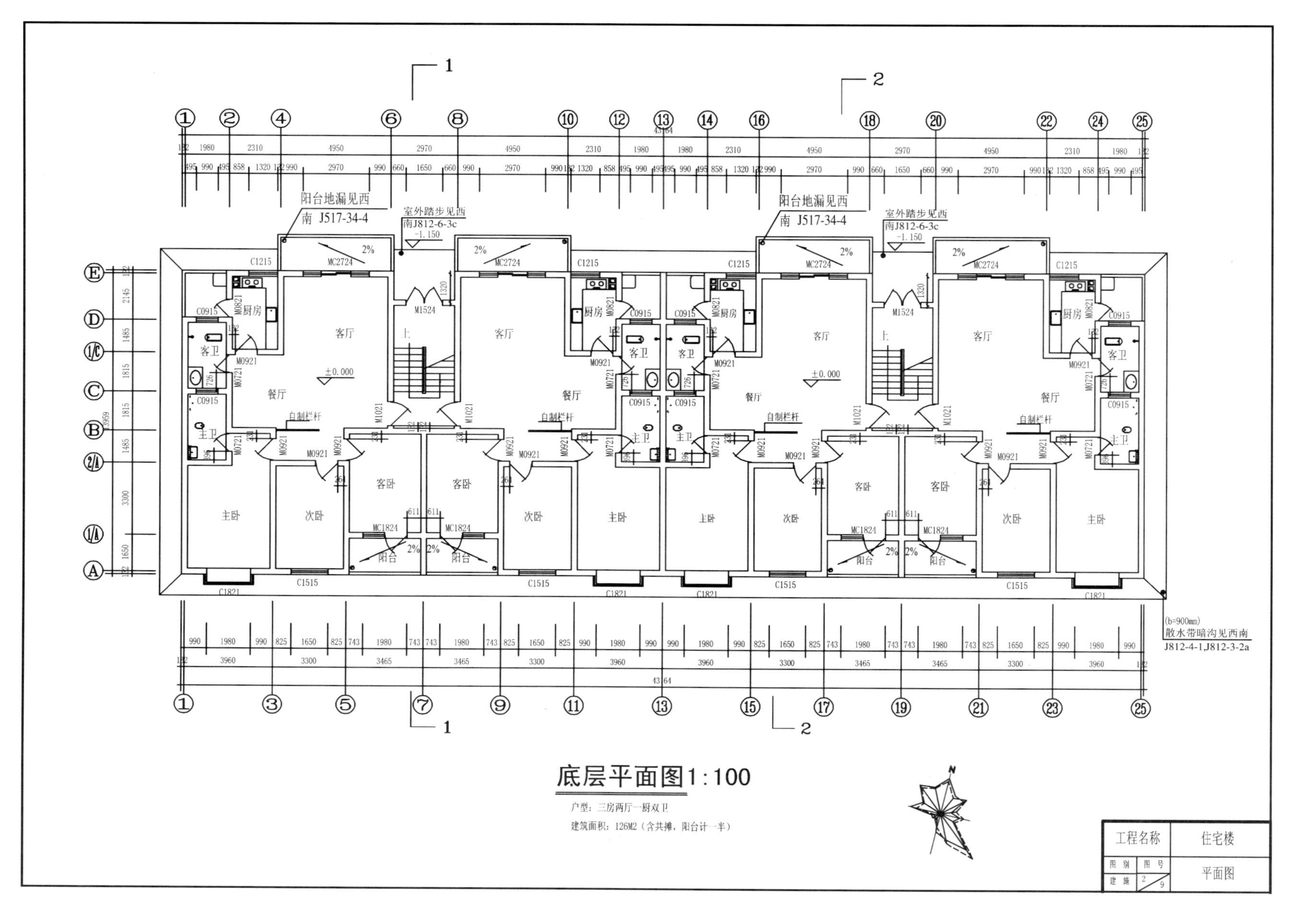
底层平面图1:100
户型：三房两厅一厨双卫
建筑面积：126M2（含共摊，阳台计一半）
工程名称
住宅楼
平面图
客厅
餐厅
主卧
次卧
客卧
厨房
主卫
客卫
阳台
±0.000
-1.150
室外踏步见西南J812-6-3c
阳台地漏见西南 J517-34-4
(b=900mm)
散水带暗沟见西南J812-4-1,J812-3-2a
自制栏杆
2%

图 16-23

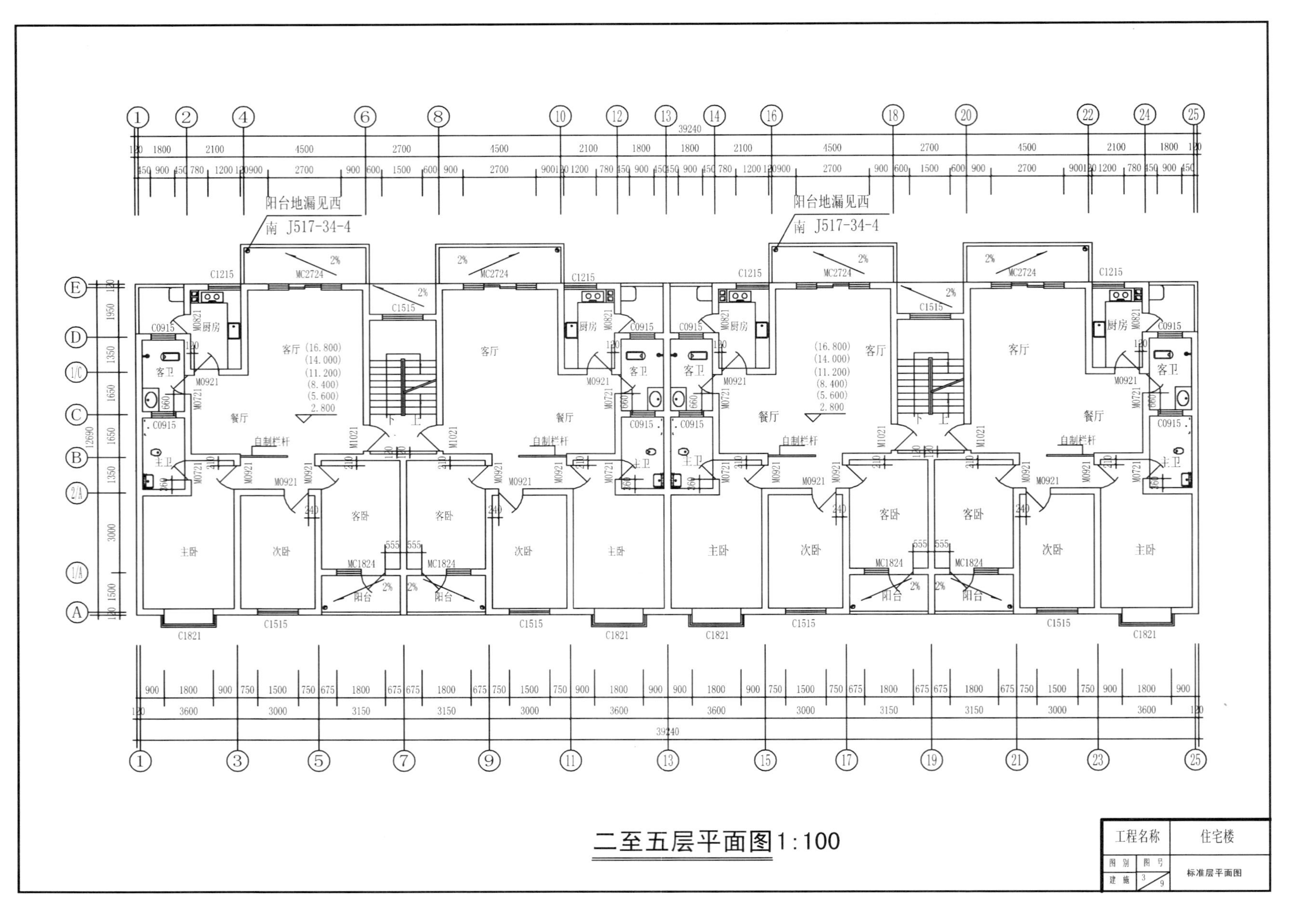
二至五层平面图 1:100
工程名称
住宅楼
标准层平面图
客厅
餐厅
厨房
客卫
主卫
主卧
次卧
客卧
阳台
自制栏杆
阳台地漏见西南 J517-34-4
39240
12690

图 16-24

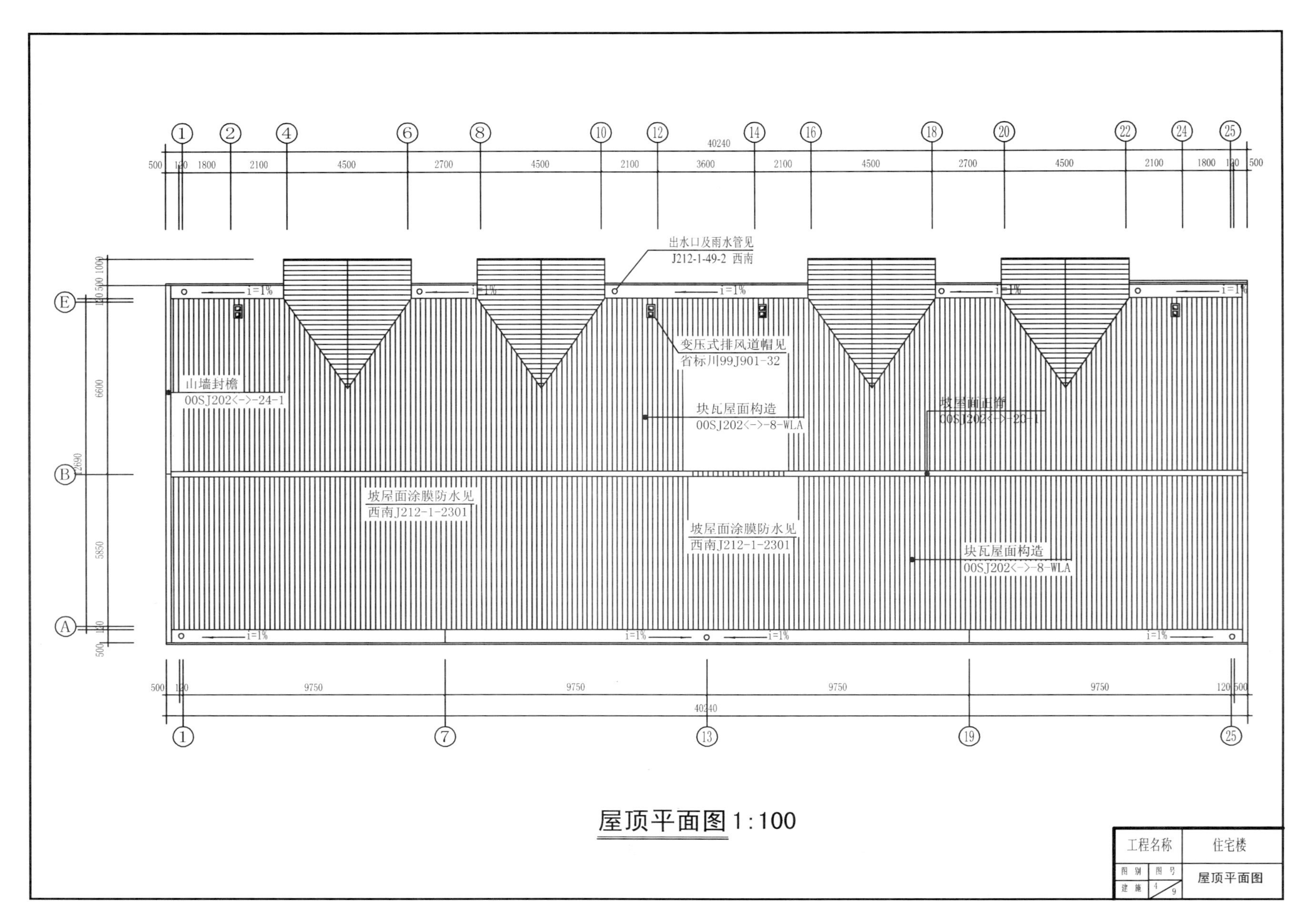
出水口及雨水管见
J212-1-49-2 西南
变压式排风道帽见
省标川99J901-32
山墙封檐
00SJ202<->-24-1
块瓦屋面构造
00SJ202<->-8-WLA
坡屋面正脊
00SJ202<->-20-1
坡屋面涂膜防水见
西南J212-1-2301
i=1%
40240
9750
屋顶平面图 1:100
工程名称
住宅楼
屋顶平面图

图 16-25

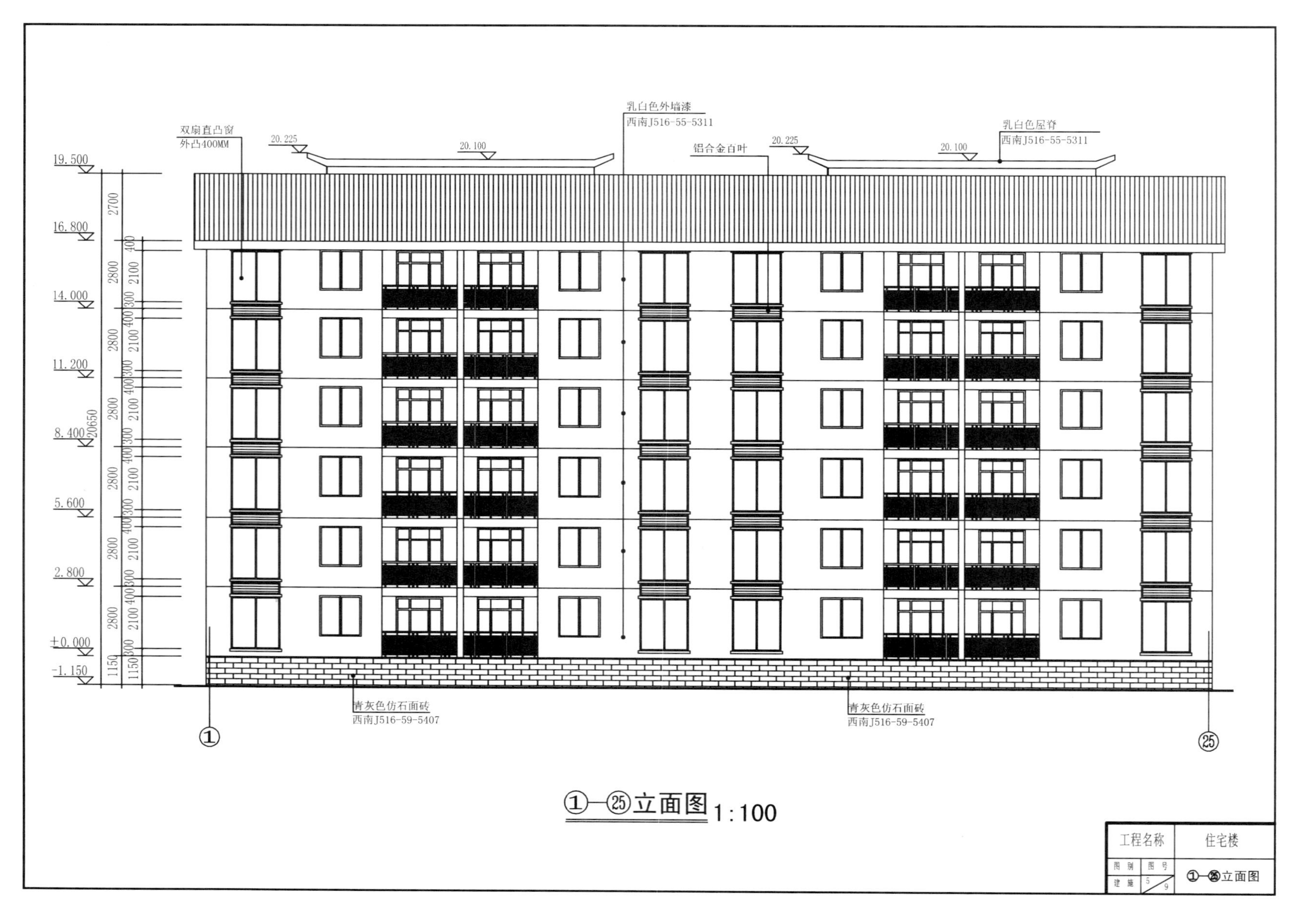
双扇直凸窗
外凸400MM
乳白色外墙漆
西南J516-55-5311
铝合金百叶
乳白色屋脊
西南J516-55-5311
20.225
20.100
19.500
16.800
14.000
11.200
8.400
5.600
2.800
±0.000
-1.150
20650
青灰色仿石面砖
西南J516-59-5407
①—㉕立面图 1:100
工程名称
住宅楼
①—㉕立面图

图 16-26

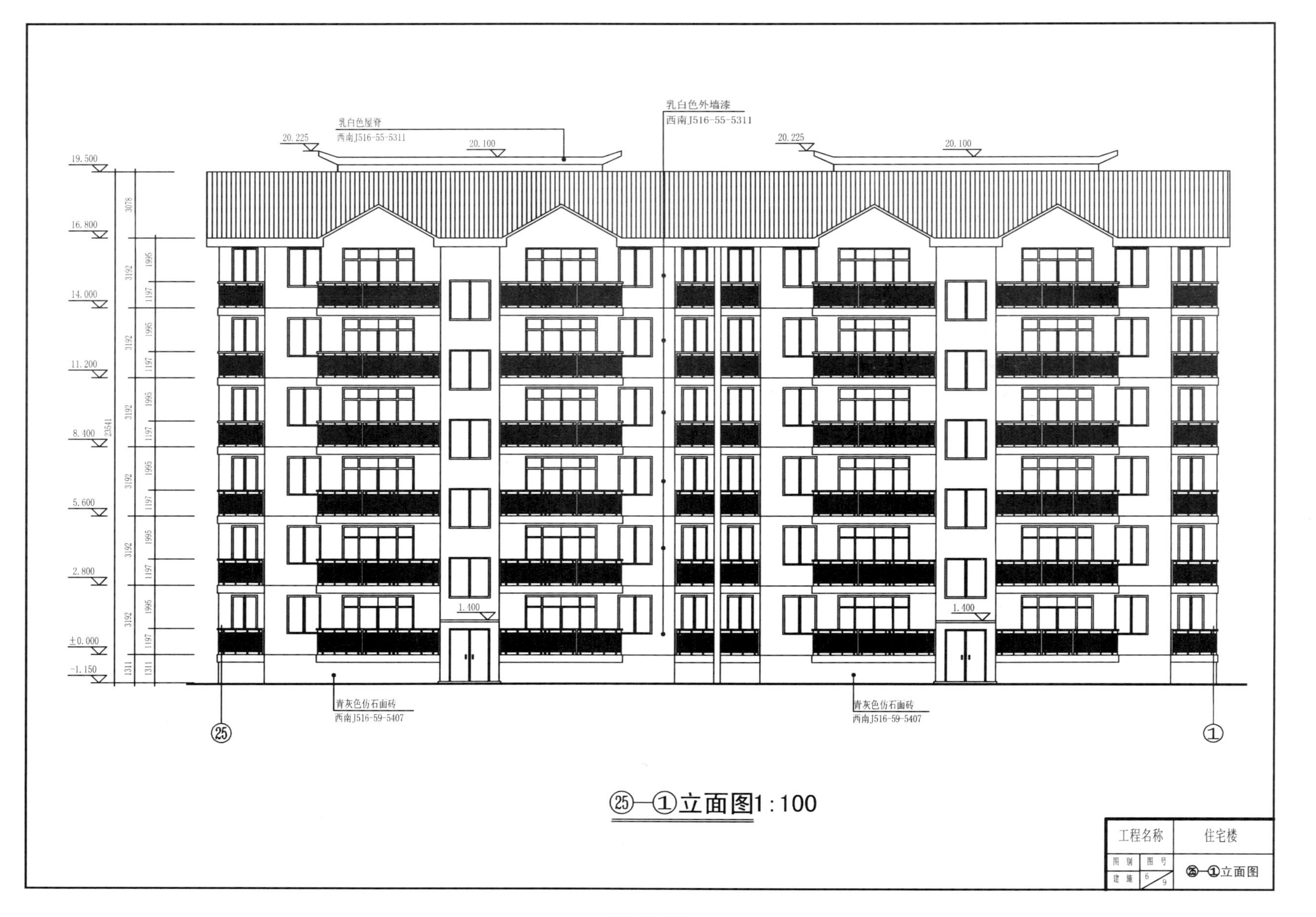
乳白色屋脊
西南J516-55-5311
乳白色外墙漆
西南J516-55-5311
20.225
20.100
20.225
20.100
19.500
16.800
14.000
11.200
8.400
5.600
2.800
±0.000
-1.150
3078
3192
1995
1197
1311
23541
1.400
1.400
青灰色仿石面砖
西南J516-59-5407
青灰色仿石面砖
西南J516-59-5407
㉕
①
㉕—①立面图1:100
工程名称
住宅楼
图别
图号
建施
6
9
㉕—①立面图

图 16-27

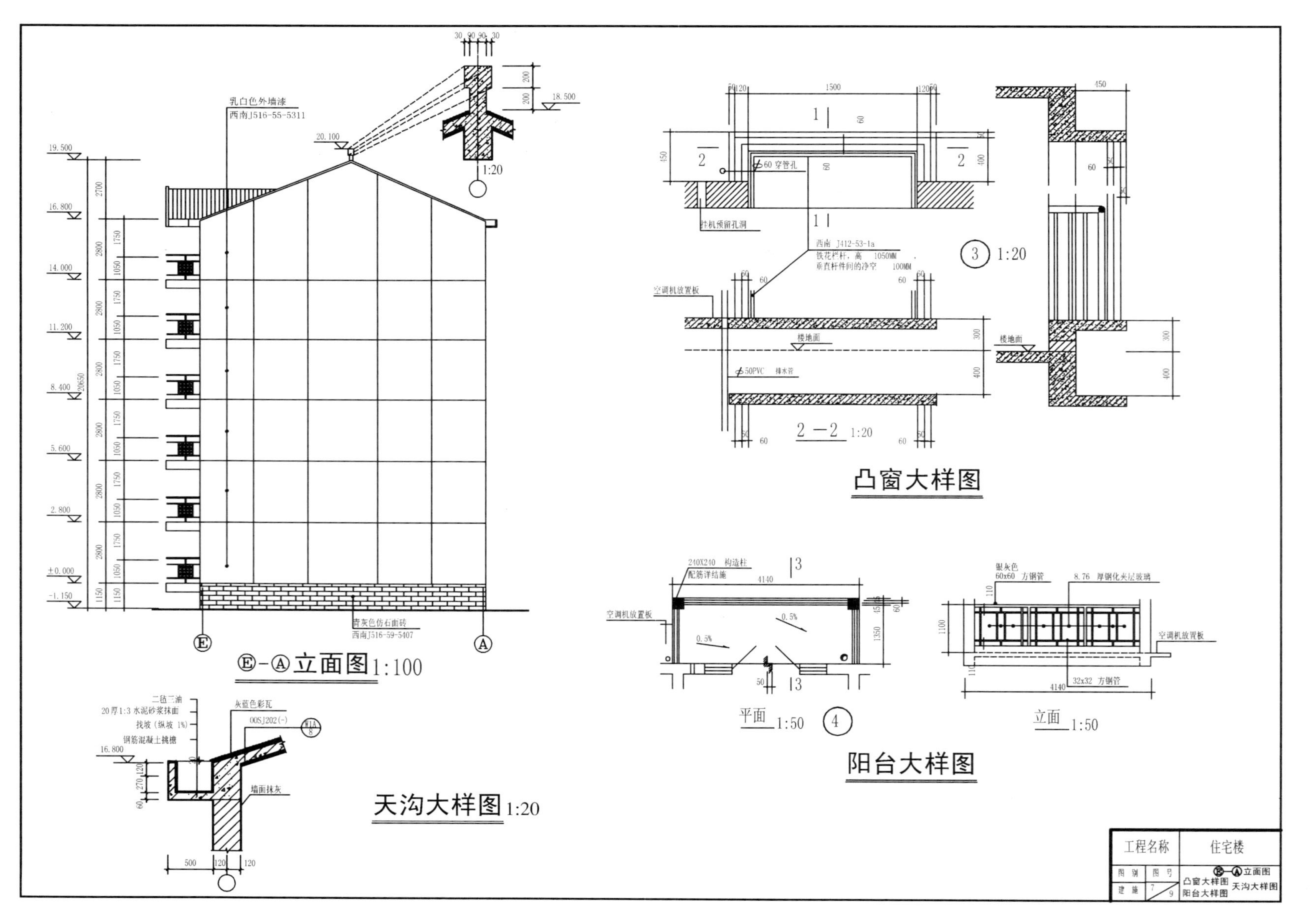
乳白色外墙漆
西南J516-55-5311
青灰色仿石面砖
西南J516-59-5407
Ⓔ-Ⓐ立面图 1:100
二毡三油
20厚1:3水泥砂浆抹面
找坡（纵坡 1%）
钢筋混凝土挑檐
灰蓝色彩瓦
墙面抹灰
天沟大样图 1:20
Φ60 穿管孔
挂机预留孔洞
西南 J412-53-1a
铁花栏杆，高 1050MM
垂直杆件间的净空 100MM
空调机放置板
楼地面
Φ50PVC 排水管
2—2 1:20
3 1:20
凸窗大样图
240X240 构造柱
配筋详结施
平面 1:50
银灰色
60x60 方钢管
8.76 厚钢化夹层玻璃
32x32 方钢管
立面 1:50
阳台大样图
工程名称 住宅楼
Ⓔ-Ⓐ立面图
凸窗大样图
天沟大样图
阳台大样图

图 16-28

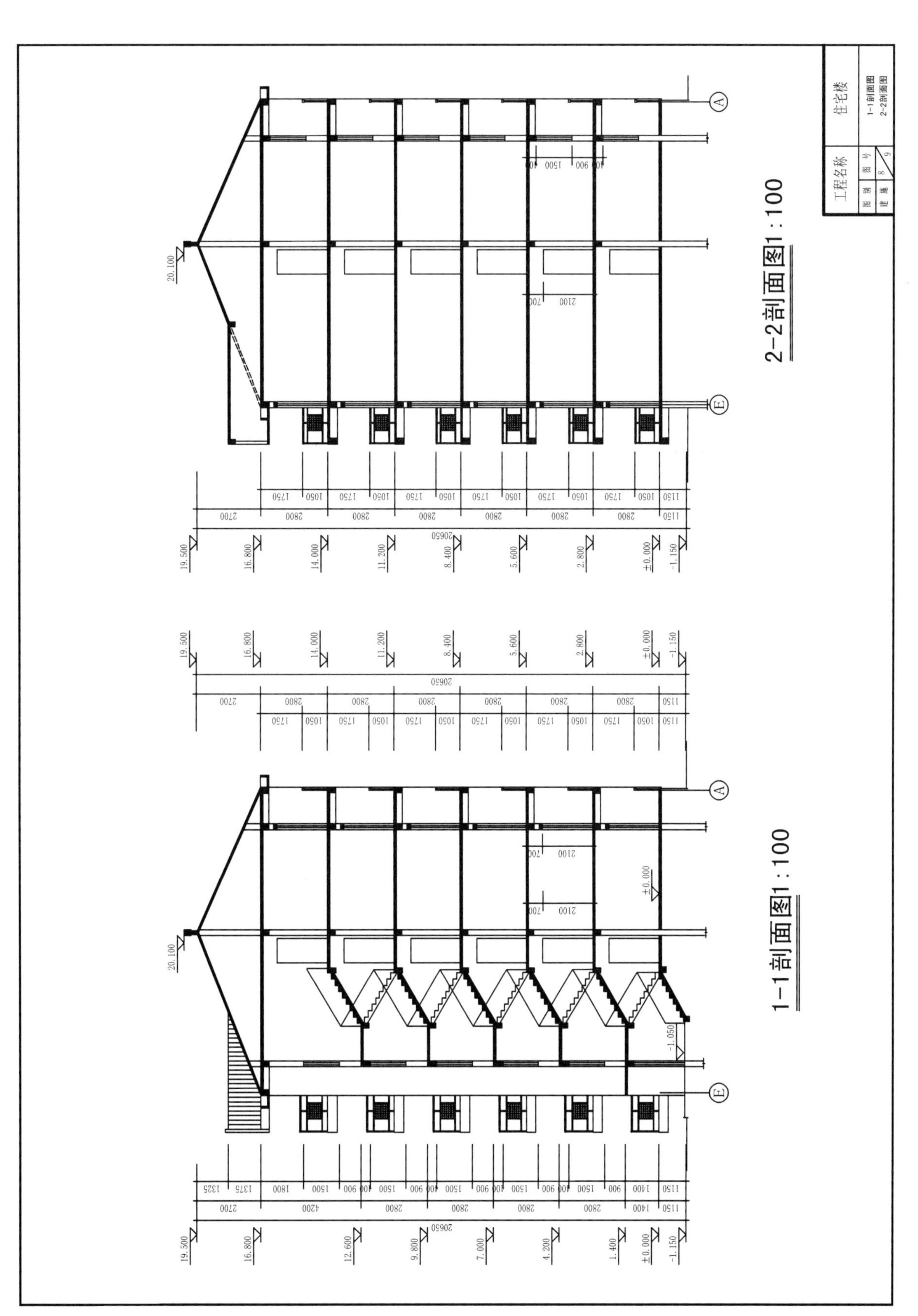
2-2剖面图1:100
1-1剖面图1:100
工程名称
住宅楼
1-1剖面图
2-2剖面图
20.100
19.500
16.800
14.000
11.200
8.400
5.600
2.800
±0.000
-1.150
12.600
9.800
7.000
4.200
1.400
-1.050
20650

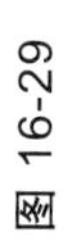
图 16-29

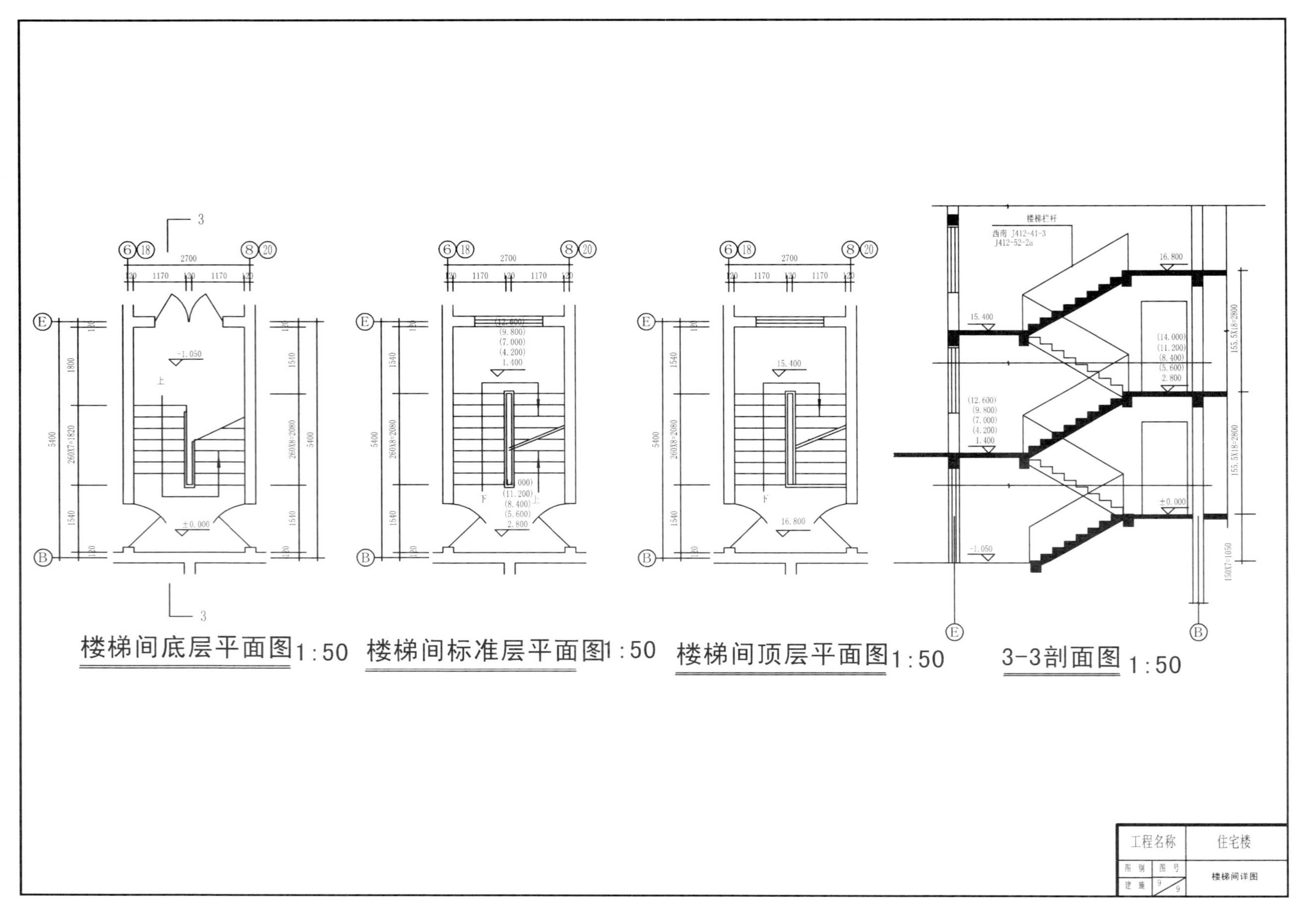
楼梯间底层平面图1:50
楼梯间标准层平面图1:50
楼梯间顶层平面图1:50
3-3剖面图1:50
楼梯栏杆
西南 J412-41-3
J412-52-2a
工程名称
住宅楼
楼梯间详图

图 16-30

第 17 章　中小学建筑设计

17.1 《中小学校设计规范》(GB 50099—2011) 节选

施行日期：2012 年 1 月 1 日

中华人民共和国住房和城乡建设部公告第 885 号

现批准《中小学校设计规范》为国家标准，编号为 GB 50099—2011，自 2012 年 1 月 1 日起实施。其中，第 4.1.2、4.1.8、6.2.24、8.1.5、8.1.6 条为强制性条文，必须严格执行。原《中小学校建筑设计规范》GBJ 99—86 同时废止。

4　场地和总平面

4.2　用地

4.2.4　中小学校建筑用地应包括以下内容：

1　教学及教学辅助用房、行政办公和生活服务用房等全部建筑的用地；有住宿生学校的建筑用地应包括宿舍的用地；建筑用地应计算至台阶、坡道及散水外缘；

2　自行车库及机动车停车库用地；

3　设备与设施用房的用地。

4.3　总平面

4.3.2　各类小学的主要教学用房不应设在四层以上，各类中学的主要教学用房不应设在五层以上。

4.3.3　普通教室冬至日满窗日照不应少于 2h。

4.3.4　中小学校至少应有 1 间科学教室或生物实验室的室内能在冬季获得直射阳光。

4.3.7　各类教室的外窗与相对的教学用房或室外运动场地边缘间的距离不应小于 25 m。

5　教学用房及教学辅助用房

5.1　一般规定

5.1.1　中小学校的教学及教学辅助用房应包括普通教室、专用教室、公共教学用房及其各自的辅助用房。

5.1.2　中小学校专用教室应包括下列用房：

1　小学的专用教室应包括科学教室、计算机教室、语言教室、美术教室、书法教室、音乐教室、舞蹈教室、体育建筑设施及劳动教室等，宜设置史地教室；

2　中学的专用教室应包括实验室、史地教室、计算机教室、语言教室、美术教室、书法教室、音乐教室、舞蹈教室、体育建筑设施及技术教室等。

5.1.8　各教室前端侧窗窗端墙的长度不应小于 1.00 m。窗间墙宽度不应大于 1.20 m。

5.1.9　教学用房的窗应符合下列规定：

1　教学用房中，窗的采光应符合现行国家标准《建筑采光设计标准》GB/T 50033 的有关规定，并应符合本规范第 9.2 节的规定；

2　教学用房及教学辅助用房的窗玻璃应满足教学要求，不得采用彩色玻璃；

3　教学用房及教学辅助用房中，外窗的可开启窗扇面积应符合本规范第 9.1 节及第 10.1 节通风换气的规定；

4　教学用房及教学辅助用房的外窗在采光、保温、隔热、散热和遮阳等方面的要求应符合国家现行有关建筑节能标准的规定。

5.1.10　炎热地区的教学用房及教学辅助用房中，可在内外墙设置可开闭的通风窗。通风窗下沿宜设在距室内楼地面以上 0.10 m ~ 0.15 m 高度处。

5.1.14　教学用房及学生公共活动区的墙面宜设置墙裙，墙裙高度应符合下列规定：

1　各类小学的墙裙高度不宜低于 1.20 m；

2　各类中学的墙裙高度不宜低于 1.40 m；

3　舞蹈教室、风雨操场墙裙高度不应低于 2.10 m。

5.1.15　教学用房内设置黑板或书写白板及讲台时，其材质及构造应符合下列规定：

1　黑板的宽度应符合下列规定：

1）小学不宜小于 3.60 m；

2）中学不宜小于 4.00 m；

2　黑板的高度不应小于 1.00 m；

3　黑板下边缘与讲台面的垂直距离应符合下列规定：

1）小学宜为 0.80 m ~ 0.90 m；

2）中学宜为 1.00 m ~ 1.10 m；

4　黑板表面应采用耐磨且光泽度低的材料；

5　讲台长度应大于黑板长度，宽度不应小于 0.80 m，高度宜为 0.20 m。其两端边缘与黑板两端边缘的水平距离分别不应小于 0.40 m。

5.1.16　主要教学用房应配置的教学基本设备及设施应符合表 5.1.16 的规定。

表 5.1.16　主要教学用房的教学基本设备及设施

房间名称	黑板	书写白板	讲台	投影仪接口	投影屏幕	显示屏	展示园地	挂镜线	广播音箱	储物柜	教具柜	清洁柜	通信外网接口
普通教室	●	—	●	●	●	—	●	—	●	●	○	◎	○
科学教室	●	—	●	●	●	—	●	—	●	—	◎	—	—
化学、物理实验室	●	—	●	◎	◎	—	—	—	●	—	◎	—	—
解剖实验室	●	—	●	●	●	—	◎	◎	●	—	◎	◎	—
显微镜观察实验室	—	●	●	◎	◎	—	◎	◎	●	—	◎	—	—
综合实验室	●	—	●	◎	◎	—	—	—	●	—	—	—	—
演示实验室	●	—	●	●	●	◎	—	—	●	—	—	—	—
史地教室	●	—	●	●	●	—	◎	●	●	—	◎	—	—
计算机教室	—	●	●	●	●	—	—	—	●	—	—	—	◎
语言教室	●	—	●	●	●	—	—	—	●	—	—	—	◎
美术教室	—	●	●	●	●	—	◎	●	●	○	●	—	—
书法教室	●	—	●	●	●	—	◎	●	●	○	○	◎	—
现代艺术课教室	—	●	●	●	●	—	—	—	●	—	—	—	—
音乐教室	●	—	●	●	●	—	—	◎	●	—	○	—	○
舞蹈教室	—	—	—	—	—	—	—	○	●	◎	—	—	—
风雨操场	—	—	—	—	—	—	—	—	●	◎	—	—	—
合班教室（容 2 个班）	●	—	●	●	●	●	—	—	●	—	—	—	◎
阶梯教室	●	◎	●	●	●	●	◎	◎	●	—	—	—	◎
阅览室	—	—	—	●	●	—	◎	◎	●	—	—	—	—
视听阅览室	—	●	—	—	—	—	◎	—	●	—	—	—	◎
体质测试室	—	—	—	—	—	—	○	◎	●	◎	—	—	—
心理咨询室	—	—	—	—	—	—	◎	◎	—	—	●	—	○
德育展览室	—	—	—	—	—	—	●	●	◎	—	—	—	—
教师办公室	—	—	—	—	—	—	—	◎	●	◎	—	◎	◎

注：●为应设置　　◎为宜设置　　○为可设置　　—为可不设置

5.1.17　安装视听教学设备的教室应设置转暗设施。

5.2　普通教室

5.2.1　普通教室内单人课桌的平面尺寸应为 0.60 m × 0.40 m。

5.2.2　普通教室内的课桌椅布置应符合下列规定：

1　中小学校普通教室课桌椅的排距不宜小于 0.90 m，独立的非完全小学可为 0.85 m；

2　最前排课桌的前沿与前方黑板的水平距离不宜小于 2.20 m；

3　最后排课桌的后沿与前方黑板的水平距离应符合下列规定：

1）小学不宜大于 8.00 m；

2）中学不宜大于 9.00 m；

4　教室最后排座椅之后应设横向疏散走道；自最后排课桌后沿至后墙面或固定家具的净距不应小于 1.10 m；

5　中小学校普通教室内纵向走道宽度不应小于 0.60 m，独立的非完全小学可为 0.55 m；

6　沿墙布置的课桌端部与墙面或壁柱、管道等墙面突出物的净距不宜小于 0.15 m；

7　前排边座座椅与黑板远端的水平视角不应小于 30°。

5.2.3　普通教室内应为每个学生设置一个专用的小型储物柜。

5.3　科学教室、实验室

5.3.1　科学教室和实验室均应附设仪器室、实验员室、准备室。

5.3.2　科学教室和实验室的桌椅类型和排列布置应根据实验内容及教学模式确定，并应符合下列规定：

1　实验桌平面尺寸应符合表 5.3.2 的规定；

表 5.3.2　实验桌平面尺寸

类　别	长度（m）	宽度（m）
双人单侧实验桌	1.20	0.60
四人双侧实验桌	1.50	0.90
岛式实验桌（6人）	1.80	1.25
气垫导轨实验桌	1.50	0.60
教师演示桌	2.40	0.70

2　实验桌的布置应符合下列规定：

1）双人单侧操作时，两实验桌长边之间的净距不应小于 0.60 m；四人双侧操作时，两实验桌长边之间的净距不应小于 1.30 m；超过四人双侧操作时，两实验桌长边之间的净距不应小于 1.50 m；

2）最前排实验桌的前沿与前方黑板的水平距离不宜小于 2.50 m；

3）最后排实验桌的后沿与前方黑板之间的水平距离不宜大于 11.00 m；

4）最后排座椅之后应设横向疏散走道；自最后排实验桌后沿至后墙面或固定家具的净距不应小于 1.20 m；

5）双人单侧操作时，中间纵向走道的宽度不应小于 0.70 m；四人或多于四人双向操作时，中间纵向走道的宽度不应小于 0.90 m；

6）沿墙布置的实验桌端部与墙面或壁柱、管道等墙面突出物间宜留出疏散走道，净宽不宜小于 0.60 m；另一侧有纵向走道的实验桌端部与墙面或壁柱、管道等墙面突出物间可不留走道，但净距不宜小于 0.15 m；

7）前排边座座椅与黑板远端的最小水平视角不应小于 30°。

5.7　美术教室、书法教师室

Ⅰ　美术教室

5.7.2　中学美术教室空间宜满足一个班的学生用画架写生的要求。学生写生时的座椅为画凳时，所占面积宜为 2.15 m^2/生；用画架时所占面积宜为 2.50 m^2/生。

5.7.3 美术教室应有良好的北向天然采光。当采用人工照明时，应避免眩光。

5.7.6 美术教室的墙面及顶棚应为白色。

5.12 合班教室

5.12.1 各类小学宜配置能容纳 2 个班的合班教室。当合班教室兼用于唱游课时，室内不应设置固定课桌椅，并应附设课桌椅存放空间。兼作唱游课教室的合班教室应对室内空间进行声学处理。

5.12.2 各类中学宜配置能容纳一个年级或半个年级的合班教室。

5.12.3 容纳 3 个班及以上的合班教室应设计为阶梯教室。

5.12.4 阶梯教室梯级高度依据视线升高值确定。阶梯教室的设计视点应定位于黑板底边缘的中点处。前后排座位错位布置时，视线的隔排升高值宜为 0.12 m。

5.12.5 合班教室宜附设 1 间辅助用房，储存常用教学器材。

5.12.6 合班教室课桌椅的布置应符合下列规定：

1 每个座位的宽度不应小于 0.55 m，小学座位排距不应小于 0.85 m，中学座位排距不应小于 0.90 m；

2 教室最前排座椅前沿与前方黑板间的水平距离不应小于 2.50 m，最后排座椅的前沿与前方黑板间的水平距离不应大于 18.00 m；

3 纵向、横向走道宽度均不应小于 0.90 m，当座位区内有贯通的纵向走道时，若设置靠墙纵向走道，靠墙走道宽度可小于 0.90 m，但不应小于 0.60 m；

4 最后排座位之后应设宽度不小于 0.60 m 的横向疏散走道；

5 前排边座座椅与黑板远端间的水平视角不应小于 30°。

5.12.7 当合班教室内设置视听教学器材时，宜在前墙安装推拉黑板和投影屏幕（或数字化智能屏幕），并应符合下列规定：

1 当小学教室长度超过 9.00 m，中学教室长度超过 10.00 m 时，宜在顶棚上或墙、柱上加设显示屏；学生的视线在水平方向上偏离屏幕中轴线的角度不应大于 45°，垂直方向上的仰角不应大于 30°；

2 当教室内，自前向后每 6.00 m ~ 8.00 m 设 1 个显示屏时，最后排座位与黑板间的距离不应大于 24.00 m；学生座椅前缘与显示屏的水平距离不应小于显示屏对角线尺寸的 4 倍 ~ 5 倍，并不应大于显示屏对角线尺寸的 10 倍 ~ 11 倍；

3 显示屏宜加设遮光板。

5.12.8 教室内设置视听器材时，宜设置转暗设备，并宜设置座位局部照明设施。

5.12.9 合班教室墙面及顶棚应采取吸声措施。

5.13 图书室

5.13.1 中小学校图书室应包括学生阅览室、教师阅览室、图书杂志及报刊阅览室、视听阅览室、检录及借书空间、书库、登录、编目及整修工作室。并可附设会议室和交流空间。

5.13.2 图书室应位于学生出入方便、环境安静的区域。

5.13.3 图书室的设置应符合下列规定：

1 教师与学生的阅览室宜分开设置，使用面积应符合本规范表 7.1.1 的规定；

2 中小学校的报刊阅览室可以独立设置，也可以在图书室内的公共交流空间设报刊架，开架阅览；

3 视听阅览室的设置应符合下列规定：

1）使用面积应符合本规范表 7.1.1 的规定；

2）视听阅览室宜附设资料储藏室，使用面积不宜小于 12.00 m^2；

3）当视听阅览室兼作计算机教室、语言教室使用时，阅览桌椅的排列应符合本规范第 5.5 节及第 5.6 节的规定；

4）视听阅览室宜采用防静电架空地板，不得采用无导出静电功能的木地板或塑料地板；当采用地板采暖系统时，楼地面需采用与之相适应的构造做法；

4 书库使用面积宜按以下规定计算后确定：

1）开架藏书量约为400册/m^2～500册/m^2；

2）闭架藏书量约为500册/m^2～600册/m^2；

3）密集书架藏书量约为800册/m^2～1 200册/m^2；

5 书库应采取防火、降温、隔热、通风、防潮、防虫及防鼠的措施；

6 借书空间除设置师生个人借阅空间外，还应设置检录及班级集体借书的空间。借书空间的使用面积不宜小于10.00 m^2。

6.1 行政办公用房

6.1.1 行政办公用房应包括校务、教务等行政办公室、档案室、会议室、学生组织及学生社团办公室、文印室、广播室、值班室、安防监控室、网络控制室、卫生室（保健室）、传达室、总务仓库及维修工作间等。

6.1.6 卫生室（保健室）的设置应符合下列规定：

1 卫生室（保健室）应设在首层，宜临近体育场地，并方便急救车辆就近停靠；

2 小学卫生室可只设1间，中学宜分设相通的2间，分别为接诊室和检查室，并可设观察室；

3 卫生室的面积和形状应能容纳常用诊疗设备，并能满足视力检查的要求；每间房间的面积不宜小于15 m^2；

4 卫生室宜附设候诊空间，候诊空间的面积不宜小于20 m^2；

5 卫生室（保健室）内应设洗手盆、洗涤池和电源插座；

6 卫生室（保健室）宜朝南。

6 行政办公用房和生活服务用房

6.2 生活服务用房

6.2.1 中小学校生活服务用房应包括饮水处、卫生间、配餐室、发餐室、设备用房，宜包括食堂、淋浴室、停车库（棚）。寄宿制学校应包括学生宿舍、食堂、浴室。

Ⅱ 卫生间

6.2.5 教学用建筑每层均应分设男、女学生卫生间及男、女教师卫生间。学校食堂宜设工作人员专用卫生间。当教学用建筑中每层学生少于3个班时，男、女生卫生间可隔层设置。

6.2.7 在中小学校内，当体育场地中心与最近的卫生间的距离超过90.00 m时，可设室外厕所。所建室外厕所的服务人数可依学牛总人数的15%计算。室外厕所宜预留扩建的条件。

6.2.8 学生卫生间卫生洁具的数量应按下列规定计算：

1 男生应至少为每40人设1个大便器或1.20 m长大便槽；每20人设1个小便斗或0.60 m长小便槽；

女生应至少为每13人设1个大便器或1.20 m长大便槽；

2 每40人～45人设1个洗手盆或0.60 m长盥洗槽：

3 卫生间内或卫生间附近应设污水池。

6.2.9 中小学校的卫生间内，厕位蹲位距后墙不应小于0.30 m。

6.2.10 各类小学大便槽的蹲位宽度不应大于0.18 m。

6.2.11 厕位间宜设隔板，隔板高度不应低于1.20 m。

6.2.12 中小学校的卫生间应设前室。男、女生卫生间不得共用一个前室。

6.2.13 学生卫生间应具有天然采光、自然通风的条件，并应安置排气管道。

6.2.14 中小学校的卫生间外窗距室内楼地面1.70 m以下部分应设视线遮挡措施。

6.2.15 中小学校应采用水冲式卫生间。当设置旱厕时，应按学校专用无害化卫生厕所设计。

7　主要教学用房及教学辅助用房面积指标和净高

7.1　面积指标

7.1.1　主要教学用房的使用面积指标应符合表7.1.1的规定。

表7.1.1　主要教学用房的使用面积指标（m^2/每座）

房间名称	小学	中学	备注
普通教室	1.36	1.39	—
科学教室	1.78	—	—
实验室	—	1.92	—
综合实验室	—	2.88	—
演示实验室	—	1.44	若容纳2个班，则指标为1.20
史地教室	—	1.92	—
计算机教室	2.00	1.92	—
语言教室	2.00	1.92	—
美术教室	2.00	1.92	—
书法教室	2.00	1.92	—
音乐教室	1.70	1.64	—
舞蹈教室	2.14	3.15	宜和体操教室共用
合班教室	0.89	0.90	—
学生阅览室	1.80	1.90	—
教师阅览室	2.30	2.30	—
视听阅览室	1.80	2.00	—
报刊阅览室	1.80	2.30	可不集中设置

注：1　表中指标是按完全小学每班45人、各类中学每班50人排布测定的每个学生所需使用面积；如果班级人数定额不同时需进行调整，但学生的全部座位均必须在“黑板可视线”范围以内；

2　体育建筑设施、劳动教室、技术教室、心理咨询室未列入此表，另行规定；

3　任课教师办公室未列入此表，应按每位教师使用面积不小于5.0 m^2计算。

7.1.2　体育建筑设施的使用面积应按选定的体育项目确定。

7.1.3　劳动教室和技术教室的使用面积应按课程内容的工艺要求、工位要求、安全条件等因素确定。

7.1.4　心理咨询室的使用面积要求应符合本规范第5.16节的规定。

7.1.5　主要教学辅助用房的使用面积不宜低于表7.1.5的规定。

表7.1.5　主要教学辅助用房的使用面积指标（m^2/每间）

房间名称	小学	中学	备注
普通教室教师休息室	（3.50）	（3.50）	指标为使用面积/每位使用教师
实验员室	12.00	12.00	—
仪器室	18.00	24.00	
药品室	18.00	24.00	
准备室	18.00	24.00	
标本陈列室	42.00	42.00	可陈列在能封闭管理的走道内
历史资料室	12.00	12.00	—
地理资料室	12.00	12.00	
计算机教学资料室	24.00	24.00	
语言教室资料室	24.00	24.00	
美术教室教具室	24.00	24.00	可将部分教具置于美术教室内
乐器室	24.00	24.00	—
舞蹈教室更衣室	12.00	12.00	

注：除注明者外，指标为每室最小面积。当部分功能移入走道或教室时，指标作相应调整。

7.2　净高

7.2.1　中小学校主要教学用房的最小净高应符合表 7.2.1 的规定。

表 7.2.1　主要教学用房的最小净高（m）

教　室	小学	初中	高中
普通教室、史地、美术、音乐教室	3.00	3.05	3.10
舞蹈教室	4.50		
科学教室、实验室、计算机教室、劳动教室、技术教室、合班教室	3.10		
阶梯教室	最后一排（楼地面最高处）距顶棚或上方突出物最小距离为 2.20 m		

8　安全、通行与疏散

8.1　建筑环境安全

8.1.5　临空窗台的高度不应低于 0.90 m。

8.1.6　上人屋面、外廊、楼梯、平台、阳台等临空部位必须设防护栏杆，防护栏杆必须牢固，安全，高度不应低于 1.10 m。防护栏杆最薄弱处承受的最小水平推力应不小于 1.5 kN/m。

8.1.8　教学用房的门窗设置应符合下列规定：

1　疏散通道上的门不得使用弹簧门、旋转门、推拉门、大玻璃门等不利于疏散通畅、安全的门；

2　各教学用房的门均应向疏散方向开启，开启的门扇不得挤占走道的疏散通道；

3　靠外廊及单内廊一侧教室内隔墙的窗开启后，不得挤占走道的疏散通道，不得影响安全疏散；

4　二层及二层以上的临空外窗的开启扇不得外开。

8.1.9　在抗震设防烈度为 6 度或 6 度以上地区建设的实验室不宜采用管道燃气作为实验用的热源。

8.2　疏散通行宽度

8.2.1　中小学校内，每股人流的宽度应按 0.60 m 计算。

8.2.2　中小学校建筑的疏散通道宽度最少应为 2 股人流，并应按 0.60 m 的整数倍增加疏散通道宽度。

8.2.3　中小学校建筑的安全出口、疏散走道、疏散楼梯和房间疏散门等处每 100 人的净宽度应按表 8.2.3 计算。同时，教学用房的内走道净宽度不应小于 2.40 m，单侧走道及外廊的净宽度不应小于 1.80 m。

表 8.2.3　安全出口、疏散走道、疏散楼梯和房间疏散门每 100 人的净宽度（m）

所在楼层位置	耐火等级		
	一、二级	三级	四级
地上一、二层	0.70	0.80	1.05
地上三层	0.80	1.05	—
地上四、五层	1.05	1.30	—
地下一、二层	0.80	—	—

8.2.4　房间疏散门开启后，每樘门净通行宽度不应小于 0.90 m。

8.3　校园出入口

8.3.1　小学校的校园应设置 2 个出入口。出入口的位置应符合教学、安全、管理的需要，出入口的布置应避免人流、车流交叉。有条件的学校宜设置机动车专用出入口。

8.3.2　小学校校园出入口应与市政交通衔接，但不应直接与城市主干道连接。校园主要出入口应设置缓冲场地。

8.4 园道路

8.4.5 园内人流集中的道路不宜设置台阶。设置台阶时，不得少于3级。

8.5 建筑物出入口

8.5.1 园内除建筑面积不大于200 m^2，人数不超过50人的单层建筑外，每栋建筑应设置2个出入口。非完全小学内，单栋建筑面积不超过500 m^2，且耐火等级为一、二级的低层建筑可只设1个出入口。

8.5.2 学用房在建筑的主要出入口处宜设门厅。

8.5.3 学用建筑物出入口净通行宽度不得小于1.40 m，门内与门外各1.50 m范围内不宜设置台阶。

8.6 走道

8.6.2 中小学校的建筑物内，当走道有高差变化应设置台阶时，台阶处应有天然采光或照明，踏步级数不得少于3级，并不得采用扇形踏步。当高差不足3级踏步时，应设置坡道。坡道的坡度不应大于1∶8，不宜大于1∶12。

8.7 楼梯

8.7.1 中小学校建筑中疏散楼梯的设置应符合现行国家标准《民用建筑设计通则》GB 50352、《建筑设计防火规范》GB 50016和《建筑抗震设计规范》GB 50011的有关规定。

8.7.2 中小学校教学用房的楼梯梯段宽度应为人流股数的整数倍。梯段宽度不应小于1.20 m，并应按0.60 m的整数倍增加梯段宽度。每个梯段可增加不超过0.15 m的摆幅宽度。

8.7.3 中小学校楼梯每个梯段的踏步级数不应少于3级，且不应多于18级，并应符合下列规定：

1 各类小学楼梯踏步的宽度不得小于0.26 m，高度不得大于0.15 m；

2 各类中学楼梯踏步的宽度不得小于0.28 m，高度不得大于0.16 m；

3 楼梯的坡度不得大于30°。

8.7.4 疏散楼梯不得采用螺旋楼梯和扇形踏步。

8.7.5 楼梯两梯段间楼梯井净宽不得大于0.11 m，大于0.11 m时，应采取有效的安全防护措施。两梯段扶手间的水平净距宜为0.10 m～0.20 m。

8.7.6 中小学校的楼梯扶手的设置应符合下列规定：

1 楼梯宽度为2股人流时，应至少在一侧设置扶手；

2 楼梯宽度达3股人流时，两侧均应设置扶手；

3 楼梯宽度达4股人流时，应加设中间扶手，中间扶手两侧的净宽均应满足本规范第8.7.2条的规定；

4 中小学校室内楼梯扶手高度不应低于0.90 m，室外楼梯扶手高度不应低于1.10 m；水平扶手高度不应低于1.10 m；

5 中小学校的楼梯栏杆不得采用易于攀登的构造和花饰；杆件或花饰的镂空处净距不得大于0.11 m；

6 中小学校的楼梯扶手上应加装防止学生溜滑的设施。

8.7.7 除首层及顶层外，教学楼疏散楼梯在中间层的楼层平台与梯段接口处宜设置缓冲空间，缓冲空间的宽度不宜小于梯段宽度。

8.7.8 中小学校的楼梯两相邻梯段间不得设置遮挡视线的隔墙。

8.7.9 教学用房的楼梯间应有天然采光和自然通风。

8.8 教室疏散

8.8.1 每间教学用房的疏散门均不应少于2个，疏散门的宽度应通过计算；同时，每樘疏散门的通行净宽度不应小于0.90 m。当教室处于袋形走道尽端时，若教室内任一处距教室门不超过15.00 m，且门的通行净宽度不小于1.50 m时，可设1个门。

8.8.2 普通教室及不同课程的专用教室对教室内桌椅间的疏散走道宽度要求不同，教室内疏散走道的设置应符合本规范第5章对各教室设计的规定。

9 室内环境

9.1.3 当采用换气次数确定室内通风量时，各主要房间的最小换气次数应符合表 9.1 3 的规定。

表 9.1.3 各主要房间的最小换气次数标准

房间名称		换气次数（次/h）
普通教室	小学	2.5
	初中	3.5
	高中	4.5
实验室		3.0
风雨操场		3.0
厕所		10.0
保健室		2.0
学生宿舍		2.5

9.2 采光

9.2.1 教学用房工作面或地面上的采光系数不得低于表 9.2.1 的规定和现行国家标准《建筑采光设计标准》GB/T 50033 的有关规定。在建筑方案设计时，其采光窗洞口面积应按不低于表 9.2.1 窗地面积比的规定估算。

表 9.2.1 教学用房工作面积或地面上的采光系数标准和窗地面积比

房间名称	规定采光系数的平面	采光系数最低值（%）	窗地面积比
普通教室、史地教师、美术教室、书法教室、语言教室、音乐教室、合班教室、阅览室	课桌面	2.0	1∶5.0
科学教室、实验室	实验桌面	2.0	1∶5.0
计算机教室	机台面	2.0	1∶5.0
舞蹈教室、风雨操场	地面	2.0	1∶5.0
办公室、保健室	地面	2.0	1∶5.0
饮水处、厕所、淋浴	地面	0.5	1∶10.0
走道、楼梯间	地面	1.0	—

注：表中所列采光系数值适用于我国Ⅲ类光气候区，其他光气候区应将表中的采光系数乘以相应的光气候系数。光气候系数应符合现行国家标准《建筑采光设计标准》GB/T 50033 的有关规定。

9.4 噪声控制

9.4.2 主要教学用房的隔声标准应符合表 9.4.2 的规定。

表 9.4.2 主要教学用房的隔声标准

房间名称	空气声隔声标准（dB）	顶部楼板撞击声隔声单值评价量（dB）
语言教室、阅览室	≥50	≤65
普通教室、实验室等与不产生噪声的房间之间	≥45	≤75
普通教室、实验室等与产生噪声的房间之间	≥50	≤65
音乐教室等产生噪声的房间之内	≥45	≤65

17.2 中小学建筑设计任务书（12 班小学建筑设计设计任务书）

17.2.1 题目要求

南方某居住小区根据总体规划配套布局要求，拟修建一所 12 班全日制小学校园，其拟建地形图等见 17.2.6。该设计应依据中小学设计规范和有关规定，除首先满足总体布局合理，功能空间协调，造型新颖等基本要求外，还应注意外部空间环境塑造及小学生特定行为发展模式，努力营造开放的、趣味的、富有想象力的现代小学校园氛围。

17.2.2 规　模

全日制小学

学生人数：45 人/班 × 12 班 = 540 人

建筑面积：3 000（1 ± 10%）m^2

建筑层数：≤4 层

绿化用地：≥30%

17.2.3 功能组成及使用面积参考

1. 体育运动场地

200 m 环形田径场（其中一长边布置 60 m 直跑道），篮球场 450 m^2（可分设 2 个）

2. 教学区

普通教室 12 班 × 60 m^2 = 720 m^2

合班教室 120 m^2（其中准备室 20 m^2）

自然教室 120 m^2（其中教具仪器室 30 m^2）

微机教室 120 m^2（其中准备室 30 m^2）

美术教室 120 m^2（其中教具室 30 m^2）

语音教室 120 m^2（其中准备室 30 m^2）

音乐教室 90 m^2（其中乐器室 30 m^2）

科技活动室 4 × 30 = 120 m^2

阅览室 150 m^2（教师阅览室 40 m^2，学生阅览室 70 m^2，书库 40 m^2）

教师办公室 12 × 25 m^2 = 300 m^2

3. 办公区

行政办公室 6 × 30 = 180 m^2

广播室 30 m^2

体育器材室 30 m^2

传达值班 30 m^2

会议室 40 m^2

卫生保健室 30 m^2

荣誉室、接待室 60 m^2

总务库 30 m^2

4. 其　他

厕所、饮水间 150 m^2（可根据需要分设若干处），风雨操场 300 m^2（不做具体设计，只考虑布局及体量轮廓线）。

17.2.4 图纸内容及要求

1. 方案设计

（1）各层平面图、主要立面图、剖面图，绘图比例 1∶100。

（2）主要房间平面的家具及设备布置图（1∶50）。

2. 施工图设计图纸

由本任务书给定的地形等建筑设计条件，查阅相关气象、设计资料确定建筑方案，初步选定结构类型，选定主要构件尺寸及布置，明确各部位节点构造做法。在此基础上按施工图深度要求进行，但是，因为不考虑结构、水、电等工种问题，因此只做到建筑施工图的深度即可，设计深度参见本教材第十五章摘录的施工图设计规范要求，设计内容要求如下。

（1）首层平面图，绘图比例 1∶100；

（2）各层平面图，绘图比例 1∶100；

（3）屋顶平面图，绘图比例 1∶100；

（4）立面图，绘图比例 1∶100；

（5）剖面图，绘图比例 1∶100；

（6）墙身大样图，绘图比例 1∶20；

（7）楼梯详图，绘图比例 1∶50；

（8）外檐、散水、雨棚、变形缝等主要节点详图，绘图比例 1∶20。

17.2.5　参考资料

（1）张宗尧，李志民. 中小学建筑设计. 中国建筑工业出版社，2000.

（2）建筑设计资料集：3. 2 版. 中国建筑工业出版社.

（3）中小学校建筑设计规范（GB 50099—2011）.

（4）建筑设计防火规范（GB 50016—2014）.

（5）江浩波. 理想空间丛书：个性化校园规划. 同济大学出版社，2005.

（6）包小枫. 理想空间丛书：中国高校校园规划. 同济大学出版社，2005.

（7）杨旭明，等. 建筑设计系列课程导读. 中国建筑工业出版社，2011.

17.2.6 地形图

地形图见图 17-1 和图 17-2。

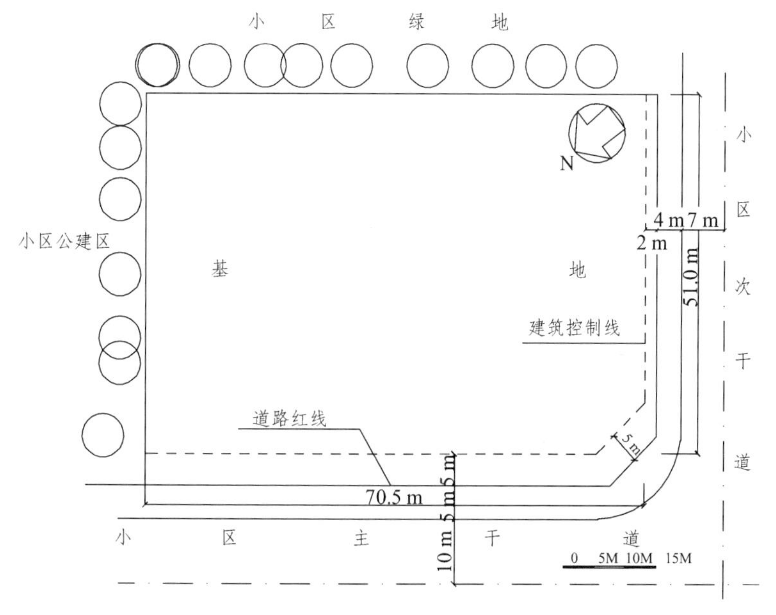

图 17-1　小学地形一

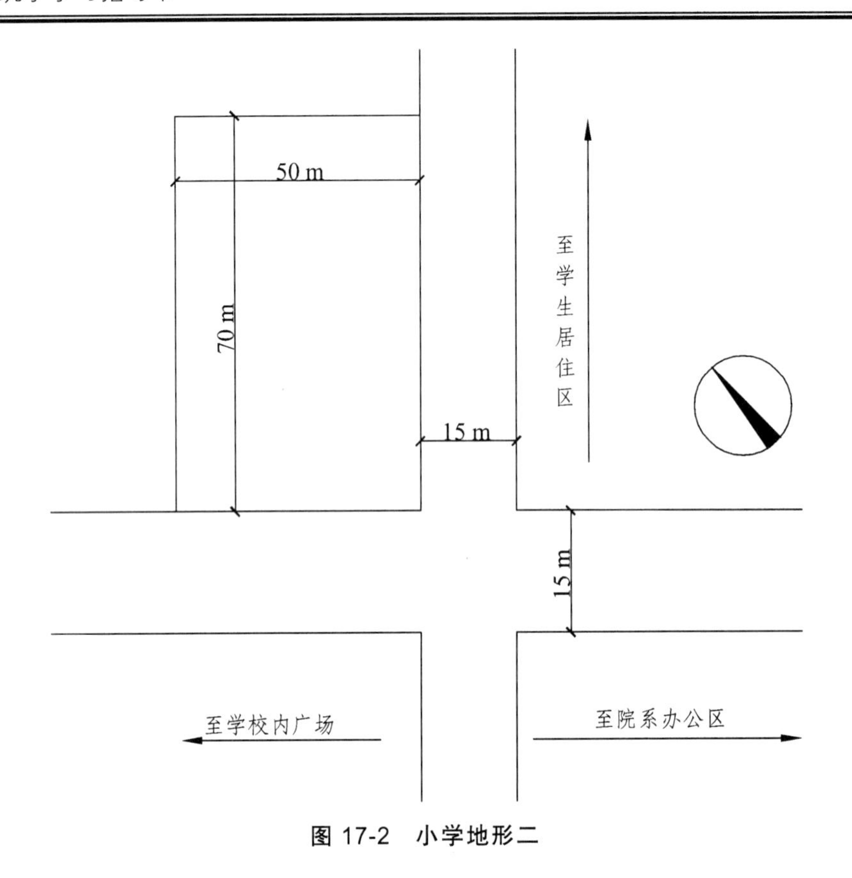

图 17-2　小学地形二

17.3　中小学建筑设计指导书

学校是培养人才的特定环境，学校建筑设计的好坏，是影响全面人才培养质量的重要因素之一。

学校的建筑设计，除了要遵循国家有关定额、指标、规范和标准外，在总体环境的规划布置、教学楼的平面与空间组合形式，以及材料、结构、构造、施工技术和设备的选用等方面，要恰到好处地处理好功能、技术与艺术三者的关系，同时要考虑青少年好奇、好动和缺乏经验的特点，充分注意安全。

17.3.1　教学楼的组成与平面设计要点

中小学教学楼一般是由以下三个部分组成的：

主要使用房间即教学部分：包括普通教室、实验室、语言教室、语音教室、书库及阅览室等；

辅助使用房间即办公部分：包括各种办公室、会议室等；

交通联系空间：包括门厅、过厅、楼梯、走道等。

1. 主要使用房间设计

（1）普通教室。

① 普通教室的面积：一般来说，教室面积的确定主要考虑容纳人数的多少，教室中家具设备的数量以及布置方式，使用家具设备所必要的活动空间，此外，还应考虑采光、通风以及结构、设备以及施工等问题。

按教育部相关规定小学每班近期为 45 人，远期为 40 人，每人使用面积为 1.04 m^2。

② 普通教室的平面形状：能够满足普通教室教学活动要求的房间形状可以是矩形、多边形、方形等多种形状，见图 17-3。

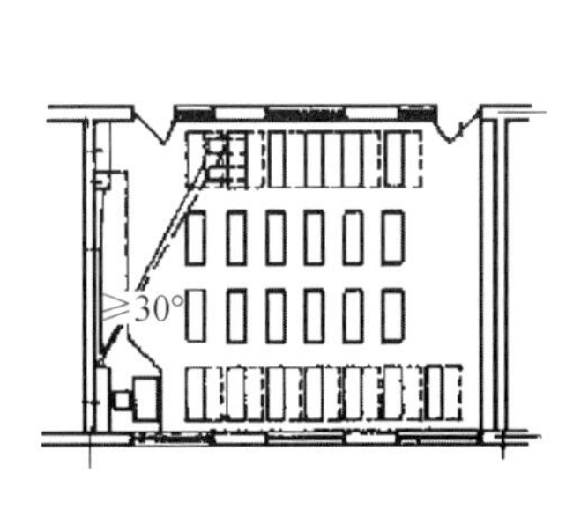

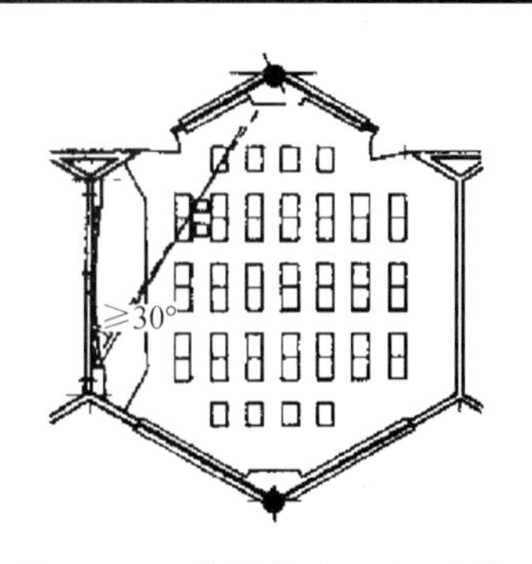

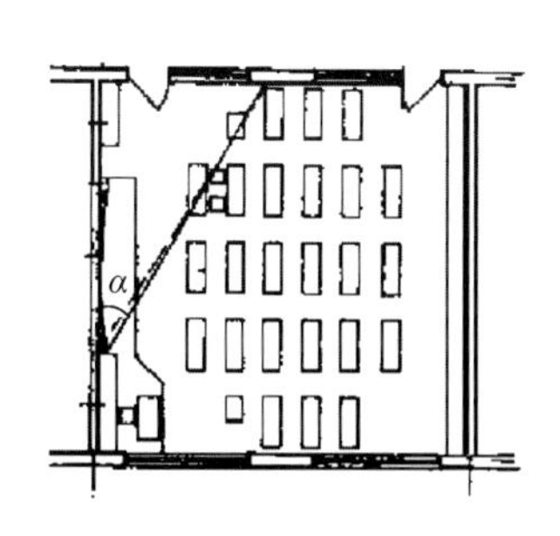

图 17-3 普通教室平面形状

③ 房间尺寸的确定。

开间是指房间在建筑外立面上所占的宽度，进深是垂直于开间的深度尺寸，这里开间和进深并不是指房间净宽和净深尺寸，而是指房间轴线尺寸。

影响房间大小的主要因素有：房间的使用特点及容纳的人数，家具设备种类、数量及布置方式，室内交通活动，采光通风，结构经济合理性及建筑模数，等。

采光通风等环境要求，在确定房间开间进深尺寸时也要给予充分考虑。

结构布置的合理性和符合建筑模数协调统一标准的要求，也是确定房间尺寸的依据之一。

普通教室平面示意见图 17-4，普通教室相关尺寸及布置见图 17-5。

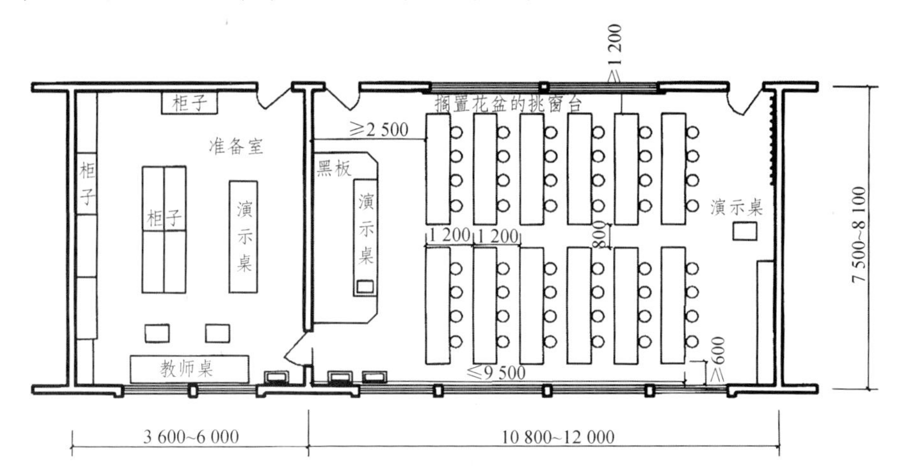

图 17-4 普通教室平面设计示意

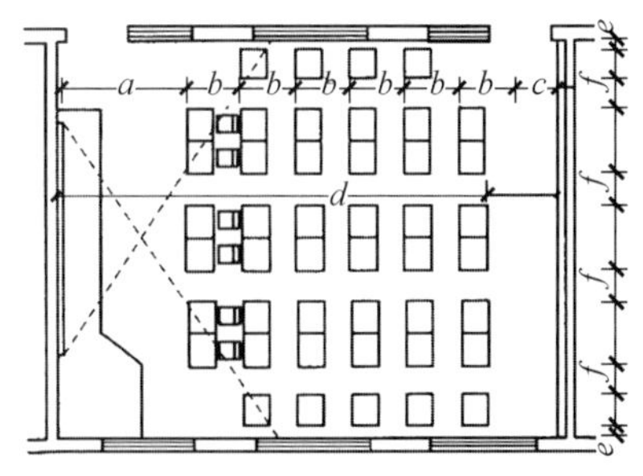

布置应满足视听书写要求，便于通行及尽量不跨越而直接就座

a 大于 2 600 mm；*b* 小学大于 850 mm，中学大于 900 mm；*c* 大于 600 mm；
d 小学小于 8 000 m，中学小于 8 500 mm；*e* 大于 120 mm；*f* 大于 550 mm

图 17-5 普通教室相关尺寸及布置

④ 房间门窗布置。

a. 房间门的设置：房间门的设置包括确定房间门的数量、宽度、位置及开启方向。

b. 房间窗的设置：决定窗的大小和位置时，要考虑室内采光、通风、立面美观、建筑节能及经济等方面要求。

（2）合班教室。

① 各类小学宜配置能容纳 2 个班的合班教室。当合班教室兼用于唱游课时，室内不应设置固定课桌椅，并应附设课桌椅存放空间。兼作唱游课教室的合班教室应对室内空间进行声学处理。

② 容纳 3 个班及以上的合班教室应设计为阶梯教室。

③ 阶梯教室梯级高度依据视线升高值确定。阶梯教室的设计视点应定位于黑板底边缘的中点处。前后排座位错位布置时，视线的隔排升高值宜为 0.12 m。

④ 合班教室宜附设 1 间辅助用房，储存常用教学器材。

⑤ 合班教室课桌椅的布置应符合下列规定：

a. 每个座位的宽度不应小于 0.55 m，小学座位排距不应小于 0.85 m，中学座位排距不应小于 0.90 m；

b. 教室最前排座椅前沿与前方黑板间的水平距离不应小于 2.50 m，最后排座椅的前沿与前方黑板间的水平距离不应大于 18.00 m；

c. 纵向、横向走道宽度均不应小于 0.90 m，当座位区内有贯通的纵向走道时，若设置靠墙纵向走道，靠墙走道宽度可小于 0.90 m，但不应小于 0.60 m；

d. 最后排座位之后应设宽度不小于 0.60 m 的横向疏散走道；

e. 前排边座座椅与黑板远端间的水平视角不应小于 30°。

设不同走道的阶梯教室见图 17-6 ~ 图 17-8。

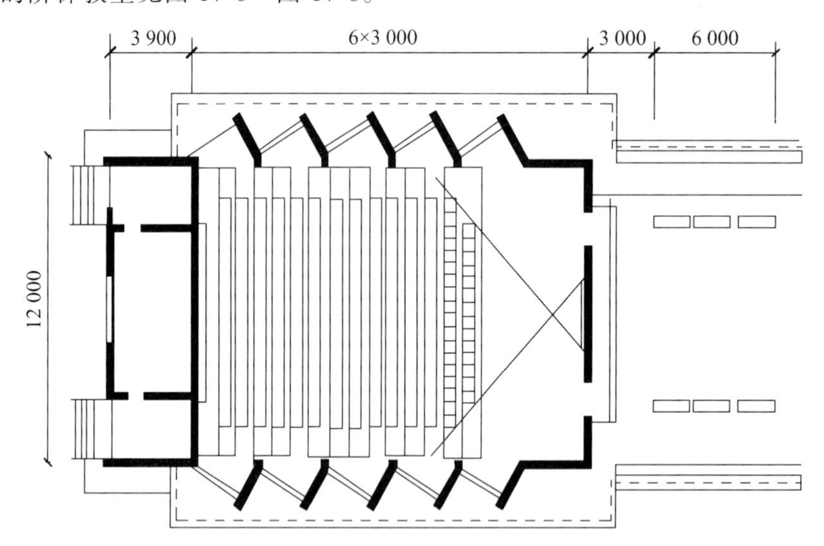

图 17-6 设两条沿墙纵向走道的中学 262 坐合班阶梯教室

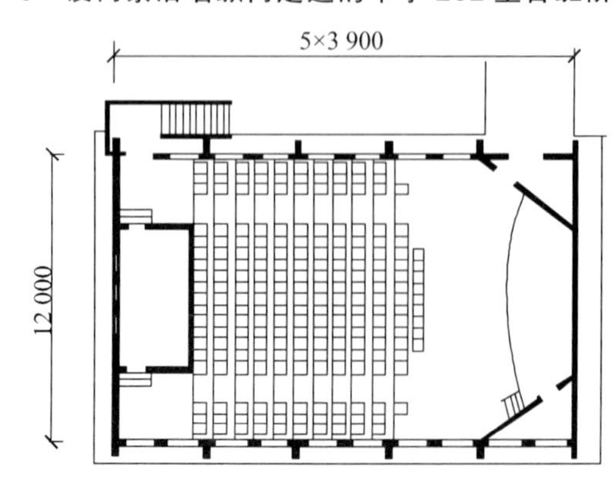

图 17-7 设两条中间纵向走道的小学 216 座合班阶梯教室

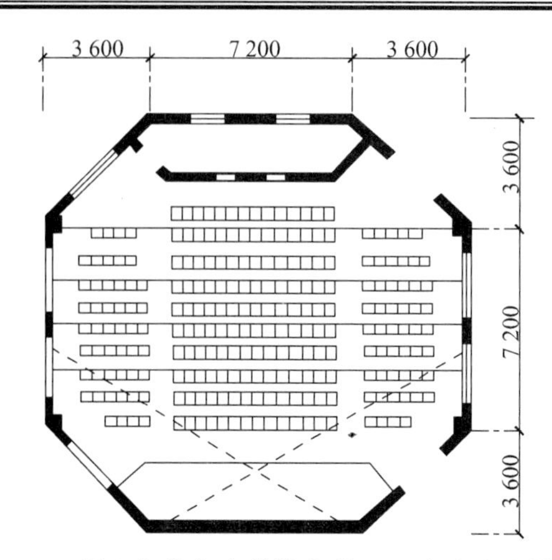

图 17-8 设四条纵向走道的小学 233 座合班阶梯教室

（3）音乐教室。

音乐教室的平面位置要特别考虑动静分区。

① 音乐教室应附设乐器存放室。

② 各类小学的音乐教室中，应有 1 间能容纳 1 个班的唱游课，每生边唱边舞所占面积不应小于 2.40 m^2。

③ 音乐教室讲台上应布置教师用琴的位置。

④ 中小学校应有 1 间音乐教室能满足合唱课教学的要求，宜在紧接后墙处设置 2 ~ 3 排阶梯式合唱台，每级高度宜为 0.20 m，宽度宜为 0.60 m。

⑤ 音乐教室应设置五线谱黑板。

（4）舞蹈教室。

① 舞蹈教室宜满足舞蹈艺术课、体操课、技巧课、武术课的教学要求，并可开展形体训练活动。每个学生的使用面积不宜小于 6 m^2。

② 舞蹈教室应附设更衣室，宜附设卫生间、浴室和器材储藏室。

③ 舞蹈教室应按男女学生分班上课的需要设置。

④ 舞蹈教室内应在与采光窗相垂直的一面墙上设通长镜面，镜面含镜座总高度不宜小于 2.10 m，镜座高度不宜大于 0.30 m。镜面两侧的墙上及后墙上应装设可升降的把杆，镜面上宜装设固定把杆。把杆升高时的高度应为 0.90 m；把杆与墙间的净距不应小于 0.40 m。

⑤ 舞蹈教室宜设置带防护网的吸顶灯。采暖等各种设施应暗装。

⑥ 舞蹈教室宜采用木地板。

（5）图书室。

① 中小学校图书室应包括学生阅览室、教师阅览室、图书杂志及报刊阅览室、视听阅览室、检录及借书空间、书库、登录、编目及整修工作室，并可附设会议室和交流空间。

② 图书室应位于学生出入方便、环境安静的区域。

③图书室的设置应符合下列规定：

a. 教师与学生的阅览室宜分开设置，使用面积应符合规范的规定。

b. 中小学校的报刊阅览室可以独立设置，也可以在图书室内的公共交流空间设报刊架，开架阅览。

c. 借书空间除设置师生个人借阅空间外，还应设置检录及班级集体借书的空间。借书空间的使用面积不宜小于 10.00 m^2。

图书室布置见图 17-9、图 17-10。

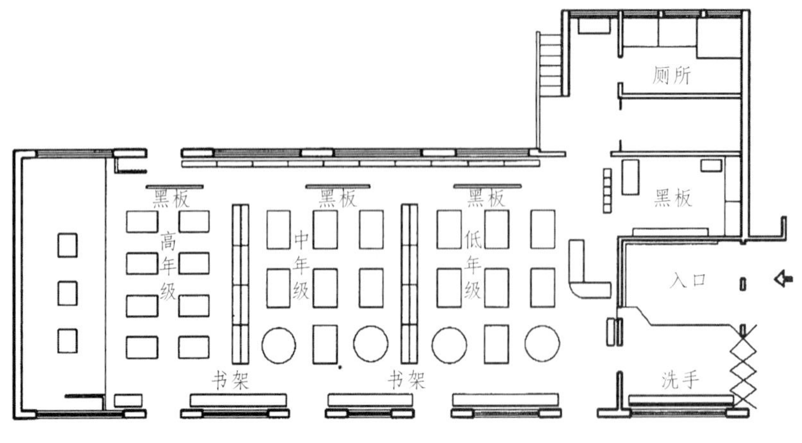

图 17-9 小学图书室设计示意

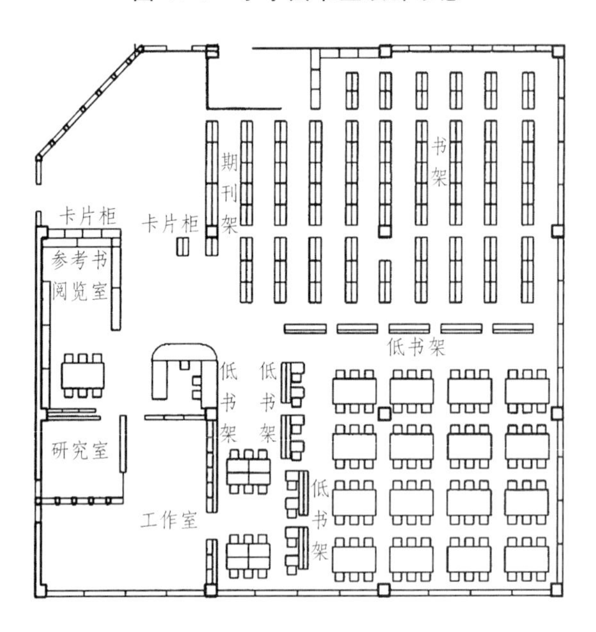

图 17-10 开架图书室布置示意

2. 辅助使用房间设计

（1）办公用房设计要点。

办公室是教学楼建筑中必不可少的辅助性用房，其设计要求要有良好的采光通风，数量按学校规模和实际需要确定，一般教师人数按中学 1 人每班，小学 0.5 人每班考虑，每座使用面积 3.5 m^2。办公室的层高考虑具体情况可比教室层高低，可取 3 ~ 3.6 m。

（2）卫生间设计要点。

总的来说，卫生间位置应方便使用且不影响其周边教学环境卫生。学生卫生间应具有天然采光、自然通风的条件，并应安置排气管道。

① 由于学生使用卫生间的时间比较集中，因此必须保证足够的卫生设备数量，中小学校卫生设备数量按男女生 1：1 的比例计算.

② 教学用建筑每层均应分设男、女学生卫生间及男、女教师卫生间。学校食堂宜设工作人员专用卫生间。当教学用建筑中每层学生少于 3 个班时，男、女生卫生间可隔层设置。

③ 学生卫生间卫生洁具的数量应按下列规定计算：

a. 男生应至少为每 40 人设 1 个大便器或 1.20 m 长大便槽，每 20 人设 1 个小便斗或 0.60 m 长小便槽；女生应至少为每 13 人设 1 个大便器或 1.20 m 长大便槽。

b. 每 40 人～45 人设 1 个洗手盆或 0.60 m 长盥洗槽。

c. 卫生间内或卫生间附近应设污水池。中小学校的卫生间内，厕位蹲位距后墙不应小于 0.30 m。厕位间宜设隔板，隔板高度不应低于 1.20 m。卫生间平面位置见图 17-11。中小学厕所墩位数量见表 17-1。

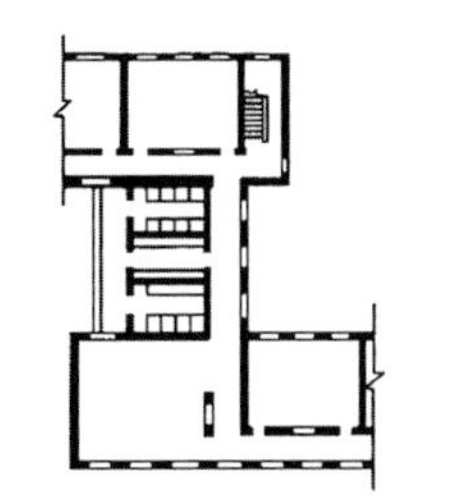

（a）设于两排楼的中间部位

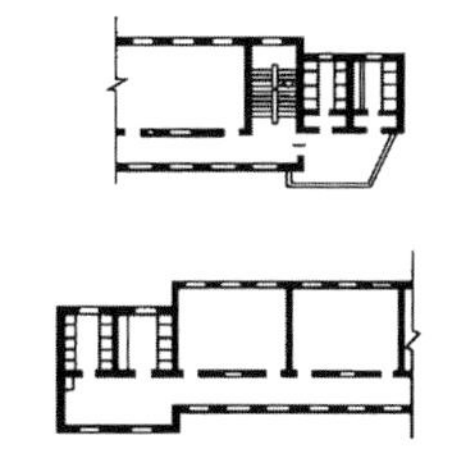

（b）设在教学楼一端

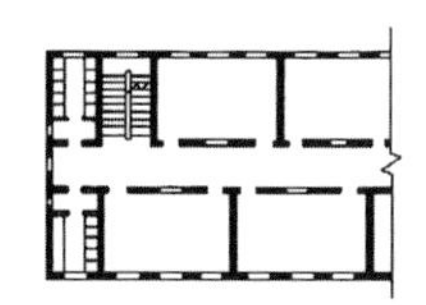

（c）通过阳台、外廊或过厅

图 17-11　卫生间平面位置示意图

表 17-1　中小学厕所蹲位数量

项　目	男厕		女厕		附　注
	教学楼	宿　舍	教学楼	宿　舍	
每个大便器使用人数	40 人 (50)人	20 人	20 人 (25)人	12 人	1 m(或 1.10 m)长大便槽
每米长小便槽使用人数	40 人 (50)人	40 人			
洗手盆	每 90 人设一个或 0.6 m 长洗手槽				
女生卫生间				100 人一间	不小于大便器隔间
面积指标	每大便器 4 m^2		每大便器 4 m^2		

注：表中数字为小学，（　）内数字为中学。

d. 中小学校的卫生间应设前室。男、女生卫生间不得共用一个前室。厕所墩位布置见图 17-12。

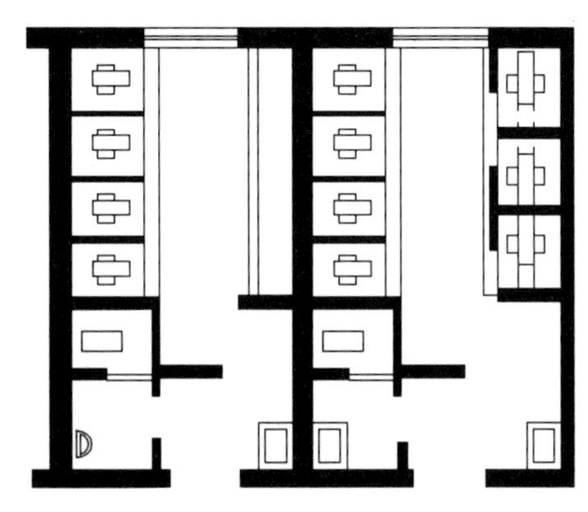

图 17-12　厕所蹲位布置方式

3. 交通联系空间设计

（1）走道。

① 走道宽度的确定。

走道的宽度应符合人流通畅和建筑防火要求，通过单股人流的通行宽度为 550～700 mm。

② 兼有其他从属功能的走道。

不同建筑类型具有不同的使用特点，走道除了交通联系外，也可以兼有其他的使用功能。

③ 采光和通风。

走道的采光和通风主要依靠天然采光和自然通风。外走道由于只有一侧布置房间，可以获得较好的采光通风效果。内走道由于两侧均布置房间，如果设计不当，就会造成光线不足、通风较差，一般是通过走道尽端开窗，利用楼梯间、门厅或走道两侧房间设高窗来解决。

（2）楼梯。

楼梯梯段宽度考虑单股人流通行时为 900 mm，两股人流通行时为 1 100 mm，三股人流通行时为 1 500 mm。一个梯段的踏步数不得少于 3 级，也不得多于 18 级。梯段的长度即组成梯段踏步宽的总和。楼梯的休息平台宽度应不小于梯段宽，其形状可以是半圆形、矩形、多边形。

（3）门厅。

① 门厅的形式与面积。

门厅的形式从布局上可分为两类：对称式和非对称式。对称式布置强调的是轴线的方向感，常用于学校、办公楼的门厅。非对称式布置灵活多样，没有明显的轴线关系，常用于旅馆、医院、电影院等建筑。

② 门厅的设计要求。

a. 门厅的位置应明显而突出，一般应面向主干道，使人流出入方便。

b. 门厅内各组成部分的位置与人流活动路线相协调，尽量避免或减少流线交叉，为各使用部分创造相对独立的活动空间。

c. 门厅内要有良好的空间气氛，如良好的采光、合适的空间比例等。

d. 门厅对外出入口的宽度不得小于通向该门的走道、楼梯宽度的总和。

17.3.2 教学楼平面组合设计

1. 主要任务

（1）合理安排各种单个房间的位置，使得各个部分功能分区明确、合理，组织好交通联系。

（2）考虑结构、施工、管线布置。

（3）考虑建筑造型效果。

（4）符合规划要求。

（5）根据实际情况解决好建筑与环境、人之间的关系。

2. 组合方式

教学楼建筑的平面组合方式主要有穿套式、走廊式、单元式、混合式等，见图 17-13 ~ 图 17-16。

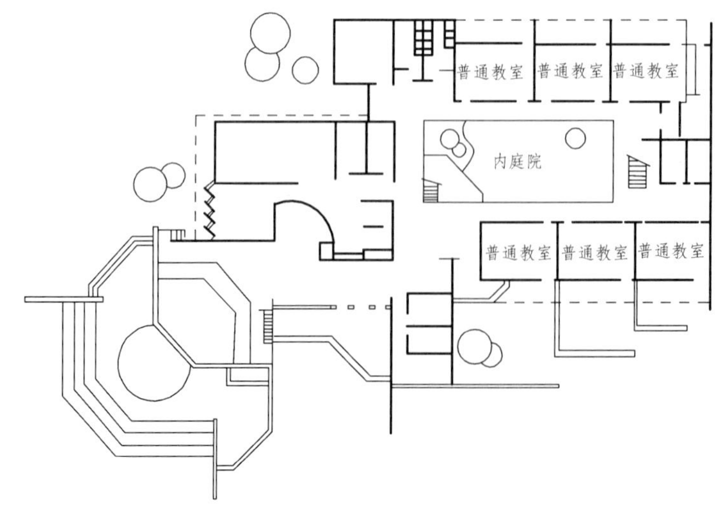

图 17-13 穿套式组合

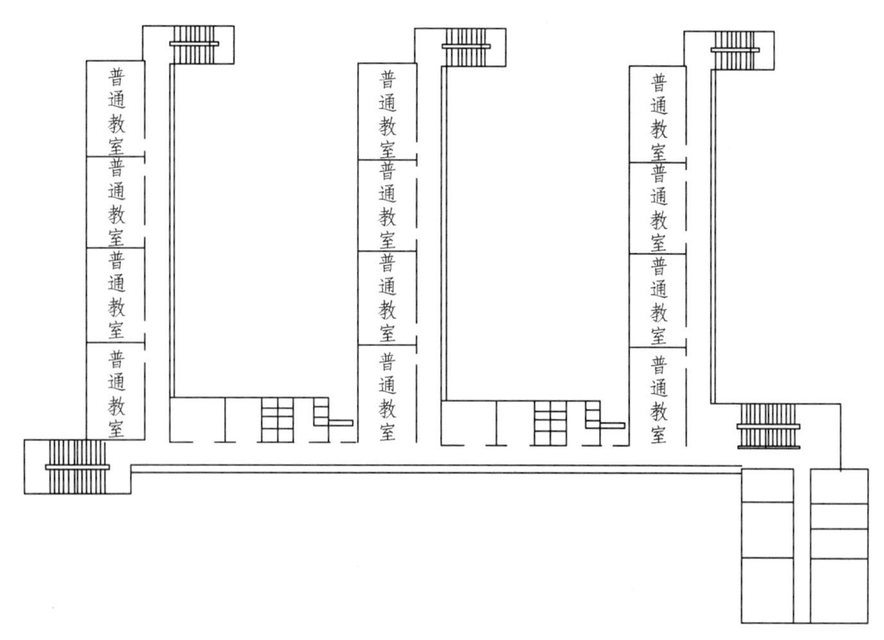

图 17-14　走廊式组合

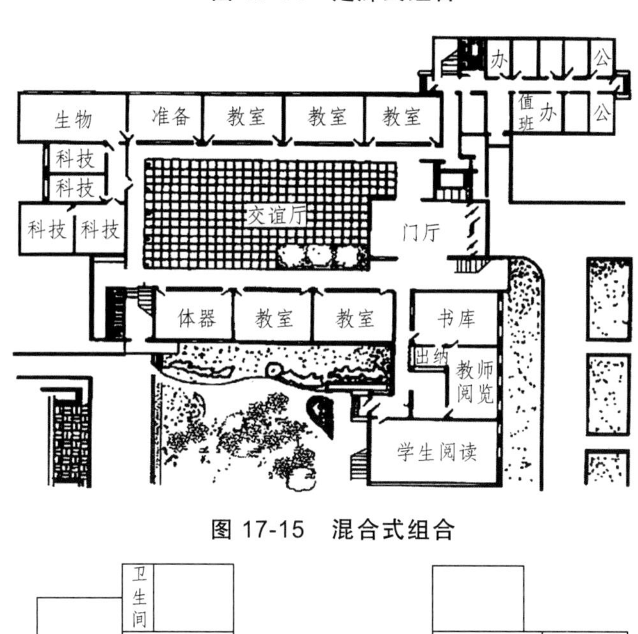

图 17-15　混合式组合

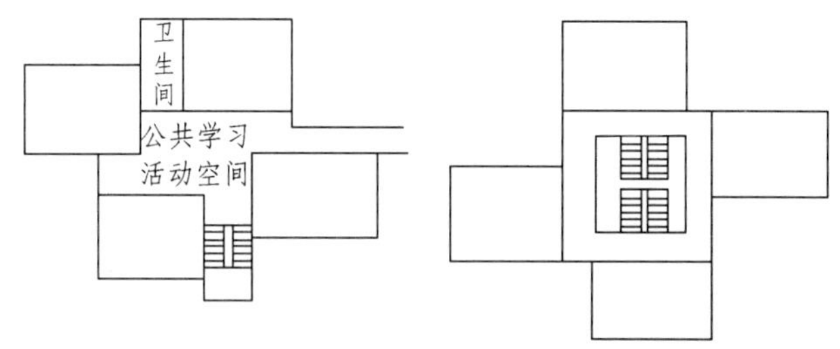

图 17-16　单元式组合

17.3.3　教学楼的立面设计要点

1. 建筑体型及立面设计

由于不同功能要求的建筑类型，具有不同的内部空间组合特点，一幢建筑的外部形象在很大程度上是其内部空间功能的表露，因此，教学楼建筑的立面设计应反映青少年学生的性格特征，通过成组的教室、明快的窗户、强调的入口、活泼的色彩，形成开朗、亲切的立面感受。

采用诸如统一与变化，韵律，对比等与教学楼建筑功能要求相适应的外部形式，在此基础上采用适当细部处理方法来强调该建筑的性格特征，使其更为鲜明、更为突出，从而能更有效地区别于其他建筑。

2. 细部设计

（1）立面比例尺度的处理。

首先，立面设计应该具备尺度感，也可以用参照物等去取得想要的尺度感。

（2）立面虚实、凹凸处理。

以虚为主、虚多实少的处理手法能获得轻巧、开朗的效果，常用于高层建筑、剧院门厅、餐厅、车站、商店等大量人流聚集的建筑。而以实为主、实多虚少能产生稳定、庄严、雄伟的效果，常用于纪念性建筑及重要的公共建筑。虚实相当的情况，容易产生单调、呆板的效果。

（3）立面线条处理。

注重对垂直线、水平线、网格线等不同特点线条在立面的应用，以赢得与建筑类型相适应的立面效果。

（4）立面色彩、质感处理。

建筑色彩的处理包括大面积基调色的选择和墙面上不同色彩构图两个方面的问题。立面色彩处理应注意以下几个问题:

第一，色彩处理要注意统一与变化，并掌握好尺度。一般建筑外形应有主色调，局部运用其他色调容易取得和谐效果。

第二，色彩应与建筑性格特征相适应，如医院建筑宜用给人安定、洁净感的白色或浅色调，商业建筑则常采用暖色调，以增加热烈气氛。

第三，色彩运用与周围相邻建筑、环境气氛相协调。

第四，色彩运用应适应气候条件。炎热地区多采用冷色调，寒冷地区宜采用暖色调。此外还应考虑天气色彩的明暗，如常年阴雨天多，天空透明度低的地区宜选用明朗、光亮的色彩。

（5）立面的重点与细部处理。

重点处理常采用对比手法，如美国华盛顿美国国家美术馆东馆，将入口大幅度内凹，与大面积实墙面形成强烈的对比，增加了入口的吸引力。又如我国重庆铁路客站的入口处理，利用外伸大雨篷增强光影、明暗变化，起到了醒目的作用。

局部和细部都是建筑整体必不可分割的组成部分。如建筑入口一般包括踏步、雨篷、大门、花台等局部，而其中每一部分都包括许多细部的做法。在造型设计上，首先要从大局着眼、仔细推敲、精心设计才能使整体和局部达到完整统一的效果。

17.4 中小学建筑方案图范例

1. 河南洛阳市某小学方案示例

该学校建筑面积约 4 700 m^2,规模为 18 班,普通教室 6.9 m × 9 m,自然,计算机教室 6.9 m × 11.1 m,合班教室 11.4 m × 17.7 m。学校总平面设计紧密结合地形，功能分区合理，有效地利用室外庭院空间、校门前缓冲空间等，创造了良好的学习生活环境。

在平面组合中，利用门厅、交往空间、走廊等将各种房建组合在一起，立面设计考虑到儿童的心理特点，采用了重复的以三角形为母题的多次运用，使得造型活泼，大方。

该学校的平、立、副面图设计见图 17-17 ~ 图 17-22。

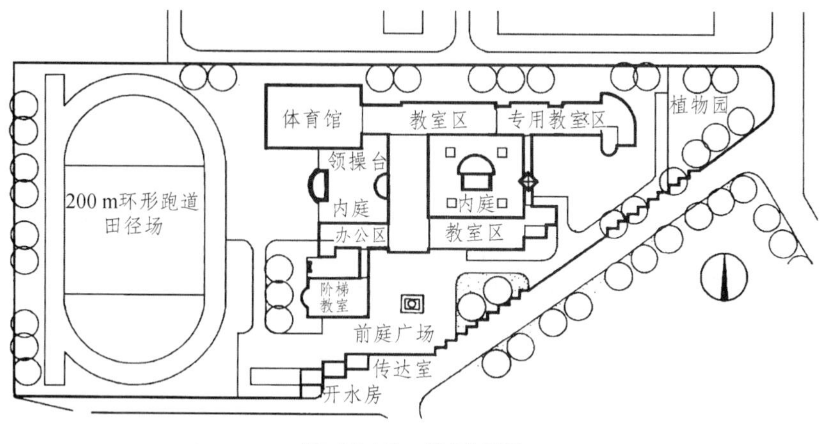

图 17-17　总平面图

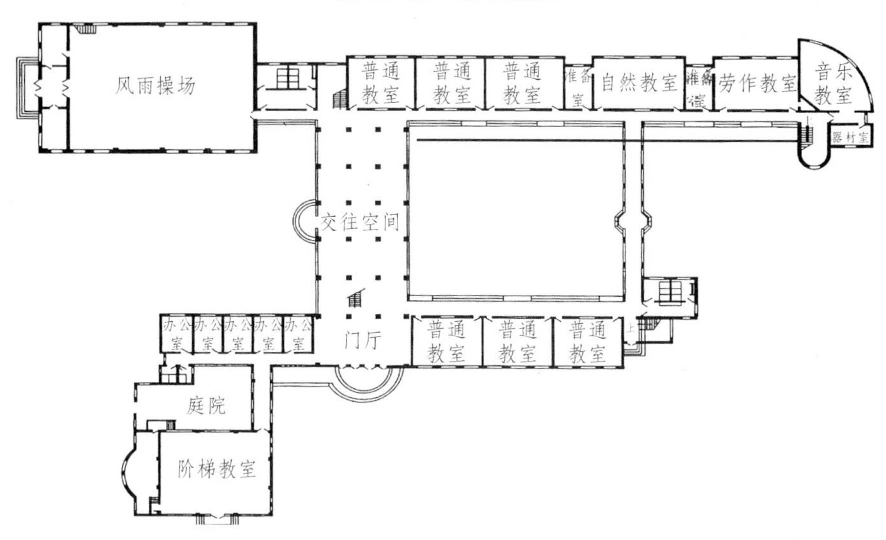

图 17-18　底层平面图

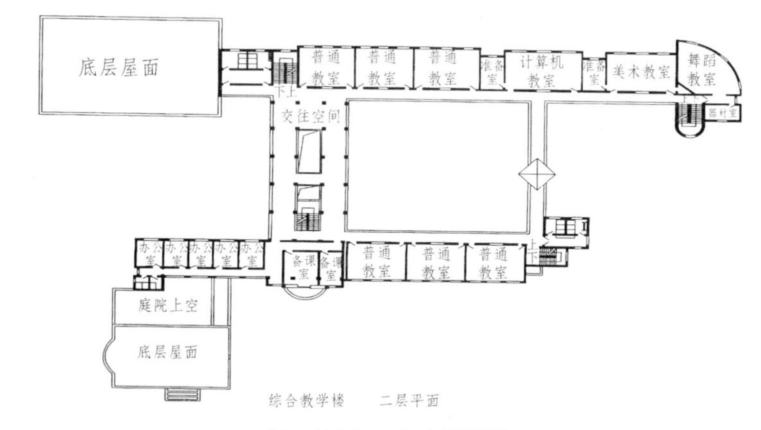

图 17-19　二层平面图

图 17-20　南立面图

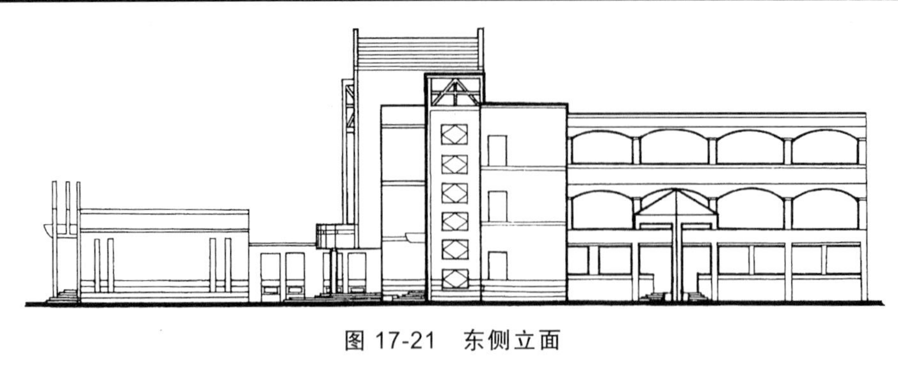

图 17-21 东侧立面

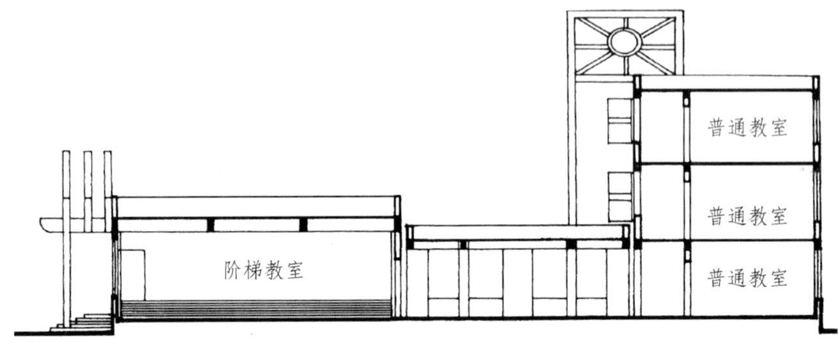

图 17-22 剖面图

2. 四川成都市某中学方案示例

学校为南北长、东西短的不规则地段，校舍前部为教学区，并规划出前庭广场，后部为运动场地区，东北侧为生活区，有独立出入口。这样的布局，突出了学校功能关系，创造了良好的学习环境。其平立面图见图 17-23 ~ 17-26。

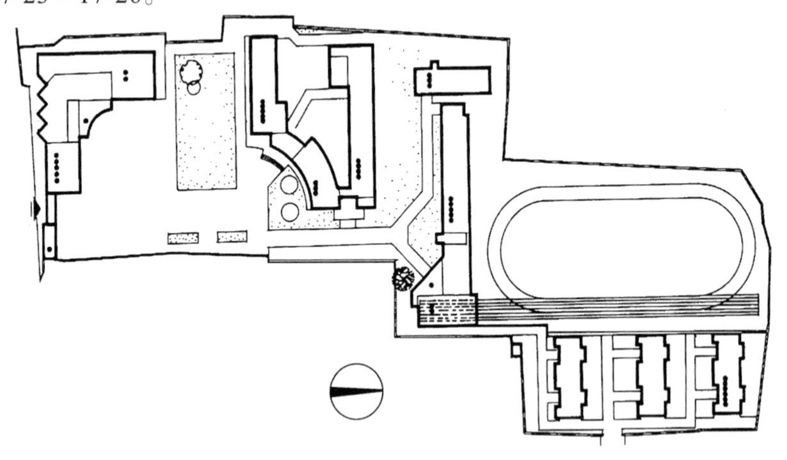

图 17-23 总平面图

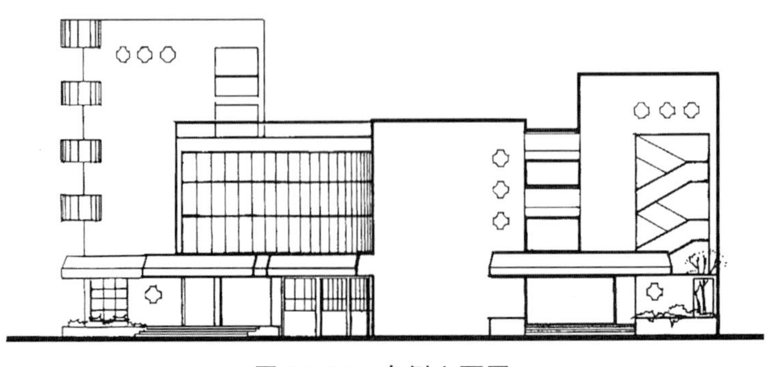

图 17-24 东侧立面图

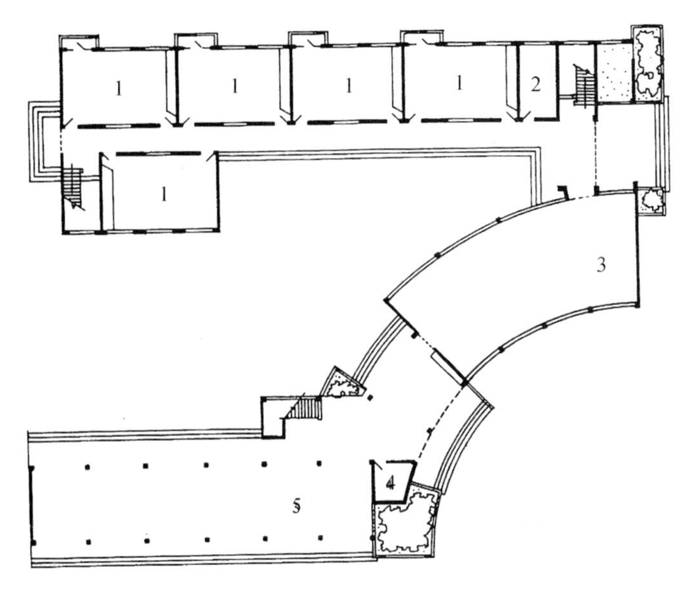

图 17-25 首层平面图

1—普通教室；2—办公室；3—学生阅览室；4—值班室；5—架空层

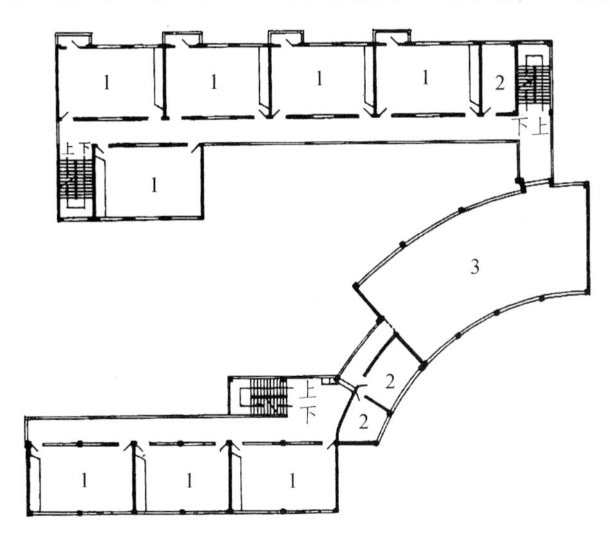

图 17-26 二层平面图

1—普通教室；2—办公室；3—多功能室

3. 上海某中学方案示例

该校园总平面分 3 个部分，西北部为教学楼，教学楼的组合方式基本为走道式组合，整栋教学楼的组合分成三个庭院，各主要房间均为南北向，构成了功能分区明确、独立性强、联系方便、内庭优美的教学区。

教学楼采用高低错落的体型组合，在立面处理上突出简洁、新颖的效果。

该中学平、立面图设计见图 17-27 ~ 图 17-33。

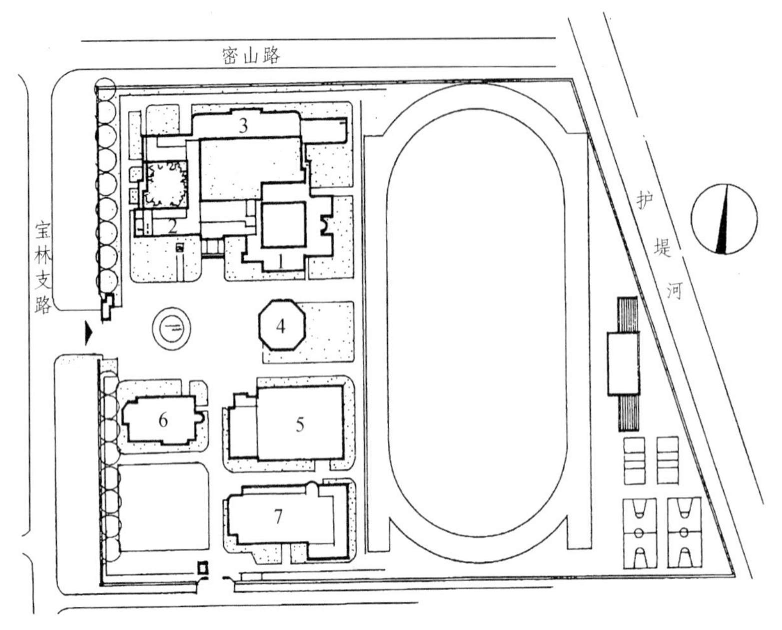

图 17-27 总平面图

1—教学楼一；2—教学楼二；3—教学楼三；4—阶梯教室；5—风雨操场，6—图书馆；7—食堂

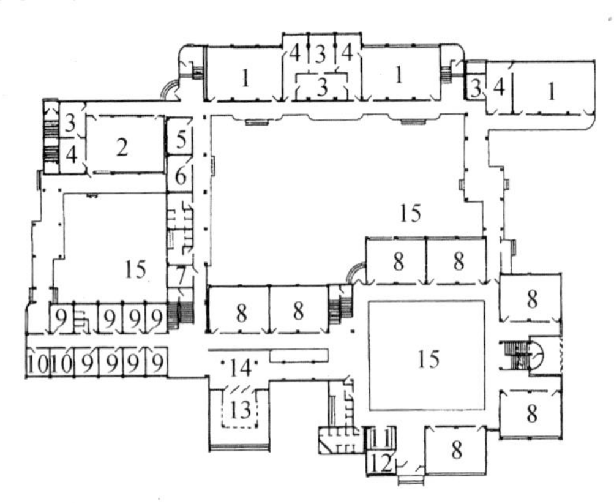

图 17-28 首层平面图

1—化学实验室；2—生物实验室；3—仪器；4—准备；5—水泵；6—科技；7—配电室；8—普通教室；9—办公室；10—医务室；11—饮水间；12—教师休息室；13—敞厅；14—门厅；15—庭院

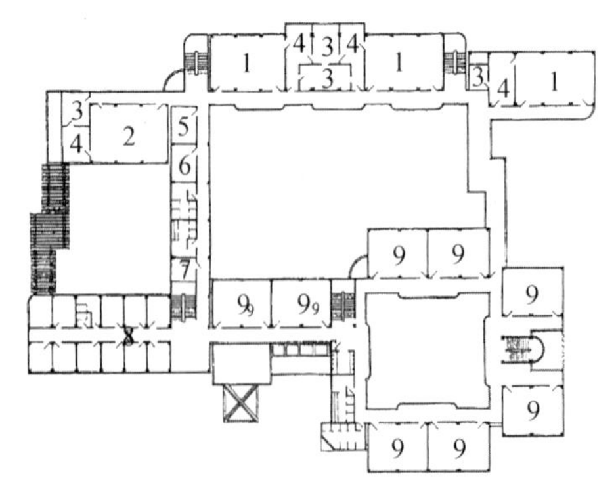

图 17-29 二层平面图

1—物理实验室；2—生物实验室；3—仪器；4—准备；5—贮藏，6—科技室；7—配电室；8—办公室；9—普通教室

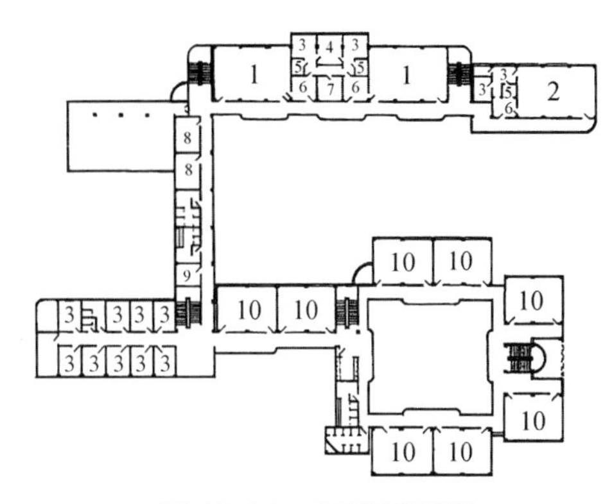

图 17-30　三层平面图

1—语言教室；2—计算机室；3—办公室；4—资料仪器室；5—风机，6—换鞋间；
7—录音室；8—科技活动室；9—配电室；10—普通教室

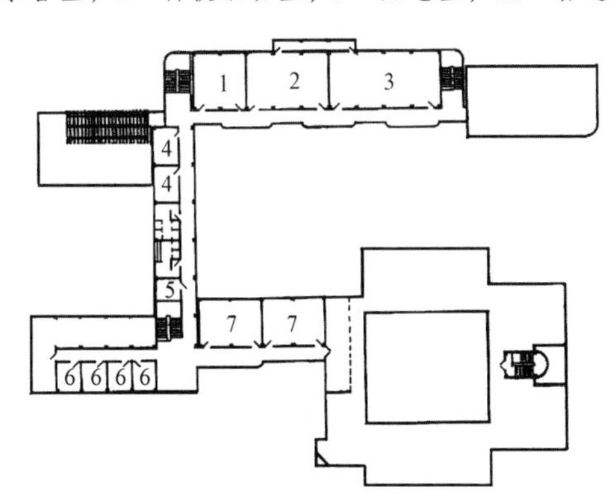

图 17-31　四层平面图

1—教师阅览室；2—藏书室；3—学生阅览室；4—科技活动室；5—配电室；6—办公室；7—普通教室

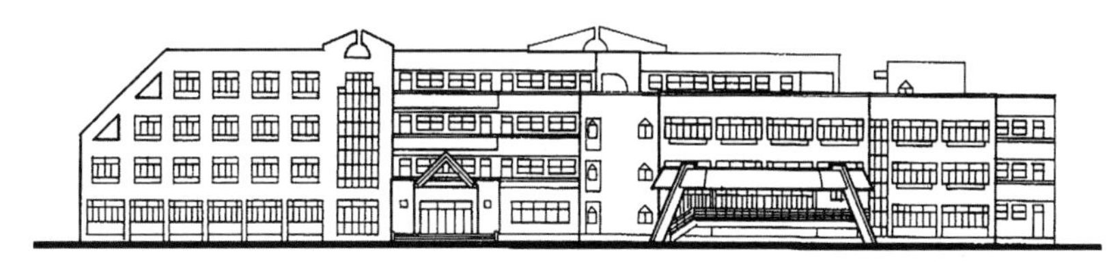

图 17-32　南侧立面图

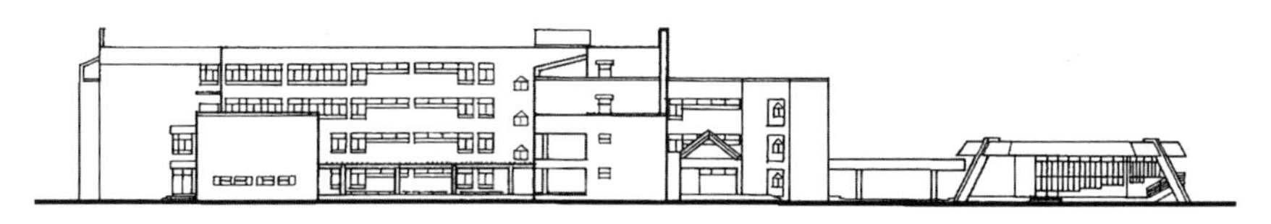

图 17-33　西侧立面图

17.5　小学建筑施工图范例

某小学部分建筑施工图见二维码。

第18章　托幼建筑设计

18.1 《托儿所、幼儿园建筑设计规范》(JGJ 39—87)　节选

第一章　总则

第1.0.3条　托儿所、幼儿园是对幼儿进行保育和教育的机构。接纳三周岁以下幼儿的为托儿所，接纳三至六周岁幼儿的为幼儿园。

一、幼儿园的规模（包括托、幼合建的）分为：

大型：10个班至12个班。

中型：6个班至9个班。

小型：5个班以下。

二、单独的托儿所的规模以不超过5个班为宜。

三、托儿所、幼儿园每班人数：

1. 托儿所：乳儿班及托儿小、中班15~20人，托儿大班21~25人。

2. 幼儿园：小班20~25人，中班26~30人，大班31~35人。

第1.0.4条　托儿所、幼儿园的建筑设计除执行本规范外，尚应执行《民用建筑设计通则》以及国家和专业部门颁布的有关设计标准、规范和规定。

第二章　基地和总平面

2.2　总平面设计

第2.2.1条　托儿所、幼儿园应根据设计任务书的要求对建筑物、室外游戏场地、绿化用地及杂物院等进行总体布置，做到功能分区合理，方便管理，朝向适宜，游戏场地日照充足，创造符合幼儿生理、心理特点的环境空间。

第2.2.2条　总用地面积应按照国家现行有关规定执行。

第2.2.3条　托儿所、幼儿园室外游戏场地应满足下列要求：

一、必须设置各班专用的室外游戏场地。每班的游戏场地面积不应小于 60 m^2。各游戏场地之间宜采取分隔措施。

二、应有全园共用的室外游戏场地，其面积不宜小于下式计算值：

室外共用游戏场地面积（m^2）= 180 + 20（N − 1）

注：1. 180、20、1为常数，N为班数（乳儿班不计）。

2. 室外共用游戏场地应考虑设置游戏器具、30 m跑道、沙坑、洗手池和贮水深度不超过0.3 m的戏水池等。

第2.2.4条　托儿所、幼儿园宜有集中绿化用地面积，并严禁种植有毒、带刺的植物。

第2.2.5条　托儿所、幼儿园宜在供应区内设置杂物院，并单独设置对外出入口。基地边界、游戏场地、绿化等用的围护、遮拦设施，应安全、美观、通透。

第3章　建筑设计

3.1　一般规定

第3.1.1条　托儿所、幼儿园的建筑热工设计应与地区气候相适应，并应符合《民用建筑热工设计规程》中的分区要求及有关规定。

第 3.1.2 条　托儿所、幼儿园的生活用房必须按第 3.2.1 条、第 3.3.1 条的规定设置。服务、供应用房可按不同的规模进行设置。

一、生活用房包括活动室、寝室、乳儿室、配乳室、喂奶室、卫生间（包括厕所、盥洗、洗浴）、衣帽贮藏室、音体活动室等。全日制托儿所、幼儿园的活动室与寝室宜合并设置。

二、服务用房包括医务保健室、隔离室、晨检室、保育员值宿室、教职工办公室、会议室、值班室（包括收发室）及教职工厕所、浴室等。全日制托儿所、幼儿园不设保育员值宿室。

三、供应用房包括幼儿厨房、消毒室、烧水间、洗衣房及库房等。

第 3.1.3 条　平面布置应功能分区明确，避免相互干扰，方便使用管理，有利于交通疏散。

第 3.1.4 条　严禁将幼儿生活用房设在地下室或半地下室。

第 3.1.5 条　生活用房的室内净高不应低于表 3.1.5 的规定。

表 3.1.5　生活用房室内最低净高（m）

房间名称	净高
活动室、寝室、乳儿室	2.80
音体活动室	3.60

注：特殊形状的顶棚、最低处距地面净高不应低于 2.20 m。

第 3.1.6 条　托儿所、幼儿园的建筑造型及室内设计应符合幼儿的特点。

第 3.1.7 条　托儿所、幼儿园的生活用房应布置在当地最好日照方位，并满足冬至日底层满窗日照不少于 3 h（小时）的要求，温暖地区、炎热地区的生活用房应避免朝西，否则应设遮阳设施。

第 3.1.8 条　建筑侧窗采光的窗地面积之比，不应小于表 3.1.8 的规定。

表 3.1.8　窗地面积比

房间名称	窗地面积比
音体活动室、活动室、乳儿室	1/5
寝室、喂奶室、医务保健室、隔离室	1/6
其他房间	1/8

注：单侧采光时，房间进深与窗上口距地面高度的比值不宜大于 2.5。

第 3.1.9 条　音体活动室、活动室、寝室、隔离室等房间的室内允许噪声级不应大于 50 dB，间隔墙及楼板的空气声计权隔声量 R_W 不应小于 40 dB，楼板的计权标准化撞击声压级 $L_{nT.W}$ 不应大于 75 dB。

3.2　幼儿园生活用房

第 3.2.1 条　幼儿园生活用房面积不应小于表 3.2.1 的规定。

第 3.2.2 条　寄宿制幼儿园的活动室、寝室、卫生间、衣帽贮藏室应设计成每班独立使用的生活单元。

第 3.2.3 条　单侧采光的活动室，其进深不宜超过 6.60 m。楼层活动室宜设置室外活动的露台或阳台，但不应遮挡底层生活用房的日照。

第 3.2.4 条　幼儿卫生间应满足下列规定：

一、卫生间应临近活动室和寝室，厕所和盥洗应分间或分隔，并应有直接的自然通风。

表 3.2.1　生活用房的最小使用面积 m^2

规模 / 房间名称	大型	中型	小型	备注
活动室	50	50	50	指每班面积
寝室	50	50	50	指每班面积
卫生间	15	15	15	指每班面积
衣帽贮藏室	9	9	9	指每班面积
音体活动室	150	120	90	指全园共用面积

注：1. 全日制幼儿园活动室与寝室合并设置时，其面积按两者面积之和的 80%计算。
2. 全日制幼儿园（或寄宿制幼儿园集中设置洗浴设施时）每班的卫生间面积可减少 2 m^2。寄宿制托儿所、幼儿园集中设置洗浴室时，面积应按规模的大小确定。
3. 实验性或示范性幼儿园，可适当增设某些专业用房和设备，其使用面积按设计任务书的要求设置。

二、盥洗池的高度为 0.50 ~ 0.55 m，宽度为 0.40 ~ 0.45 m，水龙头的间距为 0.35 ~ 0.4 m。

三、无论采用沟槽式或坐蹲式大便器均应有 1.2 m 高的架空隔板，并加设幼儿扶手。每个厕位的平面尺寸为 0.80 m×0.70 m，沟槽式的槽宽为 0.16 ~ 0.18 m，坐式便器高度为 0.25 ~ 0.30 m。

四、炎热地区各班的卫生间应设冲凉浴室。热水洗浴设施宜集中设置，凡分设于班内的应为独立的浴室。

第 3.2.5 条　每班卫生间的卫生设备数量不应少于表 3.2.5 的规定。

表 3.2.5　每班卫生间内最少设备数量

污水池（个）	大便器或沟槽（个或位）	小便槽（位）	盥洗台（水龙头、个）	淋浴（位）
1	4	4	6 ~ 8	2

第 3.2.6 条　供保教人员使用的厕所宜就近集中，或在班内分隔设置。

第 3.2.7 条　音体活动室的位置宜临近生活用房，不应和服务、供应用房混设在一起。单独设置时，宜用连廊与主体建筑连通。

3.3　托儿所生活用房

第 3.3.1 条　托儿所分为乳儿班和托儿班。乳儿班的房间设置和最小使用面积应符合表 3.3.1 的规定，托儿班的生活用房面积及有关规定与幼儿园相同。

表 3.3.1　乳儿班每班房间最小使用面积（m^2）

房间名称	使用面积
乳儿室	50
喂奶室	15
配乳室	8
卫生间	10
贮藏室	6

第 3.3.2 条　乳儿班和托儿班的生活用房均应设计成每班独立使用的生活单元。托儿所和幼儿园合建时，托儿生活部分应单独分区，并设单独的出入口。

第 3.3.3 条　喂奶室、配乳室应符合下列规定：

一、喂奶室、配乳室应临近乳儿室，喂奶室还应靠近对外出入口。

二、喂奶室、配乳室应设洗涤盆。配乳室应有加热设施。使用有污染性的燃料时，应有独立的通风、排烟系统。

第 3.3.4 条　乳儿班卫生间应设洗涤池二个，污水池一个及保育人员的厕位一个（兼作倒粪池）。

3.4　服务用房

第 3.4.1 条　服务用房的使用面积不应小于表 3.4.1 的规定。

表 3.4.1　服务用房的最小使用面积（m^2）

规模 房间名称	大型	中型	小型
医务保健室	12	12	10
隔离室	2×8	8	8
晨检室	15	12	10

第 3.4.2 条　医务保健室和隔离室宜相邻设置，幼儿生活用房应有适当距离。如为楼房时，应设在底层。医务保健室和隔离室应设上、下水设施；隔离室应设独立的厕所。

第 3.4.3 条　晨检室宜设在建筑物的主出入口处。

第 3.4.4 条　幼儿与职工洗浴设施不宜共用。

3.5　供应用房

第 3.5.1 条　供应用房的使用面积不应小于表 3.5.1 的规定。

表 3.5.1　供应用房最小使用面积（m^2）

<table>
<tr><td colspan="2">规模
房间名称</td><td>大型</td><td>中型</td><td>小型</td></tr>
<tr><td rowspan="5">厨房</td><td>主副食加工间</td><td>45</td><td>36</td><td>30</td></tr>
<tr><td>主食库</td><td>15</td><td>10</td><td rowspan="2">15</td></tr>
<tr><td>副食库</td><td>15</td><td>10</td></tr>
<tr><td>冷藏库</td><td>8</td><td>6</td><td>4</td></tr>
<tr><td>配餐间</td><td>18</td><td>15</td><td>10</td></tr>
<tr><td colspan="2">消毒间</td><td>12</td><td>10</td><td>8</td></tr>
<tr><td colspan="2">洗衣房</td><td>15</td><td>12</td><td>8</td></tr>
</table>

第 3.5.2 条　厨房设计应符合下列规定。

一、托儿所、幼儿园的厨房与职工厨房合建时，其面积可略小于两部分面积之和。

二、厨房内设有主副食加工机械时，可适当增加主副食加工间的使用面积。

三、因各地燃料不同，烧火间是否设置及使用面积大小，均应根据当地情况确定。

四、托儿所、幼儿园为楼房时，宜设置小型垂直提升食梯。

3.6　防火与疏散

第 3.6.1 条　托儿所、幼儿园建筑的防火设计除应执行国家建筑设计防火规范外，尚应符合本节的规定。

第 3.6.2 条　托儿所、幼儿园的儿童用房在一、二级耐火等级的建筑中，不应设在四层及四层以上；三级耐火等级的建筑不应设在三层及三层以上；四级耐火等级的建筑不应超过一层。平屋顶可做为安全避难和室外游戏场地，但应有防护设施。

第 3.6.3 条　主体建筑走廊净宽度不应小于表 3.6.3 的规定。

表 3.6.3　走廊最小净宽度（m）

房间布置 / 房间名称	双面布房	单面布房或外廊
生活用房	1.8	1.5
服务供应用房	1.5	1.3

第 3.6.4 条　在幼儿安全疏散和经常出入的通道上，不应设有台阶。必要时可设防滑坡道，其坡度不应大于 1∶12。

第 3.6.5 条　楼梯、扶手、栏杆和踏步应符合下列规定：

一、楼梯除设成人扶手外，并应在靠墙一侧设幼儿扶手，其高度不应大于 0.60 m。

二、楼梯栏杆垂直线饰间的净距不应大于 0.11 m。当楼梯井净宽度大于 0.20 m 时，必须采取安全措施。

三、楼梯踏步的高度不应大于 0.15 m，宽度不应小于 0.26 m。

四、在严寒、寒冷地区设置的室外安全疏散楼梯，应有防滑措施。

第 3.6.6 条　活动室、寝室、音体活动室应设双扇平开门，其宽度不应小于 1.20 m。疏散通道中不应使用转门、弹簧门和推拉门。

3.7　建筑构造

第 3.7.1 条　乳儿室、活动室、寝室及音体活动室宜为暖性、弹性地面。幼儿经常出入的通道应为防滑地面。卫生间应为易清洗、不渗水并防滑的地面。

第 3.7.2 条严寒、寒冷地区主体建筑的主要出入口应设挡风门斗，其双层门中心距离不应小于 1.6 m。幼儿经常出入的门应符合下列规定：

一、在距地 0.60 ~ 1.20 m 高度内，不应装易碎玻璃。

二、在距地 0.70 m 处，宜加设幼儿专用拉手。

三、门的双面均宜平滑、无棱角。

四、不应设置门坎和弹簧门。

五、外门宜设纱门。

第 3.7.3 条　外窗应符合下列要求：

一、活动室、音体活动室的窗台距地面高度不宜大于 0.60 m。楼层无室外阳台时，应设护栏。距地面 1.30 m 内不应设平开窗。

二、所有外窗均应加设纱窗。活动室、寝室、音体活动室及隔离室的窗应有遮光设施。

第 3.7.4 条　阳台、屋顶平台的护栏净高不应小于 1.20 m，内侧不应设有支撑。护栏宜采用垂直线饰，其净空距离不应大于 0.11 m。

第 3.7.5 条　幼儿经常接触的 1.30 m 以下的室外墙面不应粗糙，室内墙面宜采用光滑易清洁的材料，墙角、窗台、暖气罩、窗口竖边等棱角部位必须做成小圆角。

第 3.7.6 条　活动室和音体活动室的室内墙面，应具有展示教材、作品和环境布置的条件。

18.2　全日制六班幼儿园设计任务书

18.2.1　目的和要求

为配合“房屋建筑学”课程的理论教学，通过设计实践，培养学生综合运用建筑设计原理分析问题和解决问题的能力，从中了解方案设计的方法和步骤。

18.2.2　设计条件

（1）建筑地点：建筑位于某南方城市居住区内，场地平整，地段自选。

（2）设计规模：六个班（150～180 人）。

（3）建筑层数：不超过 3 层。

（4）面积指标：总建筑面积不小于 1800 m^2。

（5）房间名称及面积定额（表 18-1）。

表 18-1　房间名称及面积定额

<table>
<tr><th>房间类别</th><th colspan="2">房间名称</th><th>间　数</th><th>每间使用面积/m²</th><th>备注</th></tr>
<tr><td rowspan="5">生活用房</td><td colspan="2">活动室</td><td>6</td><td>60</td><td rowspan="5">每班 25～30 人</td></tr>
<tr><td colspan="2">寝室</td><td>6</td><td>60</td></tr>
<tr><td colspan="2">卫生间</td><td>6</td><td>15</td></tr>
<tr><td colspan="2">衣帽储藏室</td><td>6</td><td>9</td></tr>
<tr><td colspan="2">音体活动室</td><td>1</td><td>120</td></tr>
<tr><td rowspan="8">服务用房</td><td colspan="2">医务保健室</td><td>1</td><td>18</td><td rowspan="8"></td></tr>
<tr><td colspan="2">隔离室</td><td>1</td><td>12</td></tr>
<tr><td colspan="2">晨检室</td><td>1</td><td>12</td></tr>
<tr><td colspan="2">办公室</td><td>5</td><td>12</td></tr>
<tr><td colspan="2">资料会议室</td><td>1</td><td>15</td></tr>
<tr><td colspan="2">传达室</td><td>1</td><td>10</td></tr>
<tr><td colspan="2">教工厕所</td><td>2</td><td>15</td></tr>
<tr><td colspan="2">储藏室</td><td>1</td><td>10</td></tr>
<tr><td rowspan="4">供应用房</td><td rowspan="3">厨房</td><td>加工间、配餐间</td><td>1</td><td>54</td><td rowspan="4"></td></tr>
<tr><td>主食库</td><td>1</td><td>10</td></tr>
<tr><td>副食库</td><td>1</td><td>10</td></tr>
<tr><td colspan="2">洗消间</td><td>1</td><td>22</td></tr>
</table>

18.2.3　设计内容和图纸要求

1. 方案设计阶段内容及图纸要求

（1）平面图：各层平面图，比例 1：100～1：200。

（2）立面图：入口立面及侧立面，比例 1：100～1：200。

（3）剖面图：1～2 个，比例 1：100。

（4）是否做总平面设计，可酌情掌握。

（5）主要技术经济指标：总用地面积、总建筑面积、容积率、人均用地面积、人均建筑面积、设计说明等。

（6）图纸规格及图面要求：图纸尺寸 A2，可用铅笔、墨线绘制。要求图面布置均匀、线条清晰、字体工整、比例正确。

2. 施工图设计阶段内容及图纸要求

（1）各层平面图：比例 1∶100

（2）立面图：入口立面及侧立面，比例 1∶100～1∶200。

（3）剖面图：比例 1∶100，1 个主剖面。

（4）屋顶详图：比例 1∶100。

（5）主要技术经济指标：总用地面积、总建筑面积、容积率、人均用地面积、人均建筑面积、设计说明等。

（6）图纸规格及图面要求：图纸尺寸 A2，可用铅笔、墨线绘制。要求图面布置均匀、线条清晰、字体工整、比例正确。

18.2.4 设计方法与步骤

（1）分析研究设计任务书，明确设计的目的要求和设计。

（2）学习设计基础知识和任务书上所提参考资料，参观已建成的同类建筑，扩大眼界，广开思路。

（3）结合任务书和参考资料，酝酿构思方案。

（4）在方案构思的基础上，进一步定稿平、立、剖面草图，最后按比例绘制各平、立、剖面及总平面图。

（5）施工图阶段是在方案设计的基础上，完成施工图设计的部分内容，具体解决主要技术问题。

18.2.5 参考资料

（1）本书第 18.3 节，幼儿园建筑设计指导.

（2）建筑设计资料集编委会.建筑设计资料集：3. 2 版. 北京：中国建筑工业出版社，1994.

（3）民用建筑设计通则（GB 50352—2005）.

（4）托儿所、幼儿园建筑设计规范（JGJ 39—87）.

18.3 全日制六班幼儿园设计指导书

幼儿园是对 3～6 岁的幼儿进行保育和教育的机构。幼儿园的建筑设计，除了要遵守国家有关定额、规范、指标和标准外，在园区总体布局、生活用房、服务用房和供应用房等的设计中，要充分照顾幼儿生理、心理发育、德育特点和过程，为幼儿创造一个安全、卫生、宜人的成长环境。

18.3.1 幼儿园建筑设计要求

（1）符合幼儿园教育的需求。

（2）满足幼儿生理、心理特点，适应幼儿生活规律的要求。

（3）创造良好的卫生、防疫环境。

（4）创造安全，利于防护的环境，以保障幼儿的安全。

（5）有利于保教人员的管理。

18.3.2 幼儿园建筑的组成

幼儿园建筑一般由以下几部分组成：

（1）生活用房：包括活动室、寝室、卫生间（包括厕所、盥洗、洗浴）、衣帽贮藏室、音体活动室等。全日制幼儿园的活动室与寝室宜合并设置。

（2）服务用房：包括医务保健室、隔离室、晨检室、保育员值班室、教职工办公室、会议室、值班室（包括收发室）及教职工厕所、浴室等。全日制幼儿园不设保育员值班室。

（3）供应用房：包括幼儿厨房、消毒室、烧水间、洗衣房及库房等。

（4）室外活动场地：包括班级活动场地和公共活动场地。

18.3.3　幼儿园建筑各类房间设计

1. 生活用房

（1）活动室设计。

活动室是供幼儿室内游戏、进餐、上课等日常活动的用房，最好朝南，以保证良好的日照、采光和通风。活动室的空间尺度应满足幼儿教学、游戏、活动等多种使用功能的需要，室内布置和装饰要适合幼儿的特点。地面材料宜采用暖性、弹性地面，墙面所有转角应做成圆角，有采暖设备处应加设护栏，做好防护措施。幼儿身高尺度见表 18-2 和图 18-1。

表 18-2　幼儿身高尺度（mm）

年龄	3	4	5	6	7
男孩	960	1020	1080	1130	1180
女孩	950	1010	1070	1120	1160

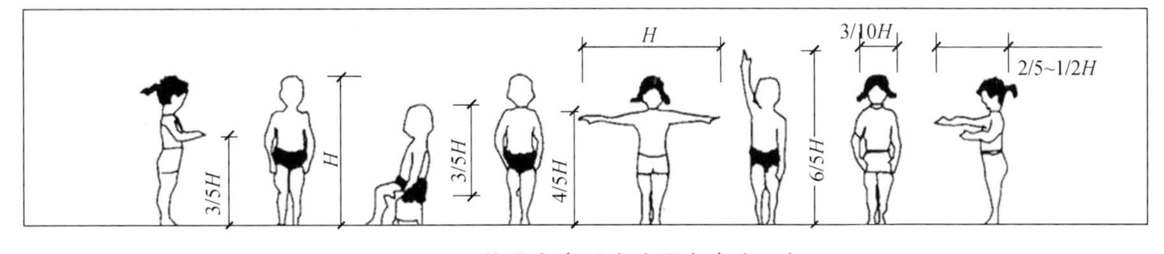

图 18-1　幼儿身高尺度（设身高为 H）

① 活动室的平面形式。

活动室应满足多种活动的需要，主要有游戏、进餐、上课等。其平面形式应活泼、多样、富有韵律感，以适应幼儿生理、心理的需求。 活动室的平面形式以矩形最为普通。矩形平面有利于家具布置而且结构简单，施工方便，能满足各种活动的使用要求。其他平面形状如六边形、八边形及扇形等在国内外新建幼儿园中较多采用。

② 活动室的家具和设备。

活动室的家具与设备可分为教学和生活两大类。前者包括桌椅、玩具柜、教具、作业柜、黑板等，后者包括分餐桌、饮水桶及口杯架等。

幼儿家具设备应根据幼儿体格发育的特征，适应幼儿人体工学的要求，应考虑幼儿使用的安全和方便，避免尖锐棱角，宜做成圆弧状。家具应坚固、轻巧，便于幼儿搬动，造型和色泽应新颖、美观，富有启发性和趣味性，以适应幼儿多种活动的需要（图 18-2）。

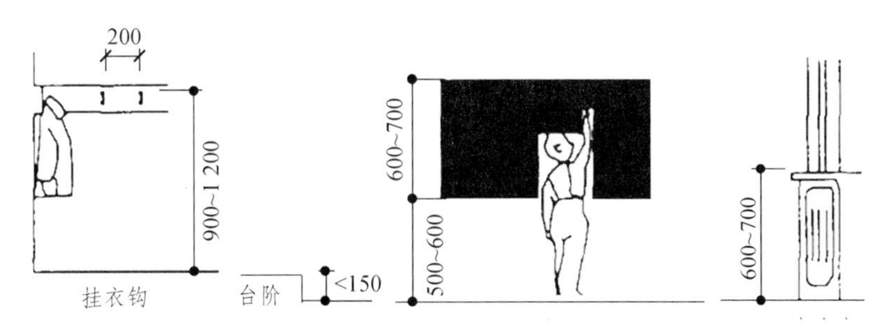

图 18-2　室内设施及设备

（2）寝室设计。

寝室是专供幼儿睡眠的用房，功能比较单一。养成良好的睡眠习惯是促进幼儿身体健康成长的必要条件之一。因此，为保证幼儿充足的睡眠，幼儿园必须提供一个安静、舒适的睡眠空间。

寝室应布置在建筑朝向好的方位，炎热地区要避免西晒或设置遮阳设施。幼儿床的设计要适应儿童尺度（表 18-3），制作要坚固，使用要安全，同时还要便于清洁。床的布置要方便保教人员巡视照顾，并使每个床位有一长边靠走道。靠窗和外墙的床要留出一定距离，如图 18-3 所示。

表 18-3　幼儿园寝室幼儿床尺寸（cm）

班　别	长（L）	宽（W）	高（H_1）	栏板高（H_2）
小　班	120	60	30	600
中　班	130	65	35	650
大　班	140	70	40	700

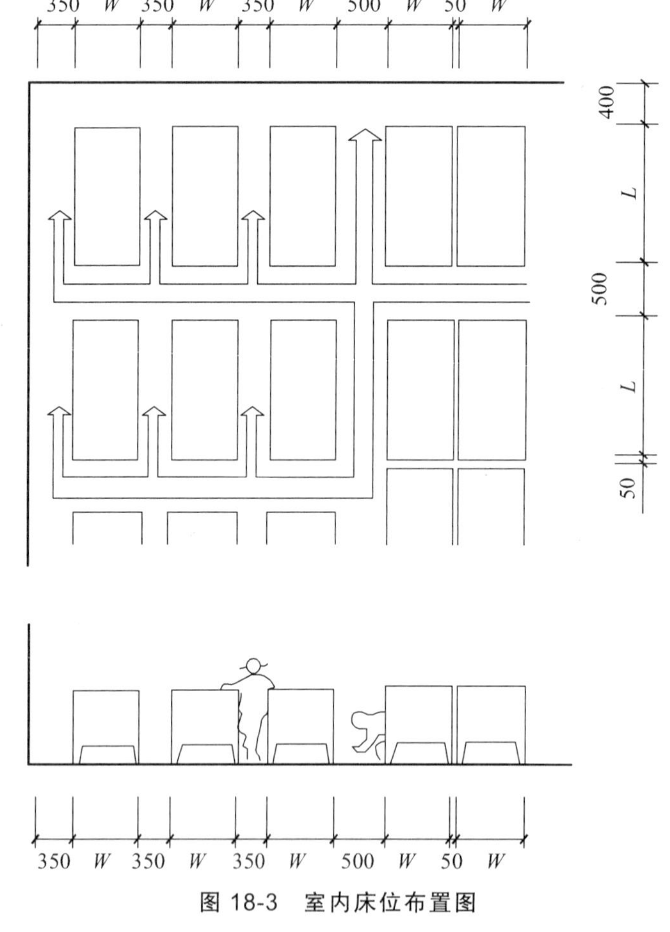

图 18-3　室内床位布置图

（3）卫生间设计。

幼儿卫生间使用频繁，必须一个班设置一个，要求紧靠活动室和卧室，并且与班级活动场地毗连，它是幼儿活动单元中不可缺少的一部分。卫生间主要由盥洗、厕所、浴室、更衣等部分组成。卫生间厕所和盥洗应分间或分隔设置，并应有直接的自然通风，地面要易清洗、不渗水、防滑，卫生洁具尺度应适应幼儿使用。幼儿卫生间的主要卫生设备有大便器、小便器、盥洗台、污水池、毛巾架等，根据需要还应设置淋浴器、更衣柜等。常用卫生设备如图 18-4 所示。供保教人员使用的厕所宜就近集中，或在班内分隔设置。

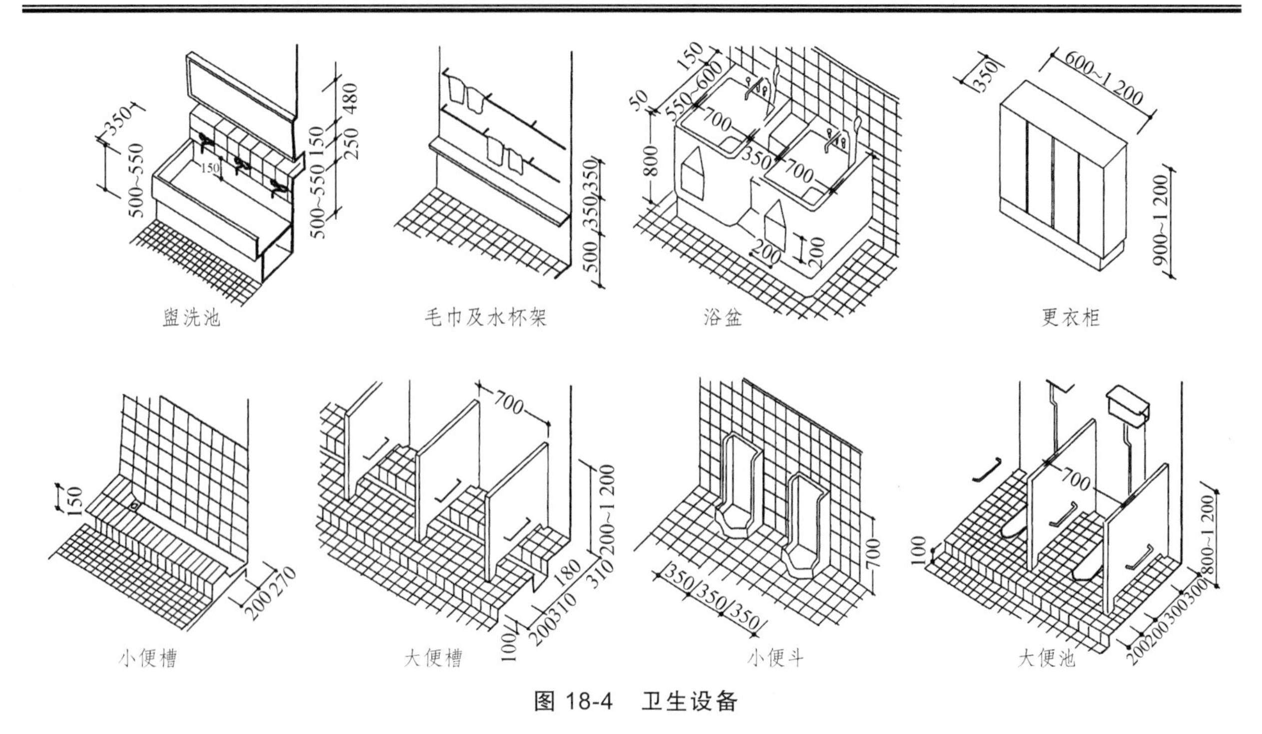

图 18-4　卫生设备

（4）音体活动室设计。

音体活动室是幼儿进行室内音乐、体育游戏、节目、娱乐等活动的用房。它是全园幼儿公用的活动室，不应包括在儿童活动单元之内。音体活动室的位置宜临近生活用房，不应和服务、供应用房混设在一起，可以设于建筑底层，也可单独设置，单独设置时需要连廊与主体建筑连通。音体活动室的地面宜设置暖、弹性材料、墙面应设置软弹性护墙以防幼儿碰撞。

2. 服务用房

幼儿园的服务用房是保教、管理工作用房，主要包括卫生保健、行政办公等用房。幼儿的卫生保健工作是幼儿教养的一项重要工作。相应的卫生保健用房有医务保健室、隔离室、晨检室等。设置时最好设在一个独立单元之内，医务保健室和隔离室宜相邻设置，与幼儿生活用房应有适当距离。隔离室应设独立的厕所。晨检室的位置应靠近建筑的主出入口处。行政办公用房是托幼建筑的教学、管理用房，这些房间集中在一个区域便于联系工作，同时兼顾内外联系方便，一般设置在入口附近。

3. 供应用房

供应用房是幼儿园的后勤服务用房，主要包括厨房、消毒室、洗衣房及库房等。厨房的位置应位于建筑群的下风侧，以免油烟影响儿童活动单元。厨房应设置专用对外出入口，使杂物流线与幼儿流线分开。幼儿园为楼房时，宜设置小型垂直提升食梯，一般设置在配餐间内。

18.3.4　幼儿园建筑平面组合设计

1. 平面组合的基本要求

（1）各类房间功能布局要合理。

（2）注意建筑的朝向、房间的采光、通风，创造良好的室内环境条件。

（3）注意儿童的安全防护和卫生保健。

（4）要反映出儿童建筑的特点。

2. 平面组合的方式

幼儿园建筑的平面组合方式是多种多样的，根据房间内在联系方式，可以分为下列几种组合形式：

（1）廊式。

廊式组合是民用建筑中大量采用的一种布局方式，这种方式是以走廊联系房间，其对组织房间、安排朝向、采光、通风等具有很优越的条件。由于规模、用地形状、环境以及气候条件等不同有比较集中的并联式和比较伸展的分枝式。

（2）厅式。

厅式是以大厅联系房间的方式。这种组合以大厅为中心联系各儿童活动单元，联系方便，交通线路便捷。一般可利用中心大厅为多功能的公共空间，如作为游戏、集会、演出等用途。

（3）分散式。

分散式组合是将功能不同的房间在满足使用要求的情况下，灵活自如地分散在庭院中间。

（4）院落式。

院落式组合是以内院为中心，围绕布置托幼建筑的各种用房。这种组合庭院内部空间安静、尺度适宜、围合感强，可建良好的户外游戏场地，也可布置各种儿童活动设施。同时庭院也兼有通风采光的作用。

（5）混合式。

结合以上几种组合形式的，称为“混合式”。

18.4　幼托建筑方案图范例

【案例 1】 南方某城市住宅小区幼儿园建筑（图 18-5 ~ 图 18-10）。

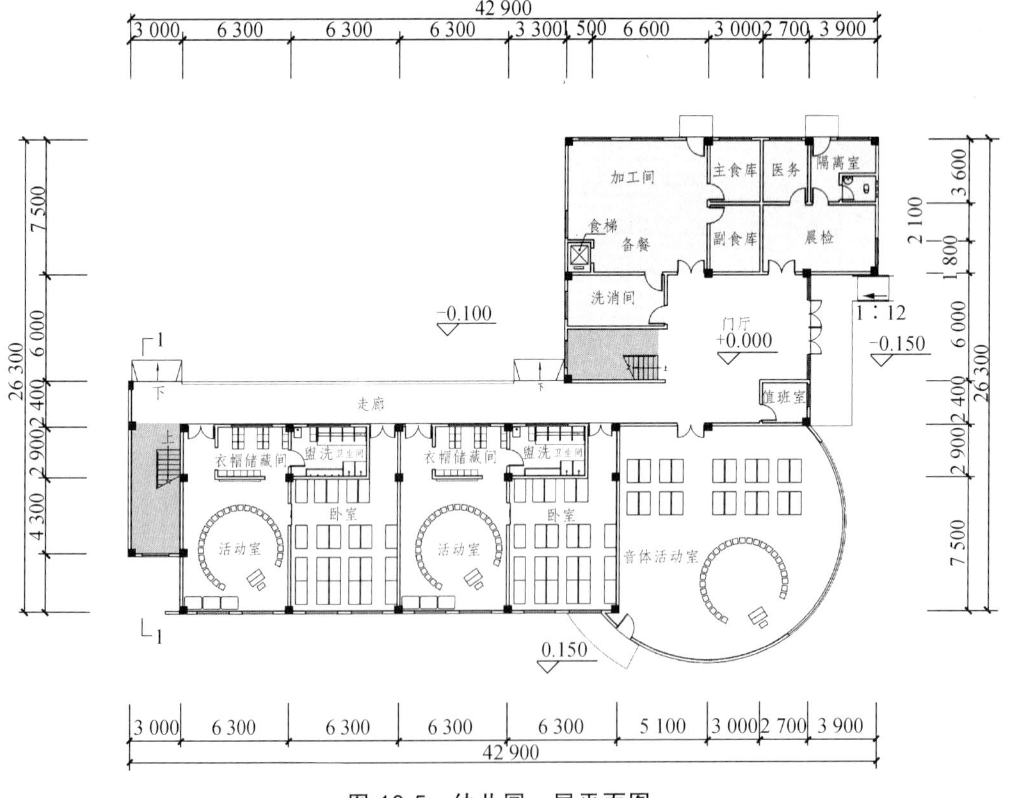

图 18-5　幼儿园一层平面图

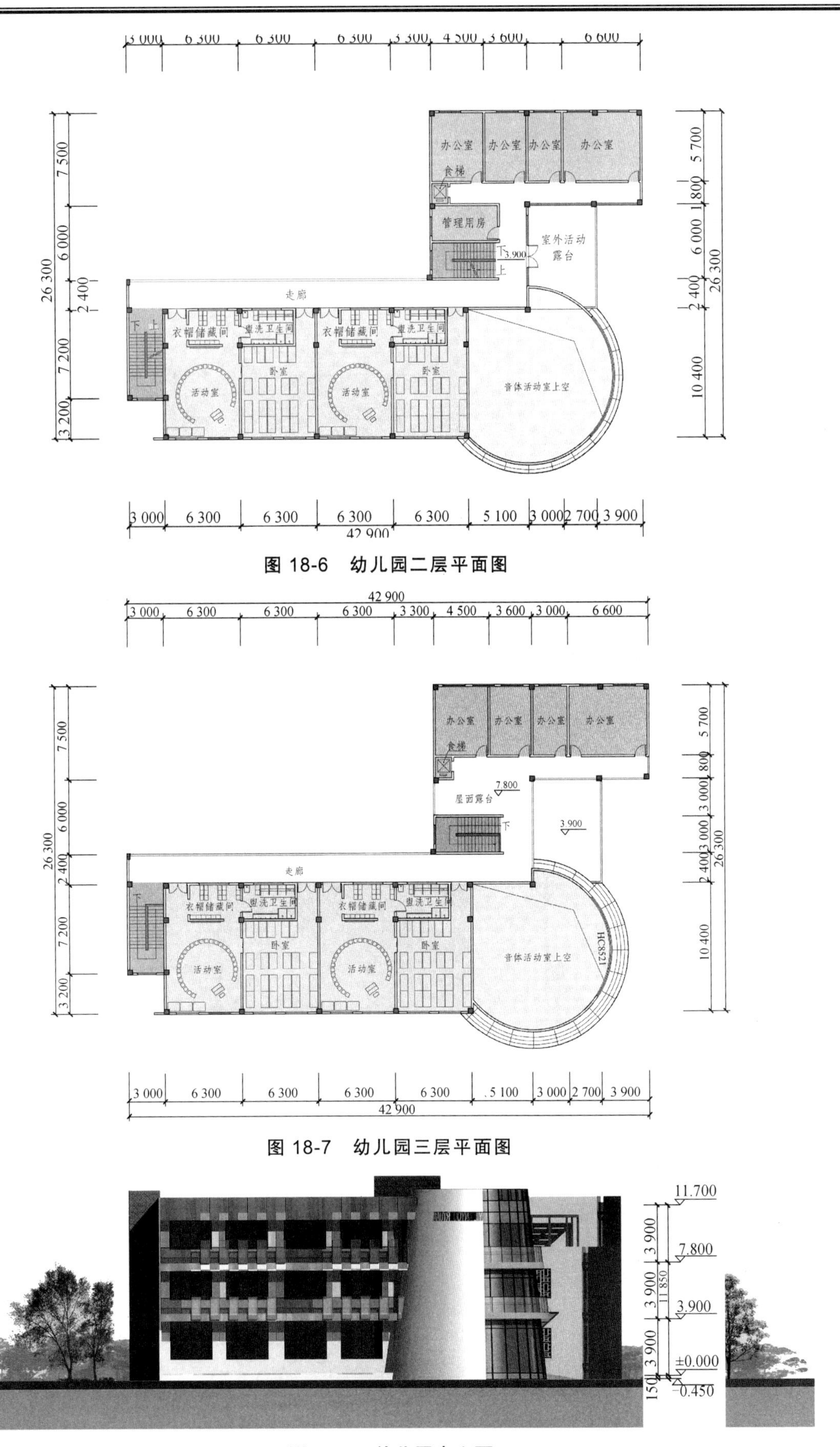

图 18-6　幼儿园二层平面图

图 18-7　幼儿园三层平面图

图 18-8　幼儿园南立面

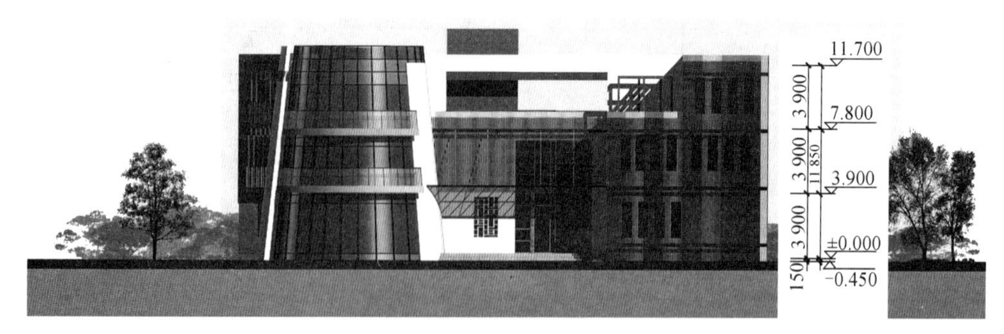

图 18-9 幼儿园东立面

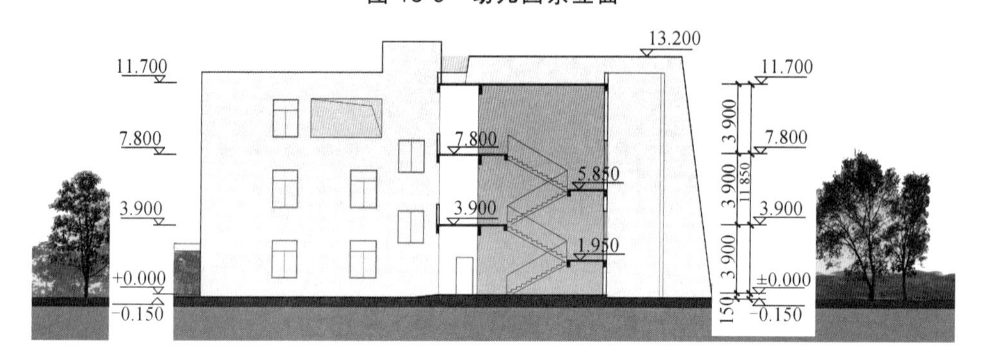

图 18-10 幼儿园剖面图

【案例 2】 南方六班幼儿园（图 18-11～图 18-14）

设计者：黎志涛（东南大学建筑系）、曹蔼秋（南京市规划设计院）

基地面积：2 700 m^2

建筑面积：1 842 m^2

规模：6 班

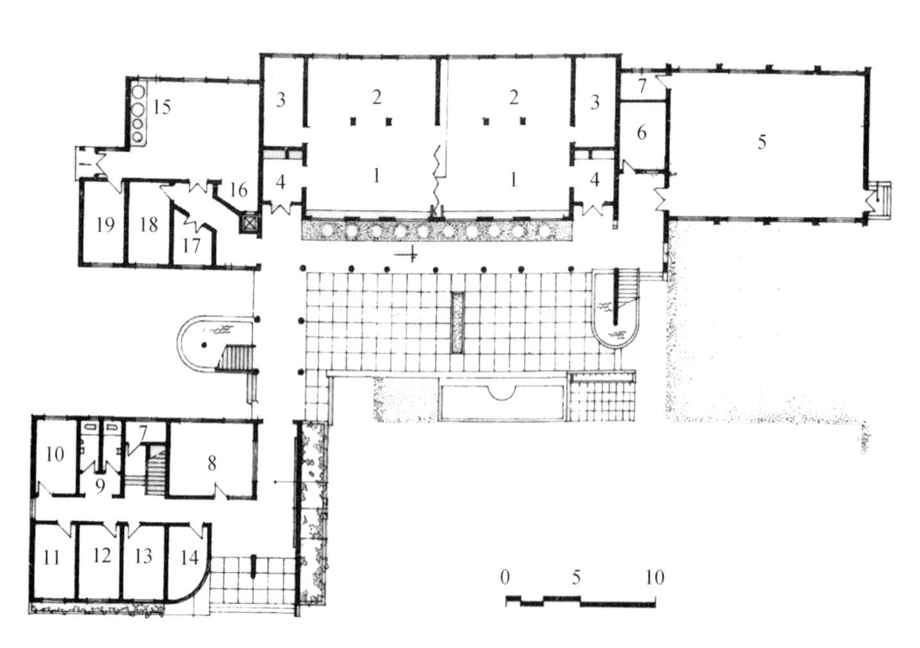

图 18-11 幼儿园一层平面图

1—活动室；2—卧室；3—卫生间；4—衣帽间；5—音体室；6—教具储藏；7—储藏；8—晨检兼接待；9—教职工厕所；10—行政储藏室；11—值班室；12—保育员休息室；13—保健室；14—传达室；15—厨房；16—备餐；17—开水间；18—炊事员休息室；19—库房

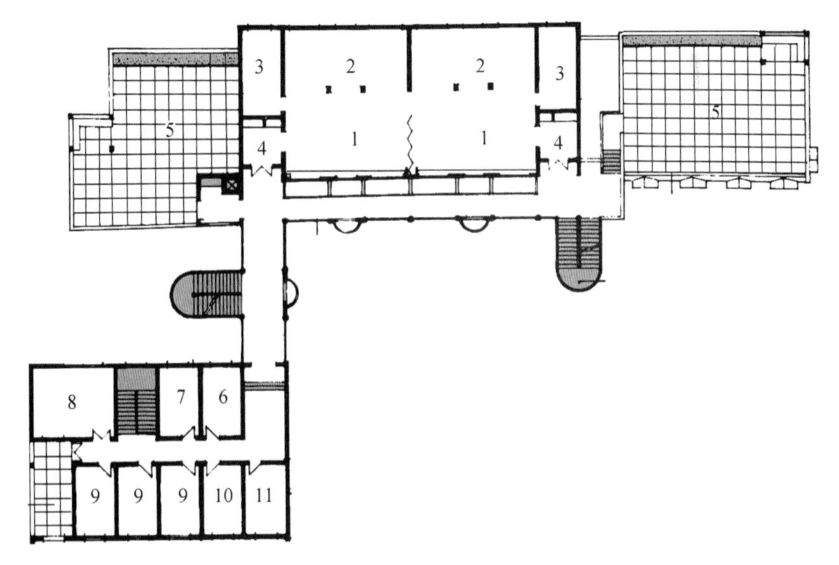

图 18-12　幼儿园二层平面图

1—活动室；2—卧室；3—卫生间；4—衣帽间；5—屋顶平台；6—陈列室；7—教学储藏；8—资料兼会议；9—教师办公；10—财会；11—园长办公室

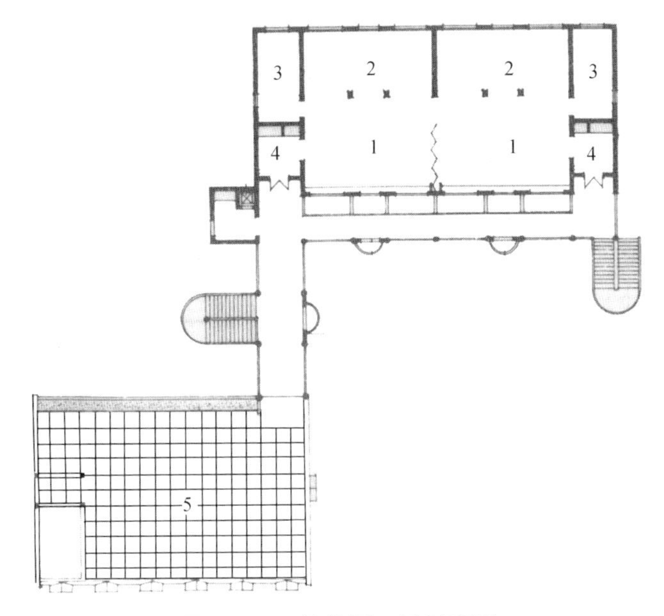

图 18-13　幼儿园三层平面图

1—活动室；2—卧室；3—卫生间；4—衣帽间；5—屋顶平台

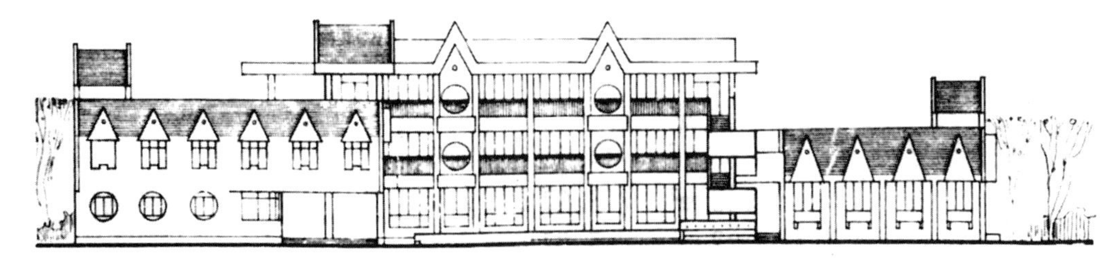

图 18-14　幼儿园南立面图

18.5　幼托建筑施工图范例

南方某小区 6 班幼儿园部分施工图见图 18-15 ~ 图 18-20。

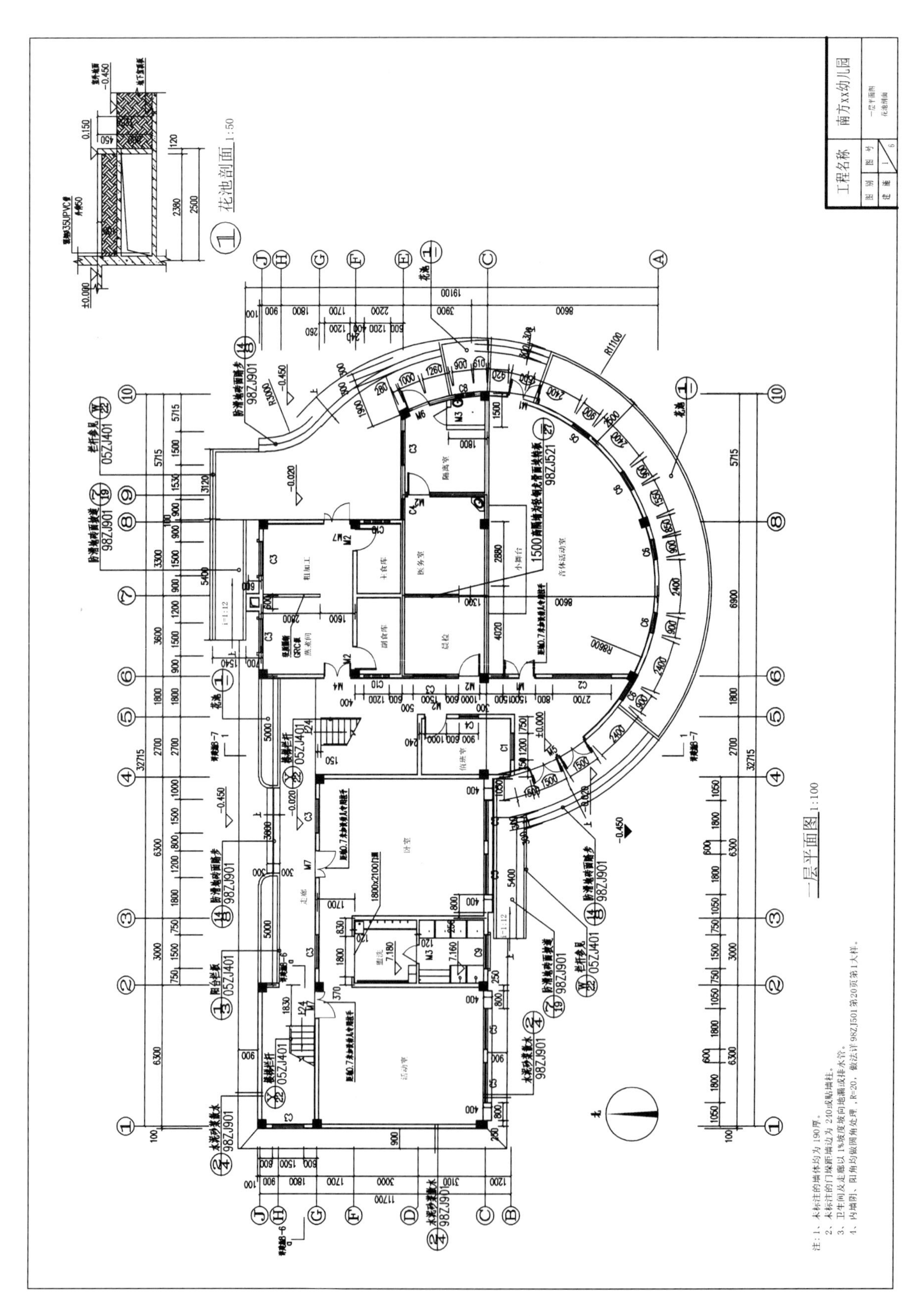

图 18-15

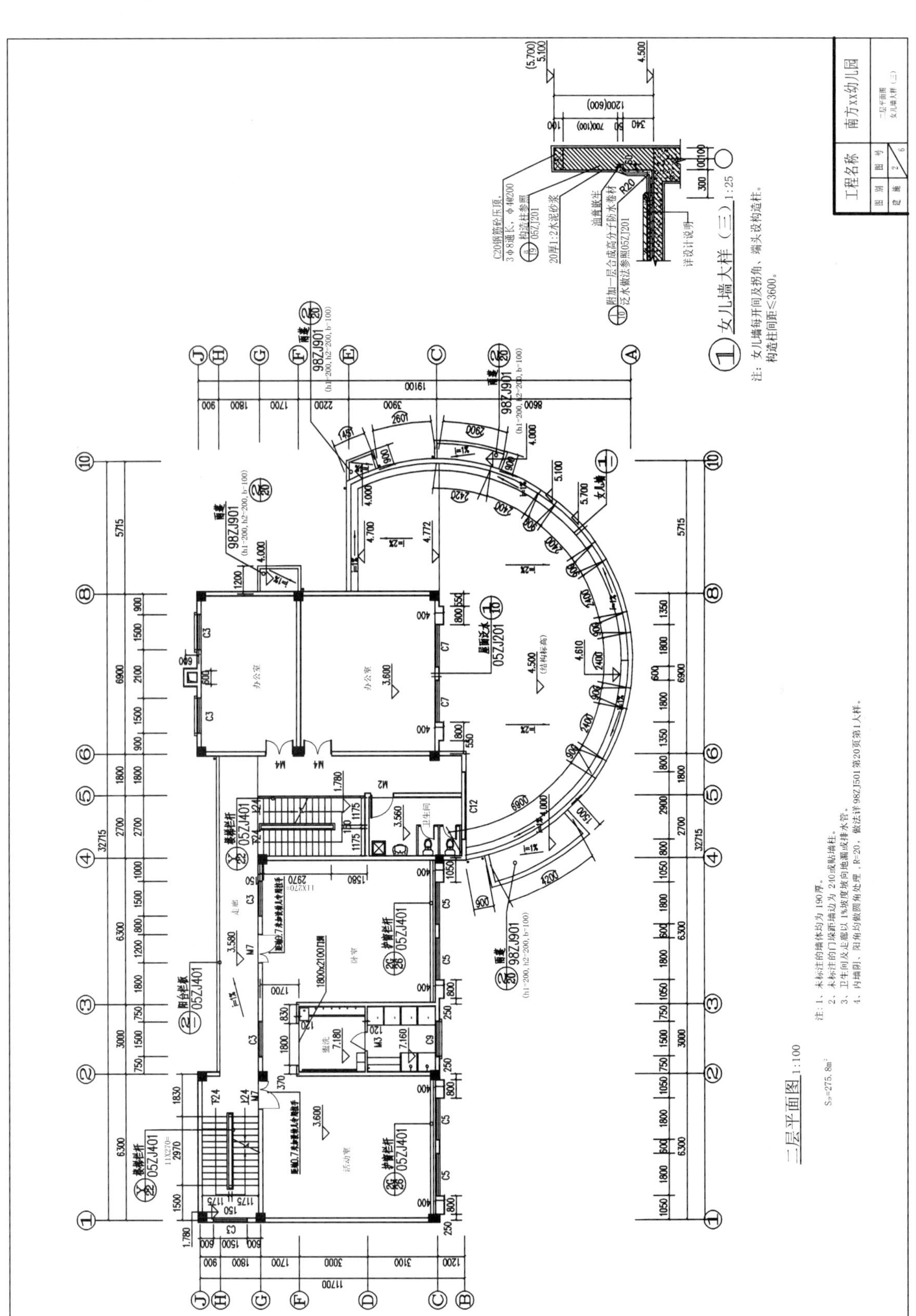
二层平面图 1:100
女儿墙大样（三） 1:25
注：女儿墙每开间及拐角，端头设构造柱。构造柱间距≤3600。
工程名称
南方xx幼儿园
办公室
活动室
卧室
卫生间
盥洗
走廊

图 18-16

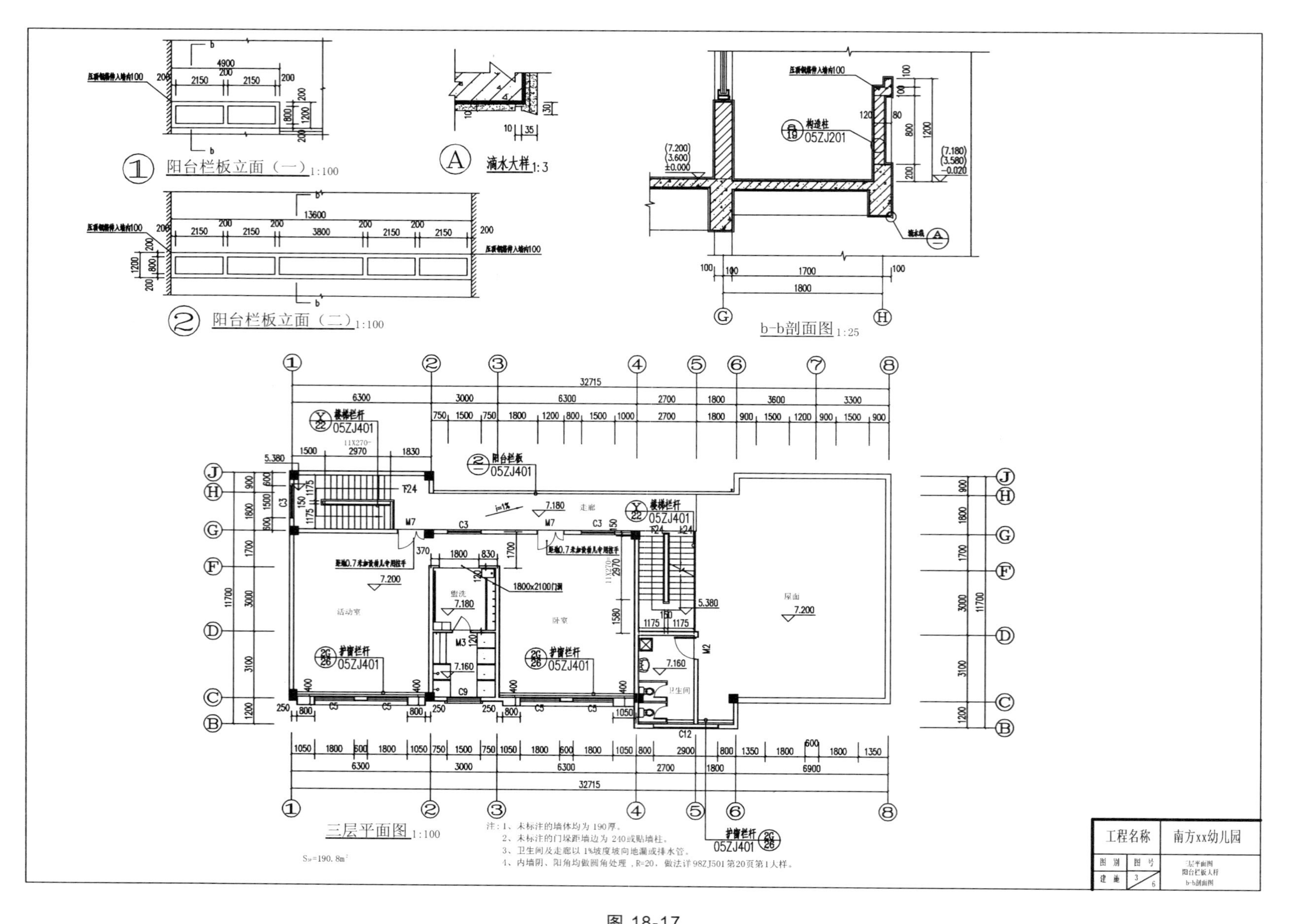
阳台栏板立面（一）1:100
滴水大样 1:3
阳台栏板立面（二）1:100
b-b剖面图 1:25
构造柱 05ZJ201
楼梯栏杆 05ZJ401
阳台栏板 05ZJ401
护窗栏杆 05ZJ401
活动室
卧室
盥洗
卫生间
屋面
走廊
1800x2100门洞
三层平面图 1:100
S=190.8m²
注：1、未标注的墙体均为190厚。
2、未标注的门垛距墙边为240或贴墙柱。
3、卫生间及走廊以1%坡度坡向地漏或排水管。
4、内墙阴、阳角均做圆角处理，R=20，做法详98ZJ501第20页第1大样。
工程名称
南方xx幼儿园

图 18-17

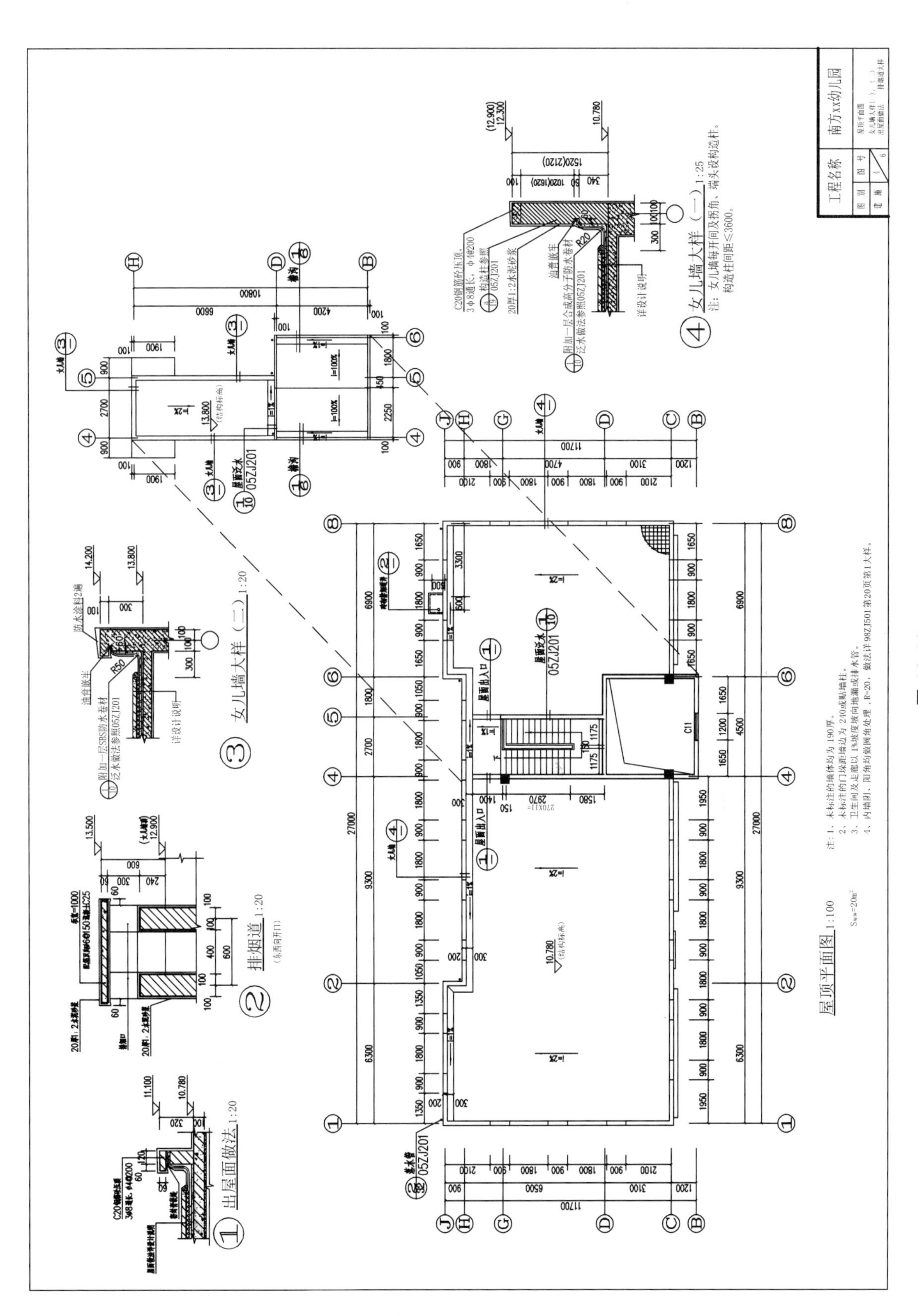
工程名称
南方xx幼儿园
屋顶平面图 1:100
出屋面做法 1:20
排烟道 1:20
女儿墙大样（二） 1:20
女儿墙大样（一） 1:25
注：女儿墙每开间及拐角、端头设构造柱。构造柱间距≤3600。

图 18-18

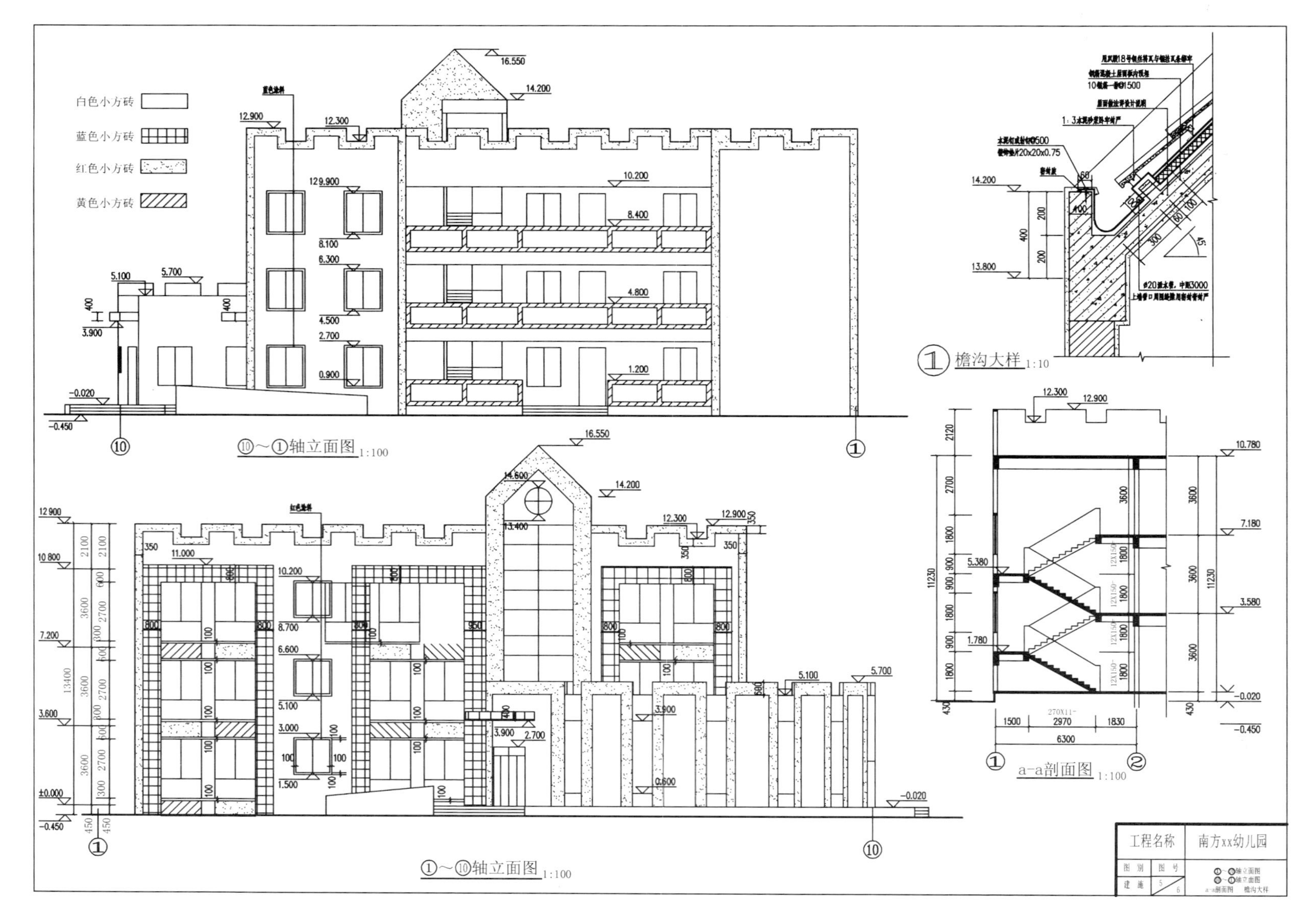

白色小方砖
蓝色小方砖
红色小方砖
黄色小方砖
⑩～①轴立面图 1:100
①～⑩轴立面图 1:100
①檐沟大样 1:10
a-a剖面图 1:100
工程名称
南方xx幼儿园

图 18-19

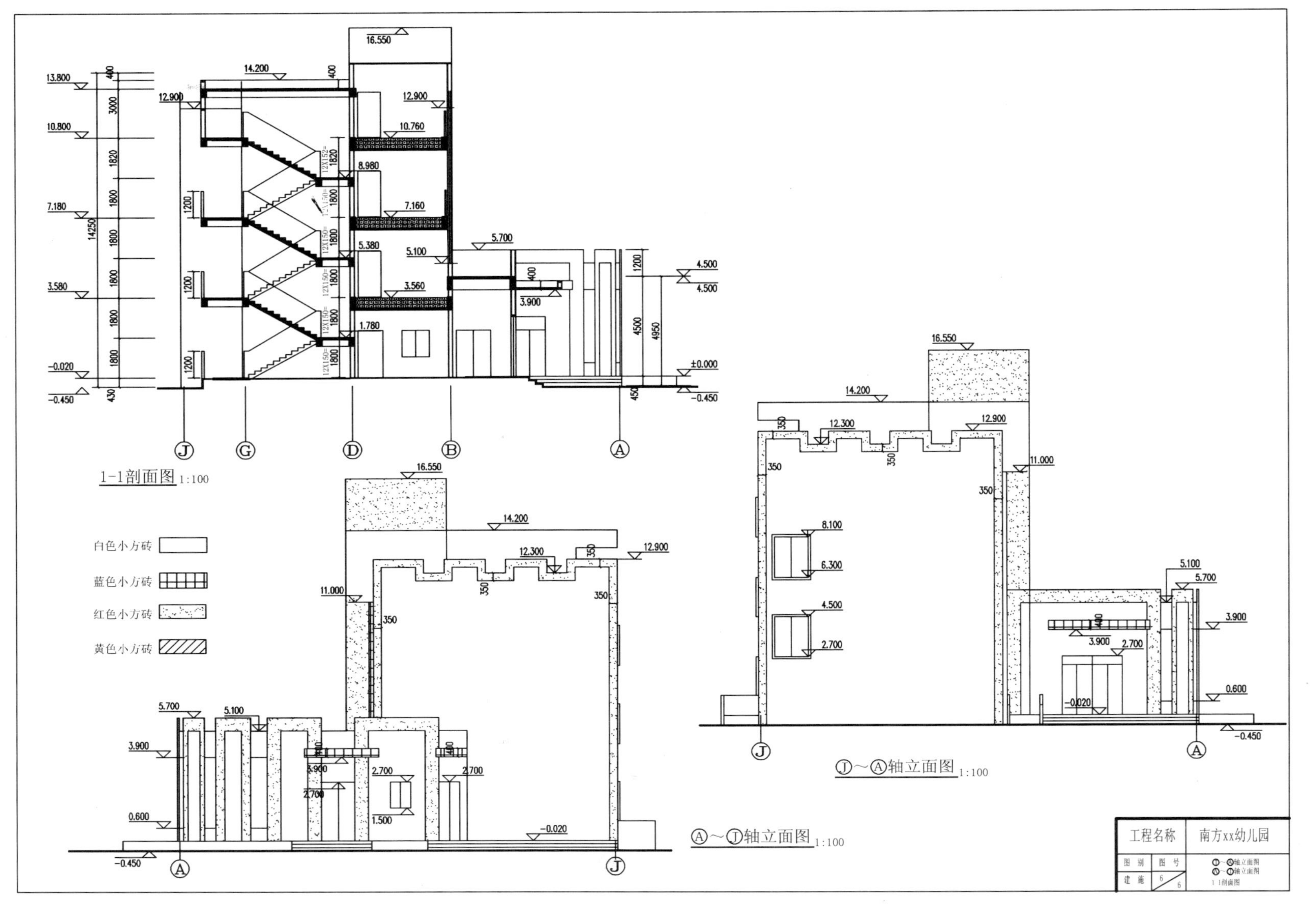
1-1剖面图 1:100
Ⓐ~Ⓙ轴立面图 1:100
Ⓙ~Ⓐ轴立面图 1:100
白色小方砖
蓝色小方砖
红色小方砖
黄色小方砖
工程名称
南方xx幼儿园

图 18-20

参考文献

[1] 建设部. GB 50352—2005 民用建筑设计通则. 北京：中国建筑工业出版社，2005.
[2] 公安部. GB 50016—2014 建筑设计防火规范. 北京：中国计划出版社，2014.
[3] 住房和城乡建设部. 建筑施工图设计文件编制深度规定. 北京：中国计划出版社，2008.
[4] 住房和城乡建设部. GB 50096—2011 住宅设计规范. 北京：中国建筑工业出版社，2011.
[5] 住房和城乡建设部. GB 50099—2011 中小学校设计规范. 北京：中国建筑工业出版社，2011.
[6] 城乡建设环境保护部. JGJ 39—87 托儿所、幼儿园建筑设计规范（试行）. 北京：中国建筑工业出版社，1987.
[7] 住房和城乡建设部. GB/T50001—2010 房屋建筑制图统一标准. 北京：中国建筑工业出版社，2010.
[8] 建筑设计资料集：3. 2 版. 北京：中国建筑工业出版社.
[9] 朱昌廉. 住宅建筑设计原理. 3 版. 北京：中国建筑工业出版社.
[10] 西南建筑配件标准图集.
[11] 李必瑜. 房屋建筑学. 4 版. 武汉：武汉工业大学出版社，2000.
[12] 李必瑜. 建筑构造：上册. 北京：中国建筑工业出版社，2000.
[13] 李必瑜. 建筑构造：下册. 北京：中国建筑工业出版社，2000.
[14] 王雪松，李必瑜. 房屋建筑学课程设计指南. 2 版. 武汉：武汉理工大学出版社，2012.
[15] 崔艳秋，姜丽荣. 房屋建筑学课程设计指导. 北京：中国建筑工业出版社，2009.
[16] 周然，王飒，周森，满红. 幼儿园建筑设计. 北京：中国建筑工业出版社，2007.
[17] 幼儿园建筑设计图集. 南京：东南大学出版社，1991.
[18] 张宗尧，李志民. 中小学建筑设计. 北京：中国建筑工业出版社，2000.
[19] 江浩波. 个性化校园规划. 上海：同济大学出版社，2005.
[20] 包小枫. 中国高校校园规划. 上海：同济大学出版社，2005.